高职高专公共基础课改革创新系列教材

应用数学

第2版

谢颖 郭鑫 编

彭彤 主审

机械工业出版社

本书共11章，主要内容有：绪论、函数、极限与连续、导数与微分、导数的应用、不定积分、定积分及其应用、常微分方程、拉普拉斯变换、线性代数简介和数学建模.

本书在第1版的基础上，对内容进行了重构，划分为百余个知识要点，对部分知识要点采用“理论—例题—练习”的模块化结构编写，力求让学生熟练掌握和运用该知识点. 本书对于部分知识在实际生活中的应用，进行了提炼和重点介绍.

本书将教学与辅导融为一体，一书两用，例题、习题丰富，重点内容滚动复习，便于学生自学. 本书在内容的选编上同时兼顾学生专升本的升学需要，并在相应章节的例题、习题中选配了往届专升本的部分典型试题.

本书内容通俗易懂、直观精炼，突出实用性、应用性，可作为高职高专各专业的高等数学教材，也可供参加专升本入学考试的考生复习参考.

为方便教学，本书配套有多个微课视频，对知识点进行了详细介绍. 同时，本书还配有电子课件等教学资源. 凡选用本书作为教材的教师均可登录机械工业出版社教育服务网 www. cmpedu. com 注册后免费下载相关资源. 如有问题请致电 010-88379375.

图书在版编目（CIP）数据

应用数学/谢颖，郭鑫编. —2版. —北京：机械工业出版社，2020.9（2023.8重印）
高职高专公共基础课改革创新系列教材
ISBN 978-7-111-66703-2

Ⅰ.①应… Ⅱ.①谢… ②郭… Ⅲ.①应用数学-高等职业教育-教材 Ⅳ.①O29

中国版本图书馆 CIP 数据核字（2020）第187082号

机械工业出版社（北京市百万庄大街22号 邮政编码100037）
策划编辑：赵志鹏　　责任编辑：赵志鹏　徐梦然
责任校对：李亚娟　　封面设计：马精明
责任印制：任维东
北京富博印刷有限公司印刷
2023年8月第2版第6次印刷
184mm×260mm·20.5印张·492千字
标准书号：ISBN 978-7-111-66703-2
定价：59.80元

电话服务
客服电话：010-88361066
010-88379833
010-68326294

网络服务
机　工　官　网：www. cmpbook. com
机　工　官　博：weibo. com/cmp1952
金　　书　　网：www. golden-book. com
机工教育服务网：www. cmpedu. com

前　言

为满足我国高职高专教育蓬勃发展的需要，我们根据高职高专教学的特点，在研究、剖析、对比多种同类教材和广泛吸取全国同行意见的基础上精心选择教材内容而编写了本书。书中突出了应用数学“掌握要领、强化应用、培养技能”的原则，充分体现了以应用为目的的高职高专教学基本原则.

本书包含百余个知识要点，对部分知识要点采用“理论—例题—练习”的模块化结构编写，力求让学生熟练掌握和运用该知识点. 本书重点强调了数学概念与实际问题的联系，且充分考虑了高职高专学生的数学基础，适当配备了微积分在几何、物理、力学、经济等方面的应用实例，适用专业面较广. 另外，每章均配有一定量的习题，便于学生巩固基础知识，提高基本技能，加强对教材内容的理解，有利于培养学生应用数学知识解决实际问题的能力.

本书适用于教学时数在150课时以内的教学，可供各专业的高职高专学生使用和参考.

本书的主要内容有：绪论、函数、极限与连续、导数与微分、导数的应用、不定积分、定积分及其应用、常微分方程、拉普拉斯变换、线性代数简介和数学建模.

参加本书编写的有：哈尔滨职业技术学院谢颖（第8~11章及附录）、哈尔滨职业技术学院郭鑫（第1~7章）. 本书由谢颖负责总体规划，由彭彤主审.

由于编者水平所限，书中一定存在不足和考虑不周之处，期望得到专家、同行和读者的批评指正，以使本书在教学实践中不断得到完善.

编　者

目 录

第1章　绪　论

应用数学(高等数学)是理、工、经、管类各专业的一门重要的公共基础课.学习这门课的主要目的是：为进一步学习其他后续课程打下必要的数学知识基础；在学习中提高学生数学素质，培养逻辑推理能力、抽象思维能力，掌握定量分析技术，养成精确、简洁的数学符号思维的习惯.

数学的作用与意义

著名数学家华罗庚指出:“宇宙之大，粒子之微，火箭之速，化工之巧，地球之变，生物之谜，日用之繁，无处不用数学.”

著名数学家陈省身为青少年数学爱好者题词——“数学好玩”，勉励青少年学数学、爱数学，为中国成为世界数学大国、强国做出贡献.

从航空到家庭，从宇宙到原子，从大型工程到工商管理，无一不受惠于数学科学技术.

数学是研究数量、结构、变化以及空间模型等概念的一门学科. 它作为人类思维的表达形式，反映了人们积极进取的意志、缜密周详的推理及对完美境界的追求. 它的基本要素有逻辑和直观、分析和推理、共性和个性. 虽然不同的传统学派可以强调不同的侧面，然而正是这些互相对立的力量的相互作用，以及它们综合起来的努力，才构成了数学科学的生命力、可用性和它的崇高价值. 今日，数学被使用在世界不同的领域上，包括自然科学、工程、医学和经济学等. 数学对这些领域的应用通常被称为应用数学.

在高科技迅速发展的今天，自然科学的各研究领域都进入更深的层次和更广的范畴，这就更加需要数学. 数学与自然科学和技术科学的关系从来没有像今天这样的密切.

试举例说明数学在日常生活中的应用.

应用数学与初等数学的联系与区别

初等数学是应用数学(高等数学)的基础，应用数学(高等数学)是初等数学的延伸和发展. 作为学习和研究数学的步骤，无疑应该是先学习和掌握初等数学，然后才能学习和掌握应用数学(高等数学). 反之，学习应用数学(高等数学)能加深对初等数学的理解和掌握，可以开阔思路，提高数学修养和解决问题的能力. 初等数学研究的是常量，而应用数学(高等数学)研究的则是变量.

微积分是 17 世纪后期出现的一个崭新的数学学科，它在数学中占据着主导地位，是应用数学(高等数学)的基础. 它包括微分学和积分学两大部分.

微积分的诞生标志着应用数学(高等数学)的开始，这是数学发展史上的一次伟大转折. 应用数学(高等数学)的研究对象、研究方法都与初等数学表现出重大差异. 初等数学应当为应用数学(高等数学)做哪些准备？

(1) 发展符号意识，实现从具体数学的运算到抽象符号运算的转变. 符号是一种更为简洁的语言，没有国界，全世界共享，并且这种语言具有运算能力.

(2) 培养严密的逻辑思维能力，实现从具体描述到严格证明的转变.

(3) 培养抽象思维的能力，实现从具体数学到概念化数学的转变.

(4) 发展变化意识，实现从常量数学到变量数学的转变.

初等数学到应用数学(高等数学)，观念与思维方式的转变，主要体现在极限的概念. 极限概念的学习是难点.

极限概念揭示了变量与常量、无限与有限的对立统一关系. 从极限的观点来看，无穷小量不过是极限为零的变量. 这就是说，在变化过程中，它的值可以是“非零”，但它变化的趋向是“零”，可以无限地接近于“零”.

习 题

了解一下你在今后的学习中有哪些课程要用到哪些数学知识.

如何学好应用数学

1. 尽快适应应用数学(高等数学)课程的教学特点

在传统的教学手段的基础上，应用数学(高等数学)课程的教学采用了更加具体化、形象化的现代教育技术，这也是一般中学所没有的．因此，同学们在进入大学以后，不仅要注意应用数学(高等数学)课程的内容与中学数学的区别与联系，还要尽快适应应用数学(高等数学)课程的新的教学特点.

2. 调整心态，适应应用数学(高等数学)的课堂特点

(1) 应用数学(高等数学)一般都是一个系同年级的几个小班合班上课．教师授课的基点为只能照顾大多数学生，不可能给跟不上、听不全懂的少数同学细讲、重复讲.

(2) 时间长，连贯性强．应用数学(高等数学)每上一次课，一般都是连续讲授两节课，而且各章的内容有很强的连贯性.

(3) 概念多，进度快．由于应用数学(高等数学)的内容极为丰富，而学时又有限，因此每次授课内容较多，课堂上老师主要是讲重点、难点、疑点，讲思路；讲概念多，推理多，举例相对中学阶段会较少.

3. 注意方法，学习的几个环节要处理得当

(1) 预习．为了提高听课效果，在每次上应用数学(高等数学)课前一天，对第二天教师要讲的内容先作预习，即用少量的时间(例如，用讲课时间的10%~20%)自学教材.

(2) 听课．课堂上听教师讲授是同学们进大学学习获得知识的一个主要环节．因此，应集中全部精力，带着获取新知识的浓厚兴趣，带着预习中的疑点和难点，专心致志聆听教师是如何提出问题的，是如何分析问题的，是如何解决问题的．要紧跟教师的思路，听问题，听方法，听思路，听关键.

(3) 记笔记．由于应用数学(高等数学)教师讲课不是“照本宣科”，教师主要是讲重点、讲难点、讲疑点、讲思路，还要结合有关问题讲一些治学方法，和提出一些同学应注意的问题，而且有些内容、例子是教材上没有的．因此记好课堂笔记是学好应用数学(高等数学)的一个重要的学习环节.

(4) 复习．学习包括“学”与“习”两个方面．“学”是为了获取知识，“习”是为了消化、掌握知识．学而不习，知识则不易消化和掌握；习而不学，知识则不易丰富.

(5) 做作业．要把应用数学(高等数学)学好，认真、及时完成教师布置的作业，是一个十分重要的学习环节．做作业不仅是检验学习效果的手段，同时也是培养、提高综合分析问题的能力、笔头表达能力以及计算能力的重要手段．认真完成作业是培养同学们严谨治学的一个环节．因此，要求作业书写工整、条理清楚、论据充分.

(6) 答疑．答疑也是大学学习的一个重要环节．同学们在学习应用数学(高等数学)期间，在数学上遇到疑问时(不管是听课、复习、作业中的)都应该及时去请教教师，切勿“拖欠”.

(7) 小结．要自己动手，用自己的话来作小结，总结最核心的基本内容.

(8) 阶段总结．每学完一章，自己要作总结．总结包括一章中的基本概念、核心内容；本章解决了什么问题，是怎样解决的；依靠哪些重要理论和结论，解决问题的思路是什么？理出条理，归纳出要点与核心内容以及自己对问题的理解和体会.

（9）全课程的总结. 在考试前要作总结，这个总结要将全书内容加以整理、概括，分析所学的内容，掌握各章之间的联系. 这个总结很重要，是对全课程核心内容、重要理论与方法的综合整理. 在总结的基础上，自己对全书内容要有更深一层的了解，要对一些稍有难度的题加以分析解决，以检验自己对全部内容的掌握程度.

数学学科的特点是高度的抽象理论与严密的逻辑推理，要通过学习数学提高抽象思维能力、逻辑推理能力、数学运算能力以及应用数学解决实际问题的能力. 任何一门数学课的内容都是由基本概念(定义)、基本理论(性质与定理)、基本运算(计算)及应用四部分组成.

基本理论是数学推理论证的核心，是由一些概念、性质与定理组成的，有些定理并不要求每位初学者都会证明，但定理的条件和结论一定要清楚，要熟悉定理并学会使用定理，有些内容是必须牢记的.

4. 要善于交流

养成与同学、老师相互交流的习惯，有问题及时交流，切不可将问题置之不理. 很多问题可以在不断交流中得到解决. 答疑是学好应用数学(高等数学)的一个重要环节. 遇到困难，碰到难题要知难而进，反复看书、记笔记，勤思考，学会不断变换方法，另辟思路，不断地提高自己解决问题的能力.

5. 学数学要学以致用

学习数学的主要目的是为了用数学. 当代科学技术的飞速发展，不但要求我们掌握更多的数学知识，而且要求会运用这些知识去解决实际问题. 因此，我们应当逐步培养自己综合运用所学的数学知识解决实际问题的意识和兴趣，培养建立实际问题的模型，运用数学方法分析解决实际模型的能力. 在学习中还要提倡独立钻研，勤于思考，敢于大胆地提出问题，善于钻研问题，培养自己的创造性思维和学习能力.

6. 善于运用计算机及数学软件包

在学习数学的过程中，一定要善于运用计算机及数学软件包来完成一些典型的习题，一方面可以逐步培养我们用计算机和数学软件包处理数学问题的能力，另一方面可以提高对有关问题的感性认识，加深对数学概念及方法的理解. 因此，在学习应用数学的基本概念及方法的同时，要特别注意数学软件包的学习及使用.

学好数学并不是一件难事，只要你付出必要的努力，数学就不应当是枯燥乏味的. 数学并不是一堆烦琐无用的公式，掌握了它的真谛，就会给你增添智慧与力量.

撰写短文，描述你自己学习数学的方法.
五人一组，相互交流学习数学的经验.

综合练习

1. 查阅资料，撰文论证：学好专业必须先学好应用数学(高等数学).
2. 制订出自己学习应用数学(高等数学)的计划.

数学理论优美深刻，是全人类的共同财富. 数学文化是优秀文化，美国当代数学家、教育家克莱因指出：“数学一直是形成现代文化的主要力量，同时又是这种文化极其重要的因素.”

第2章 函 数

学习目标

- 理解函数的概念.
- 会求函数的定义域.
- 了解函数的性质.
- 能建立简单实际问题的函数关系.

导学提纲

- 函数的概念是什么?
- 函数的主要性质有哪些?

应用数学(高等数学)主要的研究对象是变量及变量之间的依赖关系，函数正是这种依赖关系的体现.函数是应用数学(高等数学)中最重要的基本概念，本章将在初等数学的基础上进一步研究函数的性质，分析初等函数的结构.

区间与邻域

1. 区间

当实数集合可以用数轴上的一条线段表示时，我们记为区间. 设 a 和 b 都是实数，有

闭区间： 数集$\{x \mid a \leqslant x \leqslant b\}$称为闭区间，记作$[a, b]$，即$[a, b]=\{x \mid a \leqslant x \leqslant b\}$，如图 2-1a 所示.

开区间： 数集$\{x \mid a<x<b\}$称为开区间，记作(a, b)，即$(a, b)=\{x \mid a<x<b\}$，如图 2-1b 所示.

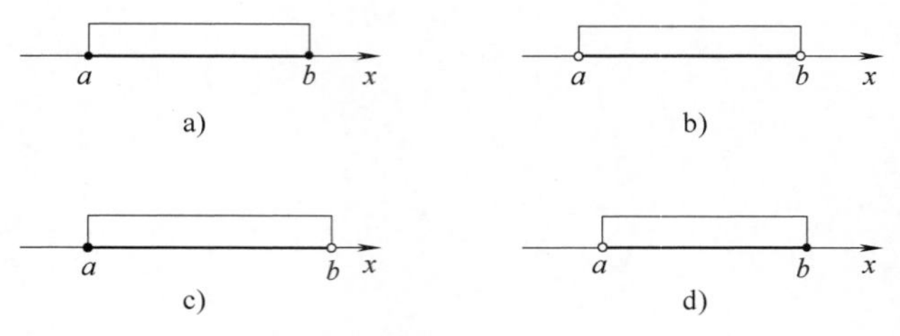

图 2-1

半开区间： 数集$\{x \mid a \leqslant x<b\}$和$\{x \mid a<x \leqslant b\}$称为半开区间，记作$[a, b)$和$(a, b]$，即

$$[a, b)=\{x \mid a \leqslant x<b\} \text{和} (a, b]=\{x \mid a<x \leqslant b\}，\text{如图 2-1c、d 所示.}$$

无限区间： 数集$\{x \mid x>a\}$，$\{x \mid x \geqslant a\}$，$\{x \mid x<b\}$，$\{x \mid x \leqslant b\}$和$\{x \mid -\infty<x<+\infty\}$(即全体实数的集合)称为无限区间，记作$(a, +\infty)$、$[a, +\infty)$、$(-\infty, b)$、$(-\infty, b]$和$(-\infty, +\infty)$.

2. 邻域

设 δ 是任一正数，a 为某一实数，把数集$\{x \mid |x-a|<\delta\}$称为点 $x=a$ 的**δ 邻域**，记作 $U(a, \delta)$,即

$$U(a, \delta)=\{x \mid |x-a|<\delta\}$$

点 $x=a$ 称为这邻域的**中心**，δ 称为这邻域的**半径**，如图 2-2a 所示.

设 δ 是任一正数，a 为某一实数，把数集$\{x \mid 0<|x-a|<\delta\}$称为以 $x=a$ 为中心、半径为 δ 的**去心邻域**(见图 2-2b)，记为 $U=(\hat{a}, \delta)$. 它是在 a 的 δ 邻域内去掉 a 以后，其余的点组成的集合.

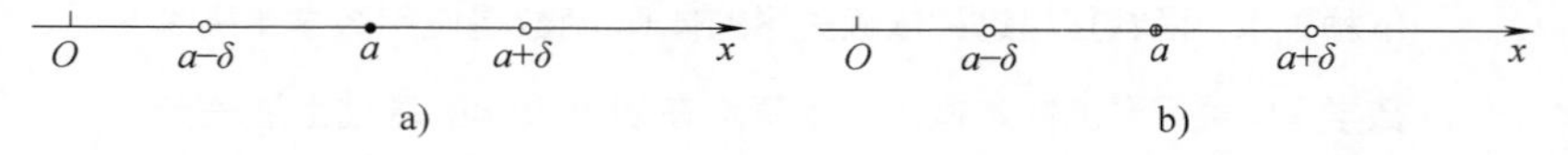

图 2-2

例如：$\{x \mid |x-1|<2\}$，即为以点 $x=1$ 为中心、以 2 为半径的邻域，也就是开区间$(-1, 3)$.

函数的定义、表示法及几何意义

1. 函数的定义

在研究某一问题的过程中，数值保持不变的量称为常量，可以取不同数值的量称为变量. 如大家所熟知的圆的面积公式 $S=\pi r^2$，半径 r 和圆的面积 S 就是变量，而圆周率 π 就是常量.

常量通常用字母 a，b，c 等表示，变量通常用字母 x，y，t 等表示.

定义　设 x 和 y 为两个变量，D 为一个给定的数集，如果对每一个 $x\in D$，按照一定的法则 f，变量 y 总有确定的数值与之对应，就称 y 为 x 的函数，记为 $y=f(x)$. 数集 D 称为该函数的定义域，x 叫作自变量，y 叫作因变量.

当 x 取数值 $x_0\in D$ 时，依法则 f 的对应值称为函数 $y=f(x)$ 在 $x=x_0$ 时的函数值. 所有函数值组成的集合 $H=\{y\mid y=f(x),\ x\in D\}$ 称为函数 $y=f(x)$ 的值域.

函数的两要素：

(1) 函数的定义域，指自变量 x 的变化范围 D.

(2) 对应关系，指自变量 x 与因变量 y 的对应法则 f.

2. 函数的表示法

函数有三种常用的表示法：**解析法、图像法、列表法**. 其中解析法应用较普遍，它是借助于数学式来表示对应法则，本模块中的例 2-1 和例 2-2 均为解析法.

3. 函数的几何意义

对 D 中任一固定的 x，依照法则有一个数 y 与之对应，以 x 为横坐标，y 为纵坐标在坐标平面上就确定了一个点. 当 x 取遍 D 中的每一数时，便得到一个点集

$$C=\{(x,\ y)\mid y=f(x),\ x\in D\}$$

我们称之为函数 $y=f(x)$ 的图形. 换言之，当 x 在 D 中变动时，点 $(x,\ y)$ 的轨迹就是 $y=f(x)$ 的图形. 一元函数一般在平面上表示一条曲线.

例　题

【例 2-1】求函数 $f(x)=\dfrac{\sqrt{x-2}}{(x-1)\ln(x+3)}$ 的定义域.

解　已知函数 $f(x)=\dfrac{\sqrt{x-2}}{(x-1)\ln(x+3)}$，应满足下列条件：

$$\begin{cases} x-2\geqslant 0, \\ x-1\neq 0, \\ \ln(x+3)\neq 0, \\ x+3>0, \end{cases} \text{即} \begin{cases} x\geqslant 2, \\ x\neq 1, \\ x\neq -2, \\ x>-3, \end{cases}$$

所以此函数的定义域为 $[2,\ +\infty)$.

【例 2-2】求函数 $f(x)=\arcsin\dfrac{x-1}{5}+\dfrac{1}{\sqrt{25-x^2}}$ 的定义域.

解 应使$\begin{cases}\left|\dfrac{x-1}{5}\right|\leqslant 1,\\ 25-x^2>0,\end{cases}$即$\begin{cases}-4\leqslant x\leqslant 6,\\ -5<x<5,\end{cases}$也就是$-4\leqslant x<5$，所以此函数的定义域为$[-4, 5)$.

习 题

1. 填空题.

(1) 设$f(x)=3x+5$，则$f[f(x)-2]=$________.

(2) 设$f(x)=\dfrac{1}{x}(x\neq 0)$，如果$f(x)+f(y)=f(z)$，则$z=$________.

(3) 如果$f\left(\dfrac{1}{x}\right)=\left(\dfrac{x+1}{x}\right)^2(x\neq 0)$，则$f(x)=$________.

(4) 函数$y=\sqrt{16-x^2}+\dfrac{x-1}{\ln x}$的定义域是________.

(5) 函数$y=\dfrac{2x}{x^2-3x+2}$ 的定义域是________.

(6) 函数$y=\sqrt{5-x}+\ln(x-1)$的定义域是________.

2. 计算题.

(1) 设$f(x)=\sqrt{4+x^2}$，求下列函数值：

$f(0)$，$f(1)$，$f(-1)$，$f\left(\dfrac{1}{a}\right)(a\neq 0)$，$f(x)$，$f(x+h)$.

(2) 设$f\left(x-\dfrac{1}{x}\right)=\dfrac{x^3-x}{x^4+1}$ $(x\neq 0)$，求$f(x)$.

函数的有界性

设 $y=f(x)$ 在数集 D 上有定义，若对任意 $x\in D$，存在 $M>0$，使得 $|f(x)|\leqslant M$，就称 $f(x)$ 在 D 上有界，否则称为无界.

函数有界性说明：

(1) 若对任意 $x\in D$，存在 M，使得 $f(x)\leqslant M$　$(f(x)\geqslant M)$，就称 $f(x)$ 在数集 D 上有上(下)界. 函数 $f(x)$ 在数集 D 上有界的充分必要条件是在数集 D 上同时有上界和下界.

(2) 函数 $f(x)$ 在数集 D 上无界也可这样说：对任意 $M>0$，总存在 $x_0\in D$，使得 $|f(x_0)|>M$.

例如：当 $x\in(-\infty,+\infty)$ 时，有 $|\sin x|\leqslant 1$，所以 $y=\sin x$ 在 $(-\infty,+\infty)$ 内是有界的. 又如，函数 $y=\dfrac{1}{x}$ 在区间 $(0,1)$ 内是无界的，因为当 $x\in(0,1)$ 时，不存在正数 M，使 $\left|\dfrac{1}{x}\right|\leqslant M$ 对所有 $x\in(0,1)$ 都成立. 但 $y=\dfrac{1}{x}$ 在区间 $[2,3]$ 内有界，因为当 $x\in[2,3]$ 时，有 $\left|\dfrac{1}{x}\right|\leqslant\dfrac{1}{2}$ 成立，此时 $M=\dfrac{1}{2}$.

函数的单调性

设函数 $f(x)$ 在区间 I 上有定义，若对任意 x_1，$x_2\in I$，当 $x_1<x_2$ 时总有：

(1) $f(x_1)\leqslant f(x_2)$，就称 $f(x)$ 在 I 上单调递增，特别当不等式 $f(x_1)<f(x_2)$ 成立时，就称 $f(x)$ 在 I 上严格单调递增. I 称为单调增区间，如图 2-3a 所示.

(2) $f(x_1)\geqslant f(x_2)$，就称 $f(x)$ 在 I 上单调递减，特别当不等式 $f(x_1)>f(x_2)$ 成立时，就称 $f(x)$ 在 I 上严格单调递减. I 称为单调减区间，如图 2-3b 所示.

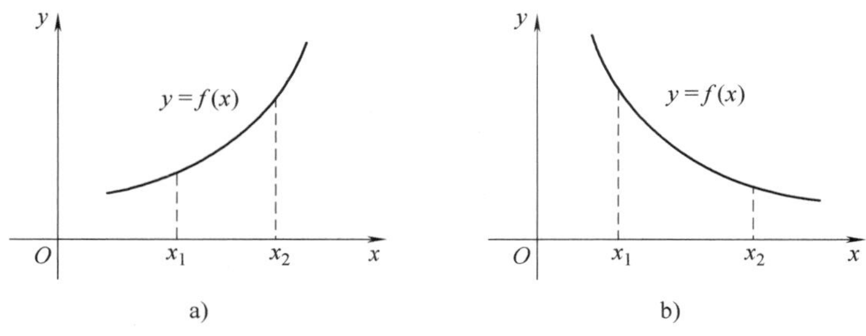

图　2-3

例如：函数 $y=x^2$ 在 $(-\infty,0)$ 内单调递减，在 $(0,+\infty)$ 内单调递增.

单调递增函数的图像是沿 x 轴正向逐渐上升的；单调递减函数的图像是沿 x 轴正向逐渐下降的.

函数的奇偶性

设函数$f(x)$的定义域D为对称于原点的数集，即若$x\in D$，有$-x\in D$，若对任意$x\in D$，有$f(-x)=f(x)$恒成立，就称$f(x)$为偶函数. 若对任意$x\in D$，有$f(-x)=-f(x)$恒成立，就称$f(x)$为奇函数.

函数奇偶性说明：

(1) 偶函数的图形是关于y轴对称的，奇函数的图形是关于原点对称的.

(2) 两偶函数的和为偶函数；两奇函数的和为奇函数；两偶函数的积为偶函数；两奇函数的积也为偶函数；一奇一偶的积为奇函数.

例如：函数$y=x^2$，$y=|x|$及$y=\cos x$是偶函数；

函数$y=x^3$，$y=\sin x$及$y=\ln(x+\sqrt{1+x^2})$是奇函数；

函数$y=x^2+x^3$及$y=\cos x+\sin x$是非奇非偶函数.

判断函数的奇偶性.

(1) 设$\varphi(x)=f(x)\left(\frac{1}{2^x+1}-\frac{1}{2}\right)$，其中$f(x)$是奇函数.

(2) $f(x)=\ln\frac{x+\sqrt{x^2+a^2}}{a}\quad(a>0,\ -\infty<x<+\infty)$.

(3) $f(x)=\frac{a^x-1}{a^x+1}\sin x\quad(a>1)$.

函数的周期性

设函数$f(x)$的定义域为D，如果存在$l\neq 0$，使得对任意$x\in D$，有$x+l\in D$，且$f(x+l)=f(x)$恒成立，就称$f(x)$为**周期函数**，l称为$f(x)$的**周期**.

函数周期性说明：

(1) 若l为$f(x)$的周期，由定义知$2l$，$3l$，$4l$，…也都是$f(x)$的周期，故周期函数有无穷多个周期，通常说的周期是指**最小正周期**(基本周期)，然而最小正周期未必都存在.

(2) 周期函数在每个周期$(a+kl,\ a+(k+1)l)$　(a为任意数，k为任意常数)上，有相同的形状.

例如：函数$y=\sin x$，$y=\cos x$，$y=\tan x$的周期分别为2π，2π，π.

例　题

【例2-3】设A，ω，φ为常数，且$A\neq 0$，$\omega>0$. 讨论函数$f(t)=A\sin(\omega t+\varphi)$的周期性并求其最小正周期.

解　$f(t)$为周期函数的充要条件是，存在常数$T>0$，使$f(t+T)=f(t)$，即

$$A\sin[\omega(t+T)+\varphi]=A\sin(\omega t+\varphi),$$

所以

$$\sin[\omega T+(\omega t+\varphi)]=\sin(\omega t+\varphi).$$

可见，使上式成立的充要条件是

$$\omega T=2n\pi(n=1,\ 2,\ \cdots).$$

取$n=1$，得到最小正数$T=\dfrac{2\pi}{\omega}$，使$f(t+T)=f(t)$.

所以$f(t)$是周期函数，最小正周期为$\dfrac{2\pi}{\omega}$.

【例2-4】求函数$f(x)=\sin^2x$的最小正周期.

解　$f(x)=\sin^2x=\dfrac{1}{2}-\dfrac{1}{2}\cos 2x=\dfrac{1}{2}-\dfrac{1}{2}\sin\left(2x+\dfrac{\pi}{2}\right)$,

由例2-3知，函数$\sin\left(2x+\dfrac{\pi}{2}\right)$的最小正周期为$\dfrac{2\pi}{2}=\pi$，而任意实数都是常数$\dfrac{1}{2}$的周期，$f(x)=\dfrac{1}{2}-\dfrac{1}{2}\sin\left(2x+\dfrac{\pi}{2}\right)$为两项之差，可见它的最小正周期为$\pi$.

反函数

定义 设$f(x)$的定义域为D，值域为H，则对任意$y\in H$，必存在$x\in D$，使得$f(x)=y$，这样的x可能不止一个，若将y当作自变量，x当作因变量，按函数的概念，就得到一新函数$x=f^{-1}(y)$，称之为函数$y=f(x)$的反函数，而$f(x)$叫作直接函数.

反函数说明：

(1) 反函数$x=f^{-1}(y)$的定义域为H，值域为D.

(2) 在习惯上往往用x表示自变量，y表示因变量，因此将$x=f^{-1}(y)$中的x与y对换一下，$y=f(x)$的反函数就变成$y=f^{-1}(x)$，事实上函数$y=f^{-1}(x)$与$x=f^{-1}(y)$是表示同一函数的，因为，表示函数关系的法则"f^{-1}"没变，仅自变量与因变量的字母变了，这没什么关系. 所以说：若$y=f(x)$的反函数为$x=f^{-1}(y)$，那么$y=f^{-1}(x)$也是$y=f(x)$的反函数，且后者较常用.

(3) 反函数$y=f^{-1}(x)$的图形与直接函数$y=f(x)$的图形是关于直线$y=x$对称的，如图2-4所示.

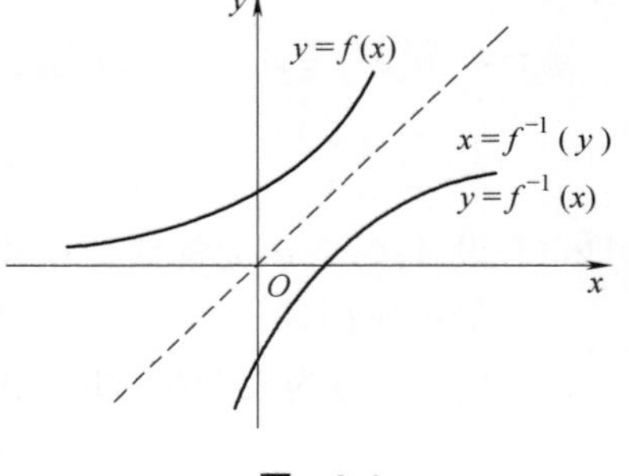

图 2-4

分段函数

【例 2-5】求 $y=f(x)=\begin{cases} x^2, & 0<x\leqslant 1, \\ \dfrac{1}{2}, & x=0, \\ 1-x, & -1\leqslant x<0, \end{cases}$ 的定义域及值域，以及 $f(-1)$，$f(0)$，$f\left(\dfrac{1}{2}\right)$.

解 如图 2-5 所示，

$$y=f(x)=\begin{cases} x^2, & 0<x\leqslant 1, \\ \dfrac{1}{2}, & x=0, \\ 1-x, & -1\leqslant x<0, \end{cases}$$

的定义域为 $[-1, 1]$，值域为 $(0, 2]$.

由函数知：

当 $-1\leqslant x<0$ 时，$f(x)=1-x$，

于是 $f(-1)=1-(-1)=2$.

当 $x=0$ 时，$f(x)=\dfrac{1}{2}$，于是 $f(0)=\dfrac{1}{2}$.

当 $0<x\leqslant 1$ 时，$f(x)=x^2$，于是 $f\left(\dfrac{1}{2}\right)=\left(\dfrac{1}{2}\right)^2=\dfrac{1}{4}$.

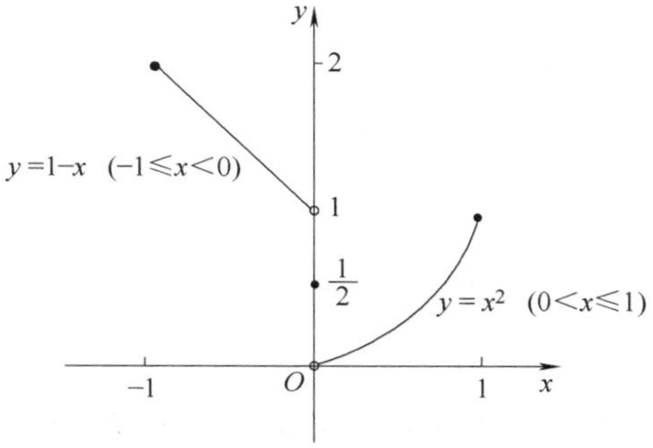

图 2-5

注意，例 2-5 的法则是：当自变量 x 在 $(0, 1]$ 上取值时，其函数值为 x^2；当 x 取 0 时，其函数值为 $\dfrac{1}{2}$；当 x 在 $[-1, 0)$ 上取值时，其函数值为 $1-x$（这种函数称为分段函数，在以后经常遇见，希望注意！）. 尽管有几个不同的算式，但它们合起来只表示一个函数.

【例 2-6】函数

$$y=|x|=\begin{cases} x, & x\geqslant 0 \\ -x, & x<0 \end{cases}$$

是定义域为 $D=(-\infty, +\infty)$，值域为 $H=[0, +\infty)$ 的分段函数，这个函数又称为绝对值函数.

习 题

1. 填空题.

设 $f(x)=\begin{cases} |2x+1|+\dfrac{|x-1|}{x+1}, & x\neq -1, \\ 0, & x=-1, \end{cases}$ 则 $f(-2)=$ ________.

2. 计算题.

设 $\varphi(x)=\begin{cases}|\sin x|, & |x|<\dfrac{\pi}{3},\\ 0, & |x|\geqslant\dfrac{\pi}{3},\end{cases}$ 求 $\varphi\left(\dfrac{\pi}{6}\right)$，$\varphi\left(\dfrac{\pi}{4}\right)$，$\varphi\left(-\dfrac{\pi}{4}\right)$.

3. 设函数

$$f(x)=\begin{cases}1, & |x|<1,\\ 0, & |x|=1,\\ -1, & |x|>1,\end{cases}\quad g(x)=e^x,$$

求 $f[g(x)]$ 和 $g[f(x)]$，并作出这两个函数的图形.

基本初等函数

基本初等函数是最常见、最基本的一类函数. 基本初等函数包括：常数函数、幂函数、指数函数、对数函数、三角函数和反三角函数. 这些函数在中学里已经学过，下面列出这些函数的简单性质和图形.

常数函数	$y=C$ （C 为常数）.
幂函数	$y=x^{\mu}$ （μ 为常数）.
指数函数	$y=a^x$ （$a>0$，$a\neq1$，a 为常数）.
对数函数	$y=\log_a x$ （$a>0$，$a\neq1$，a 为常数）.
三角函数	$y=\sin x$，$y=\cos x$，$y=\tan x$，$y=\cot x$，$y=\sec x$，$y=\csc x$.
反三角函数	$y=\arcsin x$，$y=\arccos x$，$y=\arctan x$，$y=\operatorname{arccot} x$.

基本初等函数的图形及主要性质见附录 A.

习 题

1. 已知函数

$$f(x)=\begin{cases}x^2, & 0\leqslant x<1,\\ 1, & 1\leqslant x<2,\\ 4-x, & 2\leqslant x\leqslant4.\end{cases}$$

（1）作函数 $f(x)$ 的图形，并写出其定义域.

（2）求 $f(0)$，$f(1.2)$，$f(3)$，$f(4)$.

2. 填空题.

函数 $y=\dfrac{\sqrt{2x+1}}{2x^2-x-1}$ 的定义域是________.

复合函数和初等函数

定义 设函数 $y=f(u)$ 的定义域为 D_f，函数 $u=\varphi(x)$ 的定义域为 D_φ，则当 $\varphi(x)\in D_f$ 时，那么以 u 为中介定义了 y 是 x 的函数，称为由 $y=f(u)$ 及 $u=\varphi(x)$ 组成的复合函数，记作 $y=f[\varphi(x)]$，其中 u 叫作中间变量，x 叫作自变量，其定义域为

$$D_{f(\varphi)}=\{x\mid\varphi(x)\in D_f,\ x\in D_\varphi\}.$$

复合函数说明：

(1) 并非任何两函数都是可以复合的.

(2) 在函数复合中，不是所有的函数都是 $y=f(u)$、$u=\varphi(x)$ 的形式，一般为 $y=f(x)$ 和 $y=g(x)$，这时候就要注意哪个为外函数，哪个为内函数，从而复合后有 $y=f(x)$ 和 $y=g(x)$ 之分.

例 题

【例 2-7】下列复合函数可以分解为哪些简单函数？

(1) $y=\arcsin(3x+1)$； (2) $y=(1+\ln x)^3$；

(3) $y=\sqrt{\ln(\sin x+e^x)}$； (4) $y=\ln\tan(3x)$.

解 (1) $y=\arcsin(3x+1)$ 由 $y=\arcsin u$，$u=3x+1$ 复合而成.

(2) $y=(1+\ln x)^3$ 由 $y=u^3$，$u=1+\ln x$ 复合而成.

(3) $y=\sqrt{\ln(\sin x+e^x)}$ 由 $y=\sqrt{u}$，$u=\ln v$，$v=\sin x+e^x$ 复合而成.

(4) $y=\ln\tan(3x)$ 由 $y=\ln u$，$u=\tan v$，$v=3x$ 复合而成.

今后我们常要分解复合函数，有时可能出现多个中间变量，分解复合函数时必须分解成为自变量的简单函数才算分解完成. 例如(4)小题中，如果仅分解为 $y=\ln u$，$u=\tan 3x$，那就是错误的，因为 $\tan 3x$ 还是自变量 x 的复合函数.

必须注意，不是任何两个函数都可以复合成一个复合函数. 例如 $y=\arcsin u$ 及 $u=2+x^2$ 就不能复合成为一个复合函数，因为对于 $u=2+x^2$ 定义域 $(-\infty,\ +\infty)$ 中的任何 x 值，都有 $u\geqslant 2$，$y=\arcsin u$ 就都没有意义.

由基本初等函数经过有限次四则运算和有限次复合后所得到的，能用一个解析式子表示的函数，称为初等函数.

本书讨论的主要都是初等函数.

习 题

下列复合函数可以分解为哪些函数？

(1) $y=(6x-1)^2$； (2) $y=e^{\sin 5x}$；

(3) $y=\ln\sqrt{2+\cos x^2}$； (4) $y=e^{\arctan\sqrt{x^2+1}}$.

函数模型的建立——几何方面

【例2-8】把圆心角为α(弧度，$0<\alpha<2\pi$)的平面扇形的两条半径重合在一起而卷成一个圆锥面，试求圆锥面顶角ω与α的函数关系.

解 设扇形AOB的圆心角是α，半径为r，于是弧$\overset{\frown}{AB}$的长度为$r\alpha$. 把这个扇形卷成圆锥面后，它的顶角为ω，底圆周长为$r\alpha$. 所以底圆半径为

$$CD=\frac{r\alpha}{2\pi}.$$

因为$\sin\frac{\omega}{2}=\frac{CD}{r}=\frac{\alpha}{2\pi}$，所以

$$\omega=2\arcsin\frac{\alpha}{2\pi}\quad(0<\alpha<2\pi).$$

【例2-9】圆的内接正多边形中(见图2-6)，当边数改变时，正多边形的面积随之改变，试建立圆内接正多边形的面积A_n与其边数$n(n\geqslant 3)$的函数关系式.

解 如图2-6所示，设圆的半径为R，若把内接正多边形的顶点与圆心连结，则得n个全等的等腰三角形，任取其中之一，如$\triangle MON$. $\triangle MON$的面积为

$$\frac{1}{2}Rh=\frac{1}{2}R\cdot\left(R\sin\frac{2\pi}{n}\right)\quad\left(其中\ h=R\sin\frac{2\pi}{n}\right).$$

因此，所求圆内接正多边形的面积A_n为其边数n的函数为

$$A_n=n\cdot\frac{1}{2}R\cdot\left(R\sin\frac{2\pi}{n}\right)=\frac{n}{2}R^2\sin\frac{2\pi}{n}\quad(n=3,4,5,\cdots).$$

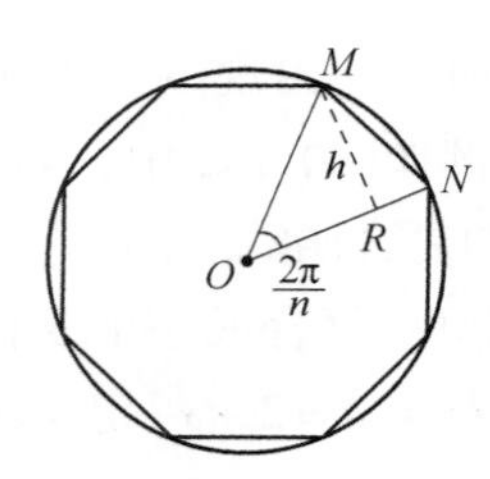

图 2-6

函数模型的建立——经济方面

(1) 需求函数模型. 某种商品的需求量(Quantity)与消费者的收入、兴趣、爱好、职业，人口的数量，地理位置，季节以及商品的价格(Price)等诸多因素有关，价格是影响需求数量的重要基本因素，如果其他因素均视为常量，则社会对某商品的需求量就随商品的价格变化而变化. 价格越高，需求量就越小；价格越低，需求量越大. 这样的商品需求量 Q_d 就是该商品价格 p 的函数，即

$$Q_d = f(p).$$

该函数称为需求函数. 通常需求函数是单调减函数，该函数曲线称为需求曲线，记为 D.

在企业管理和经济学中，常见的需求函数有如下模型：

线性需求函数模型：$Q_d = a - bp$，其中 $a \geqslant 0$，$b \geqslant 0$，均为常数.

二次曲线需求函数模型：$Q_d = a - bp - cp^2$，其中 $a \geqslant 0$，$b \geqslant 0$，$c > 0$，均为常数.

指数需求函数模型：$Q_d = Ae^{-bp}$，其中 $A > 0$，$b > 0$，均为常数.

需求函数的反函数：

$$p = f^{-1}(Q_d). \tag{2-1}$$

(2) 供给函数模型. 在一定价格条件下，生产者愿意出售且保障供给(Supply)的商品量称为供给量 Q_s. 影响供给量的重要因素是商品的价格 p，供给量随商品价格的增加而增大. 一般地，供给量 Q_s 是该商品价格 p 的函数，即

$$Q_s = \varphi(p). \tag{2-2}$$

此函数称为供给函数. 通常供给函数是单调增函数，该函数曲线称为供给曲线，记为 S.

常见的供给函数有线性函数、二次函数、幂函数、指数函数等.

最简单的供给函数模型是线性模型：$Q_s = cp - d$，其中 $c \geqslant 0$，$d \geqslant 0$，均为常数.

(3) 成本函数模型. 生产成本(Cost)包括生产所需的场地、厂房、机器设备、能源、原材料、劳动力等支出费用. 在成本投入中一般有两大部分，一是在短时间内不发生变化、或变化很小、或不明显地随产品数量的变化而变化的，如厂房、设备等，称为固定成本，用 C_o 表示；二是随产品数量的变化而直接变化的部分，如原材料、能源等，称为可变成本，用 C_V 表示，固定成本与可变成本的和称为总成本(通常简称成本)，用 C 表示，即

$$C = C_o + C_V.$$

显然，可变成本 C_V 是产量 Q 的函数，且随产量的增加而增加，所以总成本 C 是产量 Q 的函数，即

$$C(Q) = C_o + C_V(Q). \tag{2-3}$$

该函数称为总成本函数. 总成本函数是单调增函数.

如果产量为 Q，每生产 1 个单位产品，可变成本为 C_1，则可变成本

$$C_V(Q) = C_1 Q.$$

于是得到线性成本函数模型：$C(Q) = C_0 + C_1 Q$，其中 $C_0 = C(0)$ 为固定成本，C_1 为单位可变成本. 大家知道，批量生产可以降低成本，在现代企业中，增加产量，成本不一定呈线性增长，所以，成本函数模型也可能是幂函数型、二次函数型等.

二次函数成本函数模型：$C(Q) = C_0 + C_1 Q + C_2 Q^2$，其中 $C_0 = C(0)$ 为固定成本，C_1，C_2

为待定函数.

通常用生产 Q 个产品时的平均成本，即生产 Q 个产品时，单位产品所花费的成本来衡量企业生产. 平均成本(即单位成本)记作 $\overline{C}(Q)$，即

$$\overline{C}(Q)=\frac{C(Q)}{Q}=\frac{C_0+C_V(Q)}{Q}=\frac{\text{固定成本}+\text{可变成本}}{\text{产量}}. \tag{2-4}$$

由式(2-3)、式(2-4)可知，在生产技术水平和生产要素的价格固定不变的条件下，总成本、单位成本都是产量的函数.

(4) 收益函数模型. 收益是指商品售出后的收入，分为总收益和平均收益. 总收益就是出售一定数量产品所得到的全部收入，常用 R 表示. 当产品的销量价格为 P、销售量为 Q 时，总收益为

$$R=pQ. \tag{2-5}$$

该函数称为总收益函数(通常简称为收益函数). 总收益函数是价格和销量的函数. 平均收益是销售一定数量的商品时，平均每售出一个单位商品的收入，即单位商品的销售价格，常用 $\overline{R}$ 表示，即

$$\overline{R}=\frac{R}{Q}=\frac{pQ}{Q}=p.$$

注意：销售量 Q 对销售者而言就是销售的商品数量，但对消费者而言就是需求量，由式(2-1)可知，销售量 Q 是价格 p 的函数，于是由式(2-5)得

$$R=p\cdot Q(p).$$

同理，由式(2-1)价格函数可知，价格 p 是销量 Q 的函数，于是由式(2-5)式可知，总收益 R 可以只是价格 p 的函数，也可以只是销售量 Q 的函数.

(5) 利润函数模型. 销售总收益 R 与总成本 C 的差距称为总利润，记作 L，即

$$L=R-C. \tag{2-6}$$

单位产品的利润称为平均利润(或单位利润)，记作 $\overline{L}$，即

$$\overline{L}=\frac{L}{Q}.$$

因为总收益 R、总成本 C 均是销量 Q 的函数，故总利润、平均利润都是销量(或产量) Q 的函数.

例 题

【例 2-10】百货商店销售某商品，如定价 15 元，每天能买 10 套；而定价 10 元，每天就能卖 20 套. 假定需求是线性的，求需求函数模型.

解 因为需求是线性的，故由线性需求函数模型：$Q_d=a-bp$.

将点的坐标(15，10)、(10，20)代入模型，得

$$\begin{cases}10=a-15b,\\20=a-10b,\end{cases}\text{解得}\begin{cases}a=40,\\b=2.\end{cases}$$

所以需求函数的模型为 $Q_d=40-2p$.

此函数也称为价格函数. 若给了商品的需求量 Q_d，则可反过来核定商品的价格.

【例2-11】某厂生产某产品，每天最多生产1000吨，固定成本为1200元. 每生产1吨，可变成本为60元，求每天产品的总成本和日产量的函数关系式，并求当日产量为600吨时的平均成本.

解 设总成本为C，日产量为x吨. 由题意知，总成本函数的关系式为$C=1200+60x$，$x\in[0,1000]$.

平均成本函数为$\overline{C}=\dfrac{1200+60x}{x}=60+\dfrac{1200}{x}$.

当$x=600$时，$\overline{C}(600)=60+\dfrac{1200}{600}=62$(元).

【例2-12】某厂生产某产品，每吨价格为120元，销售量在60吨以内时，按原价出售，超过60吨的部分按9折出售，试求总收益函数的表达式，并求销售量为80吨时总收益的值.

解 设销售量为x吨，依题意，总收益R是销售量x的函数，则

$$R=\begin{cases}120x, & 0\leqslant x\leqslant 60.\\ 120\times 60+120\times 0.9\times(x-60), & x>60.\end{cases}$$

当$x=80$时，$R(80)=120\times 60+120\times 0.9\times(80-60)=9360$(元).

【例2-13】某汽车制造厂，最大生产能力为年产n辆汽车，其固定成本为b元，每生产一辆汽车，可变成本为a元，若每辆汽车售价为p元，求利润函数和平均利润.

解 设汽车产量为x辆，$x\in[0,n]$，则

收益函数为 $R=px$.

总成本函数为 $C=b+ax$.

所以利润函数为 $L=R-C=px-b-ax=(p-a)x-b$.

平均利润为 $\overline{L}=\dfrac{L}{Q}=\dfrac{(p-a)x-b}{x}=p-a-\dfrac{b}{x}$.

由利润函数$L(Q)=R(Q)-C(Q)$可知：

(1) 当$L(Q)=R-C>0$时，生产处于有利润状态——盈利生产.

(2) 当$L(Q)=R-C<0$时，生产处于亏损状态——亏损生产.

(3) 当$L(Q)=R-C=0$时，生产处于无盈亏状态——无盈亏生产，无盈亏生产时的产量称为无盈亏点(或保本点)，记作Q_0.

显然，保本点就是使利润函数等于零的产(销)量的值，即方程$L(Q)=0$的根.

【例2-14】(1) 求例2-13中经济活动的保本点.

(2) 若每年至少销售5万辆，为了不亏本，单价至少应定为多少钱?

解 (1) 保本点即使利润函数等于零的产量(销量)值. 令$L=(p-a)x-b=0$，得保本点为$x=\dfrac{b}{p-a}$.

(2) 由题意$x=50000$，则利润函数为

$$L=(p-a)x-b\big|_{x=50000}=50000p-50000a-b.$$

为使生产经营不亏本，就必须使利润$L\geqslant 0$，即

$$L=50000p-50000a-b\geqslant 0.$$

解得　$p \geqslant a+\frac{b}{50000}$.

所以，为了不亏本，单价至少应定为$a+\frac{b}{50000}$元.

无盈亏分析在企业经营管理、产品定价、生产决策中起着至关重要的作用.

习　题

1. 在温度计上，0℃对应32℉(℉表示华氏温度)，并且在常压下水的沸点为212℉，华氏温度与摄氏温度之间的关系为一次线性关系，求摄氏温度与华氏温度间的函数关系.
2. 按照银行规定，某种外币一年期存款的年利率为4.2%，半年期存款的年利率为4.0%. 每笔存款到期后，银行自动将其转存为同样期限的存款，设将总数为A单位货币的该种外币存入银行，两年后取出，问存何种期限的存款能有较多的收益，多多少?
3. 某市的出租车按如下办法收费：路程为3km内一律收费10元；路程在3km到10km之间的，超过3km部分每km加收2元；路程超过10km的，超过10km部分每km加收3元. 设x为乘车路程，y为出租车费，试建立函数$y=y(x)$并画出函数图形.

综合练习

1. 填空题.

(1) 如果函数$f(x)$的定义域为$[0, 1]$，那么函数$f(x^2)$的定义域为________.

(2) 如果$f(x)=\begin{cases}x+1, & x>0\\ \pi, & x=0\\ 0, & x<0\end{cases}$，则$f\{f[f(-1)]\}=$________.

(3) 设$f(\sin x)=\cos 2x+1$，则$f(\cos x)=$________.

(4) 函数$y=\sqrt{2-3x}$的复合过程是________.

(5) 设函数$f(x)=\dfrac{\ln(1-x)}{\sqrt{9-x^2}}$，则$f(x)$的定义域为________.

(6) 设函数$f(x)=x\dfrac{1}{x}$，则$f[f(x)]=$________.

(7) 复合函数$y=\sin^{10}(2x^2-3)$可分解为________.

2. 指出下列函数的复合过程.

(1) $y=3^{\cos^2 x}$；

(2) $y=e^{\cos(x^2+1)}$；

(3) $y=\sqrt{\ln\tan(x^2-1)}$；

(4) $y=\sin(2x^2-3)^{15}$；

(5) $y=(\log_2 \sin x)^2$；

(6) $y=\arcsin(\log_3(2x^3-1))$.

3. 设$f(x)=(x+1)^2$，$g(x)=\dfrac{1}{x-1}$，求$f(x^2)$，$g(x-1)$，$f[g(x)]$，$g[f(x)]$.

4. 求下列函数的定义域.

(1) $y=\lg\sin x$；

(2) $y=e^x\tan 2x$；

(3) $y=\ln\dfrac{x-3}{4-x}$；

(4) $y=\sqrt{4-x^2}+\dfrac{1}{|x|-1}$.

5. 设有容积为10m^3的无盖圆柱形桶，其底用铜制作，侧壁用铁制作. 已知铜价为铁价的5倍，试建立制作此桶所需费用与桶的底面半径r之间的函数关系.

6. 在稳定的理想状态下，细菌的繁殖是按指数模型增长的，即t分钟后细菌数量可表示为

$$Q(t)=ae^{kt}.$$

假设开始$(t=0)$时有细菌2000个，在上述条件下，若20mins后细菌数量为6000个，试问1h后将有多少个细菌?

7. 设某商品的需求关系式为$3Q+2p=60$，其中，Q为商品量；p为商品价格. 试求总收益模型和销售5件时的总收益和平均收益.

8. 化肥厂生产的某种化肥，每吨价格为200元，销售量在80t以内时，按原价出售，超过80t的部分按9折出售，若生产该化肥xt的费用为$C(x)=5x+260$. 试求总利润与销量x的数学模型.

9. 某厂生产某种零件，设计能力为日产100件，每日的固定成本为150元，每件的平均可变成本为10元.

(1) 求该厂此零件的日产总成本函数和平均成本函数.
(2) 若每件售价15元，试写出总收益函数.
(3) 试写出利润函数并求保本点.
(4) 若每天至少销售50件产品，为了不亏本，单价至少应定为多少元?

数学主要是一种寻求众所周知的公理法思想的方法. 这种方法包括明确地表述出将要讨论的概念的定义，以及准确地表述出作为推理基础的公理. 具有极其严密的逻辑思维能力的人从这些定义和公理出发，推导出结论.

第3章　极限与连续

学习目标

- 理解极限的概念.
- 熟练掌握极限的运算方法.
- 了解函数连续性的概念.
- 会求函数的间断点.

导学提纲

- 极限定义中关键是把哪两个变量的变化趋势表述清楚?
- 两个重要极限的结构特征是什么?
- 极限的运算方法有哪几种?
- 函数连续性指的是什么?

极限是微积分中最基本的概念之一，微积分中的许多重要概念都是通过它来定义的.本章介绍了极限的概念、性质及其运算法则，在此基础上建立了函数连续的概念，并论述了连续函数的性质.

极限概念早在古代就已萌生. 我国魏晋时期杰出的数学家刘徽在公元263年创立了“割圆术”, 刘徽叙述这种作法时说: “割之弥细, 所失弥少, 割之又割, 以至不可割, 则与圆周合体而无所失矣.”这就是说, 随着圆内接正多边形边数无限增加, 圆内接正多边形的周长与圆的周长的差别无限减少, 当边数相当大, 所对应边长相当小, 以至于小到不能再小时, 多边形的周长就转化为圆的周长. 这解决了当时的数学难题——求圆的周长. 这种“割圆术”所运用的数学思想是极限思想. 我国战国时期的著名思想家庄子于公元前3世纪在《天下篇》中的“一尺之棰, 日取其半, 万世不竭”的论断, 也是极限思想的体现. 极限的思想即用无限逼近的方式来研究数量变化趋势的思想.

数列的概念

定义 在自然数集上的函数(正整数 n 的函数) $u_n=f(n)$, $n=1, 2, 3, \cdots$, 其函数值按自变量从小到大排成一列: $u_1, u_2, \cdots, u_n, \cdots$, 叫作数列, 简记为 $\{u_n\}$ 或数列 u_n. 数列中的每一个数称为数列的项, 第 n 项 u_n 称为一般项或通项.

观察以下各组

(1) $1, \frac{1}{2}, \frac{1}{3}, \cdots, \frac{1}{n}, \cdots$;

(2) $1, -1, \cdots, (-1)^{n-1}, \cdots$;

(3) $2, 4, 6, \cdots, 2n, \cdots$;

(4) $2, \frac{3}{2}, \frac{4}{3}, \cdots, \frac{n+1}{n}, \cdots$.

都是数列, 其通项分别为 $\frac{1}{n}$, $(-1)^{n-1}$, $2n$, $\frac{n+1}{n}$.

数列的说明:

如果数列 $\{u_n\}$ 对于每一个正整数 n, 都有 $u_{n+1}>u_n$, 则称数列 $\{u_n\}$ 为单调递增数列. 类似地, 如果数列 $\{u_n\}$ 对于每一个正整数 n, 都有 $u_{n+1}<u_n$, 则称数列 $\{u_n\}$ 为单调递减数列. 如果对于数列 $\{u_n\}$, 存在一个正的常数 M, 使得对于每一项 u_n 都有 $|u_n|\leqslant M$, 则称数列 $\{u_n\}$ 为有界数列.

数列的极限

在数轴上，数列的每项都相应有点对应它．如果将 x_n 依次在数轴上描出相应的位置，我们能否发现点的位置的变化趋势呢？显然，$\left\{\frac{1}{2^n}\right\}$，$\left\{\frac{1}{n}\right\}$是无限接近于 0 的；$\{2n\}$是无限增大的；$\{(-1)^{n-1}\}$的项是在 1 与 -1 两点之间跳动的，不接近于某一常数；$\left\{\frac{n+1}{n}\right\}$无限接近常数 1.

对于数列来说，最重要的是研究其在变化过程中无限接近某一常数的那种渐趋稳定的状态，这就是常说的数列的极限问题.

定义　对于数列$\{u_n\}$，如果 n 无限增大时，通项 u_n 无限接近于某个确定的常数 A，则称该数列以 A 为极限，或称数列$\{u_n\}$收敛于 A，记为

$$\lim_{n\to\infty}u_n=A \quad 或 \quad u_n\to A(n\to\infty).$$

若数列$\{u_n\}$没有极限，则称该数列发散.

例　题

【例 3-1】观察下列数列的极限.

(1) $\{u_n\}=\{C\}$（C 为常数）；　　(2) $\{u_n\}=\left\{\frac{n}{n+1}\right\}$；

(3) $\{u_n\}=\left\{\frac{1}{2^n}\right\}$；　　(4) $\{u_n\}=\{(-1)^{n+1}\}$.

解　观察数列在 $n\to\infty$ 时的变化趋势，得

(1) $\lim\limits_{n\to\infty}C=C$.

(2) $\{u_n\}=\left\{\frac{n}{n+1}\right\}=\left\{\frac{1}{2},\ \frac{2}{3},\ \cdots,\ \frac{n}{n+1},\ \cdots\right\}$，所以

$$\lim_{n\to\infty}\frac{n}{n+1}=1.$$

(3) $\{u_n\}=\left\{\frac{1}{2^n}\right\}=\left\{\frac{1}{2},\ \frac{1}{4},\ \cdots,\ \frac{1}{2^n},\ \cdots\right\}$，所以

$$\lim_{n\to\infty}\frac{1}{2^n}=0.$$

(4) $\{u_n\}=\{(-1)^{n+1}\}=\{1,\ -1,\ \cdots,\ (-1)^{n+1},\ \cdots\}$，所以

$$\lim_{n\to\infty}(-1)^{n+1}不存在.$$

函数的极限

1. 自变量 $x\to\infty$(或 $x\to+\infty$，$x\to-\infty$)时函数 $f(x)$ 的极限

定义1 设函数 $f(x)$ 如果存在某一正数 A，当 $|x|$ 无限增大时，函数值 $f(x)$ 无限趋近于确定的常数 A，就称 A 为 $f(x)$ 当 $x\to\infty$ 时的极限，记为

$$\lim_{x\to\infty}f(x)=A \quad 或 \quad 当\ x\to\infty\ 时，f(x)\to A.$$

如果当 $x\to+\infty$(或 $x\to-\infty$)时，函数 $f(x)$ 无限趋近于确定的常数 A，记为

$$\lim_{x\to+\infty}f(x)=A\ 或 \quad 当\ x\to+\infty\ 时，f(x)\to A.$$

$$(\lim_{x\to-\infty}f(x)=A\ 或 \quad 当\ x\to-\infty\ 时，f(x)\to A).$$

有上述极限定义不难得出以下结论：

$\lim\limits_{x\to\infty}f(x)=A$ 当且仅当 $\lim\limits_{x\to+\infty}f(x)=\lim\limits_{x\to-\infty}f(x)=A$ 时成立.

若 $\lim\limits_{x\to\infty}f(x)=A$，就称 $y=A$ 为 $y=f(x)$ 的图形的水平渐近线(若 $\lim\limits_{x\to+\infty}f(x)=A$ 或 $\lim\limits_{x\to-\infty}f(x)=A$，有类似的渐近线).

2. 自变量 $x\to x_0$(或 $x\to x_0^+$，$x\to x_0^-$)时函数的极限

定义2 设函数 $f(x)$ 在点 x_0 的某一去心邻域 $U(\overset{\frown}{x}_0,\delta)$ 内有定义，当自变量 x 在 $U(\overset{\frown}{x}_0,\delta)$ 内无限接近于 x_0 时，相应的函数值无限接近于确定的常数 A，就称常数 A 为函数 $f(x)$ 当 $x\to x_0$ 时的极限，记为

$$\lim_{x\to x_0}f(x)=A，或 \quad 当\ x\to x_0\ 时，f(x)\to A.$$

$$\lim_{x\to x_0}C=C\ (C\ 为一常数)，\lim_{x\to x_0}(ax+b)=ax_0+b \quad (a\neq0).$$

在函数极限的定义中，x 是既从 x_0 的左边(即从小于 x_0 的方向)趋于 x_0，也从 x_0 的右边(即从大于 x_0 的方向)趋于 x_0. 但有时只能或需要 x 从 x_0 的某一侧趋于 x_0 的极限，如分段函数及在区间的端点处等. 这样，就有必要引进单侧极限的定义：

如果当 $x\to x_0^+$(或 $x\to x_0^-$)时，函数 $f(x)$ 无限趋近于确定的常数 A，这时就称 A 为 $f(x)$ 当 $x\to x_0$ 时的右(左)极限，记为

$$\lim_{x\to x_0^+}f(x)=A \quad (或\lim_{x\to x_0^-}f(x)=A).$$

或

$$f(x_0+0)=A \quad (或 f(x_0-0)=A).$$

说明：

对于函数 $y=f(x)$，函数 y 随着自变量 x 的变化而变化. 为方便起见，我们规定：

当 x 无限增大时，用记号 $x\to+\infty$ 表示；

当 x 无限减小时，用记号 $x\to-\infty$ 表示；

当 $|x|$ 无限增大时，用记号 $x\to\infty$ 表示；

当 x 从 x_0 的左、右两侧无限接近于 x_0 时，用记号 $x\to x_0$ 表示；

当 x 从 x_0 的右侧无限接近于 x_0 时，用记号 $x\to x_0^+$ 表示；

当 x 从 x_0 的左侧无限接近于 x_0 时，用记号 $x\to x_0^-$ 表示.

定理 $\lim\limits_{x\to x_0}f(x)=A\Leftrightarrow\lim\limits_{x\to x_0^-}f(x)=\lim\limits_{x\to x_0^+}f(x)=A.$

例　题

【例 3-2】观察下列函数的图像(见图 3-1).

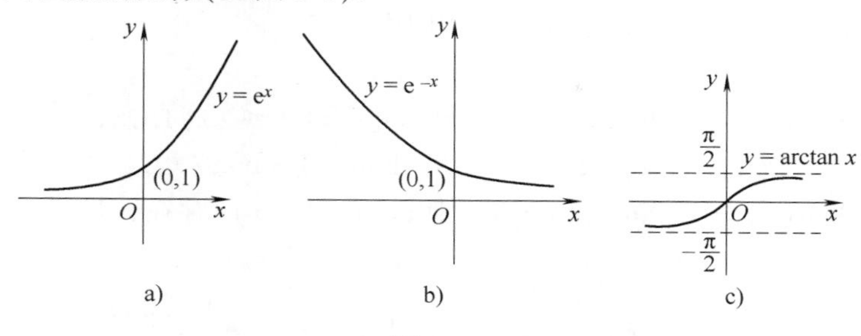

图　3-1

(1) $\lim\limits_{x\to-\infty}\mathrm{e}^x=0$,　　(2) $\lim\limits_{x\to+\infty}\mathrm{e}^{-x}=0$,

(3) $\lim\limits_{x\to+\infty}\arctan x=\dfrac{\pi}{2}$,　　(4) $\lim\limits_{x\to-\infty}\arctan x=-\dfrac{\pi}{2}$.

【例 3-3】设 $f(x)=\begin{cases}1, & x\geqslant 0\\ 2x+1, & x<0\end{cases}$，求 $\lim\limits_{x\to 0}f(x)$.

解　显然　$\lim\limits_{x\to 0^+}f(x)=\lim\limits_{x\to 0^+}1=1$,

$\lim\limits_{x\to 0^-}f(x)=\lim\limits_{x\to 0^-}(2x+1)=1$,

因为　$\lim\limits_{x\to 0^+}f(x)=\lim\limits_{x\to 0^-}f(x)=1$,

所以　$\lim\limits_{x\to 0}f(x)=1$.

习　题

1. 设函数　$f(x)\begin{cases}x+1, & x<3,\\ 0, & x=3\\ 2x-3, & x>3,\end{cases}$，利用函数极限存在的充要条件判断 $\lim\limits_{x\to 3}f(x)$ 是否存在.

2. 设函数 $f(x)=\begin{cases}x+4, & x<1,\\ 2x-1, & x\geqslant 1,\end{cases}$ 求 $\lim\limits_{x\to 1^-}f(x)$ 及 $\lim\limits_{x\to 1^+}f(x)$，判断 $\lim\limits_{x\to 1}f(x)$ 是否存在.

极限的运算法则

利用以下法则可以求出某些函数和数列的极限.

法则1 若$\lim f(x)=A$，$\lim g(x)=B$，则$\lim[f(x)\pm g(x)]$存在，且

$$\lim[f(x)\pm g(x)]=A\pm B=\lim f(x)\pm\lim g(x).$$

法则2 若$\lim f(x)=A$，$\lim g(x)=B$，则$\lim[f(x)g(x)]$存在，且

$$\lim[f(x)g(x)]=AB=\lim f(x)\cdot\lim g(x).$$

法则3 设$\lim f(x)=A$，$\lim g(x)=B\neq0$，则$\lim\dfrac{f(x)}{g(x)}=\dfrac{A}{B}=\dfrac{\lim f(x)}{\lim g(x)}$.

注意：其中的lim是指对x的任意一种趋近方式均成立，以上法则对数列亦成立.

推论1 $\lim[Cf(x)]=C\lim f(x)$（C为常数）.

推论2 $\lim[f(x)]^n=[\lim f(x)]^n$（$n$为正整数）.

推论3 设$f(x)=a_0x^n+a_1x^{n-1}+\cdots+a_{n-1}x+a_n$为一多项式，则

$$\lim_{x\to x_0}f(x)=a_0x_0^n+a_1x_0^{n-1}+\cdots+a_{n-1}x_0+a_n=f(x_0).$$

推论4 设$P(x)$，$Q(x)$均为多项式，且$Q(x_0)\neq0$，则$\lim\limits_{x\to x_0}\dfrac{P(x)}{Q(x)}=\dfrac{P(x_0)}{Q(x_0)}$.

推论4说明：
若$Q(x_0)=0$，则不能用推论4来求极限，需采用其他手段.

例题

【例3-4】求$\lim\limits_{x\to x_0}(ax+b)$.

解 $\lim\limits_{x\to x_0}(ax+b)=\lim\limits_{x\to x_0}ax+\lim\limits_{x\to x_0}b=a\lim\limits_{x\to x_0}x+b=ax_0+b.$

【例3-5】求$\lim\limits_{x\to x_0}x^n$.

解 $\lim\limits_{x\to x_0}x^n=(\lim\limits_{x\to x_0}x)^n=x_0^n.$

【例3-6】求$\lim\limits_{x\to 1}(x^2-5x+10)$.

解 $\lim\limits_{x\to 1}(x^2-5x+10)=1^2-5\times1+10=6.$

【例3-7】求$\lim\limits_{x\to 0}\dfrac{x^3+7x-9}{x^5-x+3}$.

解 因为$0^5-0+3\neq0$，于是

$$\lim_{x\to0}\frac{x^3+7x-9}{x^5-x+3}=\frac{0^3+7\times0-9}{0^5-0+3}=-3.$$

【例 3-8】求 $\lim\limits_{x\to1}\dfrac{x^2+x-2}{2x^2+x-3}$.

解　当 $x\to1$ 时，分子、分母均趋于 0，因为 $x\neq1$，约去公因子 $(x-1)$，所以

$$\lim_{x\to1}\frac{x^2+x-2}{2x^2+x-3}=\lim_{x\to1}\frac{x+2}{2x+3}=\frac{3}{5}.$$

【例 3-9】求 $\lim\limits_{x\to-1}\left(\dfrac{1}{x+1}-\dfrac{3}{x^3+1}\right)$.

解　当 $x\to-1$ 时，$\dfrac{1}{x+1}$、$\dfrac{3}{x^3+1}$全没有极限，故不能直接用法则 3，但当 $x\neq-1$时，

$$\frac{1}{x+1}-\frac{3}{x^3+1}=\frac{(x+1)(x-2)}{(x+1)(x^2-x+1)}=\frac{x-2}{x^2-x+1}.$$

所以 $\lim\limits_{x\to-1}\left(\dfrac{1}{x+1}-\dfrac{3}{x^3+1}\right)=\lim\limits_{x\to-1}\dfrac{x-2}{x^2-x+1}=\dfrac{-1-2}{(-1)^2-(-1)+1}=-1.$

【例 3-10】求 $\lim\limits_{n\to\infty}\left(\dfrac{1}{n^2}+\dfrac{2}{n^2}+\cdots+\dfrac{n}{n^2}\right)$.

解　当 $n\to\infty$ 时，这是无穷多项相加，故不能用法则 1，先变形.

原式 $=\lim\limits_{n\to\infty}\dfrac{1}{n^2}(1+2+\cdots+n)=\lim\limits_{n\to\infty}\dfrac{1}{n^2}\cdot\dfrac{n(n+1)}{2}=\lim\limits_{n\to\infty}\dfrac{n+1}{2n}=\dfrac{1}{2}.$

【例 3-11】设 $a_0\neq0$，$b_0\neq0$，m，n 为自然数，求证

$$\lim_{x\to\infty}\frac{a_0x^n+a_1x^{n-1}+\cdots+a_n}{b_0x^m+b_1x^{m-1}+\cdots+b_m}=\begin{cases}\dfrac{a_0}{b_0}, & \text{当 } n=m \text{ 时},\\ 0, & \text{当 } n<m \text{ 时},\\ \infty, & \text{当 } n>m \text{ 时}.\end{cases}$$

证明　当 $x\to\infty$ 时，分子、分母极限均不存在，故不能用法则 3，先变形：

$$\lim_{x\to\infty}\frac{a_0x^n+a_1x^{n-1}+\cdots+a_n}{b_0x^m+b_1x^{m-1}+\cdots+b_m}=\lim_{x\to\infty}x^{n-m}\frac{a_0+\dfrac{a_1}{x}+\cdots+\dfrac{a_n}{x^n}}{b_0+\dfrac{b_1}{x}+\cdots+\dfrac{b_m}{x_m}}=\begin{cases}1\cdot\dfrac{a_0+0+\cdots+0}{b_0+0+\cdots+0}, & \text{当 } n=m \text{ 时},\\ 0\cdot\dfrac{a_0+0+\cdots+0}{b_0+0+\cdots+0}, & \text{当 } n<m \text{ 时},\\ \infty\cdot\dfrac{a_0+0+\cdots+0}{b_0+0+\cdots+0}, & \text{当 } n>m \text{ 时}.\end{cases}$$

习　题

1. 计算题.

(1) $\lim\limits_{x\to1}\left(\dfrac{1}{x-1}-\dfrac{2}{x^2-1}\right)$;　　(2) $\lim\limits_{n\to\infty}\dfrac{4n^3-n+1}{5n^3+n^2+n}$;

(3) $\lim\limits_{x\to\infty}\dfrac{(x+1)^3-(x-2)^3}{x^2+2x+3}$;　　(4) $\lim\limits_{n\to\infty}\dfrac{2^n-1}{3^n+1}$;

(5) $\lim\limits_{x\to\infty}\dfrac{(2x-1)^{15}(3x+1)^{30}}{(3x-2)^{45}}$;

(6) $\lim\limits_{x\to+\infty}x(\sqrt{x^2+1}-x)$.

2. 计算下列各极限.

(1) $\lim\limits_{n\to\infty}\dfrac{(n+1)(n+2)(n+3)}{3n^3}$;

(2) $\lim\limits_{x\to2}\left(\dfrac{1}{x-2}-\dfrac{12}{x^3-8}\right)$;

(3) $\lim\limits_{x\to\frac{\pi}{4}}\dfrac{\sin2x-\cos2x-1}{\cos2x-\sin x}$;

(4) $\lim\limits_{n\to0}\dfrac{(x+h)^3-x^3}{h}$.

极限存在的准则

下面将介绍判定极限存在的两个准则.

定理1 如果数列$\{u_n\}$，$\{v_n\}$及$\{w_n\}$满足下列条件：

(1) $v_n<u_n<w_n \quad (n=1,2,3,\cdots)$;

(2) $\lim\limits_{n\to\infty}v_n=a$，$\lim\limits_{n\to\infty}w_n=a$.

那么数列$\{u_n\}$的极限存在，且$\lim\limits_{n\to\infty}u_n=a$.

定理2 如果

(1) 当$x\to x_0$(或$x\to\infty$)时，有 $g(x)\leqslant f(x)\leqslant h(x)$.

(2) $\lim\limits_{\substack{x\to x_0\\(x\to\infty)}}g(x)=\lim\limits_{\substack{x\to x_0\\(x\to\infty)}}h(x)=A$，则 $\lim\limits_{\substack{x\to x_0\\(x\to\infty)}}f(x)=A$.

定理1及定理2称为夹逼定理，证明从略.

第一个重要极限 $\lim\limits_{x\to 0}\dfrac{\sin x}{x}=1$

证明　首先注意到，函数$\dfrac{\sin x}{x}$的定义域是　$(-\infty,\ 0)\cup(0,\ +\infty)$．在图 3-2 所示的单位圆中，设$\angle AOB=x\quad\left(0<x<\dfrac{\pi}{2}\right)$，点 A 处的切线与 OB 的延长线相交于 D，又 $BC\perp OA$．则

$$\sin x=BC,\ x=\overset{\frown}{AB},\ \tan x=AD.$$

因为$\triangle AOB$ 面积 < 扇形 AOB 面积 < $\triangle AOD$ 面积，

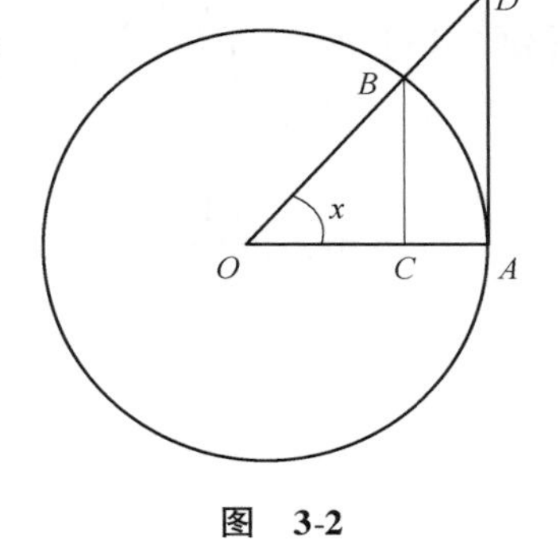

图　3-2

所以
$$\frac{1}{2}\sin x<\frac{1}{2}x<\frac{1}{2}\tan x.$$

即
$$\sin x<x<\tan x.$$

由于　$0<x<\dfrac{\pi}{2}$，故 $\sin x>0$．在不等式中除以 $\sin x$，得

$$1<\frac{x}{\sin x}<\frac{1}{\cos x}.$$

或
$$\cos x<\frac{\sin x}{x}<1.$$

因为
$$\lim_{x\to 0^+}\cos x=1,\quad \lim_{x\to 0^+}1=1.$$

于是，由函数极限存在定理，有　$\lim\limits_{x\to 0^+}\dfrac{\sin x}{x}=1.$

当$-\dfrac{\pi}{2}<x<0$ 时，$-x>0$，$\sin(-x)>0$，

于是
$$\lim_{x\to 0^-}\frac{\sin x}{x}=\lim_{-x\to 0^+}\frac{\sin(-x)}{-x}=1.$$

综合上述，得到
$$\lim_{x\to 0}\frac{\sin x}{x}=1.$$

例　题

【例 3-12】求 $\lim\limits_{x\to 0}\dfrac{\tan x}{x}$.

解　$\lim\limits_{x\to 0}\dfrac{\tan x}{x}=\lim\limits_{x\to 0}\dfrac{\sin x}{x}\cdot\dfrac{1}{\cos x}=1.$

【例 3-13】求 $\lim\limits_{x\to \pi}\dfrac{\sin x}{x-\pi}$.

解　$\lim\limits_{x\to \pi}\dfrac{\sin x}{x-\pi}=\lim\limits_{x\to \pi}\dfrac{\sin(\pi-x)}{x-\pi}\xlongequal{t=\pi-x}\lim\limits_{t\to 0}\dfrac{\sin t}{-t}=-1.$

【例3-14】求 $\lim\limits_{x\to0}\dfrac{\arcsin x}{x}$.

解 $\lim\limits_{x\to0}\dfrac{\arcsin x}{x}\xlongequal{令 t=\arcsin x}\lim\limits_{t\to0}\dfrac{t}{\sin t}=\lim\limits_{t\to0}\dfrac{1}{\dfrac{\sin t}{t}}=1.$

【例3-15】求 $\lim\limits_{x\to0}\dfrac{1-\cos x}{x^2}$.

解 $\lim\limits_{x\to0}\dfrac{1-\cos x}{x^2}=\lim\limits_{x\to0}\dfrac{2\sin^2\left(\dfrac{x}{2}\right)}{x^2}=\dfrac{1}{2}\cdot\lim\limits_{x\to0}\left(\dfrac{\sin\dfrac{x}{2}}{\dfrac{x}{2}}\right)^2=\dfrac{1}{2}.$

习 题

计算下列各极限.

(1) $\lim\limits_{x\to0}\dfrac{\sin\omega x}{x}$;

(2) $\lim\limits_{x\to0}\dfrac{\tan4x}{x}$;

(3) $\lim\limits_{x\to0}\dfrac{\sin2x}{\tan5x}$;

(4) $\lim\limits_{x\to0}\dfrac{x-\sin x}{x+\sin x}$;

(5) $\lim\limits_{x\to0}\dfrac{1-\cos2x}{x\sin x}$;

(6) $\lim\limits_{x\to\infty}\left(3^n\sin\dfrac{x}{3^n}\right)$;

(7) $\lim\limits_{x\to a}\dfrac{\sin x-\sin a}{x-a}$;

(8) $\lim\limits_{x\to\pi}\dfrac{\sin x}{\pi-x}$.

第二个重要极限　$\lim\limits_{x\to\infty}\left(1+\dfrac{1}{x}\right)^{x}=\mathrm{e}$

首先考察当 $x\to+\infty$ 及 $x\to-\infty$ 时，函数$\left(1+\dfrac{1}{x}\right)^{x}$的变化趋向(见表 3-1).

表 3-1

x	1	2	5	10	100	1000	10000	100000	$\cdots\to\infty$
$\left(1+\dfrac{1}{x}\right)^{x}$	2	2.25	2.49	2.59	2.705	2.717	2.718	2.71827	…

x	−10	−100	−1000	−10000	−100000	$\cdots\to-\infty$
$\left(1+\dfrac{1}{x}\right)^{x}$	2.88	2.732	2.720	2.7184	2.71830	…

可以证明：当 x 趋于无穷大时，$\left(1+\dfrac{1}{x}\right)^{x}$趋近于一个定数 2.718 281 828 45…，它是一个无理数，我们用字母 e 来表示，即

$$\lim_{x\to\infty}\left(1+\frac{1}{x}\right)^{x}=\mathrm{e}.$$

如果作一个变换，设 $t=\dfrac{1}{x}$，那么，当 $x\to\infty$ 时有 $t\to0$，于是

$$\lim_{t\to0}(1+t)^{\frac{1}{t}}=\mathrm{e}.$$

例　题

【例 3-16】求 $\lim\limits_{x\to\infty}\left(1+\dfrac{2}{x}\right)^{x}$.

解 $$\lim_{x\to\infty}\left(1+\frac{2}{x}\right)^{x}=\lim_{x\to\infty}\left[\left(1+\frac{1}{\frac{x}{2}}\right)^{\frac{x}{2}}\right]^{2}=\left[\lim_{x\to\infty}\left(1+\frac{1}{\frac{x}{2}}\right)^{\frac{x}{2}}\right]^{2}=\mathrm{e}^{2}.$$

【例 3-17】求 $\lim\limits_{x\to0}(1+x)^{\frac{1}{x}}$.

解 $$\lim_{x\to0}(1+x)^{\frac{1}{x}}\xlongequal{\text{令 }z=\frac{1}{x}}\lim_{z\to\infty}\left(1+\frac{1}{z}\right)^{z}=\mathrm{e}.$$

【例 3-18】求 $\lim\limits_{x\to\infty}\left(1+\dfrac{1}{x}\right)^{x+1}$.

解 $$\lim_{x\to\infty}\left(1-\frac{1}{x}\right)^{x+1}=\lim_{x\to\infty}\left\{\left[\left(1+\frac{1}{-x}\right)^{-x}\right]^{-1}\left(1-\frac{1}{x}\right)\right\}$$

$$=\left[\lim_{x\to\infty}\left(1+\frac{1}{-x}\right)^{-x}\right]^{-1}\cdot\lim_{x\to\infty}\left(1-\frac{1}{x}\right)=\mathrm{e}^{-1}\times1=\frac{1}{\mathrm{e}}.$$

【例 3-19】求 $\lim\limits_{n\to\infty}\left(\dfrac{2n-1}{2n+1}\right)^n$.

解 $\lim\limits_{n\to\infty}\left(\dfrac{2n-1}{2n+1}\right)^n=\lim\limits_{n\to\infty}\left(1-\dfrac{2}{2n+1}\right)^n$

$$=\lim_{n\to\infty}\left[\left(1-\frac{1}{n+\frac{1}{2}}\right)^{n+\frac{1}{2}}\cdot\left(1-\frac{1}{n+\frac{1}{2}}\right)^{-\frac{1}{2}}\right]=\frac{1}{e}\times 1^{-\frac{1}{2}}=\frac{1}{e}.$$

习 题

计算下列各极限.

(1) $\lim\limits_{x\to 0}(1-x)^{\frac{1}{x}}$;

(2) $\lim\limits_{x\to 0}(1-2x)^{\frac{2}{x}}$;

(3) $\lim\limits_{x\to\infty}\left(\dfrac{1+x}{x}\right)^{2x}$;

(4) $\lim\limits_{x\to\infty}\left(\dfrac{3x+4}{3x-1}\right)^{x+1}$;

(5) $\lim\limits_{x\to\infty}\left(1-\dfrac{1}{x}\right)^{\frac{1}{\sin\frac{1}{x}}}$;

(6) $\lim\limits_{x\to\frac{\pi}{2}}(1+\cos x)^{2\sec x}$.

无穷小

在实际问题中，经常会遇到以零为极限的变量. 例如，当关掉电源时，电扇的扇叶转速会逐渐慢下来，直至停止转动；又如，电容器放电时，其电压随时间的增加而逐渐减少并趋近于0；再如$\left(\frac{1}{2}\right)^n$，当$n\to+\infty$时，其极限为0；函数$y=\frac{1}{x}$，当$x\to\infty$时，极限为0.

定义　若$f(x)$当$x\to x_0$或$x\to\infty$时的极限为零，就称$f(x)$为当$x\to x_0$或$x\to\infty$时的无穷小量，简称无穷小，记为$\lim\limits_{x\to x_0}f(x)=0$或$\lim\limits_{x\to\infty}f(x)=0$.

无穷小说明：

(1) 除上两种情形之外，还有$x\to-\infty$，$x\to+\infty$，$x\to0^+$，$x\to0^-$的情形.

(2) 无穷小不是一个数，而是一个特殊的函数(极限为0)，不要将其与非常小的数混淆，因为任一常数不可能任意地小，除非是0函数，由此得：0是唯一可作为无穷小的常数.

(3) 应当注意，无穷小是以零为极限的函数. 当我们说函数$f(x)$是无穷小时，必须指明自变量x的变化趋向. 如函数$f(x)=\sin x$，当$x\to0$时是无穷小，而当$x\to\frac{\pi}{2}$时，$\sin x\to1$，这时它就不是无穷小了.

下面给出无穷小与函数极限的关系.

定理　当自变量x在同一变化过程中，函数$f(x)$有极限A的充分必要条件是$f(x)=A+\alpha$，其中α是自变量x在此变化过程中的无穷小.

证明从略.

例　题

【例 3-20】观察极限$\lim\limits_{x\to2}(2x-4)$，$\lim\limits_{x\to0}(2x-4)$.

解　因为$\lim\limits_{x\to2}(2x-4)=2\times2-4=0$，所以$2x-4$当$x\to2$时为无穷小；而$\lim\limits_{x\to0}(2x-4)=-4\neq0$，所以$2x-4$当$x\to0$时不是无穷小.

习　题

1. $\lim\limits_{x\to2}\frac{x^3+2x^2}{(x-2)^3}=$________.

2. 已知$\lim\limits_{x\to1}\frac{x^2+ax+b}{1-x}=1$，试求$a$与$b$的值.

无穷大

定义 若当 $x\to x_0$ 或 $x\to\infty$ 时，$f(x)\to\infty$，就称 $f(x)$ 为当 $x\to x_0$ 或 $x\to\infty$ 时的无穷大，记作：$\lim\limits_{x\to x_0}f(x)=\infty$ 或 $\lim\limits_{x\to\infty}f(x)=\infty$.

无穷大说明：

(1) 除上两种外，还有 $f(x)\to-\infty$，$f(x)\to+\infty$ 的情形.

(2) 无穷大也不是一个数，不要将其与非常大的数混淆.

(3) 若 $\lim\limits_{x\to x_0}f(x)=\infty$ 或 $\lim\limits_{x\to\infty}f(x)=\infty$，按通常意义讲，$f(x)$ 的极限不存在.

可证明 $\lim\limits_{x\to 0}\dfrac{1}{x^2}=\infty$，所以当 $x\to 0$ 时，$\dfrac{1}{x^2}$ 为无穷大.

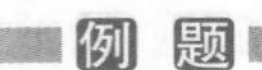

【例 3-21】试求 $\lim\limits_{x\to 1^-}\dfrac{1}{x-1}$，$\lim\limits_{x\to 1^+}\dfrac{1}{x-1}$ 和 $\lim\limits_{x\to 1}\dfrac{1}{x-1}$.

解 根据函数 $y=\dfrac{1}{x-1}$ 的图形. 可知

$$\lim_{x\to 1^-}\frac{1}{x-1}=-\infty,\ \lim_{x\to 1^+}\frac{1}{x-1}=+\infty,\ \lim_{x\to 1}\frac{1}{x-1}=\infty.$$

习 题

1. $\lim\limits_{x\to\infty}(2x^5-x+1)=$ ________.

2. 当 $x\to 1$ 时，下列变量为无穷大量的是(　　).

(A) $\dfrac{1}{x-1}$　　(B) $\dfrac{x^2-1}{x-1}$　　(C) $\dfrac{x-1}{x^2-1}$　　(D) $x-1$

3. 当 $x\to 0$ 时，下列变量为无穷大量的是(　　).

(A) $\sin x$　　(B) $\sin\dfrac{1}{x}$　　(C) $\dfrac{1}{x}$　　(D) x

无穷小的性质

性质 1　有限个无穷小的和仍为无穷小．即设

$$\lim\alpha=0,\ \lim\beta=0\Rightarrow\lim(\alpha+\beta)=0.$$

性质 2　有界函数与无穷小的乘积仍为无穷小．即设 u 有界，$\lim\alpha=0\Rightarrow\lim u\alpha=0$.

性质 3　常数与无穷小的乘积仍为无穷小．即若 k 为常数，$\lim\alpha=0\Rightarrow\lim k\alpha=0$.

性质 4　有限个无穷小的乘积仍为无穷小．即设

$$\lim\alpha_1=\lim\alpha_2=\cdots=\lim\alpha_n=0\Rightarrow\lim(\alpha_1\alpha_2\cdots\alpha_n)=0.$$

性质 1 ~ 性质 4 证明从略.

【例 3-22】求 $\lim\limits_{x\to0}\left(x\sin\dfrac{1}{x}\right)$.

解　当 $x\to0$ 时，$\sin\dfrac{1}{x}$的极限不存在，所以不能应用极限的运算法则．但由于

$$\lim_{x\to0}x=0 \text{ 且 } \left|\sin\frac{1}{x}\right|\leqslant1,$$

即当 $x\to0$ 时，x 是无穷小，而函数 $\sin\dfrac{1}{x}$是有界函数，所以由性质 2 有

$$\lim_{x\to0}\left(x\sin\frac{1}{x}\right)=0.$$

计算下列各极限.

(1) $\lim\limits_{x\to1}(x-1)\cos\dfrac{1}{x-1}$.

(2) $\lim\limits_{x\to\infty}\dfrac{\sin x}{x}$.

(3) $\lim\limits_{x\to\infty}\dfrac{\sin x^2}{x^2}$.

(4) $\lim\limits_{x\to\infty}\dfrac{\cos x}{x}$.

无穷小与无穷大的关系

定理 当自变量在同一变化过程中时,

(1) 若$f(x)$为无穷大,则$\frac{1}{f(x)}$为无穷小.

(2) 若$f(x)$为无穷小,且$f(x)\neq 0$,则$\frac{1}{f(x)}$为无穷大.

证明从略.

【例3-23】求$\lim\limits_{x\to 2}\frac{x^2}{x-2}$.

解 当$x\to 2$时,$x-2\to 0$,故不能直接用极限法则,由于$x^2\to 4$,考虑:

$$\lim_{x\to 2}\frac{x-2}{x^2}=\frac{2-2}{4}=0\Rightarrow\lim_{x\to 2}\frac{x^2}{x-2}=\infty.$$

无穷小的比较

定义　设 α 与 β 为 x 在同一变化过程中的两个无穷小，

（1）若 $\lim\frac{\beta}{\alpha}=0$，就说 β 是比 α 高阶的无穷小，记为 $\beta=o(\alpha)$.

（2）若 $\lim\frac{\beta}{\alpha}=\infty$，就说 β 是比 α 低阶的无穷小.

（3）若 $\lim\frac{\beta}{\alpha}=C\neq0$（$C$ 为常数），就说 β 是与 α 同阶的无穷小.

（4）若 $\lim\frac{\beta}{\alpha}=1$，就说 β 与 α 是等价无穷小，记为 $\alpha\sim\beta$.

例如：当 $x\to0$ 时，$x\sin\frac{1}{x}$ 与 x^2 既非同阶，又无高低阶可比较，因为 $\lim\limits_{x\to0}\frac{x\sin\frac{1}{x}}{x^2}$ 不存在.

定理　若 α，β，α_1，β_1 均为 x 的同一变化过程中的无穷小，且 $\alpha\sim\alpha_1$，$\beta\sim\beta_1$，及 $\lim\frac{\beta_1}{\alpha_1}$ 存在，那么 $\lim\frac{\beta}{\alpha}$ 也存在，并且 $\lim\frac{\beta}{\alpha}=\lim\frac{\beta_1}{\alpha_1}$.

证明　由定理条件 $\alpha(x)\sim\alpha_1(x)$，$\beta(x)\sim\beta_1(x)$，可知 $\lim\frac{\alpha(x)}{\alpha_1(x)}=1$ 和 $\lim\frac{\beta(x)}{\beta_1(x)}=1$，所以有

$$\begin{aligned}\lim\frac{\alpha(x)}{\beta(x)}&=\lim\frac{\alpha(x)}{\alpha_1(x)}\cdot\frac{\alpha_1(x)}{\beta_1(x)}\cdot\frac{\beta_1(x)}{\beta(x)}\\&=\lim\frac{\alpha(x)}{\alpha_1(x)}\cdot\lim\frac{\alpha_1(x)}{\beta_1(x)}\cdot\lim\frac{\beta_1(x)}{\beta(x)}\\&=\lim\frac{\alpha_1(x)}{\beta_1(x)}.\end{aligned}$$

定理表明：求两个无穷小量之比的极限时，分子及分母都可用等价无穷小量代替.

注意：做等价无穷小量替换时，在分子或分母为和式时，通常不能用和式中的某一项或若干项作等价无穷小量替换. 若分子或分母为几个因子的积，则可将其中某个或某些因子以等价无穷小量替换.

例题

【例 3-24】分别比较当 $x\to0$ 时以下两函数阶数的高低：

（1）x 与 x^2；

（2）x 与 $\sin x$；

（3）x^2 与 $1-\cos x$.

解 （1）由于$\lim\limits_{x\to0}\frac{x^2}{x}=\lim\limits_{x\to0}x=0$，所以

当$x\to0$时，x^2是x的高阶无穷小，即$x^2=o(x)$；反之x是x^2的低阶无穷小.

（2）由于$\lim\limits_{x\to0}\frac{\sin x}{x}=1$，所以

当$x\to0$时，x与$\sin x$是等价无穷小，即$x\sim\sin x$.

（3）由于$\lim\limits_{x\to0}\frac{1-\cos x}{x^2}=\lim\limits_{x\to0}\frac{2\sin^2\frac{x}{2}}{4\cdot\left(\frac{x}{2}\right)^2}$

$$=\lim_{x\to0}\frac{1}{2}\left(\frac{\sin\frac{x}{2}}{\frac{x}{2}}\right)^2=\frac{1}{2}\times1=\frac{1}{2}，所以$$

当$x\to0$时，x^2与$1-\cos x$是同阶无穷小.

注意：（1）等价无穷小具有传递性，即$\alpha\sim\beta$，$\beta\sim\gamma\Rightarrow\alpha\sim\gamma$.

（2）任意两个无穷小量不一定都可进行比较.

【例 3-25】计算$\lim\limits_{x\to0}\frac{\tan5x}{3x}$.

解 因为当$x\to0$时，$\tan5x\sim5x$，所以

$$\lim_{x\to0}\frac{\tan5x}{3x}=\lim_{x\to0}\frac{5x}{3x}=\frac{5}{3}.$$

【例 3-26】求$\lim\limits_{x\to0}\frac{\tan2x}{\sin5x}$.

解 由于当$x\to0$时，$\tan2x\sim2x$，$\sin5x\sim5x$，所以

$$\lim_{x\to0}\frac{\tan2x}{\sin5x}=\lim_{x\to0}\frac{2x}{5x}=\frac{2}{5}.$$

【例 3-27】求$\lim\limits_{x\to0}\frac{1-\cos x}{\sin^2x}$.

解 因为当$x\to0$时，$\sin x\sim x$，所以

$$\lim_{x\to0}\frac{1-\cos x}{\sin^2x}=\lim_{x\to0}\frac{1-\cos x}{x^2}=\frac{1}{2}.$$

【例 3-28】求$\lim\limits_{x\to0}\frac{\arcsin2x}{x^2+2x}$.

解 因为当$x\to0$时，$\arcsin2x\sim2x$，所以

$$原式=\lim_{x\to0}\frac{2x}{x^2+2x}=\lim_{x\to0}\frac{2}{x+2}=\frac{2}{2}=1.$$

常用的当 $x\to 0$ 时等价无穷小的有：

$$\sin x\sim x,\ \tan x\sim x,\ \arcsin x\sim x,\ \arctan x\sim x,\ 1-\cos x\sim \frac{1}{2}x^2.$$

用等价无穷小代换适用于乘、除，对于加、减应谨慎.

习　题

计算下列各极限.

（1）$\lim\limits_{x\to 1}\dfrac{\sqrt{5x-4}-\sqrt{x}}{x-1}$.

（2）$\lim\limits_{x\to 0}\dfrac{\sqrt{1-x}-1}{\sin 4x}$.

（3）$\lim\limits_{x\to 0}\dfrac{\sqrt{1-x}-1}{\sin 2x}$.

函数的连续与间断

在自然界和现实社会中，变量的变化有两种不同的形式，即渐变和突变. 如气温的变化，这种现象反映到数学上，就是函数的连续性. 连续性是函数的重要性质之一.

1. 函数的改变量

设变量 u 从它的一个初值 u_1 变到终值 u_2，终值与初值之差 u_2-u_1 称为变量 u 的增量，记作 Δu，即

$$\Delta u=u_2-u_1.$$

注意：增量 Δu 可以是正的，也可以是负的，记号 Δu 不表示某个量 Δ 与变量 u 的乘积，即 Δu 是一个不可分割的整体性记号.

当 $\Delta u>0$ 时，变量 u 从 u_1 变到 $u_2=u_1+\Delta u$ 时，是增大的.

当 $\Delta u<0$ 时，变量 u 是减小的.

假设函数 $y=f(x)$ 在点 x_0 的某一邻域内有定义，当自变量 x 在该邻域内从 x_0 变到 $x_0+\Delta x$ 时，函数 y 相应地从 $f(x_0)$ 变到 $f(x_0+\Delta x)$，则函数 y 的对应增量为

$$\Delta y=f(x_0+\Delta x)-f(x_0).$$

这个关系式的几何解释如图 3-3 所示.

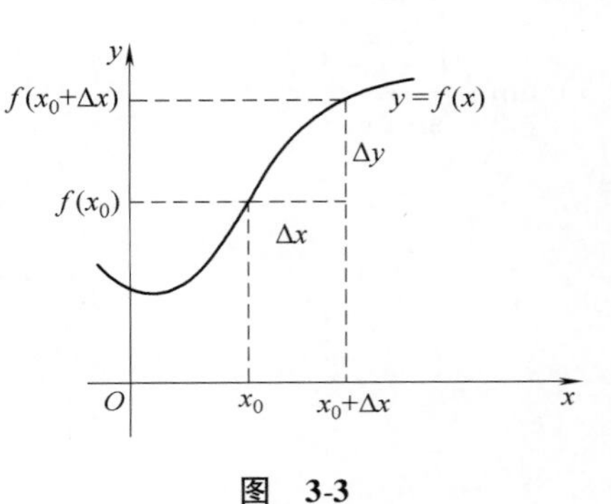

图 3-3

2. 连续函数的概念

定义 1 设函数 $y=f(x)$ 在 x_0 的某邻域内有定义，如果当自变量的增量 $\Delta x=x-x_0$ 趋于零时，对应的函数的增量 $\Delta y=f(x_0+\Delta x)-f(x_0)$ 也趋于零，即 $\lim\limits_{\Delta x\to 0}\Delta y=0$，那么就称函数 $y=f(x)$ 在 x_0 点处连续.

由定义 1，若设 $x=x_0+\Delta x$，且 $\Delta x\to 0$，则 $x\to x_0$. 又因为

$$\Delta y=f(x_0+\Delta x)-f(x_0)=f(x)-f(x_0).$$

即

$$f(x)=f(x_0)+\Delta y.$$

可见 $\Delta y\to 0$，就是 $f(x)\to f(x_0)$，所以 $\lim\limits_{\Delta x\to 0}\Delta y=0$ 与 $\lim\limits_{x\to x_0}f(x)=f(x_0)$ 等价.

定义 2 设函数 $y=f(x)$ 在 x_0 的某邻域内有定义，若 $\lim\limits_{x\to x_0}f(x)=f(x_0)$，就称函数 $y=f(x)$ 在 x_0 点处连续，称 x_0 为 $y=f(x)$ 的连续点.

下面介绍左连续及右连续的概念.

若 $\lim\limits_{x\to x_0^-}f(x)=f(x_0-0)=f(x_0)$，就称 $f(x)$ 在 x_0 点左连续. 若 $\lim\limits_{x\to x_0^+}f(x)=f(x_0+0)=f(x_0)$，就称 $f(x)$ 在 x_0 点右连续.

由函数连续的定义，不难得出：

函数 $f(x)$ 在点 x_0 处连续的充分必要条件是 $f(x)$ 在 x_0 点既左连续，又右连续.

3. 函数的间断点

若函数 $f(x)$ 在 x_0 点不连续，就称 x_0 为 $f(x)$ 的间断点或不连续点. 函数 $f(x)$ 在点 x_0 处不

连续，有下列三种情况：

(1) $f(x)$ 在 $x=x_0$ 点没有定义.

(2) $\lim\limits_{x\to x_0}f(x)$ 不存在.

(3) 虽然 $\lim\limits_{x\to x_0}f(x)$ 存在，在 x_0 点也有定义，但 $\lim\limits_{x\to x_0}f(x)\neq f(x_0)$.

常见的间断点类型有无穷间断点、振荡间断点、可去间断点、跳跃间断点.

例题

【例 3-29】证明函数 $y=\sin x$ 在区间 $(-\infty, +\infty)$ 上连续.

证明　设 x 为区间 $(-\infty, +\infty)$ 上任意给定的一点，当 x 有增量 Δx 时，对应的函数的增量是

$$\Delta y=\sin(x+\Delta x)-\sin x=2\sin\frac{\Delta x}{2}\cos\left(x+\frac{\Delta x}{2}\right).$$

由于

$$\left|\cos\left(x+\frac{\Delta x}{2}\right)\right|\leqslant 1,$$

因此

$$|\Delta y|=\left|2\sin\frac{\Delta x}{2}\cos\left(x+\frac{\Delta x}{2}\right)\right|\leqslant 2\left|\sin\frac{\Delta x}{2}\right|.$$

又因为

$$\left|\sin\frac{\Delta x}{2}\right|\leqslant\left|\frac{\Delta x}{2}\right|,$$

故推得

$$0\leqslant|\Delta y|\leqslant|\Delta x|.$$

当 $\Delta x\to 0$ 时，由夹逼准则知 $|\Delta y|\to 0$，从而 $\Delta y\to 0$，这就证明了 $y=\sin x$ 在区间 $(-\infty, +\infty)$ 上每一点都是连续的.

【例 3-30】讨论函数 $y=\begin{cases}x+2, & x\geqslant 0\\ x-2, & x<0\end{cases}$ 在 $x=0$ 点的连续性.

解　$\lim\limits_{x\to 0^-}y=\lim\limits_{x\to 0^-}(x-2)=0-2=-2$，$\lim\limits_{x\to 0^+}y=\lim\limits_{x\to 0^+}(x+2)=0+2=2$，因为 $-2\neq 2$，所以该函数在 $x=0$ 点不连续，又因为 $f(0)=2$，所以该函数为右连续函数.

【例 3-31】证明 $f(x)=|x|$ 在 $x=0$ 点连续.

证明　$\lim\limits_{x\to 0^-}|x|=\lim\limits_{x\to 0^-}(-x)=0$，$\lim\limits_{x\to 0^+}|x|=\lim\limits_{x\to 0^+}x=0$，又 $f(0)=0$，所以由定理得 $\lim\limits_{x\to 0}|x|=f(0)=0$，于是 $f(x)=|x|$ 在 $x=0$ 点连续.

【例 3-32】设 $f(x)=\dfrac{1}{x^2}$，当 $x\to 0$ 时，$f(x)\to\infty$，即极限不存在，所以 $x=0$ 为 $f(x)$ 的间断点.

因为 $\lim\limits_{x\to 0}\dfrac{1}{x^2}=\infty$，所以 $x=0$ 为无穷间断点.

【例 3-33】$y=\sin\dfrac{1}{x}$ 在 $x=0$ 点无定义，且当 $x\to 0$ 时，函数值在 -1 与 $+1$ 之间无限次地振荡，而不超于某一定数，这种间断点称为振荡间断点.

如 $f(x)=\begin{cases}0, & x\in Q\\ 1, & x\notin Q\end{cases}$，所有间断点均为振荡间断点.

【例3-34】$y=\dfrac{\sin x}{x}$在 $x=0$ 点无定义，所以 $x=0$ 为其间断点，又$\lim\limits_{x\to 0}\dfrac{\sin x}{x}=1$，所以若补充定义 $f(0)=1$，那么函数在 $x=0$ 点就连续了. 故这种间断点称为可去间断点.

【例3-35】例3-30的函数在 $x=0$ 点不连续，但左、右极限均存在，且左、右极限不相等，这种间断点称为跳跃间断点.

如果$f(x)$在间断点 x_0 处的左、右极限都存在，就称 x_0 为$f(x)$的第一类间断点，否则就称为第二类间断点. 显然，可去间断点与跳跃间断点为第一类间断点，其余为第二类间断点.

习　题

1. 求$f(x)=\dfrac{\sqrt{x+2}}{(x+1)(x-4)}$的连续区间.

2. 已知函数$f(x)=\begin{cases}\dfrac{1}{x}\sin x, & x<0,\\ k, & x=0\\ x\sin\dfrac{1}{x}+1, & x>0,\end{cases}$，问常数 k 为何值时，$f(x)$在其定义域内连续?

3. 已知函数$f(x)=\begin{cases}\dfrac{\sin 2x}{x}, & x<0,\\ 3x^2-2x+k, & x\geqslant 0,\end{cases}$问常数 k 为何值时，$f(x)$在其定义域内连续?

4. 讨论函数 $y=\dfrac{x^2-1}{x^2-3x+2}$的连续性，若有间断点，指出其间断点的类型.

复合函数的连续性

定理 1　设函数 $y=f(u)$ 在 u_0 处连续，函数 $u=g(x)$ 在 x_0 处连续且 $u_0=g(x_0)$，则复合函数 $f[g(x)]$ 在 x_0 处连续.

证明从略.

运用定理 1 可以确定许多复合函数的连续性，从而方便地解决它们的极限计算问题. 例如，因为 $y=\sin u$，$u=x^2$ 均为连续函数，所以复合函数 $y=\sin x^2$ 在 $x=\sqrt{\frac{\pi}{2}}$ 处连续，则

$$\lim_{x\to\sqrt{\frac{\pi}{2}}}\sin x^2=\sin\left(\sqrt{\frac{\pi}{2}}\right)^2=\sin\frac{\pi}{2}=1.$$

定理 2　设函数 $u=\varphi(x)$ 在点 $x=x_0$ 连续，且 $\varphi(x_0)=u_0$，函数 $y=f(u)$ 在 u_0 点连续，那么复合函数 $y=f[\varphi(x)]$ 在点 $x=x_0$ 处连续.

证明从略.

定理 3　若外层函数 $f(u)$ 在 u_0 连续，$\lim\limits_{x\to x_0}g(x)=u_0$，则

$$\lim_{x\to x_0}f[g(x)]=f[\lim_{x\to x_0}g(x)]=f(u_0).$$

例　题

【例 3-36】讨论函数 $y=\sin\frac{1}{x}$ 的连续性.

解　函数 $y=\sin\frac{1}{x}$ 可以看作由 $y=\sin u$ 及 $u=\frac{1}{x}$ 复合而成的. 因为 $\sin u$ 当 $-\infty<u<+\infty$ 时是连续的，$\frac{1}{x}$ 当 $-\infty<x<0$ 和 $0<x<+\infty$ 时是连续的，由定理 1 即可知，函数 $y=\sin\frac{1}{x}$ 在无限区间 $(-\infty,0)$ 和 $(0,+\infty)$ 内是连续的.

【例 3-37】计算 $\lim\limits_{x\to 0}\frac{\log_a(1+x)}{x}$.

解

$$\lim_{x\to 0}\frac{\log_a(1+x)}{x}=\lim_{x\to 0}\log_a(1+x)^{\frac{1}{x}}=\log_a\lim_{x\to 0}(1+x)^{\frac{1}{x}}$$

$$=\log_a e=\frac{1}{\ln a}.$$

【例 3-38】求 $\lim\limits_{x\to 1}e^{\sin(2\arctan x)}$.

解　由定理 3，得

$$\lim_{x\to 1}e^{\sin(2\arctan x)}=e^{\sin(2\arctan 1)}=e.$$

反函数的函数连续性

定理(反函数的连续性) 如果 $y=f(x)$ 在区间 I_x 上单值，单增(减)，且连续，那么其反函数 $x=\varphi(y)$ 也在对应的区间 $I_y=\{y \mid y=f(x), x\in I_x\}$ 上单值，单增(减)，且连续.

初等函数的连续性

定理1(连续函数的四则运算法则) 若 $f(x)$，$g(x)$ 均在 x_0 处连续，则 $f(x)\pm g(x)$，$f(x)\cdot g(x)$ 及 $\dfrac{f(x)}{g(x)}$(其中 $g(x_0)\neq 0$)都在 x_0 处连续.

定理2 初等函数在其定义区间内都是连续函数.

例 题

【例 3-39】求 $\lim\limits_{x\to 0}\sqrt{2-\dfrac{\sin x}{x}}$.

解 因为 $\lim\limits_{x\to 0}\dfrac{\sin x}{x}=1$，及 $\sqrt{2-u}$ 在 $u=1$ 点连续，故由定理3，

$$原式=\sqrt{2-\lim_{x\to 0}\frac{\sin x}{x}}=\sqrt{2-1}=1.$$

【例 3-40】求 $\lim\limits_{x\to 0}\dfrac{\ln(1+x)}{x}$.

解 $\lim\limits_{x\to 0}\dfrac{\ln(1+x)}{x}=\lim\limits_{x\to 0}\ln(1+x)^{\frac{1}{x}}=\ln\lim\limits_{x\to 0}(1+x)^{\frac{1}{x}}=\ln e=1.$

【例 3-41】求 $\lim\limits_{x\to a}\dfrac{\sin x-\sin a}{x-a}$.

解 $$\lim_{x\to a}\frac{\sin x-\sin a}{x-a}=\lim_{x\to a}\frac{2\sin\frac{x-a}{2}\cos\frac{x+a}{2}}{x-a}=\lim_{x\to a}\frac{\sin\frac{x-a}{2}}{\frac{x-a}{2}}\cdot\cos\frac{x+a}{2}$$

$$\xlongequal{令 t=\frac{x-a}{2}}\lim_{t\to 0}\frac{\sin t}{t}\cdot\cos(t+a)=\cos a.$$

1. 设 $\lim\limits_{x\to 0}\dfrac{f(x)}{x}=1$，求 $\lim\limits_{x\to 0}\dfrac{\sqrt{1+f(x)}-1}{x}$.

2. 设函数 $f(x)=\begin{cases} x\sin^2\dfrac{1}{x}, & x>0, \\ a+x^2, & x\leqslant 0, \end{cases}$ 讨论 $f(x)$ 的连续性.

3. 讨论分段函数 $f(x)=\begin{cases} \sin x, & x<0 \\ x, & 0\leqslant x\leqslant 1 \\ \dfrac{1}{x-1}, & x>1 \end{cases}$ 的连续性，并画出其图形，若有间断点，指出属于哪类间断点.

闭区间上连续函数的性质

定理 1（最值定理）　闭区间上的连续函数一定存在最大值和最小值.

定理 2（零点定理）　若函数 $f(x)$ 在闭区间 $[a, b]$ 上连续，且 $f(a)$ 与 $f(b)$ 异号，则至少存在一点 $\xi\in(a, b)$，使得 $f(\xi)=0$.

定理 3（介值定理）　若函数 $f(x)$ 在闭区间 $[a, b]$ 上连续，最大值和最小值分别为 M 和 m 且 $M\neq m$，μ 为介于 M 和 m 之间的任意一个数，则至少存在一点 $\xi\in(a, b)$，使得 $f(\xi)=\mu$.

例　题

【例 3-42】证明方程 $\sin x-x+1=0$ 在 0 与 π 之间有实根.

证明　设 $f(x)=\sin x-x+1$，因为 $f(x)$ 在 $(-\infty, +\infty)$ 内连续，所以 $f(x)$ 在 $[0, \pi]$ 上也连续，而

$$f(0)=1>0,\ f(\pi)=-\pi+1<0.$$

由定理 8 知，至少存在一点 $\xi\in(0, \pi)$，使得 $f(\xi)=0$，即方程 $\sin x-x+1=0$ 在 0 与 π 之间至少有一个实根.

验证方程 $4x=2^x$ 在区间 $\left(0, \dfrac{1}{2}\right)$ 内有一个根.

综合练习

1. 单项选择题.

(1) 下列说法正确的是(　　).

(A) 无穷小的倒数是无穷大；　(B) 两个无穷小的商是无穷小；

(C) 无穷小的极限是零；　(D) 无穷小是负无穷大.

(2) 设函数 $f(x)=\begin{cases}\dfrac{1}{x}\sin 3x, & x\neq 0\\ a, & x=0\end{cases}$，若使 $f(x)$ 在 $(-\infty, +\infty)$ 内连续，则 $a=$(　　).

(A) 1；　(B) 0；　(C) $\dfrac{1}{3}$；　(D) 3.

(3) $\lim\limits_{x\to 0}\dfrac{\sin\dfrac{1}{x}}{\sin x}=$(　　).

(A) 1；　(B) 0；　(C) ∞；　(D) 不存在.

(4) 当 $x\to 0$ 时，下列(　　)为无穷小.

(A) $\dfrac{\sin x}{x}$；　(B) $x\sin\dfrac{1}{x}$；　(C) $\dfrac{\ln(1+x)}{x}$；　(D) $\sin\dfrac{1}{2x}$.

(5) 当函数 $f(x)=$(　　)时，$\lim\limits_{x\to 0}f(x)$ 存在.

(A) $\begin{cases}\dfrac{|x|}{x}, & x\neq 0,\\ 0, & x=0;\end{cases}$　(B) $\begin{cases}\dfrac{\sin x}{|x|}, & x\neq 0,\\ 0, & x=0;\end{cases}$

(C) $\begin{cases}x^2+2, & x<0,\\ 3, & x=0,\\ 2^x, & x>0;\end{cases}$　(D) $\begin{cases}\dfrac{1}{2-x}, & x<0,\\ 0, & x=0,\\ x+\dfrac{1}{2}, & x>0.\end{cases}$

(6) 当(　　)时，变量 $\dfrac{x-3}{x-4}$ 是无穷小量.

(A) $x\to 0$；　(B) $x\to 3$；　(C) $x\to 4$；　(D) $x\to\infty$.

(7) $\lim\limits_{x\to\infty}\left(1-\dfrac{1}{x}\right)^x=$(　　).

(A) 1；　(B) ∞；　(C) e^{-1}；　(D) e.

(8) 设函数 $f(x)=\begin{cases}x+1, & x<0,\\ 1, & x=0,\\ 2x-1, & x>0,\end{cases}$ 则 $\lim\limits_{x\to 0}f(x)=$(　　).

(A) 0；　(B) 1；　(C) -1；　(D) 不存在.

(9) 设函数 $f(x)=\begin{cases}\dfrac{x-3}{x^2-9}, & x\neq 3\\ a, & x=3\end{cases}$ 在 $x=3$ 处连续，则 $a=($　　$)$.

(A) 0;　　(B) $\dfrac{1}{6}$;　　(C) 3;　　(D) 6.

(10) 若 $\lim\limits_{x\to 0}\dfrac{\sin ax}{\sin 3x}=\dfrac{3}{2}$，则 $a=($　　$)$.

(A) $\dfrac{3}{2}$;　　(B) $\dfrac{2}{3}$;　　(C) $\dfrac{2}{9}$;　　(D) $\dfrac{9}{2}$.

2. 填空题.

(1) 当________时，$f(x)=\dfrac{2x(x-1)}{x-2}$ 是无穷大.

(2) 若 $\lim\limits_{x\to 2}\dfrac{x^2-x+a}{x-2}=3$，则常数 $a=$________.

(3) 设函数 $f(x)=\dfrac{2^{\frac{1}{x}}-1}{2^{\frac{1}{x}}+1}$，则 $\lim\limits_{x\to 0^-}f(x)=$________; $\lim\limits_{x\to 0^+}f(x)=$________.

(4) 设函数 $f(x)=\begin{cases}\dfrac{1}{x}\sin x, & x<0\\ k, & x=0\\ x\sin\dfrac{1}{x}+1, & x>0\end{cases}$ 在点 $x=0$ 处连续，则常数 $k=$________.

(5) $\lim\limits_{x\to\infty}\dfrac{3x^3+x+4}{x^3+2x-1}=$________.

(6) 函数 $f(x)=\dfrac{x^2-x}{x-1}$ 的间断点是________，且为第________类间断点.

3. 求下列函数的极限.

(1) $\lim\limits_{x\to -2}\dfrac{x^3+3x^2+2x}{x^2-x-6}$;

(2) $\lim\limits_{x\to 1}\dfrac{x-1}{\sqrt{x+2}-\sqrt{3}}$;

(3) $\lim\limits_{x\to\infty}(\sqrt{x^2+1}-\sqrt{x^2-1})$;

(4) $\lim\limits_{x\to 1}\left(\dfrac{1}{1-x}-\dfrac{1}{1-x^3}\right)$;

(5) $\lim\limits_{x\to 0}\dfrac{x^2}{\sin^2\dfrac{x}{2}}$;

(6) $\lim\limits_{x\to 1}\dfrac{\sin(x^2-1)}{x^2+x-2}$;

(7) $\lim\limits_{x\to 0}\dfrac{\tan x-\sin x}{x^3}$;

(8) $\lim\limits_{x\to 0}\dfrac{\arcsin x}{x}$;

(9) $\lim\limits_{x\to\infty}\left(\dfrac{x}{1+x}\right)^x$;

(10) $\lim\limits_{x\to\infty}\left(\dfrac{2x-1}{2x+1}\right)^x$;

(11) $\lim\limits_{x\to 0}x^3\cos\dfrac{1}{x}$;

(12) $\lim\limits_{x\to+\infty}\sin(\sqrt{x+2}-\sqrt{x})$;

(13) $\lim\limits_{x\to+\infty}\cos\dfrac{\sqrt{x+1}}{x}$;　　(14) $\lim\limits_{x\to 0}\sin[\ln(1+x)^{\frac{1}{x}}]$.

4. 证明方程 $x^3-5x^2+7x-2=0$ 在区间(0, 1)内至少有一个实根.

5. 证明方程 $x-a\sin x-b=0$ ($a>0$, $b>0$)至少有一个小于 $a+b$ 的正根.

数学文化蕴含着创新意识与创新精神，这也是一流数学人才必须具备的. 在我国数学发展史上，刘徽开创了“割圆术”探索圆周率的精确方法，祖冲之在此基础上运用开幂法，实现了创新与突破，并首次将“圆周率”精算到小数第七位，即在3.1415926和3.1415927之间，这是对我国乃至世界数学研究的重大贡献，领先世界近千年. 我国南宋数学家秦九韶的代表作《数书九章》，标志着世界数学在中世纪达到的最高水平，他始创“大衍求一术”(求解一次同余式组的算法)，在数学界被冠以“中国剩余定理”；他提出的“正负开方术”(高次方程求正根法)，则称“秦九韶算法”.

第 4 章　导数与微分

学习目标

- 理解导数的定义及几何意义.
- 掌握导数的四则运算求导法则与复合函数的求导法则，并能熟练应用.
- 掌握求隐函数导数的方法.
- 了解高阶导数的求法.
- 理解微分的定义，掌握微分的运算.

导学提纲

- 导数的实质是什么?
- 函数可导与连续的关系是什么?
- 求函数的导数有哪几类方法?
- 微分的概念是什么? 如何计算微分?

微分学是微积分的重要组成部分. 导数与微分是一元函数微分学的两个基本概念，本章主要讨论导数与微分的概念、计算以及它们的简单应用.

微课视频《导数的概念》

导数概念的引入

1. 速度问题

设在直线上运动的一质点的位置方程为 $s=s(t)$(t 表示时刻),又设当 t 为 t_0 时刻时,位置在 $s=s(t_0)$ 处,求质点在 $t=t_0$ 时刻的瞬时速度.

为此,可取 t_0 近邻的时刻 t,$t>t_0$(也可取 $t<t_0$),在由 t_0 到 t 这一段时间内,质点在 $t-t_0$ 时间间隔的平均速度为 $\bar{v}=\dfrac{s(t)-s(t_0)}{t-t_0}$,显然当 t 与 t_0 越近,用 $\dfrac{s(t)-s(t_0)}{t-t_0}$ 代替 t_0 的瞬时速度的效果越佳,特别地,当 $t\to t_0$ 时,$\dfrac{s(t)-s(t_0)}{t-t_0}\to v_0$($v_0$ 为常数),那么 v_0 必为 t_0 点的瞬时速度,此时 t_0 时刻的瞬时速度为

$$v(t_0)=\lim_{t\to t_0}\frac{s(t)-s(t_0)}{t-t_0}.$$

变速直线运动在 t_0 时刻的瞬时速度反映了路程 s 对时刻 t 变化快慢的程度,因此,速度 $v(t_0)$ 又称为路程 $s(t)$ 在 t_0 时刻的变化率.

2. 切线问题

定义 设点 M 是曲线 C 上的一个定点,在曲线 C 上另取一点 N,作割线 MN,当动点 N 沿曲线 C 向定点 M 移动时,割线 MN 绕点 M 旋转,其极限位置为 MT,则直线 MT 称为曲线 C 在点 M 的切线,如图4-1所示.

设曲线 C 的方程为 $y=f(x)$,求曲线 C 在点 $M(x_0,y_0)$ 处切线的斜率. 如图4-2所示,在曲线上取与点 $M(x_0,y_0)$ 邻近的另一点 $N(x_0+\Delta x,y_0+\Delta y)$,作曲线的割线 MN,则割线 MN 的斜率为

$$\tan\phi=\frac{\Delta y}{\Delta x}=\frac{f(x_0+\Delta x)-f(x_0)}{\Delta x}.$$

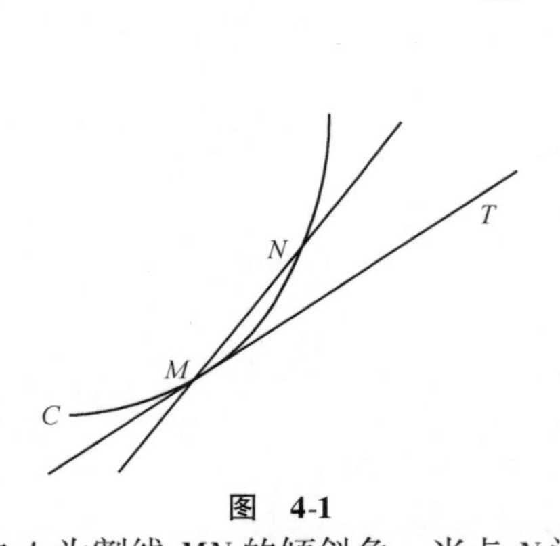

图 4-1

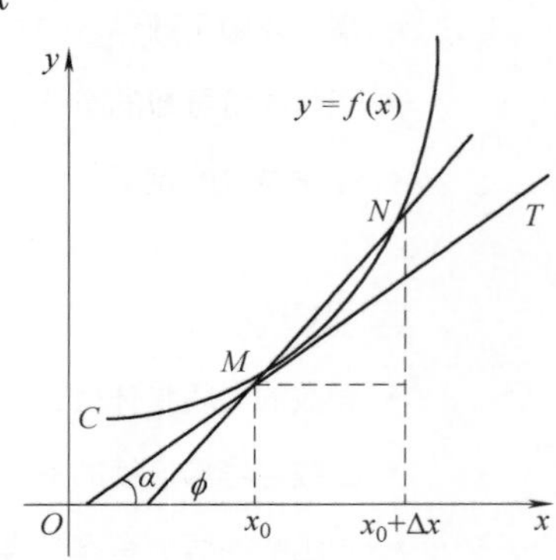

图 4-2

其中 ϕ 为割线 MN 的倾斜角. 当点 N 沿曲线 C 趋向点 M 时,$x\to x_0(\Delta x\to 0)$. 如果 $\Delta x\to 0$ 时,上式的极限存在,设为 k,即

$$k=\lim_{\Delta x\to 0}\frac{f(x_0+\Delta x)-f(x_0)}{\Delta x}.$$

这时 $k=\tan\alpha\quad\left(\alpha\neq\dfrac{\pi}{2}\right)$,其中 α 是切线 MT 的倾斜角.

曲线 C 在点 M 的切线斜率反映了曲线 $y=f(x)$ 在点 M 升降的快慢程度. 因此,切线斜率 k 又称为曲线 $y=f(x)$ 在 $x=x_0$ 处的变化率.

导数的定义

对于极限$\lim\limits_{x\to x_0}\frac{f(x)-f(x_0)}{x-x_0}$(其中 $x-x_0$ 为自变量 x 在 x_0 的增量，$f(x)-f(x_0)$为相应的因变量的增量)，若该极限存在，我们称它为函数$f(x)$在 x_0 点的导数.

定义　设函数$f(x)$在点 x_0 的某邻域内有定义，当自变量在点 x_0 有一增量 Δx 时，函数相应地有增量 $\Delta y=f(x_0+\Delta x)-f(x_0)$，若当 $\Delta x\to 0$ 时，增量比的极限，即

$$\lim_{\Delta x\to 0}\frac{\Delta y}{\Delta x}=\lim_{x\to x_0}\frac{f(x)-f(x_0)}{x-x_0}.$$

存在，就称该极限值为函数 $f(x)$ 在点 x_0 处的导数，记为 $f'(x_0)$，$y'|_{x=x_0}$，$\left.\frac{\mathrm{d}y}{\mathrm{d}x}\right|_{x=x_0}$或$\left.\frac{\mathrm{d}f(x)}{\mathrm{d}x}\right|_{x=x_0}$. 即

$$f'(x_0)=\lim_{x\to x_0}\frac{f(x)-f(x_0)}{x-x_0}.$$

这时，也称函数$f(x)$在 $x=x_0$ 点可导或导数存在.

若极限$\lim\limits_{\Delta x\to 0}\frac{\Delta y}{\Delta x}$即$\lim\limits_{x\to x_0}\frac{f(x)-f(x_0)}{x-x_0}$不存在，就称函数$f(x)$在点 x_0 不可导.

特别地，若$\lim\limits_{\Delta x\to 0}\frac{\Delta y}{\Delta x}=\infty$，也可称函数$f(x)$在点 x_0 的导数为∞，因为此时函数$f(x)$在 x_0 点的切线存在，它是垂直于 x 轴的直线 $x=x_0$.

若函数$f(x)$在开区间 I 内的每一点处均可导，就称函数$f(x)$在区间 I 内可导，且对任意 $x\in I$，均有一导数值 $f'(x)$，这时就构造了一个新的函数，称之为在区间 I 内的导函数，记为 $y=f'(x)$，y'，$\frac{\mathrm{d}y}{\mathrm{d}x}$，$\frac{\mathrm{d}f(x)}{\mathrm{d}x}$等. 为方便起见，导函数简称为导数，而 $f'(x_0)$是在点 x_0 处的导数.

事实上，$y'=\lim\limits_{\Delta x\to 0}\frac{f(x+\Delta x)-f(x)}{\Delta x}$　或 $y'=\lim\limits_{h\to 0}\frac{f(x+h)-f(x)}{h}$.

上两式中，x 为 I 内的某一点，一旦选定，在极限过程中就不变，而 Δx 与 h 是变量. 但在导函数中，x 是变量.

例　题

【例 4-1】若 $f(x)$在 x_0 点可导，求$\lim\limits_{h\to 0}\frac{f(x_0+h)-f(x_0-h)}{h}$.

解　由于 $\frac{f(x_0+h)-f(x_0-h)}{h}=\frac{f(x_0+h)-f(x_0)}{h}+\frac{f(x_0)-f(x_0-h)}{h}$,

于是　$\lim\limits_{h\to 0}\frac{f(x_0+h)-f(x_0-h)}{h}$

$$=\lim_{h\to 0}\frac{f(x_0+h)-f(x_0)}{h}+\lim_{h\to 0}\frac{f(x_0)-f(x_0-h)}{h}$$

$$=2f'(x_0).$$

习 题

1. 填空题.

(1) 若函数 $y=\lg x$ 的 x 从 1 变到 100，则自变量 x 的增量 $\Delta x=$ ________，函数增量 $\Delta y=$ ________.

(2) 若 $y=f(x)$ 在 x_0 处可导，则 $\lim\limits_{\Delta x\to 0}=\dfrac{f(x_0+\Delta x)-f(x_0-\Delta x)}{\Delta x}=$ ________.

2. 选择题.

设物体的运动方程为 $s=s(t)$，则 $\lim\limits_{\Delta t\to 0}\dfrac{\Delta s}{\Delta t}=\lim\limits_{\Delta t\to 0}\dfrac{s(t_0+\Delta t)-s(t_0)}{\Delta t}$ 是(　　).

(A) 该物体在时刻 t_0 的瞬时速度；　　(B) 该物体在时刻 t_0 的平均速度；

(C) 该物体在时刻 t_0 的瞬时加速度；　(D) 该物体在时刻 t_0 的平均加速度.

利用定义求导数

一般地说，利用导数定义求函数 $f(x)$ 导数的方法与步骤为：

(1) 在点 x_0 处取自变量 x 的增量 Δx，求出相应的函数增量 $\Delta y=f(x_0+\Delta x)-f(x_0)$；

(2) 求比值 $\dfrac{\Delta y}{\Delta x}$；

(3) 求极限，即 $\lim\limits_{\Delta x\to 0}\dfrac{\Delta y}{\Delta x}$.

例　题

【例 4-2】求函数 $f(x)=C$（C 为常数）的导数.

解 $f'(x)=\lim\limits_{\Delta x\to 0}\dfrac{f(x+\Delta x)-f(x)}{\Delta x}=\lim\limits_{\Delta x\to 0}\dfrac{C-C}{\Delta x}=0$，即 $(C)'=0$.

由该例表明，函数 $f(x)=C$（C 为常数）在任一点的导数均为 0，即常数的导数为 0.

【例 4-3】求 $f(x)=\sin x$ 的导数.

解
$$\begin{aligned}f'(x)&=\lim_{\Delta x\to 0}\frac{\Delta y}{\Delta x}=\lim_{\Delta x\to 0}\frac{f(x+\Delta x)-f(x)}{\Delta x}\\&=\lim_{\Delta x\to 0}\frac{\sin(x+\Delta x)-\sin x}{\Delta x}\\&=\lim_{\Delta x\to 0}\frac{2\cos\left(x+\frac{\Delta x}{2}\right)\cdot\sin\frac{\Delta x}{2}}{\Delta x}\\&=\lim_{\Delta x\to 0}\cos\left(x+\frac{\Delta x}{2}\right)\cdot\lim_{\Delta x\to 0}\frac{\sin\frac{\Delta x}{2}}{\frac{\Delta x}{2}}\\&=\cos x\cdot 1=\cos x.\end{aligned}$$

即
$$(\sin x)'=\cos x$$
同理可求得
$$(\cos x)'=-\sin x$$

【例 4-4】求 $f(x)=x^n$（n 为正整数）在 $x=a$ 点的导数.

解 $f'(a)=\lim\limits_{x\to a}\dfrac{x^n-a^n}{x-a}=\lim\limits_{x\to a}(x^{n-1}+ax^{n-2}+\cdots+a^{n-2}x+a^{n-1})=na^{n-1}$

即 $(x^n)'\big|_{x=a}=na^{n-1}$

若将 a 视为任一点，并用 x 代换，即得到的导数为 $f'(x)=\mu x^{\mu-1}$（μ 为常数），由此可见

$$(\sqrt{x})'=\frac{1}{2}\cdot\frac{1}{\sqrt{x}},\quad\left(\frac{1}{x}\right)'=-\frac{1}{x^2}\quad(x\neq 0).$$

【例 4-5】求 $f(x)=a^x$（$a>0$，$a\neq 1$）的导数.

解 $f'(x)=\lim\limits_{h\to 0}\dfrac{f(x+h)-f(x)}{h}=\lim\limits_{h\to 0}\dfrac{a^{x+h}-a^x}{h}=a^x\cdot\lim\limits_{h\to 0}\dfrac{a^h-1}{h}$

$$\xlongequal{令\beta=a^h-1}a^x\lim_{\beta\to0}\frac{\beta}{\log_a(1+\beta)}=a^x\lim_{\beta\to0}\frac{1}{\log_a(1+\beta)^{\frac{1}{\beta}}}=a^x\cdot\frac{1}{\log_a e}=a^x\ln a.$$

所以 $(a^x)'=a^x\ln a$.

特别地，$(e^x)'=e^x$.

【例 4-6】求 $f(x)=\log_a x\quad(a>0,\ a\neq1)$ 的导数.

解 $f'(x)=\lim\limits_{h\to0}\dfrac{f(x+h)-f(x)}{h}=\lim\limits_{h\to0}\dfrac{\log_a(x+h)-\log_a x}{h}=\lim\limits_{h\to0}\dfrac{\log_a\left(1+\dfrac{h}{x}\right)}{h}$

$$=\lim_{h\to0}\frac{1}{x}\cdot\log_a\left(1+\frac{h}{x}\right)^{\frac{x}{h}}=\frac{1}{x}\log_a e=\frac{1}{x\ln a}.$$

特别地，$(\ln x)'=\dfrac{1}{x}$.

如果 $\lim\limits_{x\to x_0^+}\dfrac{f(x)-f(x_0)}{x-x_0}$ $\left(或\lim\limits_{x\to x_0^-}\dfrac{f(x)-f(x_0)}{x-x_0}\right)$ 存在，就称其值为 $f(x)$ 在点 x_0 的右(或左)导数，并记为 $f'_+(x_0)$(或 $f'_-(x_0)$)，即

$$f'_+(x_0)=\lim_{h\to x_0^+}\frac{f(x_0+h)-f(x_0)}{h}=\lim_{x\to x_0^+}\frac{f(x)-f(x_0)}{x-x_0}.$$

$$f'_-(x_0)=\lim_{h\to x_0^-}\frac{f(x_0+h)-f(x_0)}{h}=\lim_{x\to x_0^-}\frac{f(x)-f(x_0)}{x-x_0}.$$

左、右导数统称为单侧导数，若 $f(x)$ 在 $(a,\ b)$ 内可导，且在 $x=a$ 点右可导，在 $x=b$ 点左可导，即 $f'_+(a)$，$f'_-(b)$ 存在，就称 $f(x)$ 在 $[a,\ b]$ 上可导.

显然，函数 $f(x)$ 在点 x_0 处可导的充分必要条件是，它在点 x_0 处的左导数和右导数均存在且相等.

【例 4-7】讨论 $f(x)=|x|$ 在 $x=0$ 处的导数.

解 $f(x)=\begin{cases}x, & x\geqslant0\\ -x, & x<0\end{cases}$，由已知 $f(0)=0$，又

$$f'_+(0)=\lim_{x\to0^+}\frac{f(x)-f(0)}{x-0}=\lim_{x\to0^+}\frac{x}{x}=1.$$

$$f'_-(0)=\lim_{x\to0^-}\frac{f(x)-f(0)}{x-0}=\lim_{x\to0^-}\frac{-x}{x}=-1.$$

因为 $f(x)$ 的左导数为 -1，右导数为 1，所以 $f(x)$ 在 $x=0$ 点不可导.

导数的几何意义

函数$f(x)$在点x_0处的导数$f'(x_0)$就是该曲线在点x_0处的切线的斜率k，即$k=f'(x_0)$，或$f'(x_0)=\tan\alpha$，α为切线的倾斜角．从而得切线方程为

$$y-y_0=f'(x_0)(x-x_0).$$

若$f'(x_0)$为∞，此时切线的倾斜角$\alpha=\frac{\pi}{2}$，切线过切点$P(x_0, y_0)$，方程为$x=x_0$．经过切点$P(x_0, y_0)$且与切线垂直的直线称为曲线$y=f(x)$在P点的法线，若$f'(x_0)\neq 0$，法线的斜率为$-\frac{1}{f'(x_0)}$，此时，法线的方程为

$$y-y_0=-\frac{1}{f'(x_0)}(x-x_0).$$

如果$f'(x_0)=0$，法线方程为$x=x_0$.

例　题

【例 4-8】求曲线$y=x^3$在点$P(x_0, y_0)$处的切线方程与法线方程.

解　由于$y'=(x^3)'|_{x=x_0}=3x^2|_{x=x_0}=3x_0^2$，所以$y=x^3$在$P(x_0, y_0)$处的切线方程为

$$y-y_0=3x_0^2(x-x_0).$$

当$x_0\neq 0$时，法线方程为

$$y-y_0=-\frac{1}{3x_0^2}(x-x_0).$$

当$x_0=0$时，法线方程为$x=0$.

习　题

1. 填空题.

（1）若曲线方程为$y=f(x)$，并且该曲线在(x_0, y_0)有切线，则该曲线在(x_0, y_0)点的切线方程为________.

（2）已知曲线$y=f(x)$在$x=2$处的切线的倾斜角为$\frac{\pi}{4}$，则$f'(2)=$________.

2. 选择题.

（1）函数$y=f(x)$在x_0处可导，且$f'(x_0)>0$，则曲线$y=f(x)$在点$(x_0, f(x_0))$处切线的倾斜角是(　　).

(A) 0;　　(B) $\frac{\pi}{2}$;　　(C) 锐角;　　(D) 钝角.

（2）曲线$y=x\ln x$的平行于直线$x-y+1=0$的切线方程是(　　).

(A) $y=-(x+1)$;　　(B) $y=x-1$;

(C) $y=(\ln x-1)(x-1)$;　　(D) $y=x$.

（3）设曲线$y=x^2-x$上点M处的切线的斜率为1，则M点的坐标为(　　).

(A) (0, 1);　　(B) (1, 0);　　(C) (1, 1);　　(D) (0, 0).

3. 求曲线$y=\sqrt{x}$在点(1, 1)处的切线方程和法线方程.

导数的物理意义

物体作变速直线运动的运动方程为 $s=s(t)$，又设当 t 为 t_0 时刻时，物体位置在 $s=s(t_0)$ 处，$s'(t_0)$ 就是物体在时刻 t_0 的瞬时速度 $v(t_0)$，即

$$s'(t_0)=v(t_0).$$

已知物体运动规律为 $s=t^3(\mathrm{m})$，则当 $t=2\mathrm{s}$ 时物体的速度为多少？

导数的经济意义

某公司生产 x 单位产品所需成本 C 是 x 的函数：$C=C(x)$（称为成本函数），销售 x 单位产品所得收益 R 也是 x 的函数：$R=R(x)$（称为收益函数）. 当 x 在点 x_0 有增量 Δx，函数 C、R 分别有相应的增量

$$\Delta C=C(x_0+\Delta x)-C(x_0),\ \Delta R=R(x_0+\Delta x)-R(x_0).$$

$\dfrac{\Delta C}{\Delta x}$就是产量从 x_0 变到 $x_0+\Delta x$ 时，生产1个单位产品所需的平均成本；$C'(x_0)$称为在点 x_0 的边际成本，可以理解为当产量达到 x_0 的前后，生产1个单位产品所需成本.

$\dfrac{\Delta R}{\Delta x}$就是销售量从 x_0 变到 $x_0+\Delta x$ 时，销售1个单位产品所得的平均收益；$R'(x_0)$称为在点 x_0 的边际收益，可以理解为当销售量达到 x_0 的前后，销售1个单位产品所得的收益.

可导与连续的关系

函数在一点处可导与在该点处连续是两个不同的概念，但两者间存在着一定的联系.

定理　如果函数 $y=f(x)$ 在 $x=x_0$ 点可导，那么在该点必连续.

证明　设函数 $y=f(x)$ 在点 x 处可导，其中 $\Delta x=x-x_0$，$\Delta y=f(x)-f(x_0)$，即

$$\lim_{\Delta x\to 0}\frac{\Delta y}{\Delta x}=f'(x)$$

存在，从而有

$$\frac{\Delta y}{\Delta x}=f'(x)+o(\Delta x),$$

$$\Delta y=f'(x)\Delta x+o(\Delta x)\cdot\Delta x.$$

这样，当 $\Delta x\to 0$ 时，$\Delta y\to 0$，所以函数 $y=f(x)$ 在点 x 处连续.

定理的逆定理不一定成立，即连续不一定可导.

例如，函数 $f(x)=|x|=\begin{cases}x, & x\geqslant 0\\ -x, & x<0\end{cases}$，显然函数在点 $x=0$ 处连续(见图 4-3)，但它在点 $x=0$ 处不可导. 因为

$$f'_-(0)=\lim_{\Delta x\to 0^-}\frac{-\Delta x}{\Delta x}=-1,$$

$$f'_+(0)=\lim_{\Delta x\to 0^+}\frac{\Delta x}{\Delta x}=1,$$

$f'_-(0)\neq f'_+(0)$，所以 $f'(0)$ 不存在，即

$$f(x)=\begin{cases}x, & x\geqslant 0\\ -x, & x<0\end{cases}$$

在点 $x=0$ 处不可导，曲线 $f(x)$ 在点 $O(0,0)$ 处没有切线.

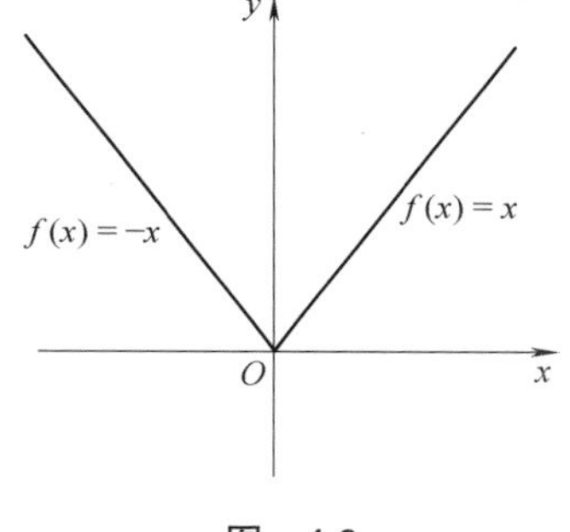

图　4-3

一般来说，确定分段函数在分界点的可导性时，要用导数的定义来讨论. 如果分段函数在分界点左、右两边的表达式不同，应先讨论该点的左导数和右导数，再根据左、右导数是否都存在且相等，来确定分界点的可导性.

综上所述，函数在某点连续是它在该点可导的必要条件，但不是充分条件.

例　题

【例 4-9】求常数 a，b 使得 $f(x)=\begin{cases}e^x, & x\geqslant 0\\ ax+b, & x<0\end{cases}$ 在 $x=0$ 点可导.

解　若使 $f(x)$ 在 $x=0$ 点可导，必使之连续，故

$$\lim_{x\to 0^-}f(x)=\lim_{x\to 0^+}f(x)=f(0).$$

于是 $f(0)=e^0=a\cdot 0+b$，得 $b=1$.

又若使 $f(x)$ 在 $x=0$ 点可导，必使其左右导数存在，且相等. 由函数知，左右导数是存在的，且

$$f_-'(0)=\lim_{x\to 0^-}\frac{(ax+b)-\mathrm{e}^0}{x-0}=a,$$

$$f_+'(0)=\lim_{x\to 0^+}\frac{\mathrm{e}^x-\mathrm{e}^0}{x-0}=\mathrm{e}^0=1.$$

所以若有 $a=1$，则 $f_-'(0)=f_+'(0)$，此时 $f(x)$ 在 $x=0$ 点可导. 所以，所求常数为 $a=b=1$.

1. 选择题.

(1) 函数 $y=f(x)$ 在 x_0 连续是函数在该点可导的(　　).

(A) 充分但不必要条件；　　(B) 必要但不充分条件；

(C) 充要条件；　　(D) 非充分非必要条件.

(2) 设函数 $y=|x|$，则函数在点 $x=0$ 处(　　).

(A) 连续且可导；　　(B) 不连续但可导；

(C) 连续但不可导；　　(D) 不连续且不可导.

2. 试研究 $f(x)=\begin{cases} x\cdot\sin\dfrac{1}{x}, & x\neq 0\\ 0, & x=0\end{cases}$ 在 $x=0$ 处的连续性与可导性.

函数的四则运算求导法则

法则(四则运算求导法则)　设函数 $u=u(x)$，$v=v(x)$在点 x 处均可导，则 $u\pm v$，uv，$\dfrac{u}{v}$ $(v\neq 0)$在点 x 处均可导，且

$$(u\pm v)'=u'\pm v'. \tag{4-1}$$

$$(uv)'=u'v+uv'. \tag{4-2}$$

$$\left(\frac{u}{v}\right)'=\frac{u'v-uv'}{v^2}(v\neq 0). \tag{4-3}$$

证明　以式(4-2)为例，设 $y=u(x)\cdot v(x)$，自变量取增量 Δx，则函数 u，v 及 y 相应的有增量 Δu，Δv，Δy.

$$\begin{aligned}\Delta y&=u(x+\Delta x)\cdot v(x+\Delta x)-u(x)\cdot v(x)\\&=[u(x+\Delta x)\cdot v(x+\Delta x)-u(x)\cdot v(x+\Delta x)]+[u(x)\cdot v(x+\Delta x)-u(x)\cdot v(x)]\\&=\Delta u\cdot v(x+\Delta x)+u(x)\cdot\Delta v.\end{aligned}$$

$$\frac{\Delta y}{\Delta x}=\frac{\Delta u}{\Delta x}\cdot v(x+\Delta x)+u(x)\cdot\frac{\Delta v}{\Delta x}.$$

因为 $v(x)$在点 x 可导，从而连续，故

$$\lim_{\Delta x\to 0}v(x+\Delta x)=v(x).$$

从而 $$\lim_{\Delta x\to 0}\frac{\Delta y}{\Delta x}=\lim_{\Delta x\to 0}\frac{\Delta u}{\Delta x}\cdot\lim_{\Delta x\to 0}v(x+\Delta x)+u(x)\cdot\lim_{\Delta x\to 0}\frac{\Delta v}{\Delta x},$$

所以
$$y'=u'(x)\cdot v(x)+u(x)\cdot v'(x),$$

即
$$(uv)'=u'v+uv'.$$

式(4-1)、式(4-3)可类似地证明.

式(4-1)和式(4-2)可以推广到多个函数的情形，如：

$$(u\pm v\pm w)'=u'\pm v'\pm w'. \tag{4-4}$$

$$(uvw)'=u'vw+uv'w+uvw'. \tag{4-5}$$

式(4-2)的特殊情形是

$$(Cu)'=Cu'\quad(C\text{ 为常数}). \tag{4-6}$$

例　题

【例 4-10】求函数 $y=\sin 2x$ 的导数.

解　因为　$y=\sin 2x=2\sin x\cos x$

所以　$y'=2(\sin x\cos x)'=2[\cos x\cos x+\sin x(-\sin x)]$

$=2(\cos^2x-\sin^2x)=2\cos 2x.$

【例 4-11】求函数 $y=x-\sqrt{x}+\sin x+\ln\pi$ 的导数.

解　$y'=(x)'-(\sqrt{x})'+(\sin x)'+(\ln\pi)'=1-\dfrac{1}{2\sqrt{x}}+\cos x.$

【例 4-12】设 $f(x)=xe^x\ln x$，求 $f'(x)$.

解 $f'(x)=(xe^x\ln x)'=(x)'e^x\ln x+x(e^x)'\ln x+xe^x(\ln x)'$

$$=e^x\ln x+xe^x\ln x+xe^x\cdot\frac{1}{x}$$

$$=e^x(1+\ln x+x\ln x).$$

【例 4-13】求$(\tan x)'$.

解 $(\tan x)'=\left(\dfrac{\sin x}{\cos x}\right)'=\dfrac{(\sin x)'\cos x-\sin x(\cos x)'}{\cos^2 x}$

$$=\frac{\cos^2 x+\sin^2 x}{\cos^2 x}=\frac{1}{\cos^2 x}=\sec^2 x.$$

类似地，$(\cos x)'=-\csc^2 x$.

【例 4-14】求$(\sec x)'$.

解 $(\sec x)'=\left(\dfrac{1}{\cos x}\right)'=-\dfrac{(\cos x)'}{\cos^2 x}=-\dfrac{-\sin x}{\cos^2 x}=\sec x\cdot\tan x$,

类似地，$(\csc x)'=-\csc x\cot x$.

习 题

1. 填空题.

(1) $(\ln 3)'=$________.

(2) 设 $y=x\ln x$，则 $y'=$________.

(3) 若 $y=\sqrt{x+\sqrt{x}}$，则 $y'=$________.

2. 选择题.

(1) 设 $f(x)=e^x$，则 $f'(0)=($ $)$.

(A) e^x; (B) e; (C) 1; (D) 0.

(2) 若 $f(x)=(x+10)^6$，则 $f'(0)=($ $)$.

(A) 3×10^6; (B) 6×10^6; (C) 3×10^5; (D) 6×10^5.

(3) 设 $f(x)=\sin\left(2x+\dfrac{\pi}{2}\right)$，则 $f'\left(\dfrac{\pi}{4}\right)=($ $)$.

(A) 2; (B) -2; (C) 0; (D) 1.

3. 求下列函数的导数.

(1) $y=3x^2-\dfrac{2}{x^2}+5$;

(2) $y=x^2(2+\sqrt{x})$;

(3) $y=x^2\cdot\sqrt[3]{x^2}-\dfrac{1}{x^3}+\sin\dfrac{\pi}{6}$;

(4) $y=\dfrac{3x^2+7x-1}{\sqrt{x}}$;

(5) $y=x^2\cos x$;

(6) $y=x\tan x-2\sec x$;

(7) $y=\dfrac{\cos x}{x^2}$;

(8) $y=\dfrac{\ln x}{x^2}$;

(9) $y=\dfrac{\sin x}{x}+\dfrac{x}{\sin x}$;

(10) $y=\dfrac{2t^2-3t+\sqrt{t}-1}{t}$.

复合函数的求导法则

目前对形如 e^{x^2+1}，$\ln\cos x$，$\sin\sqrt{1+x^2}$的函数，我们还不知道它们是否可导，可导的话如何求其导数？下面的重要法则可以解决这类问题.

法则(复合函数求导法则)　如果 $u=\varphi(x)$在点 x 可导，$y=f(u)$在相应的点 u 可导，则复合函数 $y=f[\varphi(x)]$在点 x 亦可导，且有

$$\frac{dy}{dx}=\frac{dy}{du}\cdot\frac{du}{dx}. \tag{4-7}$$

或写成

$$y_x'=y_u'\cdot u_x'. \tag{4-8}$$

证明　因为 $y=f(u)$在点 u 处可导，因此有

$$\lim_{\Delta u\to 0}\frac{\Delta y}{\Delta u}=f'(u).$$

由极限与无穷小的关系得

$$\frac{\Delta y}{\Delta u}=f'(u)+\alpha\quad(\Delta u\neq 0,\ \lim_{\Delta u\to 0}\alpha=0),$$

于是

$$\Delta y=f'(u)\Delta u+\alpha\cdot(\Delta u).$$

(当 $\Delta u=0$ 时，规定 $\alpha=0$，上式仍成立.)用 $\Delta x\neq 0$ 除等式两边并令 $\Delta x\to 0$，得

$$\frac{dy}{dx}=\lim_{\Delta x\to 0}\frac{\Delta y}{\Delta x}=f'(u)\lim_{\Delta x\to 0}\frac{\Delta u}{\Delta x}+\lim_{\Delta x\to 0}\alpha\cdot\frac{\Delta u}{\Delta x}.$$

因为 $\varphi(x)$在点 x 处可导，所以 $\varphi(x)$在点 x 处连续. 当 $\Delta x\to 0$ 时，$\Delta u\to 0$，故有

$$\lim_{\Delta x\to 0}\alpha=\lim_{\Delta u\to 0}\alpha=0.$$

由此得

$$\frac{dy}{dx}=f'(u)\cdot\varphi'(x)=\frac{dy}{du}\cdot\frac{du}{dx}.$$

此法则可叙述为：复合函数的导数等于复合函数对中间变量的导数乘以中间变量对自变量的导数.

例　题

【例 4-15】求 $y=(2x+1)^{10}$的导数 y'.

解　这里把 $y=(2x+1)^{10}$看作由 $y=u^{10}$，$u=2x+1$ 复合而成，因此

$$\begin{aligned}y_x'&=(u^{10})_u'\cdot(2x+1)_x'\\&=10u^9\cdot 2=20(2x+1)^9\end{aligned}$$

【例 4-16】设函数 $y=\sin^4x$，求 y'.

解　$y'=(\sin^4x)'=4\sin^3x(\sin x)'=4\sin^3x\cos x$
$=2\sin 2x\cdot\sin^2x.$

【例 4-17】设函数 $y=\sqrt{1-x^2}$，求 y'.

解 $y' = (\sqrt{1-x^2})' = [(1-x^2)^{\frac{1}{2}}]' = \frac{1}{2} \cdot \frac{1}{\sqrt{1-x^2}} \cdot (1-x^2)' = -\frac{x}{\sqrt{1-x^2}}$.

【例 4-18】设函数 $y = \frac{1}{x - \sqrt{x^2-1}}$，求 y'.

解 先将分母有理化，得

$$y = \frac{x + \sqrt{x^2-1}}{(x - \sqrt{x^2-1})(x + \sqrt{x^2-1})} = x + \sqrt{x^2-1}$$

$$y' = (x + \sqrt{x^2-1})' = 1 + \frac{1}{2\sqrt{x^2-1}}(x^2-1)'$$

$$= 1 + \frac{x}{\sqrt{x^2-1}}.$$

【例 4-19】设函数 $y = \ln\cos\frac{1}{x}$，求 y'.

解 $y' = \left[\ln\cos\frac{1}{x}\right]' = \frac{1}{\cos\frac{1}{x}} \cdot \left[\cos\frac{1}{x}\right]' = \frac{1}{\cos\frac{1}{x}} \cdot \left(-\sin\frac{1}{x}\right) \cdot \left(\frac{1}{x}\right)' = -\tan\frac{1}{x} \cdot \left(-\frac{1}{x^2}\right)$

$= \frac{1}{x^2}\tan\frac{1}{x}$.

【例 4-20】设函数 $y = \ln\sqrt{\frac{1+x}{1-x}}$，求 y'.

解 因为 $y = \ln\sqrt{\frac{1+x}{1-x}} = \frac{1}{2}[\ln(1+x) - \ln(1-x)]$，所以

$$y' = \frac{1}{2}\left[\frac{1}{1+x} - \frac{-1}{1-x}\right] = \frac{1}{2} \cdot \frac{2}{1-x^2} = \frac{1}{1-x^2}.$$

【例 4-21】设函数 $y = \ln|x|$，求 y'.

解 因为当 $x>0$ 时，$y = \ln|x| = \ln x$，这时

$$y' = \frac{1}{x}.$$

当 $x<0$ 时，$y = \ln|x| = \ln(-x)$，这时

$$y' = [\ln(-x)]' = \frac{1}{-x}(-x)' = \frac{1}{x}.$$

于是

$$y' = (\ln|x|)' = \frac{1}{x}.$$

有些求导的题目需要同时运用函数的四则运算求导法则和复合函数求导法则，还有一些题目要对所给函数进行恒等变换.

习　题

1. 求下列函数的导数.

(1) $y=(3x^2+1)^{10}$；

(2) $y=2\sin 3x$；

(3) $y=3\cos\left(5x+\frac{\pi}{4}\right)$；

(4) $y=\cot\frac{1}{x}$；

(5) $y=\lg(1-2x)$；

(6) $y=(\ln 2x)\cdot\sin 3x$；

(7) $y=\ln\cos x+\frac{e^x}{x}$；

(8) $y=\frac{1}{2}\arcsin 2x$.

2. 若 $y=\sin(x^2+1)$，求 $y''(1)$.

反函数的求导法则

法则(反函数的求导法则)　若函数 $y=f(x)$ 在点 x 处可导且 $f'(x)\neq 0$；它的反函数 $x=f^{-1}(y)$ 在相应点 y 处连续，则反函数 $f^{-1}(y)$ 在 y 处可导且

$$[f^{-1}(y)]'=\frac{1}{f'(x)}, \tag{4-9}$$

或

$$\frac{\mathrm{d}x}{\mathrm{d}y}=\frac{1}{\frac{\mathrm{d}y}{\mathrm{d}x}}, \tag{4-10}$$

或

$$x'_y=\frac{1}{y'_x}. \tag{4-11}$$

证明　由 $y=f(x)$，得

$$\Delta y=f(x+\Delta x)-f(x).$$

由 $x=f^{-1}(y)$，得 $\Delta x=f^{-1}(y+\Delta y)-f^{-1}(y)$. 当 $\Delta y\neq 0$ 时必有 $\Delta x\neq 0$，因此当 $\Delta y\neq 0$ 时，有

$$\frac{\Delta x}{\Delta y}=\frac{1}{\frac{\Delta y}{\Delta x}}.$$

又因为 $x=f^{-1}(y)$ 在相应点 y 处连续，所以当 $\Delta y\to 0$ 时，$\Delta x\to 0$，于是由上面的等式及 $f'(x)\neq 0$ 的假设，得到

$$[f^{-1}(y)]'=\lim_{\Delta y\to 0}\frac{\Delta x}{\Delta y}=\lim_{\Delta x\to 0}\frac{1}{\frac{\Delta y}{\Delta x}}=\frac{1}{\lim\limits_{\Delta x\to 0}\frac{\Delta y}{\Delta x}}=\frac{1}{f'(x)}.$$

显然，当 $f'(x)\neq 0$ 时，由上式 $[f^{-1}(y)]'=\dfrac{1}{f'(x)}$ 可知 $[f^{-1}(y)]'\neq 0$，所以下式成立：

$$f'(x)=\frac{1}{[f^{-1}(y)]'}.$$

例题

【例 4-22】求指数函数 $y=a^x$ 的导数.

解　因为 $y=a^x$ 与 $x=\log_a y$ 互为反函数，所以

$$y'=\frac{1}{x'_y}=\frac{1}{(\log_a y)'}=\frac{1}{\frac{1}{y\ln a}}=y\ln a=a^x\ln a.$$

特别地，$(\mathrm{e}^x)'=\mathrm{e}^x$.

【例 4-23】设函数 $y=x^\alpha(x>0,\ \alpha\in R)$，求 y'.

解　因为 $x^{\alpha} = e^{\ln x^{\alpha}} = e^{\alpha \ln x}$，所以

$$(x^{\alpha})' = (e^{\alpha \ln x})' = e^{\alpha \ln x} \cdot (\alpha \ln x)' = e^{\alpha \ln x'} \cdot \frac{\alpha}{x} = x^{\alpha} \cdot \frac{\alpha}{x} = \alpha x^{\alpha - 1},$$

即
$$(x^{\alpha})' = \alpha x^{\alpha - 1}.$$

【例 4-24】求 $y = \arcsin x$ 的导数 y'.

解　由于 $y = \arcsin x$，　$x \in [-1, 1]$，是 $x = \sin y$，$y \in \left[-\frac{\pi}{2}, \frac{\pi}{2}\right]$的反函数，由法则 3 得

$$(\arcsin x)' = \frac{1}{(\sin y)'} = \frac{1}{\cos y} = \frac{1}{\sqrt{1 - \sin^2 y}} = \frac{1}{\sqrt{1 - x^2}}.$$

同理可得

$$(\arccos x)' = -\frac{1}{\sqrt{1 - x^2}}.$$

$$(\arctan x)' = \frac{1}{1 + x^2}.$$

$$(\operatorname{arccot} x)' = -\frac{1}{1 + x^2}.$$

还可以利用指数函数的导数求 $y = \log_a x$ 的导数($a > 0$，$a \neq 1$).

上述法则即为反函数的导数等于直接函数导数的倒数；注意区别反函数的导数与商的导数公式.

常数和基本初等函数的求导公式

1) $(C)'=0$(C为常数).

2) $(x^{\mu})'=\mu x^{\mu-1}$.

3) $(\sin x)'=\cos x$.

4) $(\cos x)'=-\sin x$.

5) $(\tan x)'=\sec^2 x$.

6) $(\cot x)'=-\csc^2 x$.

7) $(\sec x)'=\sec x\cdot\tan x$.

8) $(\csc x)'=-\csc x\cdot\cot x$.

9) $(a^x)'=a^x\ln a$.

10) $(\mathrm{e}^x)'=\mathrm{e}^x$.

11) $(\log_a x)'=\dfrac{1}{x\ln a}$.

12) $(\ln x)'=\dfrac{1}{x}$.

13) $(\arcsin x)'=\dfrac{1}{\sqrt{1-x^2}}$.

14) $(\arccos x)'=-\dfrac{1}{\sqrt{1-x^2}}$.

15) $(\arctan x)'=\dfrac{1}{1+x^2}$.

16) $(\operatorname{arccot} x)'=-\dfrac{1}{1+x^2}$.

高阶导数的定义

设函数 $y=f(x)$ 在 x 处可导,若 $f'(x)$ 的导数存在,则称该导数为 $y=f(x)$ 的二阶导数,并记作

$$f''(x)\text{或}\frac{\mathrm{d}^2y}{\mathrm{d}x^2}\text{或}y''\text{或}\frac{\mathrm{d}^2f(x)}{\mathrm{d}x^2}.$$

即

$$y''=(y')'=\frac{\mathrm{d}}{\mathrm{d}x}\left(\frac{\mathrm{d}y}{\mathrm{d}x}\right)=\frac{\mathrm{d}^2y}{\mathrm{d}x^2}.$$

若 $y''=f''(x)$ 的导数存在,则称该导数为 $y=f(x)$ 的三阶导数,记作

$$f'''(x)\text{或}y'''\text{或}\frac{\mathrm{d}^3y}{\mathrm{d}x^3}.$$

一般地,若函数 $y=f(x)$ 的 $n-1$ 阶导数 $f^{(n-1)}(x)$ 的导数存在,则称该导数为 $y=f(x)$ 的 n 阶导数,记作

$$y^{(n)}\text{或}f^{(n)}(x)\text{或}\frac{\mathrm{d}^ny}{\mathrm{d}x^n}\text{或}\frac{\mathrm{d}^nf}{\mathrm{d}x^n}.$$

函数的二阶和二阶以上的导数称为函数的高阶导数. 相应地,把 $f'(x)$ 叫作函数 $y=f(x)$ 的一阶导数.

函数 $f(x)$ 的 n 阶导数在 $x=x_0$ 上的导数值,记作

$$f^{(n)}(x_0)\text{或}y^{(n)}(x_0)\text{或}\left.\frac{\mathrm{d}^ny}{\mathrm{d}x^n}\right|_{x=x_0}.$$

二阶导数的物理意义

考虑物体作变速直线运动，其运动方程为 $s=s(t)$，则物体运动的速度是路程对时间的导数，即

$$v=s'(t)=\frac{\mathrm{d}s}{\mathrm{d}t}.$$

速度 v 仍是时间 t 的函数，可以求速度对时间的导数，用 a 表示，就是

$$a=v'(t)=\frac{\mathrm{d}v}{\mathrm{d}t}=s''(t)=\frac{\mathrm{d}^2s}{\mathrm{d}t^2}.$$

a 称为物体运动的加速度，它是速度变化快慢的量度(速度的变化率). 由于加速度 a 是速度对时间 t 的一阶导数，因而也是路程函数 s 对时间 t 的二阶导数.

简单地讲，二阶导数的物理意义就是物体运动在某一时刻的加速度.

例　题

【例 4-25】$y=ax^2+bx+c$，求 y''，y'''，$y^{(4)}$.

解　$y'=2ax+b\Rightarrow y''=2a\Rightarrow y'''=0\Rightarrow y^{(4)}=0$

【例 4-26】$y=\mathrm{e}^x$，求各阶导数.

解　$y'=\mathrm{e}^x$，$y''=\mathrm{e}^x$，$y'''=\mathrm{e}^x$，$y^{(4)}=\mathrm{e}^x$，显而易见，对任何 n，有 $y^{(n)}=\mathrm{e}^x$，即 $(\mathrm{e}^x)^{(n)}=\mathrm{e}^x$.

【例 4-27】$y=\sin x$，求各阶导数.

解　$y=\sin x$.

$$y'=\cos x=\sin\left(x+\frac{\pi}{2}\right).$$

$$y''=-\sin x=\sin(x+\pi)=\sin\left(x+2\cdot\frac{\pi}{2}\right).$$

$$y'''=-\cos x=-\sin\left(x+\frac{\pi}{2}\right)=\sin\left(x+\frac{\pi}{2}+\pi\right)=\sin\left(x+3\cdot\frac{\pi}{2}\right).$$

$$y^{(4)}=\sin x=\sin(x+2\pi)=\sin\left(x+4\cdot\frac{\pi}{2}\right).$$

……

一般地，有 $y^{(n)}=\sin\left(x+n\dfrac{\pi}{2}\right)$，即　$(\sin x)^{(n)}=\sin\left(x+n\dfrac{\pi}{2}\right)$.

同样可求得　$(\cos x)^{(n)}=\cos\left(x+n\dfrac{\pi}{2}\right)$.

【例 4-28】$y=\ln(1+x)$，求各阶导数.

解　$y=\ln(1+x)$，$y'=\dfrac{1}{1+x}$，$y''=-\dfrac{1}{(1+x)^2}$，$y'''=\dfrac{1\cdot 2}{(1+x)^3}$，$y^{(4)}=-\dfrac{1\cdot 2\cdot 3}{(1+x)^4}$，……

一般地，有
$$y^{(n)}=(-1)^{n-1}\frac{(n-1)!}{(1+x)^{n}}.$$
即
$$(\ln(1+x))^{(n)}=(-1)^{n-1}\frac{(n-1)!}{(1+x)^{n}}.$$

习 题

1. 选择题.

(1) 设函数 $y=\sin^2 x$，则 $y''=($　　$)$.

(A) $2\sin x$　　(B) $2\cos x$　　(C) $2\sin 2x$　　(D) $2\cos 2x$

(2) 设 $y=e^{ax}$，则 $y^{(n)}=($　　$)$.

(A) ae^{ax}　　(B) $a^n e^{ax}$　　(C) e^{ax}　　(D) $a^2 e^{ax}$

(3) 已知函数 $y=\ln x$，则 $y''=($　　$)$.

(A) $\frac{1}{x}$　　(B) $\frac{1}{x^2}$　　(C) $-\frac{1}{x^2}$　　(D) $-\frac{2}{x}$

2. 填空题.

已知 $f(x)=x^2$，则 $f''(x)=$________.

隐函数的定义

用解析法表示函数时，通常可以采用两种形式：一种是把函数 y 直接表示成自变量 x 的函数 $y=f(x)$，这样的形式称为显函数；另外一种函数 y 与自变量 x 的函数关系是由一个含 x 和 y 的方程 $F(x, y)=0$ 所确定的，即 y 与 x 的关系隐含在方程 $F(x, y)=0$ 中，我们称这种由未解出因变量的方程所确定的 y 与 x 之间的函数关系为隐函数.

对隐函数的求导，我们可以利用复合函数的求导法则，将方程的两边同时对 x 求导，并注意到变量 y 是 x 的函数，遇到含有 y 的项，先对 y 求导，再乘以 y 对 x 的导数，得到一个含有 y' 的方程式，然后从中解出 y' 即可，所得结果中允许保留 y.

隐函数的求导法则

以前，我们所接触的函数，其因变量大多是由其自变量的某个算式来表示的，例如 $y=x^2+5$，$y=x\sin\dfrac{2}{x}+e^x$，$z=x\ln y+e^y\sin x$ 等，像这样一类的函数称为显函数. 但在实际问题中，函数并不全是如此.

若由方程 $F(x, y)=0$ 确定函数 $y=y(x)$，那么把 $y=y(x)$ 代回 $F(x, y)=0$ 中自然成为一个恒等式，就是 $F(x, y(x))\equiv 0$，将这个恒等式两边对 x 求导，然后解出 $\dfrac{dy}{dx}$，这就是隐函数的求导法则.

由方程 $F(x, y)=0$ 所确定的函数 $y=y(x)$ 称为隐函数.

例　题

【例 4-29】求由方程 $5x^2+4y-1=0$ 所确定的隐函数的导数 $\dfrac{dy}{dx}$.

解　在方程的两边同时对 x 求导，得

$$10x+4\cdot\frac{dy}{dx}=0.$$

$$\frac{dy}{dx}=-\frac{5}{2}x.$$

【例 4-30】求由方程 $e^y+xy-e=0$ 所确定的隐函数 $y=y(x)$ 的导数 $\dfrac{dy}{dx}$.

解　在方程的两边同时对 x 求导，得

$$e^y\cdot\frac{dy}{dx}+y+x\cdot\frac{dy}{dx}=0.$$

$$\frac{dy}{dx}=-\frac{y}{e^y+x}.$$

【例 4-31】求过曲线 $x^2+xy+y^2=4$ 上一点 $M(2, -2)$ 处的切线方程.

解 将方程两边对 x 求导，得

$$2x+y+xy'+2yy'=0.$$

解出
$$y'=-\frac{2x+y}{x+2y}.$$

$$y'\Big|_{\substack{x=2\\y=-2}}=1.$$

于是过点 $M(2,\ -2)$ 处的切线方程为

$$y-(-2)=1\cdot(x-2).$$

即
$$x-y-4=0.$$

【例 4-32】求指数函数 $y=a^x(a>0$，且 $a\neq1)$ 的导数.

解 把 $y=a^x$ 改写成 $x=\log_a y$，两边对 x 求导得

$$x'=(\log_a y)'.$$

$$1=\frac{1}{y\ln a}\cdot y_x'.$$

于是
$$y_x'=y\ln a=a^x\ln a.$$

即
$$(a^x)'=a^x\ln a.$$

当 $a=\mathrm{e}$ 时，$(\mathrm{e}^x)'=\mathrm{e}^x$.

【例 4-33】证明 $(\arcsin x)'=\dfrac{1}{\sqrt{1-x^2}}$.

证明 设 $y=\arcsin x$，则 $x=\sin y$，两边对 x 求导得

$$1=\cos y\cdot y_x'.$$

即
$$y_x'=\frac{1}{\cos y}.$$

$$\cos y=\sqrt{1-\sin^2 y}=\sqrt{1-x^2}\quad\left(-\frac{\pi}{2}<y<\frac{\pi}{2}\right).$$

代入上式得
$$y_x'=\frac{1}{\sqrt{1-x^2}}.$$

类似地可证明
$$(\arccos x)'=-\frac{1}{\sqrt{1-x^2}}.$$

$$(\arctan x)'=\frac{1}{1+x^2}.$$

$$(\operatorname{arccot} x)'=-\frac{1}{1+x^2}.$$

习 题

1. 填空题.

(1) 由方程 $2y-x=\sin y$ 确定了 y 是 x 的隐函数，则________.

(2) 设 $y=1+x\mathrm{e}^y$，则 $\dfrac{\mathrm{d}y}{\mathrm{d}x}=$________.

2. 选择题.

若 $x^3+y^3-3xy=0$，则$\dfrac{dy}{dx}=($　　$)$.

(A) $\dfrac{y-x^2}{x-y^2}$;　　(B) $\dfrac{y-x^2}{y^2-x}$;　　(C) $\dfrac{y^2-x}{x^2-y}$;　　(D) $\dfrac{y^2-x}{y-x^2}$.

3. 求下列函数的导数.

(1) $y=\sqrt[3]{\dfrac{(x+1)(x+2)}{(x+3)(x+4)}}$;　　(2) $x^y=y^x$.

参数方程确定的函数求导法则

若变量 x，y 之间的函数关系由参数方程$\begin{cases}x=\varphi(t)\\y=\psi(t)\end{cases}$所确定，其中 $\varphi(t)$ 与 $\psi(t)$ 都可导，且 $\varphi'(t)\neq 0$，t 为参数，则

$$\frac{dy}{dx}=\frac{\frac{dy}{dt}}{\frac{dx}{dt}}\text{或}\frac{dy}{dx}=\frac{\psi'(t)}{\varphi'(t)}. \tag{4-12}$$

例　题

【例 4-34】求由参数方程$\begin{cases}x=r\cos\theta\\y=r\sin\theta\end{cases}$确定的函数的导数.

解　因为

$$\frac{dx}{d\theta}=-r\sin\theta,\ \frac{dy}{d\theta}=r\cos\theta,$$

所以

$$\frac{dy}{dx}=\frac{\frac{dy}{d\theta}}{\frac{dx}{d\theta}}=\frac{r\cos\theta}{-r\sin\theta}=-\cot\theta.$$

习　题

1. 求由参数方程$\begin{cases}x=\ln\cos t\\y=\sin t-t\cos t\end{cases}$所确定的函数的一阶导数 y'.

2. 求由参数方程$\begin{cases}x=1-t^2\\y=t^3\end{cases}$所确定的函数的一阶导数 y'.

导数表示函数相对于自变量的变化快慢程度. 在实际中还会遇到与此相关的另一类问题是，当自变量作微小变化时，要求计算相应的函数的改变量 Δy，可是由于 Δy 的表达式往往很复杂，因此计算函数 $y=f(x)$ 的改变量 Δy 的精确值就很困难，而且实际应用中并不需要它的精确值，在保证一定精确度的情况下，只要计算出 Δy 的近似值即可，由此引出微分学中的另一个基本概念——函数的微分.

函数微分的概念

微课视频
《函数的微分》

边长为 x_0 的正方形金导体薄板加热，受热后边长增加 Δx，如图 4-4 所示，那么面积 y 相应的增量

$$\Delta y=(x_0+\Delta x)^2-x_0^2=2x_0\Delta x+(\Delta x)^2.$$

上式中，Δy 由两部分组成，第一部分 $2x_0\Delta x$ 是 Δx 的线性函数；第二部分 $(\Delta x)^2$ 是 Δx 的高阶无穷小. 当 $|\Delta x|$ 很小时，$(\Delta x)^2$ 可以忽略不计，面积 y 的增量 Δy 可以近似地用 $2x_0\Delta x$ 来代替，即 $\Delta y\approx 2x_0\Delta x$.

图 4-4

由于面积 $y=x^2$，$\left.\dfrac{\mathrm{d}y}{\mathrm{d}x}\right|_{x=x_0}=2x_0$，即 $f'(x_0)=2x_0$，所以

$$\Delta y\approx f'(x_0)\Delta x.$$

这个结论具有一般性. 对于一般函数，定义函数微分如下.

定义 如果函数 $y=f(x)$ 在点 x_0 处的改变量 Δy 可表示为 Δx 的线性函数 $A\Delta x$(其中 A 是与 Δx 无关、与 x_0 有关的常数)与一个比 Δx 更高阶的无穷小之和，即

$$\Delta y=A\Delta x+o(\Delta x).$$

则称函数 $y=f(x)$ 在 x_0 处**可微**，并称 $A\Delta x$ 为函数 $f(x)$ 在点 x_0 处的**微分**，记作 $\mathrm{d}y|_{x=x_0}$，即

$$\mathrm{d}y|_{x=x_0}=A\Delta x.$$

由微分的定义可知，函数的微分 $A\Delta x$ 是 Δx 的线性函数，且与函数的改变量 Δy 相差一个比 Δx 更高阶的无穷小，当 $\Delta x\to 0$ 时，它是 Δy 的主要部分，所以也称微分 $\mathrm{d}y$ 是改变量 Δx 的**线性主部**.

定理 函数 $y=f(x)$ 在点 x_0 处可微的充分必要条件是函数 $y=f(x)$ 在点 x_0 处可导.

证明 如果函数 $y=f(x)$ 在点 x_0 处可微，按定义有

$$\Delta y=A\Delta x+o(\Delta x).$$

上式的两端同时除以 Δx，取 $\Delta x\to 0$ 的极限，得

$$\lim_{\Delta x\to 0}\frac{\Delta y}{\Delta x}=\lim_{\Delta x\to 0}\left[A+\frac{o(\Delta x)}{\Delta x}\right]=A.$$

由导数的定义，知 $y=f(x)$ 在 x_0 处可导.

反之，如果函数 $y=f(x)$ 在 x_0 处可导，按定义有

$$\lim_{\Delta x\to 0}\frac{\Delta y}{\Delta x}=f'(x_0).$$

根据极限与无穷小的关系，上式可定成 $\dfrac{\Delta y}{\Delta x}=f'(x_0)\Delta x+a$(当 $\Delta x\to 0$ 时，a 为无穷小)，从

而

$$\Delta y = f'(x_0)\Delta x + a \cdot \Delta x.$$

这里 $f'(x_0)$ 是不依赖于 Δx 的常数，当 $\Delta x \to 0$ 时，$a \cdot \Delta x$ 是比 Δx 更高阶的无穷小. 由微分的定义，可知 $y=f(x)$ 在点 x_0 处可微的充分必要条件是在点 x_0 处可导，且

$$\mathrm{d}y\big|_{x=x_0} = f'(x_0)\Delta x. \tag{4-13}$$

因为自变量 x 的微分 $\mathrm{d}x = x' \cdot \Delta x = \Delta x$，所以 $y=f(x)$ 在点 x_0 处的微分常记作

$$\mathrm{d}y\big|_{x=x_0} = f'(x_0)\mathrm{d}x. \tag{4-14}$$

如果函数 $y=f(x)$ 在某区间内的每一点处都可微，则称函数在该区间内是可微函数. 函数在区间内的任一点 x 处的微分为

$$\mathrm{d}y = f'(x)\mathrm{d}x. \tag{4-15}$$

此结论给出了求函数微分的一种方法.

从而有

$$\frac{\mathrm{d}y}{\mathrm{d}x} = f'(x).$$

就是说函数的微分 $\mathrm{d}y$ 与自变量的微分 $\mathrm{d}x$ 之商等于该函数的导数，因此，导数也叫微商.

由前面的讨论可容易得出：可导⇔可微⇒连续⇒极限存在

例题

【例 4-35】求函数 $y=x^2$ 在 $x=1$ 处的微分.

解　函数 $y=x^2$ 在 $x=1$ 处的微分为

$$\mathrm{d}y\big|_{x=1} = (x^2)'\big|_{x=1} \cdot \mathrm{d}x = 2\mathrm{d}x.$$

【例 4-36】求 $y=\sin(2x+1)$ 的微分 $\mathrm{d}y$.

解　$\mathrm{d}y = [\sin(2x+1)]'\mathrm{d}x = 2\cos(2x+1)\mathrm{d}x$.

选择题.

(1) 若 $y=x^2-x$，则当 $x=2$，$\Delta x=0.1$ 时，$\mathrm{d}y=$(　　).

(A) 0.3;　　(B) 0.31;　　(C) 0.32;　　(D) 0.33.

(2) 在下列函数中选取一个填入括号，使 d(　　) $=x^{-\frac{3}{2}}\mathrm{d}x$ 成立.

(A) $x^{-\frac{1}{2}}+C$;　　(B) $2x^{-\frac{1}{2}}+C$;　　(C) $-2x^{-\frac{1}{2}}+C$;　　(D) $-\frac{1}{2}x^{-\frac{1}{2}}+C$.

微分的几何意义

为了对微分有一个比较直观的了解，我们再来说明微分的几何意义.

在直角坐标系中，函数 $y=f(x)$ 的图像是一条曲线，对于某一固定的 x_0 值，曲线上有一个确定点 $M(x_0, y_0)$ 与之对应，当自变量 x 有微小改变量 Δx 时，就得到曲线上另一点 $N(x_0+\Delta x, y_0+\Delta y)$，由图 4-5 可知

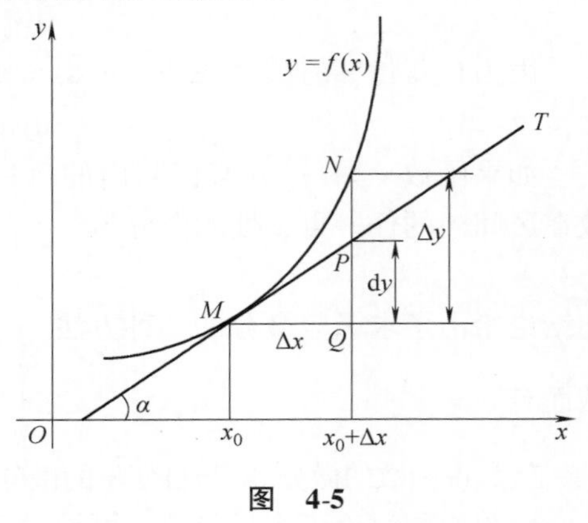

图 4-5

$$MQ=\Delta x,\ QN=\Delta y.$$

过点 M 作曲线的切线 MT，其倾角为 α，则 $QP=MQ\cdot\tan\alpha=\Delta x\cdot f'(x_0)$，即 $\mathrm{d}y=QP$.

由此可知，微分 $\mathrm{d}y=f'(x_0)\cdot\Delta x$ 是当 x 有改变量 Δx 时，曲线 $y=f(x)$ 在点 (x_0, y_0) 处的切线的纵坐标的改变量. 用 $\mathrm{d}y$ 近似代替 Δy，就是用点 $M(x_0, y_0)$ 处的切线的纵坐标的改变量 QP 来近似代替曲线 $y=f(x)$ 的纵坐标的改变量 QN，并且有 $|\Delta y-\mathrm{d}y|=PN$. 即微分的几何意义是:

函数 $y=f(x)$ 在点 x_0 处的微分 $\mathrm{d}y$ 在几何上表示曲线 $y=f(x)$ 在点 x_0 处有增量 Δx 时，在点 $M(x_0, y_0)$ 处切线纵坐标相应的改变量.

微分的运算

由函数微分的定义

$$dy=f'(x)dx.$$

可以知道，要计算函数的微分，只要求出函数的导数，再乘以自变量的微分就可以了.所以从导数的基本公式和运算法则可直接推出微分的基本公式和运算法则.

1. 微分的基本公式

1) $d(C)=0$ （C 为常数）.　　2) $d(x^{\mu})=\mu\cdot x^{\mu-1}dx$.

3) $d(\sin x)=\cos x dx$.　　4) $d(\cos x)=-\sin x dx$.

5) $d(\tan x)=\sec^2 x dx$.　　6) $d(\cot x)=-\csc^2 x dx$.

7) $d(\sec x)=\sec x\cdot\tan x dx$.　　8) $d(\csc x)=-\csc x\cdot\cot x dx$.

9) $d(a^x)=a^x\ln a dx$.　　10) $d(e^x)=e^x dx$.

11) $d(\log_a x)=\dfrac{1}{x\ln a}dx$.　　12) $d(\ln x)=\dfrac{1}{x}dx$.

13) $d(\arcsin x)=\dfrac{1}{\sqrt{1-x^2}}dx$.　　14) $d(\arccos x)=-\dfrac{1}{\sqrt{1-x^2}}dx$.

15) $d(\arctan x)=\dfrac{1}{1+x^2}dx$.　　16) $d(\text{arccot} x)=-\dfrac{1}{1+x^2}dx$.

2. 函数四则运算的微分法则

设 $u=u(x)$，$v=v(x)$，则

1) $d(u\pm v)=du\pm dv$.　　2) $d(Cu)=Cdu$ （C 为常数）.

3) $d(uv)=udv+vdu$.　　4) $d\left(\dfrac{u}{v}\right)=\dfrac{vdu-udv}{v^2}$ （$v\neq 0$）.

3. 复合函数的微分法则

设 $y=f(u)$，$u=\varphi(x)$，可推出 $y=f[\varphi(x)]$ 的导数为：$\dfrac{dy}{dx}=\dfrac{dy}{du}\cdot\dfrac{du}{dx}$或$[f(\varphi(x))]'=f'[\varphi(x)]\varphi'(x)$.

于是复合函数 $y=f[\varphi(x)]$的微分为 $dy=f'(u)\cdot\varphi'(x)\cdot dx$. 因为 $\varphi'(x)dx=du$，$dy=f'(u)du$.

可见不论 u 是自变量还是中间变量，函数 $y=f(u)$的微分形式总是 $dy=f'(u)du$，这个性质称为微分形式不变性.

例　题

【例 4-37】求函数 $y=\sqrt{1+2\ln^2 x}$的微分.

解　$dy=d\sqrt{1+2\ln^2 x}=\dfrac{1}{2\sqrt{1+2\ln^2 x}}\cdot d(1+2\ln^2 x)$

$$=\frac{1}{2\sqrt{1+2\ln^2 x}}\cdot\frac{4\ln x}{x}\mathrm{d}x$$

$$=\frac{2\ln x}{x\sqrt{1+2\ln^2 x}}\mathrm{d}x.$$

【例 4-38】设 $y=\mathrm{e}^{-ax}\sin bx$，求 $\mathrm{d}y$.

解 $\mathrm{d}y=\mathrm{e}^{-ax}\mathrm{d}(\sin bx)+\sin bx\mathrm{d}(\mathrm{e}^{-ax})$

$=\mathrm{e}^{-ax}\cos bx\mathrm{d}(bx)+\sin bx\mathrm{e}^{-ax}\mathrm{d}(-ax)$

$=\mathrm{e}^{-ax}b\cos bx\mathrm{d}x+\sin bx\mathrm{e}^{-ax}(-a)\mathrm{d}x$

$=\mathrm{e}^{-ax}(b\cos bx-a\sin bx)\mathrm{d}x.$

习　题

求下列函数的微分.

(1) $y=\ln^2(1-x)$；

(2) $y=x+\ln y$；

(3) $y=\sin^2 x^2$；

(4) $y=\frac{x^3-2}{x^3+1}$；

(5) $y=\frac{x^2}{\ln x}$.

微分在近似计算中的应用

由微分定义知道，当 $|\Delta x|$ 很小时，用 dy 代替 Δy 所引起的误差是 $|\Delta x|$ 的高阶无穷小. 这样就有近似公式

$$\Delta y \approx dy = f'(x)\Delta x.$$

在点 x_0，上面公式可写作　$f(x_0+\Delta x)-f(x_0)\approx f'(x_0)\Delta x.$

即

$$f(x_0+\Delta x)\approx f(x_0)+f'(x_0)\Delta x. \tag{4-16}$$

令 $x_0+\Delta x=x$，$\Delta x=x-x_0$，则有

$$f(x)\approx f(x_0)+f'(x_0)(x-x_0). \tag{4-17}$$

特别地，当 $x_0=0$，$|x|$ 很小时，有

$$f(x)\approx f(0)+f'(0)\cdot x. \tag{4-18}$$

例　题

【例 4-39】利用微分计算下列各数的近似值.

(1) $e^{0.01}$；　　(2) $\sqrt[3]{997}$.

解　(1) 令 $y=f(x)=e^x$，则 $f'(x)=e^x$，由式(4-16)得

$$e^{(x_0+\Delta x)}\approx e^{x_0}+e^{x_0}\Delta x.$$

由题意取 $x_0=0$，$\Delta x=0.01$，则有

$$e^{0.01}=e^{0+0.01}\approx e^0+e^0\cdot 0.01=1.01.$$

(2) $\sqrt[3]{997}=\sqrt[3]{1000-3}=\sqrt[3]{1000\left(1-\dfrac{3}{1000}\right)}=10\sqrt[3]{1+(-0.003)}.$

令 $y=f(x)=10\sqrt[3]{1+x}$，由式(4-16) 取 $x_0=0$，$\Delta x=-0.003$，则有

$$\sqrt[3]{997}=10\sqrt[3]{1+(-0.003)}\approx 10\times\left[1+\frac{1}{3}(-0.003)\right]=9.99.$$

利用上面公式可以推得以下几个常用的近似计算公式(当 $|\Delta x|$ 很小时).

$$\sqrt[n]{1+x}\approx 1+\frac{x}{n},\ e^x\approx 1+x,\ \ln(1+x)\approx x,\ \sin x\approx x(x\text{ 用弧度来表示}).$$

习　题

计算下列函数的近似值.

(1) $\sqrt{0.97}$；　(2) $\sin 29°$；　(3) $\ln 1.02$；　(4) $\sqrt[5]{1.03}$.

综合练习

1. 单项选择题.

(1) 已知$f(x)=\sin(ax^2)$，则$f'(a)=($　　$)$.

(A) $\cos ax^2$;　(B) $2a^2\cos a^3$;　(C) $a^2\cos ax^2$;　(D) $a^2\cos a^3$.

(2) 设$y=\sin x+\cos\dfrac{\pi}{6}$，则$y'=($　　$)$.

(A) $\sin x$;　(B) $\cos x$;　(C) $\cos x-\sin\dfrac{\pi}{6}$;　(D) $\cos x+\sin\dfrac{\pi}{6}$.

(3) 平行于直线$x-y+1=0$的曲线$y=x\ln x$的切线方程是($\quad$).

(A) $y=x-1$;　(B) $y=-(x+1)$;

(C) $y=x+3\mathrm{e}^{-2}$;　(D) $y=(\ln x+1)(x-1)$.

(4) 下列导函数$f'(x)$中正确的是($\quad$).

(A) $(\tan 2x)'=\sec^2 2x$;　(B) $(a^x)'=xa^{x-1}$;

(C) $\left(\cos\dfrac{1}{x}\right)'=\dfrac{1}{x^2}\sin\dfrac{1}{x}$;　(D) $(\cot\sqrt{x})'=-\dfrac{1}{x+1}$.

(5) 设$y=f(x)$是可微函数，则$\mathrm{d}f(\cos 2x)=($　　$)$.

(A) $2f'(\cos 2x)\mathrm{d}x$;　(B) $2f'(\cos 2x)\sin 2x\mathrm{d}x$;

(C) $2f'(\cos 2x)\sin 2x\mathrm{d}x$;　(D) $-2f'(\cos 2x)\sin 2x\mathrm{d}x$.

2. 填空题.

(1) 若曲线$y=f(x)$在点$M(x_0,\ y_0)$处的切线斜率$f'(x_0)$存在且不为零，则曲线在点M的切线方程为________，法线方程为________.

(2) 若函数$y=f(x)$在$x=0$的附近有定义，且$f(0)=0$，$f'(0)=1$，则$\lim\limits_{x\to 0}\dfrac{f(x)}{x}=$________.

(3) 曲线$y=x^2$上点________处的切线平行于直线$y=x$.

(4) 设$y=f(x)$，则$(x^2y)'_x=$________，$(\mathrm{e}^y)'_x=$________，$(\cos y)'_x=$________.

(5) 已知$y=f(u)$是可微函数，则$\mathrm{d}f(\mathrm{e}^{\sqrt{x}})=$________.

(6) 若曲线$y=f(x)$在点x_0处可导，则该曲线在点$M(x_0,\ y_0)$处的切线方程为________，曲线在该点的法线方程为________.

(7) 若连续函数$y=f(x)$在点x_0处可导，且$|\Delta x|$很小，$f'(x_0)\neq 0$，则$f(x_0+\Delta x)-f(x_0)\approx$________.

(8) 已知函数$y=f(x)$的图像上点$(3,\ f(3))$处的切线倾斜角为$\dfrac{2\pi}{3}$，则$f'(3)=$________.

(9) 设$y=\ln\sqrt{3}$，则$y'=$________.

(10) 设$f(x)=\ln(1+x)$，则$f''(0)=$________.

(11) 火车在制动后所行驶距离s是时间t的函数$s=50t-5t^2$(单位：m)，则制动开始时的速度是________，火车经过________秒时才能停止.

3. 求下列函数的导数.

(1) $y=\dfrac{x^2+2x-3\sqrt{x}-6}{x}$;

(2) $y=\dfrac{1}{1+\sqrt{t}}+\dfrac{1}{1-\sqrt{t}}$;

(3) $y=\ln\sqrt{\dfrac{1+\sin x}{1-\sin x}}$;

(4) $y=\dfrac{1}{2}\cot^2 x+\ln\cos x$;

(5) $y=\sqrt[3]{\dfrac{1}{1+x^2}}$;

(6) $y=\sec^2 2x+\mathrm{e}^{-3x}$;

(7) $y=\mathrm{e}^{\tan\frac{1}{x}}\sin\dfrac{1}{x}$;

(8) $y=\dfrac{1}{4}\ln\dfrac{1+x}{1-x}$;

(9) $y=\arcsin(2x^2-1)+\arcsin\dfrac{1}{2}$;

(10) $y=\arccos\sqrt{x}$;

(11) $y=\arctan\dfrac{x}{2}+\arctan\dfrac{2}{x}$;

(12) $y=\mathrm{e}^{2x}+\operatorname{arccot}x^2$.

4. 求下列各函数的微分.

(1) $y=a^2\sin^2 ax+b^2\cos^2 bx$;

(2) $y=\dfrac{x^3-1}{x^3+1}$;

(3) $y=3^{\ln 2x}$;

(4) $y=[\ln(1+2x)]^{-2}$;

(5) $y=\arctan\mathrm{e}^x+\arctan\dfrac{1}{x}$;

(6) $y=x^x$.

5. 求下列函数的二阶导数.

(1) $y=x\mathrm{e}^x+3x-1$;

(2) $y=\cot x$;

(3) $y=x^3\ln x$;

(4) $y=\sqrt{1-x^2}$.

6. 设一沿直线运动的某物体的运动方程为 $s=t+\mathrm{e}^{-at}$，其中 a 是常数，试求物体在 $t=\dfrac{1}{2a}$时的速度和加速度.

7. 求下列函数在给定点处的导数.

(1) $f(x)=(x\sqrt{x}+1)x$，求 $y'|_{x=0}$与 $y'|_{x=1}$.

(2) $f(x)=\dfrac{\sin x}{x^2}$，求 $f'\left(\dfrac{\pi}{2}\right)$.

(3) $f(x)=x\sin x+\cos x$，求 $f'(0)$与 $f'(\pi)$.

(4) $s(t)=\dfrac{3}{5-t}+\dfrac{t^2}{5}$，求 $s'(0)$与 $s'(2)$.

8. 求由下列方程所确定的隐函数 $y=f(x)$的导数.

(1) $x^3+y^3-3axy=0$;

(2) $y=1+x\mathrm{e}^y$;

(3) $y=\tan(x-y)$;

(4) $x^y=y^x$.

9. 求由下列参数方程所确定的隐函数的导数$\dfrac{\mathrm{d}y}{\mathrm{d}x}$.

(1) $\begin{cases}x=t(1-\sin t)\\y=t\cos t\end{cases}$;　　(2) $\begin{cases}x=3e^{-t}\\y=3e^{t}+t\end{cases}$.

10. 求曲线 $y=x-\dfrac{1}{x}$ 与 x 轴交点处的切线方程.

数学的一大特点就是抽象，一般指抽出同类事物的共同的、本质的属性或特征，舍弃非本质的属性或特征的过程. 如此看来，那些待抽象出来的本质属性或特征原本就存在于同类的事物中，抽象的过程是把它们分离出来. 当然了，有时还要先对事物进行分类或识别. 抽象出来的属性或特征，必须是事物的本质属性或特征，决定其他非本质的属性或特征.

数学抽象思维的发展是具有层次性的，最低的层次是感性认识，直接把握的现实世界数量关系. 经过初步的弱抽象和强抽象，可以获得较低层次的思维中的“具体”. 随着数学家们对思维中的“具体”的熟悉，它们也会带有某些感性特征，称为新的抽象的出发点. 因此，在数学的抽象思维的发展过程中，抽象与具体也是相对的.

第5章 导数的应用

学习目标

- 了解罗尔定理和拉格朗日中值定理.
- 了解洛必达法则，熟练掌握未定式的极限求法.
- 掌握判别函数单调性、极值和曲线凹凸性的方法，并能熟练运用.
- 能借助函数的导数解决实际中的最值问题.

导学提纲

- 中值定理的几何意义是什么?
- 洛必达法则直接适用的极限类型有哪几种?
- 如何判别函数的单调性和曲线的凹凸性?
- 什么是函数的极值和最值？如何求极值和最值?

函数的导数在自然科学与工程技术上都有着广泛的应用.本章我们先介绍有关导数的两个基本定理，然后利用导数来研究函数的性态，包括函数的单调性、极值和凸凹性等，进一步利用这些知识解决一些实际问题.

罗尔(Rolle)定理

定理(罗尔定理) 如果函数 $y=f(x)$ 满足:

(1) 在闭区间 $[a, b]$ 上连续;

(2) 在开区间 (a, b) 内可导;

(3) 在闭区间 $[a, b]$ 的端点处函数值相等，即 $f(a)=f(b)$.

则在开区间 (a, b) 内至少存在一点 $\xi\in(a, b)$，使得 $f'(\xi)=0$.

证明 因为 $f(x)$ 在闭区间 $[a, b]$ 上连续，它在 $[a, b]$ 上必能取得最大值 M 和最小值 m.

如果 $M=m$，说明 $f(x)$ 在 $[a, b]$ 上为一常数，因此对任意一点 $\xi\in(a, b)$，都有 $f'(\xi)=0$.

如果 $M>m$，则 M 与 m 至少有一个不等于 $f(a)$，不妨设 $m\neq f(a)$，这就是说，在 (a, b) 内至少有一点 ξ，使得 $f(\xi)=m$. 由于 $f(\xi)=m$ 是最小值，所以不论 Δx 为正或负，都有

$$f(\xi+\Delta x)-f(\xi)\geqslant 0,\ \xi+\Delta x\in(a, b).$$

当 $\Delta x>0$ 时，有

$$\frac{f(\xi+\Delta x)-f(\xi)}{\Delta x}\geqslant 0,$$

那么

$$f'(\xi)=f'_+(\xi)=\lim_{\Delta x\to 0^+}\frac{f(\xi+\Delta x)-f(\xi)}{\Delta x}\geqslant 0. \tag{5-1}$$

当 $\Delta x<0$ 时，有

$$\frac{f(\xi+\Delta x)-f(\xi)}{\Delta x}\leqslant 0,$$

那么

$$f'(\xi)=f'_-(\xi)=\lim_{\Delta x\to 0^-}\frac{f(\xi+\Delta x)-f(\xi)}{\Delta x}\leqslant 0. \tag{5-2}$$

由式(5-1)和式(5-2)，必有 $f'(\xi)=0$.

罗尔定理的几何意义：如果连续曲线 $y=f(x)$ 除端点外每一点都存在不垂直于 x 轴的切线，且曲线在两个端点的纵坐标值相等，则曲线上至少有一点的切线是平行于 x 轴的(见图5-1).

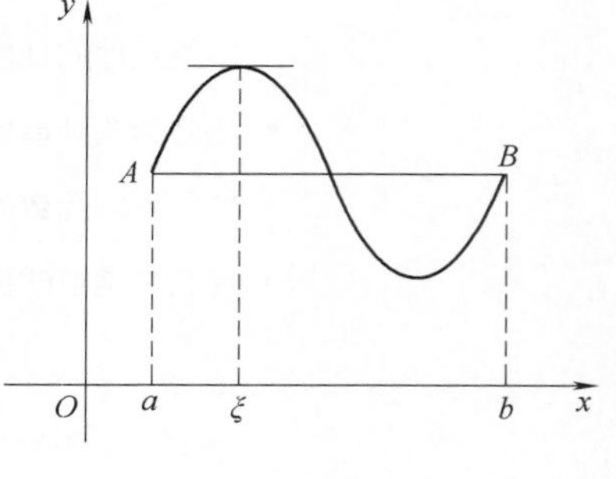

图 5-1

值得注意的是，罗尔定理的三个前提条件缺一不可.

例如，$f(x)=\begin{cases}x^2, & 0\leqslant x<1\\ 0, & x=1\end{cases}$，满足条件(2)、(3)，不满足条件(1)，结论不成立.

$f(x)=|x|\quad(-1\leqslant x\leqslant 1)$ 满足条件(1)、(3)，不满足条件(2)，结论不成立.

$f(x)=x\quad(0\leqslant x\leqslant 1)$ 满足条件(1)、(2)，不满足条件(3)，结论不成立.

罗尔定理的三个前提条件是充分非必要条件.

例如，$f(x)=\begin{cases}-x, & -\pi\leqslant x<0,\\ \sin x, & 0\leqslant x<\pi,\\ 1, & x=\pi\end{cases}$ 不满足罗尔定理的三个前提条件，但存在 $\xi=\frac{\pi}{2}\in(-\pi,\pi)$，使得 $f'\left(\frac{\pi}{2}\right)=\cos\frac{\pi}{2}=0$.

例如，设物体做直线运动，其运动方程为 $y=f(t)$，如果物体在两个不同时刻 $t=t_1$ 和 $t=t_2$ 时处于同一位置，即 $f(t_1)=f(t_2)$，并且物体的运动方程 $f(t)$ 连续且可导，那么根据罗尔定理，在时刻 $t=t_1$ 和 $t=t_2$ 之间，必定有某一时刻 $t=t^*$，在该时刻，物体的运动速度为 0，即 $f'(t^*)=0$. 上抛运动弹簧的振动等问题中都有这个结果.

习　题

在下列函数中，当 $x\in[-1,1]$ 时，满足罗尔定理的有(　　).

(A) $y=x^3$;　　(B) $y=\ln|x|$;　　(C) $y=x^2$;　　(D) $y=\frac{1}{1-x^2}$.

拉格朗日(Lagrange)中值定理

定理(拉格朗日中值定理) 如果函数 $y=f(x)$ 满足:

(1) 在闭区间 $[a, b]$ 上连续;

(2) 在开区间 (a, b) 内可导.

则在 (a, b) 内至少存在一点 $\xi(a<\xi<b)$, 使得

$$f'(\xi)=\frac{f(b)-f(a)}{b-a}.$$

为了证明这个定理, 我们设想将 x 点处的函数值 $f(x)$ 减去由于前述 B 端抬高而引起的增量

$$\frac{f(b)-f(a)}{b-a}(x-a)$$

函数将恢复到罗尔定理的情况, 因此作辅助函数

$$\varphi(x)=f(x)-\frac{f(b)-f(a)}{b-a}(x-a).$$

可见 $\varphi(a)=\varphi(b)=f(a)$, 而且 $\varphi(x)$ 在 $[a, b]$ 上连续, 在 (a, b) 内可导, 根据罗尔定理, (a, b) 内至少有一点 ξ, 使

$$\varphi'(\xi)=0,$$

即
$$f'(\xi)-\frac{f(b)-f(a)}{b-a}=0,$$

也就是
$$f(b)-f(a)=f'(\xi)(b-a).$$

数学发现的思维既包含了抽象的辩证逻辑思维, 又包含了形象的直观思维. 上述两条定理的引入就是借助于直观思维而掌握研究大方向的成功范例.

拉格朗日中值定理的几何意义:

如图 5-2 所示, 在连接 A, B 两点的一条连续曲线上, 如果过每一点, 曲线都有不垂直于 x 轴的切线, 则曲线上至少有一点 $(\xi, f(\xi))$, 过该点的切线平行于直线 AB. 显然, 拉格朗日中值定理是罗尔定理的推广, 罗尔定理是拉格朗日中值定理的一个特例, 在拉格朗日中值定理中, 如果令 $f(a)=f(b)$, 就得到了罗尔定理.

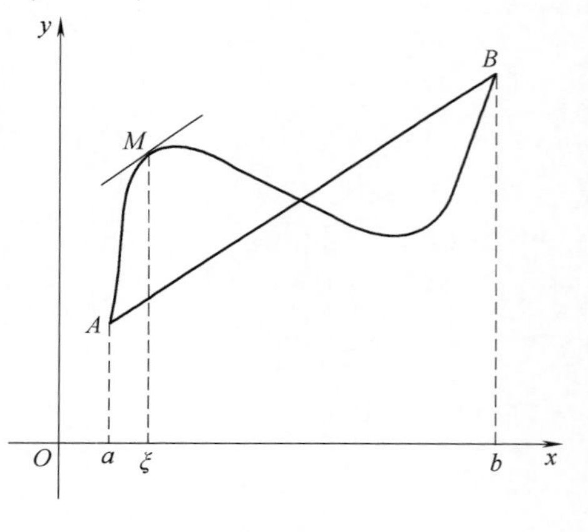

图 5-2

例题

【例 5-1】验证拉格朗日中值定理对于函数 $f(x)=\ln x$ 在 $[1, \mathrm{e}]$ 上的正确性.

证 (1) $f(x)=\ln x$ 在 $[1, \mathrm{e}]$ 上连续;

(2) $f(x)=\ln x$ 在 $(1, \mathrm{e})$ 内可导, 满足定理条件, 且

$$f'(x)=\frac{1}{x},\ f(1)=0,\ f(e)=1,\ 则 f'(\xi)=\frac{f(e)-f(1)}{e-1},$$

即 $\frac{1}{\xi}=\frac{1-0}{e-1}$，解得 $\xi=e-1$，$\xi\in(1,\ e)$.

从而验证了拉格朗日中值定理对函数 $f(x)=\ln x$ 在 $[1,\ e]$ 上的正确性.

【例 5-2】证明方程 $x^5-5x+1=0$ 有且仅有一个小于 1 的正实根.

证明　(1) 存在性. 设 $f(x)=x^5-5x+1$，则 $f(x)$ 在 $[0,\ 1]$ 上连续，且 $f(0)=1$，$f(1)=-3$. 由介值定理可知，存在 $x_0\in(0,\ 1)$ 使得 $f(x_0)=0$，即 x_0 为方程的小于 1 的正实根.

(2) 唯一性(反证法). 假设方程 $f(x)=0$ 另有一根 x_1，$x_1\in(0,\ 1)$，$x_1\neq x_0$，即 $f(x_1)=0$. 因为 $f(x)$ 在 x_0，x_1 之间满足罗尔定理的条件，所以至少存在一个 ξ(在 x_0，x_1 之间)，使得 $f'(\xi)=0$. 但 $f'(x)=5(x^4-1)<0$，$x\in(0,\ 1)$，假设不成立，所以 x_0 为方程在 $(0,\ 1)$ 之间的唯一实根.

【例 5-3】函数 $f(x)=(x-1)(x-2)(x-3)(x-4)$，不用计算，指出导函数方程 $f'(x)=0$ 有几个实根，各属于什么区间?

解　$f(x)=(x-1)(x-2)(x-3)(x-4)$ 是 4 次多项式，故 $f'(x)=0$ 是一元三次方程，最多有 3 个实根. 由于 $f(x)$ 在闭区间 $[1,\ 2]$ 上连续，在开区间 $(1,\ 2)$ 内可导，端点函数值 $f(1)=f(2)=0$，由罗尔定理可知，存在 $\xi_1\in(1,\ 2)$，使得 $f'(\xi_1)=0$，即 ξ_1 是导函数方程 $f'(x)=0$ 的一个实根；同理可知，方程还有两个根 ξ_2，ξ_3 分别属于区间 $(2,\ 3)$ 及 $(3,\ 4)$.

【例 5-4】证明　$\ln(1+h)<h\quad(h>0)$.

证明　对于函数 $f(x)=\ln x$ 在 $[1,\ 1+h]$ 上运用拉格朗日中值定理，有

$$f(1+h)-f(1)=f'(\xi)\quad(1+h-1),$$

即
$$\ln(1+h)-\ln 1=\frac{1}{\xi}\cdot h\quad(1<\xi<1+h),$$

由此得证
$$\ln(1+h)<h\quad(h>0).$$

拉格朗日中值定理的推论:

推论　如果函数 $y=f(x)$ 对于任意的 $x\in(a,\ b)$，都有 $f'(x)=0$，则 $f(x)$ 在 $(a,\ b)$ 内恒等于常数.

证　对于任意两点 x_1，$x_2\in(a,\ b)$，不妨设 $x_1<x_2$，由于 $f(x)$ 在 $(a,\ b)$ 内恒有 $f'(x)=0$，故 $f(x)$ 在 $[x_1,\ x_2]$ 内连续，在 $(x_1,\ x_2)$ 内可导，由拉格朗日中值定理，存在点 $c\in(x_1,\ x_2)$，使得

$$f'(c)=\frac{f(x_2)-f(x_1)}{x_2-x_1}.$$

又由于 $c\in(a,\ b)$，故 $f'(c)=0$，

从而
$$\frac{f(x_2)-f(x_1)}{x_2-x_1}=0,$$

于是
$$f(x_2)=f(x_1).$$

这就说明$f(x)$在(a, b)内任意两点处的函数值都相等，于是$f(x)$在(a, b)内恒为常数.

【例5-5】证明 $\arcsin x+\arccos x=\frac{\pi}{2} \quad (x\in[-1, 1])$.

证明 令$f(x)=\arcsin x+\arccos x$，

则
$$f'(x)=(\arcsin x+\arccos x)'=\frac{1}{\sqrt{1-x^2}}-\frac{1}{\sqrt{1-x^2}}=0,$$

由推论，有$f(x)=C \quad (C$为常数).

又由于
$$f(0)=\arcsin 0+\arccos 0=\frac{\pi}{2},$$

故
$$C=\frac{\pi}{2},$$

于是
$$\arcsin x+\arccos x=\frac{\pi}{2}.$$

习题

填空题.

(1) 如果函数$f(x)$在$[a, b]$上可导，则在(a, b)内至少存在一点ξ，使$f'(\xi)=$________.

(2) 函数$f(x)=(x-1)(x-2)(x-3)$，则方程$f'(x)=0$有________个实数根.

柯西(Cauchy)中值定理

定理(柯西中值定理)　若函数 $f(x)$ 与 $g(x)$ 满足：

(1) 在闭区间 $[a, b]$ 上连续；

(2) 在开区间 (a, b) 内可导，且 $g'(x)\neq 0$.

则在 (a, b) 内至少存在一点 $\xi(a<\xi<b)$，使得

$$\frac{f(b)-f(a)}{g(b)-g(a)}=\frac{f'(\xi)}{g'(\xi)}. \tag{5-3}$$

证明从略.

柯西中值定理的几何意义：设曲线弧 $\overset{\frown}{AB}$ 的参数方程为

$$\begin{cases} x=g(t), & a\leqslant t\leqslant b, \\ y=f(t), & a\leqslant t\leqslant b, \end{cases}$$

其中 t 为参数. A 点的坐标为 $(g(a), f(a))$，B 点的坐标为 $(g(b), f(b))$，则弦 AB 的斜率为

$$\frac{f(b)-f(a)}{g(b)-g(a)}.$$

若 $t=\xi\ (a<\xi<b)$ 对应弧 $\overset{\frown}{AB}$ 上的点 C，即点 C 的坐标为 $(g(\xi), f(\xi))$，则曲线弧 $\overset{\frown}{AB}$ 在点 C 处的切线斜率为 $\frac{f'(\xi)}{g'(\xi)}$. 故柯西中值定理在几何上仍表示当连续曲线弧 $\overset{\frown}{AB}$，除端点外处处有不垂直于横轴的切线时，在弧 $\overset{\frown}{AB}$ 上至少存在一点 C，使 AB 在点 C 处的切线平行于弦 AB.

由以上几何意义可以看出柯西中值定理和拉格朗日中值定理的联系. 在柯西中值定理中，当 $g(x)=x$ 时，$g'(x)=1$，式(5-3)化为

$$\frac{f(b)-f(a)}{b-a}=f'(\xi),\quad a<\xi<b$$

这就是拉格朗日中值定理.

罗尔定理、拉格朗日中值定理、柯西中值定理是微分学中的三个中值定理，特别是拉格朗日中值定理，它是利用导数研究函数的有力工具，因此也称拉格朗日中值定理为微分中值定理.

洛必达法则

前面我们已经介绍过几种未定式极限的求法. 此处将利用中值定理给出一种求未定式极限的一般方法——洛必达法则，它是处理“$\frac{0}{0}$”“$\frac{\infty}{\infty}$”以及其他型未定式极限的行之有效的方法.

1. “$\frac{0}{0}$”及“$\frac{\infty}{\infty}$”型未定式的洛必达法则

定理 如果$f(x)$和$g(x)$满足：

(1) $\lim\limits_{x\to x_0}f(x)=0$，$\lim\limits_{x\to x_0}g(x)=0$(或为$\lim\limits_{x\to x_0}f(x)=\infty$，$\lim\limits_{x\to x_0}g(x)=\infty$)；

(2) 在x_0的某一去心邻域内可导，且$g'(x)\neq 0$；

(3) $\lim\limits_{x\to x_0}\frac{f'(x)}{g'(x)}$存在或为无穷大.

则极限$\lim\limits_{x\to x_0}\frac{f(x)}{g(x)}$存在或为无穷大，且

$$\lim_{x\to x_0}\frac{f(x)}{g(x)}=\lim_{x\to x_0}\frac{f'(x)}{g'(x)}.$$

证明从略. $x\to\infty$时同样成立.

2. 其他类型未定式的计算

除了“$\frac{0}{0}$”型和“$\frac{\infty}{\infty}$”型外，我们经常遇到的未定式还有“$\infty-\infty$”“$0\cdot\infty$”“0^0”“∞^0”“1^∞”型等. 这些未定式的计算，通常先化为“$\frac{0}{0}$”“$\frac{\infty}{\infty}$”型未定式，然后再利用洛必达法则求解. 下面我们通过例题来说明这几种未定式的处理方法.

例 题

【例 5-6】求$\lim\limits_{x\to 2}\frac{x^3-8}{x-2}$.

解 这是“$\frac{0}{0}$”型未定式，运用洛必达法则，有

$$\lim_{x\to 2}\frac{x^3-8}{x-2}=\lim_{x\to 2}\frac{(x^3-8)'}{(x-2)'}=\lim_{x\to 2}\frac{3x^2}{1}=12.$$

【例 5-7】求$\lim\limits_{x\to 0}\frac{e^x-1-x}{x^2}$.

解
$$\lim_{x\to 0}\frac{e^x-1-x}{x^2}=\lim_{x\to 0}\frac{(e^x-1-x)'}{(x^2)'}=\lim_{x\to 0}\frac{e^x-1}{2x}.$$

该式仍是一个“$\frac{0}{0}$”型未定式，继续利用洛必达法则，有

原式$=\lim\limits_{x\to 0}\frac{(e^x-1)'}{(2x)'}=\lim\limits_{x\to 0}\frac{e^x}{2}=\frac{1}{2}$.

【例 5-8】求 $\lim\limits_{x\to+\infty}\dfrac{\ln x}{x^3}$.

解　这是"$\dfrac{\infty}{\infty}$"型未定式，利用洛必达法则，有

$$\lim_{x\to+\infty}\frac{\ln x}{x^3}=\lim_{x\to+\infty}\frac{(\ln x)'}{(x^3)'}=\lim_{x\to+\infty}\frac{\frac{1}{x}}{3x^2}=\lim_{x\to+\infty}\frac{1}{3x^3}=0.$$

【例 5-9】求 $\lim\limits_{x\to+\infty}\dfrac{e^x-1}{x}$.

解　$\lim\limits_{x\to+\infty}\dfrac{e^x-1}{x}=\lim\limits_{x\to+\infty}\dfrac{(e^x-1)'}{(x)'}=\lim\limits_{x\to+\infty}e^x=+\infty$.

【例 5-10】求 $\lim\limits_{x\to\infty}\dfrac{x}{x+\sin x}$.

解　应用洛必达法则，有

$$\lim_{x\to\infty}\frac{x}{x+\sin x}=\lim_{x\to\infty}\frac{1}{1+\cos x}.$$

这个极限不存在，那么能够说明原极限不存在吗？实际上

$$\lim_{x\to\infty}\frac{x}{x+\sin x}=\lim_{x\to\infty}\frac{1}{1+\frac{\sin x}{x}}=1.$$

我们看到，这个问题运用洛必达法则得到了错误的结论，究其原因，可知这个未定式问题不满足洛必达法则的条件(3)，因此不能应用洛必达法则.

【例 5-11】求 $\lim\limits_{x\to+\infty}\dfrac{e^x+e^{-x}}{e^x-e^{-x}}$.

解　运用洛必达法则

$$\lim_{x\to+\infty}\frac{e^x+e^{-x}}{e^x-e^{-x}}=\lim_{x\to+\infty}\frac{e^x-e^{-x}}{e^x+e^{-x}}=\lim_{x\to+\infty}\frac{e^x+e^{-x}}{e^x-e^{-x}}.$$

继续下去，势必陷入无限的循环. 这是一个满足洛必达法则的三个条件，但无法直接利用洛必达法则计算的例子.

这个极限可求解如下：

$$\lim_{x\to+\infty}\frac{e^x+e^{-x}}{e^x-e^{-x}}=\lim_{x\to+\infty}\frac{e^{2x}+1}{e^{2x}-1}=1.$$

运用洛必达法则求解极限问题时，需注意以下几点：

(1) 当$\lim\dfrac{f'(x)}{g'(x)}$仍然是未定式时，可继续运用洛必达法则(见例 5-7).

(2) 当$\lim\dfrac{f'(x)}{g'(x)}$不存在时，不能得出$\lim\dfrac{f(x)}{g(x)}$也不存在的结论(见例 5-10).

(3)有的极限问题，虽属未定式，但用洛必达法则可能无法直接解出(见例 5-11)，或即便能解出也太过烦琐，这时我们通常选择其他方法.

【例5-12】求$\lim\limits_{x\to 0}\left(\frac{1}{\sin x}-\frac{1}{x}\right)$.

解 该式为"$\infty-\infty$"型的未定式，可以先将它化为"$\frac{0}{0}$"型或"$\frac{\infty}{\infty}$"型，然后再求解.

$$\lim_{x\to 0}\left(\frac{1}{\sin x}-\frac{1}{x}\right)=\lim_{x\to 0}\frac{x-\sin x}{x\sin x},$$

这是一个$\frac{0}{0}$型未定式，求解得

$$原式=\lim_{x\to 0}\frac{(x-\sin x)'}{(x\sin x)'}=\lim_{x\to 0}\frac{1-\cos x}{\sin x+x\cos x}=\lim_{x\to 0}\frac{\sin x}{2\cos x-x\sin x}=0.$$

【例5-13】求$\lim\limits_{x\to 0^+}x^2\ln x$.

解 这是一个"$0\cdot\infty$"型未定式，可先将它变为分式形式，然后再求解.

$$\lim_{x\to 0^+}x^2\ln x=\lim_{x\to 0^+}\frac{\ln x}{x^{-2}}=\lim_{x\to 0^+}\frac{\frac{1}{x}}{-2x^{-3}}=\lim_{x\to 0^+}-\frac{1}{2}x^2=0.$$

【例5-14】求$\lim\limits_{x\to 0}(1+\sin x)^{\frac{1}{x}}$.

解 这是一个"1^∞"型未定式，由于$\lim\limits_{x\to 0}(1+\sin x)^{\frac{1}{x}}=\lim\limits_{x\to 0}e^{\frac{1}{x}\ln(1+\sin x)}=e^{\lim\limits_{x\to 0}\frac{\ln(1+\sin x)}{x}}$

$\lim\limits_{x\to 0}\frac{\ln(1+\sin x)}{x}$是一个"$\frac{0}{0}$"型未定式，解得

$$\lim_{x\to 0}\frac{\ln(1+\sin x)}{x}=\lim_{x\to 0}\frac{\cos x}{1+\sin x}=1.$$

所以，$\lim\limits_{x\to 0}(1+\sin x)^{\frac{1}{x}}=e$.

习　题

计算下列极限.

(1) $\lim\limits_{x\to 1}\frac{\ln x}{1-x}$;

(2) $\lim\limits_{x\to e}\frac{\ln x-1}{x-e}$;

(3) $\lim\limits_{x\to a}\frac{x^m-a^m}{x^n-a^n}$;

(4) $\lim\limits_{x\to 3}\frac{\sqrt{x+1}-2}{x-3}$;

(5) $\lim\limits_{x\to 0}\frac{x^2\sin\frac{1}{x}}{\sin x}$;

(6) $\lim\limits_{x\to 0}\frac{e^x-x-1}{x^2}$;

(7) $\lim\limits_{x\to +\infty}\frac{\frac{\pi}{2}-\arctan x}{\frac{1}{x}}$;

(8) $\lim\limits_{x\to 0}\left(\frac{1}{x}-\frac{1}{e^x-1}\right)$;

(9) $\lim\limits_{x\to 1}\left(\frac{x}{1-x}-\frac{1}{\ln x}\right)$;

(10) $\lim\limits_{x\to 0^+}x^{\sin x}$.

函数的单调性

由函数单调性的定义可以判别一些简单函数的单调性，但对于一些较复杂函数的单调性，用定义来判别可能会很困难，下面介绍一种利用导数判别函数单调性的方法.

定理　设函数 $y=f(x)$ 在 $[a,\ b]$ 上连续，在 $(a,\ b)$ 内可导.

(1) 如果在 $(a,\ b)$ 内 $f'(x)>0$，则函数 $y=f(x)$ 在 $[a,\ b]$ 上单调增加；

(2) 如果在 $(a,\ b)$ 内 $f'(x)<0$，则函数 $y=f(x)$ 在 $[a,\ b]$ 上单调减少.

证明　在 $(a,\ b)$ 内任取两点 x_1 与 x_2，且设 $x_1<x_2$，由拉格朗日中值定理可知，存在 $\xi\in(x_1,\ x_2)$，使 $f(x_2)-f(x_1)=f'(\xi)(x_2-x_1)$.

(1) 若在 $(a,\ b)$ 内 $f'(x)>0$，则 $f'(\xi)>0$，而 $(x_2-x_1)>0$，因此，$f(x_2)>f(x_1)$，故 $f(x)$ 在 $(a,\ b)$ 内单调增加.

(2) 若在 $(a,\ b)$ 内 $f'(x)<0$，则 $f'(\xi)<0$，而 $(x_2-x_1)>0$，因此 $f(x_2)<f(x_1)$，故 $f(x)$ 在 $(a,\ b)$ 内单调减少.

该定理的几何意义：如果曲线 $y=f(x)$ 在某区间内的切线与 x 轴正向的夹角 α 是锐角 ($\tan\alpha>0$)，则该曲线在该区间内上升(见图 5-3)；若这个夹角 α 是钝角 ($\tan\alpha<0$)，则该曲线在该区间内下降(见图 5-4).

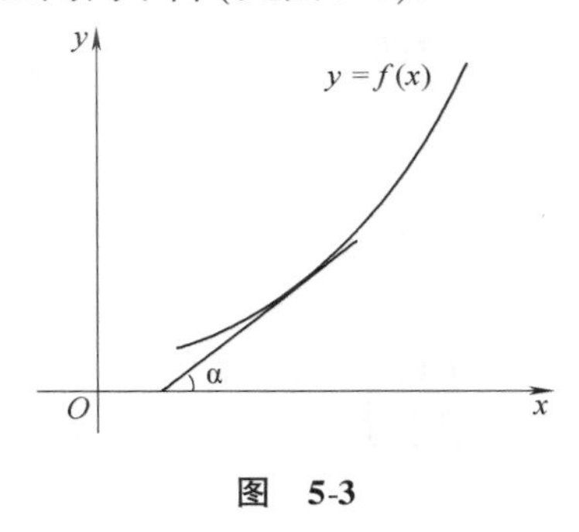

图　5-3

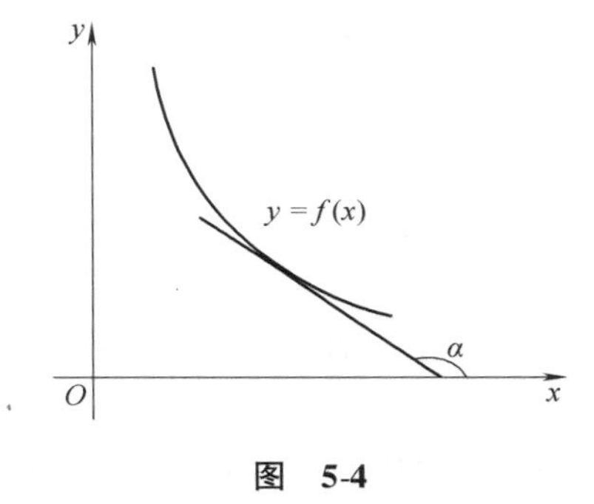

图　5-4

例　题

【例 5-15】证明：当 $x>0$ 时，$x>\ln(1+x)$.

证明　令 $f(x)=x-\ln(1+x)$，则 $f'(x)=1-\dfrac{1}{1+x}=\dfrac{x}{1+x}>0$.

所以，当 $x>0$ 时，$f'(x)>0$，所以 $f(x)$ 是严格递增的，于是 $f(x)>f(0)=0-\ln(1+0)=0$，所以 $x>\ln(1+x)$.

确定函数的单调性的一般步骤：

(1) 确定函数的定义域.

(2) 求出使函数 $f(x)=0$ 的点(驻点)和 $f(x)$ 不存在的点(不可导点)，并以这些点为分界点，将定义域分成若干个子区间.

(3) 确定 $f'(x)$ 在各个子区间的符号，从而确定 $f(x)$ 的单调区间.

【例 5-16】求函数 $f(x)=2x^3-9x^2+12x-3$ 的单调区间，$x\in(-\infty,\ +\infty)$.

解 函数$f(x)=2x^3-9x^2+12x-3$的定义域是$(-\infty, +\infty)$，因为

$$f'(x)=6x^2-18x+12=6(x-1)(x-2),$$

令$f'(x)=0$，得$x=1$，$x=2$，它们将定义域分为三个子区间：$(-\infty, 1)$，$(1, 2)$，$(2, +\infty)$，列表如下：

x	$(-\infty, 1)$	1	$(1, 2)$	2	$(2, +\infty)$
$f'(x)$	+	0	−	0	+
$f(x)$	↗	极大值	↘	极小值	↗

所以，函数在区间$(-\infty, 1)$与$(2, +\infty)$内单调增加，在区间$(1, 2)$内单调减少.

【例5-17】讨论函数$f(x)=x^{\frac{2}{3}}$的单调性.

解 函数$f(x)=x^{\frac{2}{3}}$的定义域是$(-\infty, +\infty)$，由于$f'(x)=\frac{2}{3}x^{-\frac{1}{3}}=\frac{2}{3}\cdot\frac{1}{\sqrt[3]{x}}$，因此，当$x>0$时，$f'(x)>0$，函数单调增加，当$x<0$时，$f'(x)<0$，函数单调减少，当$x=0$时，$f'(x)$不存在，点$x=0$两侧导数符号相反，列表如下：

x	$(-\infty, 0)$	0	$(0, +\infty)$
$f'(x)$	−	不存在	+
$f(x)$	↘	极小值	↗

所以，函数在$(-\infty, 0)$单调减少，在$(0, +\infty)$上单调增加.

习 题

1. 填空题.

(1) 设函数$f(x)$在(a, b)内可导，如果在(a, b)内$f'(x)>0$，则$f(x)$在该区间内________；如果在(a, b)内$f'(x)<0$，则$f(x)$在该区间内________；如果在(a, b)内$f'(x)\equiv 0$，则$f(x)$在该区间内________.

(2) 函数$y=\sin x-x$在定义域内单调________.

2. 选择题.

(1) 下列函数是单调函数的是(　　).

(A) $y=\ln(1+x^2)$；　(B) $y=xe^x$；　(C) $y=\ln|x|$；　(D) $y=x+\sin x$.

(2) 函数$y=x-\ln(1+x)$的单调减少区间是(　　).

(A) $(-1, +\infty)$；　(B) $(-1,0)$；　(C) $(0, +\infty)$；　(D) $(-\infty, -1)$.

函数的极值

定义 1　设函数 $f(x)$ 在点 x_0 的某邻域内有定义，若对于该邻域内任意点 $x(x \neq x_0)$，有 $f(x_0) > f(x)$（或 $f(x_0) < f(x)$），则称 $f(x_0)$ 为函数 $f(x)$ 的**极大（或极小）值**，x_0 为函数 $f(x)$ 的**极大值点（或极小值点）**.

函数的极大值和极小值统称为**极值**，极大值点和极小值点统称为**极值点**.

图 5-5 中，$f(x_0)$ 为函数 $f(x)$ 的极大值，x_0 为函数 $f(x)$ 的极大值点；$f(x_0')$ 为函数 $f(x)$ 的极小值，x_0' 为函数 $f(x)$ 的极小值点.

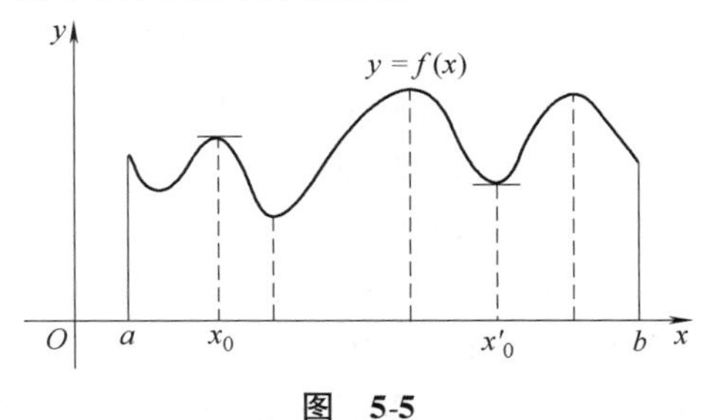

图　5-5

定理 1（极值的必要条件）　设函数 $f(x)$ 在点 x_0 处可导，且点 x_0 是 $f(x)$ 的极值点，则函数 $f(x)$ 在点 x_0 处的导数 $f'(x_0)=0$.

证明　不妨设 $f(x_0)$ 为极大值，故在 x_0 的附近有

$$f(x_0+\Delta x) < f(x_0).$$

从而

$$\frac{f(x_0+\Delta x)-f(x_0)}{\Delta x} > 0 \quad (\text{当 } \Delta x < 0 \text{ 时}), \tag{5-4}$$

或

$$\frac{f(x_0+\Delta x)-f(x_0)}{\Delta x} < 0 \quad (\text{当 } \Delta x > 0 \text{ 时}), \tag{5-5}$$

这样在式(5-4)中令 $\Delta x \to 0^-$ 得 $f'(x_0+0)=f'(x_0) \geqslant 0$；在式(5-5)中令 $\Delta x \to 0^+$ 得 $f'(x_0+0)=f'(x_0) \leqslant 0$，故必有 $f'(x_0)=0$.

定理 1 只对可导函数而言，对于导数不存在的点也可能达到极值. 观察图 5-6，可以发现在函数有定义但不可导点（如尖点）处也可能取得极值，如图 5-6 中的点 x_4. 例如 $f(x)=|x|$ 在 $x=0$ 处不可导，但在 $x=0$ 处达到极小值. 因此，求极值时还要考虑不可导点.

定理 1 说明，若极值点处导数存在，则在此点的一阶导数为零，但这定理的逆命题不成立. 由图 5-7 可见，例如 $y=x^3$，虽然 $y'|_{x=0}=3x^2|_{x=0}=0$，但 $x=0$ 不是极值点. 因此，若在函数的驻点或不可导点的左、右两侧，一阶导数变号，则该点是极值点，否则不是.

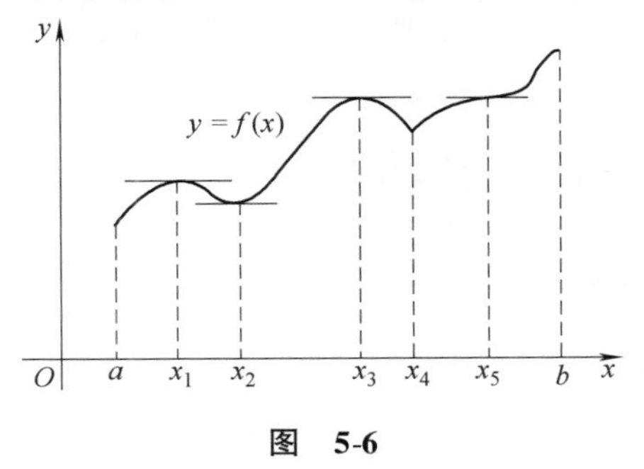

图　5-6

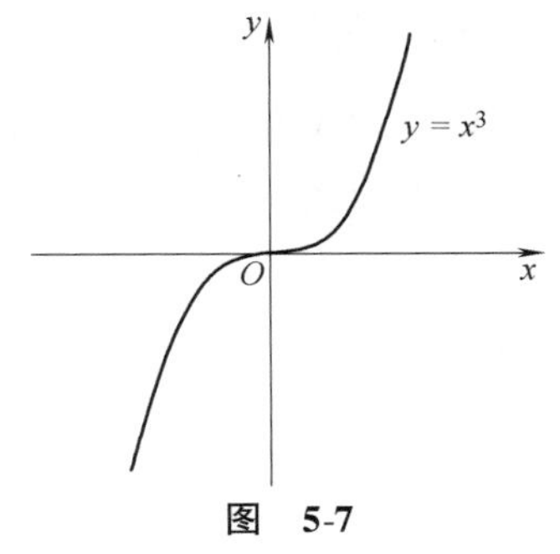

图　5-7

定义 2　使函数一阶导数为零的点称为函数的**驻点**. 即使 $f'(x_0)=0$ 的 x_0 为函数的

驻点.

综上所述，函数的极值必定是函数的驻点或一阶不可导点，但这两类点不一定是函数的极值点. 下面的定理将为我们指出判定驻点或一阶导数不存在的点是否为极值点的方法.

定理2(极值的第一充分条件) 设函数$f(x)$在点x_0处连续，在x_0的某一去心邻域内可导，且$f'(x_0)=0$或$f'(x_0)$不存在，则有：

(1) $f'(x)$的符号在x_0的左侧为负，右侧为正，则$f(x)$在点x_0处取极小值.

(2) $f'(x)$的符号在x_0的左侧为正，右侧为负，则$f(x)$在点x_0处取极大值.

(3) $f'(x)$的符号在x_0的左右两侧相同，则$f(x)$在点x_0处不取极值.

运用定理2求函数极值的一般步骤如下：

(1) 求函数的定义域.

(2) 求出导数$f'(x)$.

(3) 求出$f(x)$的驻点与不可导点.

(4) 判别导数$f'(x)$在每个驻点两侧的符号，按定理2确定函数$f(x)$在驻点是否取得极值；若取得极值，再确定是极大值还是极小值.

对于函数在点x_0具有二阶导数的情况，我们有如下判别法：

定理3(极值的第二充分条件) 若$f(x)$在$x=x_0$及其附近有二阶导数，且$f'(x_0)=0$，则：

(1) 若$f''(x_0)>0$，则x_0为极小值点.

(2) 若$f''(x_0)<0$，则x_0为极大值点.

例题

【例5-18】求函数$f(x)=x^3-3x^2+7$的极值.

解 函数的定义域是$(-\infty, +\infty)$，由于$f'(x)=3x^2-6x=3x(x-2)$，故该函数的驻点为$x=0$和$x=2$，列表如下：

x	$(-\infty, 0)$	0	$(0, 2)$	2	$(2, +\infty)$
$f'(x)$	+	0	−	0	+
$f(x)$	↗	极大值$f(0)=7$	↘	极小值$f(2)=3$	↗

故$x=0$为极大值点，且极大值$f(0)=7$，$x=2$为极小值点，且极小值$f(2)=3$.

【例5-19】利用定理3讨论例5-18的极值点.

解 由于例5-18中$f'(x)=3x^2-6x=3x(x-2)$，$x=0$，$x=2$为驻点.

而
$$f''(x)=6x-6=6(x-1),$$
且
$$f''(0)<0,\ f''(2)>0.$$
故$x=0$为极大值点，$x=2$为极小值点.

【例5-20】求$f(x)=x^5$的极值点.

解 $f(x)=5x^4$，求得驻点为$x=0$.

$f''(x)=20x^3$，$f''(0)=0$，因此用定理3无法判断，由于在$x=0$左右两侧均有$f'(x)=5x^4>0$，故$x=0$不是极值点，原函数无极值点.

习　题

1. 填空题.

函数 $y=x\cdot 2^x$ 在________上取得极小值.

2. 选择题.

(1) 下列结论正确的是(　　).

(A) 若 $f'(x_0)=0$，则 x_0 一定是函数 $f(x)$ 的极值点；

(B) 可导函数的极值点必是此函数的驻点；

(C) 可导函数的极值点必是此函数的极值点；

(D) 若 x_0 是函数 $f(x)$ 的极值点，则必有 $f'(x_0)=0$.

(2) 在下列函数中，以 $x=0$ 为极值点的函数是(　　).

(A) $y=\arcsin x-x$；　(B) $y=-x^3$；　(C) $y=\cos^3 x$；　(D) $y=\tan x+x$.

3. 求下列函数的单调区间和极值.

(1) $f(x)=\mathrm{e}^x-x$；　(2) $f(x)=2x^2-\ln x$；

(3) $y=x^3-3x^2-9x+14$；　(4) $y=\arctan x-x$.

函数的最值

函数的极值是函数的一种局部性态，是与其邻近的所有点的函数值相比较而言的，而最大值、最小值是一个整体概念，是函数在整个区间上全部数值中的最大者、最小者. 在对实际问题的讨论中，我们经常要考虑一个函数的最值. 下面我们给出确定函数最大值和最小值的方法：

(1) 确定函数的定义域.

(2) 求函数的驻点、一阶不可导点.

(3) 求函数的驻点、一阶不可导点、闭区间端点上的函数值，并比较这些值，最大的为最大值，最小的为最小值.

定理 设$f(x)$在区间I内可导，且只有一个驻点x_0，且若$f(x)$在x_0点取得极大(小)值，则$f(x)$必在x_0点取得最大(小)值.

在实际问题中，若由题意知最大值或最小值存在，且一定在所考虑的区间内部取得，此时在该区间内部只有一个驻点，那么可不必再作讨论，可断定$f(x_0)$就是所求的最大值或最小值.

例题

【例5-21】求函数$f(x)=2x^3-9x^2+12x+5$在区间$[-2,3]$上的最值.

解

$$f'(x)=6x^2-18x+12=6(x-1)(x-2),$$
$$f''(x)=12x-18=6(2x-3),$$
$$f''(1)<0,\ f''(2)>0,$$

故$f(x)$在$[-2,3]$上有极大值$f(1)=10$，极小值$f(2)=9$，又由于$[-2,3]$为闭区间，$f(-2)=71$，$f(3)=14$，因而$f(x)$在$[-2,3]$上的最小值为9，最大值为71.

【例5-22】求函数$f(x)=(x-1)^2(x-2)^2$在$(-\infty,+\infty)$上的最小值.

解 易知$\lim\limits_{x\to\infty}f(x)=+\infty$，所以$f(x)$的最大值不存在，最小值必定是$f(x)$的极小值点，又因为$f(x)$可导，故极小值点必为驻点.

由
$$f'(x)=2(x-1)(x-2)(2x-3)$$
得驻点
$$x_1=1,\ x_2=2,\ x_3=\frac{3}{2}.$$
比较
$$f(1)=0,\ f(2)=0,\ f\left(\frac{3}{2}\right)=\frac{1}{16}$$
得 $x_1=1$，$x_2=2$都是$f(x)$的最小值点，最小值为0.

【例5-23】如图5-8所示，设工厂C到铁路线的垂直距离为20km，垂足为A，铁路线上距离A点100km处有一原料供应站B，现在要在铁路线AB之间某处D修建一个车站，再由车站D向工厂C修一条公路，问D应在何处才能使得从原料供应站B运货到工厂C所需运费最省？已知每1km的

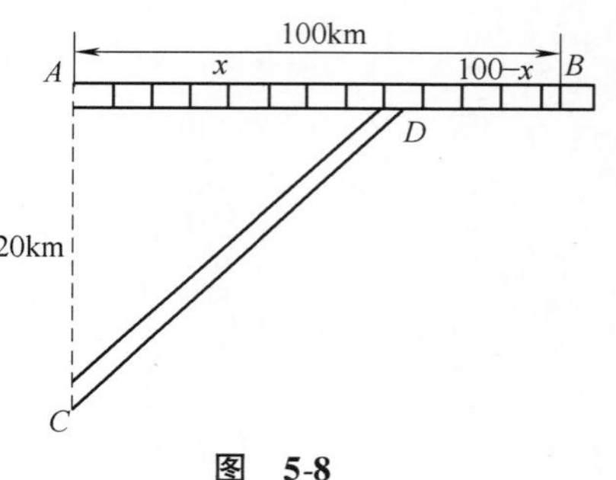

图 5-8

铁路运费与公路运费之比为3∶5.

解　设 $AD=x\text{km}$，则 $BD=(100-x)\text{km}$，$CD=\sqrt{x^2+20^2}\text{km}$，如果公路运费为 $5k$ 元/km，则铁路运费为 $3k$ 元/km，于是由题意总运费

$$y=5k\cdot CD+3k\cdot DB=5k\cdot\sqrt{400+x^2}+3k(100-x)\quad(0\leqslant x\leqslant 100),$$

$$y'=k\left(\frac{5x}{\sqrt{400+x^2}}-3\right).$$

令 $y'=0$，得 $x=15$（-15 舍去）

因此，当车站 D 建于 A，B 之间且与 A 相距15km处时运费最省.

【例5-24】采矿、采石或取土，常用炸药包进行爆破，试问炸药包埋多深，爆破体积最大？

解　由实践统计可知，爆破部分呈圆锥状漏斗形（见图5-9），锥面的母线长就是炸药包的爆破半径 R，而 R 是由炸药包所确定的常数.

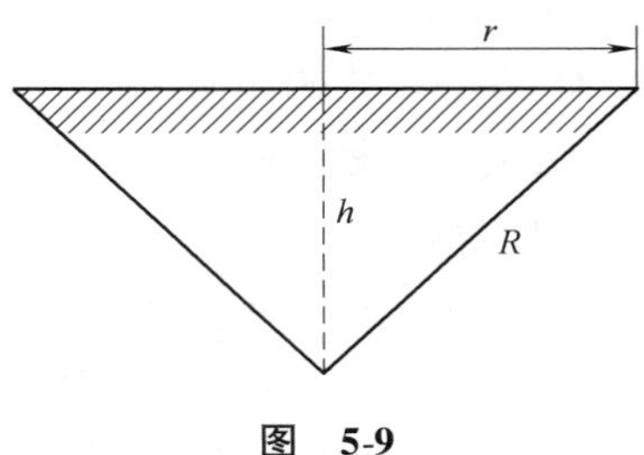

图　5-9

设 h 为炸药包埋藏的深度，则爆破体积为

$$V=V(h)=\frac{1}{3}\pi r^2h=\frac{1}{3}\pi(R^2-h^2)h\qquad(0\leqslant h\leqslant R).$$

问题就转化为求函数 $V(h)$ 的最大值点. 为此，先算出导数，再由

$$V'(h)=\left(\frac{1}{3}\pi r^2h\right)'=\frac{1}{3}\pi R^2-\pi h^2=0$$

求出唯一驻点 $h=R\sqrt{\frac{1}{3}}$ $\left(h=-R\sqrt{\frac{1}{3}}\text{不在区间}[0,R]\text{内}\right)$，所以 $h=R\sqrt{\frac{1}{3}}$ 是 $V(h)$ 的最大值点，即当 $h=R\sqrt{\frac{1}{3}}$ 时，爆破体积最大，最大爆破体积为 $\frac{2\sqrt{3}}{27}\pi R^3$.

习　题

1. 填空题.

   函数 $f(x)=\ln(1+x^2)$ 在 $[-1,2]$ 上取得的最大值、最小值分别为________.

2. 选择题.

   (1) 函数 $f(x)=\sqrt{5-4x}$ 在 $[-1,1]$ 上的(　　).

   (A) 最小值是 $f(1)$；　　(B) 最大值是 $f(1)$；

   (C) 极小值点是 $x=1$；　　(D) 极大值点是 $x=1$.

   (2) 函数 $y=x^3-3x+1$ 在区间 $[-2,0]$ 上的最大值是(　　).

   (A) -2；　　(B) 4；　　(C) 3；　　(D) 1.

3. 要制造一个容积为 V 的圆柱形带盖圆桶，试问底圆半径 r 和桶高 h 应如何确定，所用材料最省？

函数的凹凸性及拐点

定义 设函数 $y=f(x)$ 在 $[a,\ b]$ 上连续，在 $(a,\ b)$ 内可导.

(1) 若对于任意的 $x_0\in(a,\ b)$，曲线弧 $y=f(x)$ 过点 $(x_0,\ f(x_0))$ 的切线总位于曲线弧 $y=f(x)$ 的下方，则称曲线弧 $y=f(x)$ 在 $[a,\ b]$ 上为凹的；

(2) 若对于任意的 $x_0\in(a,\ b)$，曲线弧 $y=f(x)$ 过点 $(x_0,\ f(x_0))$ 的切线总位于曲线弧 $y=f(x)$ 的上方，则称曲线弧 $y=f(x)$ 在 $[a,\ b]$ 上为凸的.

如图5-10所示，图中所给曲线 $y=f(x)$ 在 $[a,\ b]$ 上为凹的，在 $[b,\ c]$ 上为凸的.

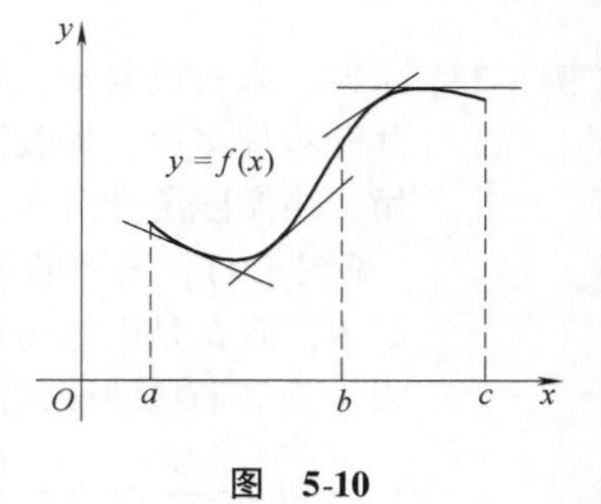

图 5-10

定理 设 $f(x)$ 在 $[a,\ b]$ 上连续，在 $[a,\ b]$ 内具有一阶和二阶导数.

(1) 若函数 $f(x)$ 在区间 $(a,\ b)$ 上有 $f''(x)>0$，则曲线 $y=f(x)$ 在区间 $(a,\ b)$ 上是凹的，

(2) 若函数 $f(x)$ 在区间 $(a,\ b)$ 上有 $f''(x)<0$，则曲线 $y=f(x)$ 在区间 $(a,\ b)$ 上是凸的.

证明 如果 $f(x)$ 在某点 x_0 有定义，$f''(x_0)=0$ 或 $f''(x_0)$ 不存在，且在 x_0 左右两侧 $f''(x)$ 符号不同，则 $(x_0,\ f(x_0))$ 为曲线 $y=f(x)$ 的拐点.

在此定理中，需要注意的是，拐点 $(x_0,\ f(x_0))$ 为曲线 $y=f(x)$ 上的点，这一点与极值点的情况不同.

例题

【例5-25】求 $f(x)=x^3-3x^2$ 的凸凹区间和拐点.

解
$$f'(x)=3x^2-6x.$$
$$f''(x)=6x-6=6(x-1).$$

故当 $x>1$，即 $x\in(1,\ +\infty)$ 时，$f''(x)>0$ 时，曲线在区间 $(1,\ +\infty)$ 内是凹的；当 $x<1$，即 $x\in(-\infty,\ 1)$ 时，$f''(x)<0$ 时，曲线在区间 $(-\infty,\ 1)$ 内是凸的；当 $x=1$ 时，$f''(x)=0$，$f(x)=-2$，于是 $(1,\ -2)$ 为曲线的拐点.

【例5-26】讨论函数 $f(x)=(2x-5)\sqrt[3]{x^2}$ 的凹凸性.

解 函数的定义域为 $(-\infty,\ +\infty)$，

$$f'(x)=2\sqrt[3]{x}+(2x-5)\cdot\frac{2}{3}\cdot\frac{1}{\sqrt[3]{x}}=\frac{10}{3}\cdot\frac{x-1}{\sqrt[3]{x}}.$$

$$f''(x)=\frac{10}{3}\cdot\frac{\sqrt[3]{x}-(x-1)\left(1+\frac{1}{3}\right)x^{-\frac{2}{3}}}{\sqrt[3]{x^2}}=\frac{10}{9}\cdot\frac{2x+1}{x^3\sqrt{x}}.$$

当 $x=0$ 时，$f'(x)$ 不存在，$f''(x)$ 不存在；当 $x=-\dfrac{1}{2}$ 时，$f''(x)=0$.

列表讨论：

x	$\left(-\infty,\ -\frac{1}{2}\right)$	$-\frac{1}{2}$	$\left(-\frac{1}{2},\ 0\right)$	0	(0, 1)	1	$(1,\ +\infty)$
$f'(x)$	+	+	+	不存在	−	0	+
$f''(x)$	−	0	+	不存在	+	+	+
$f(x)$	↗	拐点	↗		↘	极值	↘

习　题

1. 填空题.

（1）函数 $y=2x^3-2x^2$ 图形的拐点坐标为________.

（2）函数 $y=x^3$ 图形的凸区间为________，凹区间为________.

2. 选择题.

（1）点 $x=0$ 是函数 $y=x^4$ 的(　　).

（A）驻点非极值点；　　（B）拐点；

（C）驻点且是拐点；　　（D）驻点且是极值点.

（2）若在某区间 $y'>0$，$y''<0$，则曲线 $y=f(x)$ 在该区间的形状为(　　).

（A）凹状递增；　　（B）凹状递减；

（C）凸状递增；　　（D）凸状递减.

3. 求下列曲线的凹凸区间和拐点.

（1）$y=3x^4-4x^3+1$；　　（2）$y=\dfrac{1}{x^2+1}$；　　（3）$y=(x+1)^4$.

弧微分

如图 5-11 所示，当 Δx 很小时，$\overset{\frown}{MN}$的长度近似为弦$\overline{MN}$的长，所以$\overset{\frown}{MN}$弧长

$$\Delta s \approx \sqrt{(\Delta x)^2 + (\Delta y)^2} \tag{5-6}$$

当 $\Delta x \to 0$ 时，$\overset{\frown}{MN}$无限趋近$\overline{MN}$，式(5-6)用微分表示为

$$\mathrm{d}s = \sqrt{(\mathrm{d}x)^2 + (\mathrm{d}y)^2} \tag{5-7}$$

即

$$\mathrm{d}s = \sqrt{1 + \left(\frac{\mathrm{d}y}{\mathrm{d}x}\right)^2}\,\mathrm{d}x \tag{5-8}$$

或

$$\mathrm{d}s = \sqrt{1 + (y')^2}\,\mathrm{d}x \tag{5-9}$$

这就是弧微分公式.

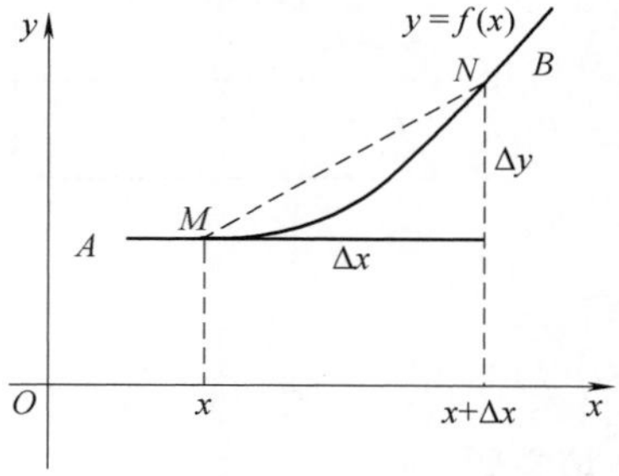

图 5-11

例 题

【例 5-27】 求抛物线 $y = x^2 - 2x + 3$ 的弧微分.

解 $y' = 2x - 2$，由弧微分公式得

$$\mathrm{d}s = \sqrt{1 + (y')^2}\,\mathrm{d}x = \sqrt{1 + (2x-2)^2}\,\mathrm{d}x = \sqrt{4x^2 - 8x + 5}\,\mathrm{d}x.$$

曲率

在建筑设计、土木施工和机械制造中，常需要考虑曲线的弯曲程度. 为此，本节介绍曲率的要领与计算. 如图 5-12 所示，当点 A 沿曲线 $y=f(x)$ 运动到 B 点时，过 A 点的切线也随之转动，设转过的角度为 $\Delta\alpha$，对应的弧长为 Δs，则 $\left|\frac{\Delta\alpha}{\Delta s}\right|$ 为 $\overset{\frown}{AB}$ 上的平均曲率，它是单位弧长上切线转角的弧度数，当 $\Delta s\to 0$(即 $B\to A$)时，极限 $\lim\limits_{\Delta s\to 0}\left|\frac{\Delta\alpha}{\Delta s}\right|=\left|\frac{\mathrm{d}\alpha}{\mathrm{d}s}\right|$ 就定义为曲线 $y=f(x)$ 在点 A 的曲率，记作 K，即

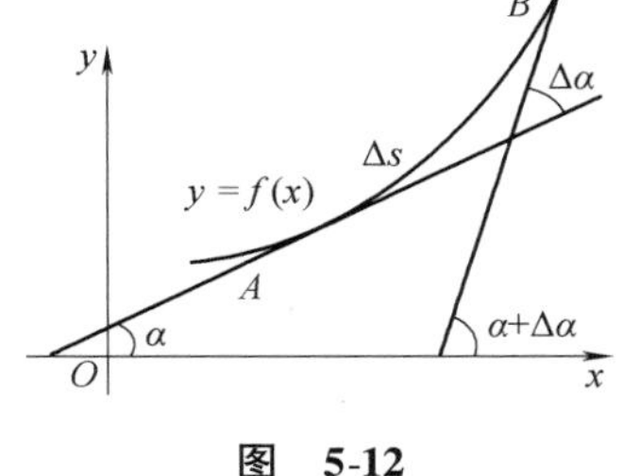

图　5-12

$$K=\left|\frac{\mathrm{d}\alpha}{\mathrm{d}s}\right|.$$

曲率反映了曲线弯曲的程度，为得到曲率的计算公式，下面讨论曲线弧长的微分公式.

定义　设 M 为曲线 C 上一点，在曲线 C 上另外一点为 N，当点 N 沿曲线 C 趋近于点 M 时，$\overset{\frown}{MN}$ 的平均曲率的极限，叫作曲线在点 M 处的曲率，记作 K，即

$$K=\lim_{\Delta s\to 0}\left|\frac{\Delta\varphi}{\Delta s}\right|.$$

这个极限也就是导数 $\left|\frac{\mathrm{d}\varphi}{\mathrm{d}s}\right|$，因此

$$K=\left|\frac{\mathrm{d}\varphi}{\mathrm{d}s}\right|. \tag{5-10}$$

曲率 K 刻画了曲线在一点处的弯曲程度.

例　题

【例 5-28】计算抛物线 $y=ax^2+bx+c$ 上任意一点处的曲率，并且求出曲率最大处的位置.

解　由 $y=ax^2+bx+c$ 得到

$$y'=2ax+b,\ y''=2a.$$

代入式(5-10)得到

$$K=\frac{|2a|}{[1+(2ax+b)^2]^{\frac{3}{2}}}.$$

当 $2ax+b=0$，即 $x=-\frac{b}{2a}$ 时，K 的分母最小，因而 K 有最大值 $|2a|$. $x=-\frac{b}{2a}$，对应的是抛物线的顶点. 因此，抛物线在顶点处的曲率最大.

设曲线 C 在点 $P_0(x_0,\ y_0)$ 处的曲率为 $K(K\neq 0)$，我们把 $\frac{1}{K}$ 称为曲线 C 在点 P_0 处的曲率半径，并记为 ρ，即

$$\rho=\frac{1}{K}.$$

作 P_0 处曲线 C 的法线，并且在曲线 C 凹进去的一侧的法线上取点 D，使 $|P_0D|=\rho$. 以点 D

为圆心，ρ 为半径作圆(如图5-13所示)，称这个圆为曲线 C 在 P_0 处的曲率圆. 容易看出，曲线 C 在点 P_0 处和它的曲率圆相切(即两条曲线在交点处有公切线)，并且有相同的凹向和曲率. 因此，在运动学中将质点在曲线 C 上经过 P_0 时的瞬间运动，看作在 P_0 处沿曲率圆的圆周运动.

【例5-29】有一个长度为 l 的悬臂直梁，一端固定在墙内，另一端自由，当自由端有集中力 P 作用时，梁发生微小的弯曲，如选择坐标系如图5-14所示，其挠度方程为

$$y=\frac{P}{EI}\left(\frac{1}{2}lx^2-\frac{1}{6}x^3\right).$$

其中 EI 为确定的正常数，试求该梁的挠曲线在 $x=0$，$\frac{l}{2}$，l 处的曲率.

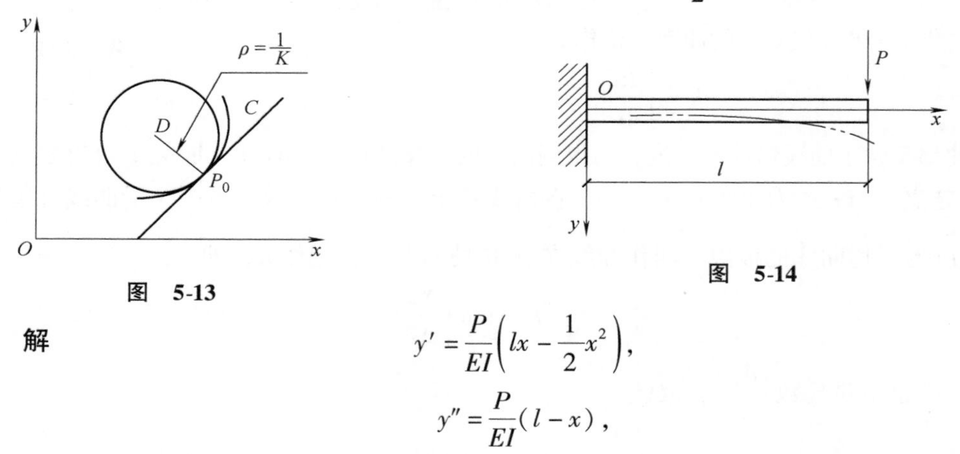

图 5-13　　图 5-14

解

$$y'=\frac{P}{EI}\left(lx-\frac{1}{2}x^2\right),$$

$$y''=\frac{P}{EI}(l-x),$$

由于梁的弯曲变形很小，得

$$K\approx|y''|=\frac{P}{EI}|l-x|.$$

把 $x=0$，$\frac{l}{2}$，l 代入上式，就得到梁的挠曲线在 $x=0$，$\frac{l}{2}$，l 处的曲率为

$$K\big|_{x=0}\approx\frac{Pl}{EI},\ K\Big|_{x=\frac{l}{2}}\approx\frac{Pl}{2EI},\ K\big|_{x=l}=0.$$

计算结果表明，当悬臂梁的自由端有集中荷载作用时，越靠近固定端弯曲越厉害，自由端几乎不弯曲，对弯曲厉害的部分，设计与施工中必须注意提高强度.

习　题

1. 求下列各曲线在给定点处的曲率和曲率半径.

(1) $y=x^3$，(1，1)；　(2) $y=e^x$，(0，1)；　(3) $y=\ln(1-x^2)$，(0，0).

2. 在区间(0，π)内，求曲线 $y=\sin x$ 上曲率最大的点.

导数在经济分析中的应用——边际成本

1. 总成本及边际成本

总成本： $C = C_v(Q) + C_0$. Q 为产量，C_v 为可变成本，C_0 为固定成本.

边际成本： $C' = C'(Q)$，即 $MC = C'(Q)$.

MC 反映了在产量为 Q 个单位的基础上再生产一个单位产品时总成本的改变量. 可见，边际成本 MC 只与可变成本有关，而与固定成本无关.

平均成本： 平均成本是指生产一定量的产品时平均每单位产品需要的成本.

平均成本函数为
$$AC = \overline{C}(Q) = \frac{C(Q)}{Q}.$$

边际成本和平均成本的关系： 因为 $AC = \overline{C}(Q) = \dfrac{C(Q)}{Q}$，所以 $AC'(Q) = \dfrac{C'(Q)Q - C(Q)}{Q^2} = \dfrac{MC - AC}{Q}(Q > 0)$.

讨论：

当 $MC < AC$ 时，$AC'(Q) = \dfrac{MC - AC}{Q} < 0$，即平均成本随产量增加而单调减少；

当 $MC > AC$ 时，$AC'(Q) = \dfrac{MC - AC}{Q} > 0$，即平均成本随产量增加而单调增加；

当 $MC = AC$ 时，$AC'(Q) = \dfrac{MC - AC}{Q} = 0$，即 $AC = MC$ 时，平均成本最低.

2. 边际收益

设 p 为价格，Q 为销售量，则

总收益函数： $R = R(Q) = Q \cdot p$.

边际收益： $MR = R'(Q) = (Q \cdot p(Q))' = Q \cdot p'(Q) + p(Q)$.

MR 的经济意义是：在销量为 Q 个单位的基础上再销售一个单位产品时总收益的改变量.

3. 边际利润

总利润函数： $L = L(Q) = R(Q) - C(Q)$　（其中 Q 为商品量）.

边际利润： $ML = L'(Q) = R'(Q) - C'(Q)$.

它的经济意义是：在产量为 Q 个单位的基础上再生产一个单位产品时，总利润的改变量.

由经济学可知，企业处于最优状态时利润最大，下面就来讨论企业最优的经营条件问题，即最大利润问题.

因为 $ML = L'(Q) = R'(Q) - C'(Q)$，即 $ML = MR - MC$，所以，

当 $MR < MC$ 时，$ML < 0$.

其经济意义是：在此产量区间上，再多生产一个产品，所增加的收益小于成本，多生产这种产品，总利润将会减少. 因此不宜安排再多生产此种产品.

当 $MR > MC$ 时，$ML > 0$.

其经济意义是：在此产量区间上，再多生产一个产品，所增加的收益大于成本，多生产这种产品，总利润将有所增加. 因此可多安排生产此种产品.

当 $MR = MC$ 时，$ML = L'(Q) = 0$.

其经济意义是：边际收益等于边际成本的产出水平(或销售水平)，可使企业获得最大利润.

例题

【例5-30】已知生产某产品 Q 件的成本为 $C = 9000 + 40Q + 0.001Q^2$(元)，试求：(1) 边际成本函数；(2) 产量为1000件时的边际成本，并解释其经济意义；(3) 产量为多少件时，平均成本最小？

解 (1) 边际成本函数：$C' = 40 + 0.002Q$.

(2) 产量为1000件时的边际成本：$C'(1000) = 40 + 0.002 \times 1000 = 60$.

(3) 平均成本：$\overline{C} = \dfrac{C}{Q} = \dfrac{9000}{Q} + 40 + 0.001Q$，$\overline{C}' = -\dfrac{9000}{Q^2} + 0.001$.

令 $\overline{C}' = 0$，得 $Q = 3000$(件)，由于 $\overline{C}'' > 0$，故当产量为3000件时平均成本最小.

【例5-31】某工厂生产一批产品的固定成本为2000元，每增产1t，产品成本增加50元，设该产品的市场需求规律为 $Q = 1100 - 10p$(p 为价格)，产销平衡，试求：

(1) 产量为100t时的边际利润；(2) 产量为多少t时利润最大？

解 由于 $p = 110 - \dfrac{Q}{10}$，故总收入为 $R = pQ = 110Q - \dfrac{Q^2}{10}$，

总成本为 $C = 2000 + 50Q$，故总利润为 $L = R - C = 60Q - \dfrac{Q^2}{10} - 2000$.

(1) 边际利润为

$$L' = 60 - \frac{Q}{5},$$

当产量为100t时，边际利润为 $L'(100) = 60 - \dfrac{100}{5} = 40$(元).

(2) 令 $L' = 0$，$L' = 60 - \dfrac{Q}{5} = 0$，得 $Q = 300$(t).

由于 $L'' < 0$，故当产量为300t时，利润最大.

习题

1. 某机械厂生产某种机械配件，其年总收入 R(元)是年产量 x(件)的函数，$R(x) = 400x - 0.1x^2$，求年产1800件的总收入、平均收入及边际收入.
2. 某粮油加工厂利用副产品，经过初步加工生产饲料的半成品，其生产能力为每月100t，设这项业务的总收入和总成本是产量 x 的函数：

$$R(x) = 405x - 2x^2,\quad C(x) = \frac{1}{2}x^2 + 5x + 2800.$$

求：(1) 产量为70t时的平均成本、平均收入和平均利润.

（2）产量为 90t 时的边际成本、边际收入和边际利润.

3. 某产品的边际成本函数为 $MC = 10 + 20Q^{-\frac{2}{3}}$，固定成本为 600 元，求总成本函数.

4. 设某产品的边际平均成本函数为 $\overline{C}'(Q) = \frac{1}{25} - \frac{100}{Q^2}$，设产品产量 Q 为 5(台)时，平均成本为 23.5(万元)，求：（1）平均成本函数；（2）总成本函数；（3）平均成本最低时的产量.

5. 生产某种产品 Q 台时的边际成本 $C'(Q) = 2.5Q + 1000$(元/台)，固定成本 500 元，若已知边际收入为 $R'(Q) = 2Q + 2000$，试求：

（1）获得最大利润时的产量.

（2）从最大利润的产量的基础上再生产 100 台，利润有何变化?

6. 已知某产品的边际成本为 $MC = 0.4Q - 12$，其中 Q 为产量，固定成本为 80，求

（1）总成本函数.

（2）设产品价格为常数：$p = 20$，求总利润函数，并求当总利润最大时的产量.

导数在经济分析中的应用——需求弹性分析

需求弹性是研究商品价格和需求量之间变化密切程度的一个相对数，是经济学主要的基本概念之一，在商贸事务中有着极为广泛的应用.

1. 弹性的概念

设函数 $y=f(x)$，当给自变量 x 一增量 Δx 时，函数 $y=f(x)$ 有相应的增量 $\Delta y=f(x+\Delta x)-f(x)$，则 Δy，Δx 分别称为函数、自变量在点 x 处的绝对增量.

此时，$\dfrac{\Delta y}{y}=\dfrac{f(x+\Delta x)-f(x)}{f(x)}$ 称为函数 $y=f(x)$ 在点 x 处的相对增量，或称为函数的增减率；而 $\dfrac{\Delta x}{x}$ 称为自变量 x 的相对增量，或称为自变量的增减率.

当 $\Delta x\to 0$ 时，若函数的相对增量与自变量的相对增量的比的极限 $\lim\limits_{\Delta x\to 0}\dfrac{\frac{\Delta y}{y}}{\frac{\Delta x}{x}}$ 存在，则称此极限为函数 $y=f(x)$ 在点 x 处的弹性，记为 μ 或 $\mu(x)$ 或 $\dfrac{Ey}{Ex}$ 或 $\dfrac{E}{Ex}f(x)$.

根据导数定义有

$$\mu=\lim_{\Delta x\to 0}\frac{\Delta y}{\Delta x}\cdot\frac{x}{y}=x\cdot\frac{f'(x)}{f(x)}.$$

这也就是函数 $y=f(x)$ 在点 x 处的弹性的计算公式. 显然，函数 $y=f(x)$ 在点 x 处的弹性表示 $y=f(x)$ 在点 x 处的相对变化率.

2. 需求弹性

一般情况下，价格是影响需求的主要因素. 当商品价格下降(或提高)一定的百分点时，其需求量将可能产生相应的增减，这也就是需求量对价格变动的敏感性问题. 这对分析需求量和价格的关系，合理制定商品价格有着极为重要的意义.

设某商品的需求量 Q 是价格 p 的函数 $Q=Q(p)$，$\dfrac{\Delta p}{p}$，$\dfrac{\Delta Q}{Q}$ 分别表示价格和需求量的增减率，若极限

$$\mu(p)=\lim_{\Delta p\to 0}\frac{\frac{\Delta Q}{Q}}{\frac{\Delta p}{p}}=\lim_{\Delta p\to 0}\frac{\Delta Q}{\Delta p}\cdot\frac{p}{Q}=p\cdot\frac{Q'(p)}{Q(p)}.$$

存在，则称此极限为需求量对价格的弹性(需求量对价格的相对变化率)，在经济学中称为需求弹性. 它表示在单价为 p 元时，单价每变动1%时，需求量变化的百分数，也称需求量对价格的弹性系数或点弹性.

例 题

【例5-32】求函数 $f(x)=ae^{bx}$ 的弹性函数及在点 $x=1$ 处的弹性.

解　$f'(x)=abe^{bx}$，

则 $\mu=x\cdot\dfrac{f'(x)}{f(x)}=x\cdot\dfrac{abe^{bx}}{ab^{bx}}=bx$，$\mu(1)=b$.

【例 5-33】设某日用消费品的需求量 Q(件)与单价 p(元)的函数关系为：$Q(p)=a\left(\dfrac{1}{2}\right)^{\frac{p}{3}}$($a$ 为常数)，求：需求弹性 $\mu(p)$；当单价分别是 4 元、4.35 元、5 元时的弹性系数，并说明经济意义.

解　(1) $Q'(p)=\dfrac{1}{3}a\ln\left(\dfrac{1}{2}\right)\cdot\left(\dfrac{1}{2}\right)^{\frac{p}{3}}$，

$$\mu(p)=p\cdot\frac{Q'(p)}{Q(p)}=p\cdot\frac{\frac{1}{3}a\ln\left(\frac{1}{2}\right)\cdot\left(\frac{1}{2}\right)^{\frac{p}{3}}}{a\cdot\left(\frac{1}{2}\right)^{\frac{p}{3}}}=-0.23p.$$

需求弹性为负值，说明单价 p 增加 1%，需求量 Q 将减少 0.23%.

(2) $\mu(4)=-0.92$；$\mu(4.35)=-1$，$\mu(5)=-1.15$.

由上表明：当 $p=4.35$ 元时，价格和需求量的变动幅度相同，即价格上涨 1%，需求量相应地减少 1%，对企业的总销售额无影响；当 $p=4$ 元时，需求量的减少幅度小于价格的上涨幅度，若提高单价，企业是有利可图的；当 $p=5$ 元时，需求量的减少幅度大于价格的上涨幅度，企业应考虑降低售价，此时如果单价压低 1%，则可使消费者的需求量增加 1.15%，薄利多销也能提高企业的效益.

一般情况下，某商品的销售总额为 $R(p)=p\cdot Q(p)$，此处，p 是单价，是单价为 p 时的需求量，则

$$R'(p)=\frac{\mathrm{d}R}{\mathrm{d}p}=Q(p)+p\cdot Q'(p)=Q(p)\left(1+p\frac{Q'(p)}{Q(p)}\right)=Q(p)[1+\mu(p)].$$

因此，有以下结论：

当 $\mu=-1$ 时，$R'(p)=0$，即 $R'(p)=C$(常数)，这就说明，价格上升 1%，需求量减少 1%，销售总额不变，称为等效应弹性.

当 $\mu<-1$ 时，称需求是富有弹性的，即需求量对价格的变化反应较为敏感，当价格上涨或降低 1% 时，其需求量的减少或增加都超过 1%，也称之为高弹性.

当 $-1<\mu<0$ 时，称需求是低弹性的，即需求量改变的主要原因不是价格的变化. 在这种情况下，适当地提高价格不会引起需求量的太大减少而影响企业的效益.

当然，我们也可以用类似的方法，对供给函数、成本函数等常用经济函数进行弹性分析.

【例 5-34】某商品原价格为 2.18 元，需求量为 3500 件，当价格提高到 2.60 元，需求量为 3100 件，求需求对价格的弹性.

解　商品的原价格和需求量分别为 2.18 元和 3500 件，则

$$\mu=\frac{Q-Q_0}{p-p_0}\cdot\frac{p_0}{Q_0}=\frac{3100-3500}{2.60-2.18}\cdot\frac{2.18}{3500}=-0.59.$$

因此，该商品的需求弹性为 -0.59.

【例 5-35】根据统计数据，甲类商品的需求量为2660单位，需求弹性为 -1.4. 若该商品价格计划上涨8%，假设其他条件不变，则预计该商品的需求量可能会降低多少?

解 设价格上涨后的需求量为 Q，则需求量和价格的改变量分别为

$$\Delta Q = Q - 2660,\ \Delta p = 1.08 - 1(\text{取 } p_0 = 1).$$

根据 $\mu = \dfrac{\Delta Q}{\Delta p} \cdot \dfrac{p_0}{Q_0}$，得 $\Delta Q = \dfrac{\mu \Delta p Q_0}{p_0}$.

即 $\Delta Q = \dfrac{\mu \Delta p Q_0}{p_0} + 2660 = \dfrac{-1.4 \times 0.08 \times 2660}{1} + 2660 = -298 + 2660 = 2362$(单位).

$2660 - 2362 = 298$(单位).

因此，估计涨价后的需求量会减少298单位.

弹性的应用范围极广，如预测市场饱和状态、预测商品价格变动等.

习 题

1. 市场上对某百货品的需求量(件)是单价 p(元)的函数 $Q(p) = 10^{2.1} e^{-\frac{p}{4}}$，求:
   (1) 需求对价格的弹性.
   (2) 当商品的价格分别为3.5元、4元、4.5元时的弹性系数，并说明其经济意义.
2. 某商品的需求量 Q 是价格 p 的函数，该商品最大需求量为5000(即当 $p=0$ 时，$Q=5000$)，已知边际需求函数为 $MQ = -5000\ln 2\left(\dfrac{1}{2}\right)^p$，求需求函数.

综合练习

1. 判断题.

(1) 函数 $f(x)=\ln x$ 在 $[1, e]$ 上满足拉格朗日定理的条件.　(　　)

(2) 若函数 $f(x)$ 在 (a, b) 内单调增加，且在 (a, b) 内可导，则必有 $f'(x)>0$.　(　　)

(3) 函数 $y=\arctan x-x$ 在其定义域内是单调减少的.　(　　)

(4) 若函数 $f(x)$ 和 $g(x)$ 在 (a, b) 内可导，且 $f(x)>g(x)$，则在 (a, b) 内必有 $f'(x)>g'(x)$.　(　　)

(5) 若函数 $f(x)$ 在区间 (a, b) 内有唯一的驻点，则该点必是极值点.　(　　)

(6) 函数 $y=x+\sin x$ 在 $(-\infty, +\infty)$ 内无极值.　(　　)

2. 填空题.

(1) 函数 $f(x)=\dfrac{1}{3}x^3-x^2-3x+3$ 的极大值是__________，极小值是__________.

(2) 函数 $y=\ln(1+x^2)$ 在 $[-1, 2]$ 上的最大值是__________，最小值是__________.

(3) 已知曲线 $y=x^3+ax^2-9x+4$，在 $x=1$ 处有拐点，则 $a=$__________，拐点是__________，在区间__________内曲线是凹的，在区间__________内曲线是凸的.

(4) 已知函数 $y=\dfrac{1}{x}$ 在 $[1, 2]$ 上满足拉格朗日中值定理，则 $\xi=$__________.

(5) 当 $-1<x<1$ 时，函数 $y=a\left(\dfrac{1}{3}x^2-x\right)$ 是单调减少函数，则 a 的取值范围是__________.

3. 求极限.

(1) $\lim\limits_{x\to a}\dfrac{x^m-a^m}{x^n-a^n}$；

(2) $\lim\limits_{x\to \pi}\dfrac{\tan 5x}{\sin 3x}$；

(3) $\lim\limits_{x\to 1}\dfrac{x^n-1}{x-1}$；

(4) $\lim\limits_{x\to 0^+}\dfrac{\ln\tan 7x}{\ln\tan 2x}$；

(5) $\lim\limits_{x\to 0}\left(\cot x-\dfrac{1}{x}\right)$；

(6) $\lim\limits_{x\to +\infty}x\left(\dfrac{\pi}{2}-\arctan x\right)$；

(7) $\lim\limits_{x\to +\infty}\dfrac{x+\sin x}{x}$；

(8) $\lim\limits_{x\to \infty}\dfrac{x-\sin x}{x+\sin x}$.

4. 求下列函数的单调区间及极值.

(1) $y=x-e^x$；

(2) $y=(x-1)^2(x-2)^3$；

(3) $y=\sin x+\cos x$，$x\in[0, 2\pi]$；

(4) $y=3-2(x+1)^{\frac{2}{3}}$；

5. 试确定下列函数的凹凸区间及拐点.

(1) $y=x^3-3x^2+1$；

(2) $y=x^2\ln\dfrac{1}{x}$.

6. 某质点的运动规律为 $s=t^3-9t^2+24t+4\quad(t>0)$，问：

(1) 何时速度为 0？

(2) 何时作前进(s 增加)运动？

(3) 何时作后退(s 减少)运动？

(4) 求当 $t>2$ 时，s 的最小值.

7. 甲船位于乙船东 75nmile(1nmile = 1.852km)，以每小时 12nmile 的速度向西行驶，而乙船则以每小时 6nmile 的速度向北行驶，问经过多少时间，两船相距最近?
8. 一矩形内接于抛物线 $y^2 = 2x$ 及 $x = 3$ 所围成的图形内，求面积最大时，矩形的长与宽.
9. 某商品的成本为 $C(x) = 9 + \frac{1}{4}x^2$ (x 为产量)，问：

(1) 当产量为多少时，可使平均成本$\left(\overline{C}(x) = \frac{C(x)}{x}\right)$最小?

(2) 求边际成本($C'(x)$)，并验证当平均成本达到最小时，边际成本等于平均成本.

10. 作出下列函数的图形.

(1) $y = x(x-2)^2$；　　(2) $y = 1 + x^2 - \frac{x^4}{2}$；

(3) $y = 2 + \sqrt[3]{x^2}$；　　(4) $y = xe^{-x}$.

数学与社会力量相互促进：实用的、科学的、美学的和哲学的因素，共同促进了数学. 把这些做出贡献、产生影响的因素中的任何一个除去，或者抬高一个而去贬低另外一个都是不可能的，甚至不能断定这些因素中谁具有相对的重要性. 一方面，对美学和哲学因素作出反应的纯粹思维决定性地塑造了数学的特征，并且作出了像欧氏几何和非欧几何这样不可超越的贡献. 另一方面，数学家们登上纯思维的顶峰，这不仅仅是靠他们自己一步步攀登的，而是借助于社会力量的推动.

第 6 章　不定积分

学习目标

- 了解不定积分的概念和性质.
- 掌握不定积分的基本公式，熟练掌握不定积分的运算.

导学提纲

- 不定积分的实质是什么?
- 如何用换元积分法和分部积分法计算不定积分?

在微分学中，我们讨论了求一个已知函数的导数（或微分）的问题，在科学技术中，常常需要研究其逆命题，即已知函数的导数，如何求得该函数.本章将由此引出不定积分的概念，然后介绍几种基本积分法.

原函数的概念

我们知道，函数 $y=f(x)$ 在点 x 处的导数 $f'(x)$ 的几何意义是曲线 $y=f(x)$ 在点 $M(x, y)$ 处的切线的斜率，即

$$f'(x)=k(x).$$

在实际问题中，还需要解决相反的问题：已知曲线在 x 点的切线的斜率 $k=k(x)$ 时，求该曲线方程.

定义 设 $f(x)$ 为定义在某个区间上的函数，若存在函数 $F(x)$，使其在该区间上的任意一点，都有

$$F'(x)=f(x) \text{或} \mathrm{d}F(x)=f(x)\mathrm{d}x,$$

则称 $F(x)$ 是 $f(x)$ 在该区间上的一个原函数.

例如，$(\sin x)'=\cos x$，所以 $\sin x$ 是 $\cos x$ 的原函数. 又设 C 是任意常数，$(\sin x+C)'=\cos x$ 所以 $\sin x+C$ 也是 $\cos x$ 的原函数. 由于常数 C 的任意性，如果一个函数有原函数，那么它就有无限多个原函数.

一般地，如果 $F(x)$ 是 $f(x)$ 的一个原函数，那么 $F(x)+C$ 就是 $f(x)$ 的全部原函数(称为原函数族).

例 题

【例6-1】设曲线上任意一点 $M(x, y)$ 处，其切线的斜率为 $k=f'(x)=2x$，且该曲线经过坐标原点，求这条曲线的方程.

解 设所求曲线方程为

$$y=F(x),$$

则曲线上任意一点 $M(x, y)$ 的切线斜率为

$$y'=F'(x)=2x,$$

由于曲线经过坐标原点，所以当 $x=0$ 时 $y=0$，因此，不难知道所求曲线方程为

$$y=x^2.$$

事实上，$y'=(x^2)'=2x$，又 $x=0$ 时 $y=0$，因此 $y=x^2$ 即为所求曲线方程.

以上提出了已知某函数的导数，求原来这个函数的问题，这就构成了“原函数”概念.

不定积分的概念

定义　如果 $F(x)$ 是 $f(x)$ 的一个原函数，那么 $f(x)$ 的全部原函数 $F(x)+C$ 叫作 $f(x)$ 的不定积分，记作 $\int f(x)\mathrm{d}x$，即

$$\int f(x)\mathrm{d}x = F(x) + C.$$

式中，“$\int$”叫作积分号，$f(x)$ 叫作被积函数，$f(x)\mathrm{d}x$ 叫作被积表达式，x 叫作积分变量，C 叫作积分常数.

求不定积分的方法称为积分法. 今后在不至混淆的情况下，不定积分简称积分.

例　题

【例 6-2】用微分法验证下列各等式.

(1) $\int \frac{1}{x^2}\mathrm{d}x = -\frac{1}{x} + C$;

(2) $\int \frac{1}{\sqrt{1-x^2}}\mathrm{d}x = \arcsin x + C$.

证明　(1) 由于 $\left(-\frac{1}{x}+C\right)' = \frac{1}{x^2}$，而且含有任意常数 C，所以

$$\int \frac{1}{x^2}\mathrm{d}x = -\frac{1}{x} + C.$$

(2) 由于 $(\arcsin x + C)' = \frac{1}{\sqrt{1-x^2}}$，而且含有任意常数 C，所以

$$\int \frac{1}{\sqrt{1-x^2}}\mathrm{d}x = \arcsin x + C.$$

由不定积分的定义可知：积分法与微分法互为逆运算，即有

$$\left[\int f(x)\mathrm{d}x\right]' = f(x) \text{ 或 } \mathrm{d}\left[\int f(x)\mathrm{d}x\right] = f(x)\mathrm{d}x,$$

反之，则有

$$\int f'(x)\mathrm{d}x = F(x) + C \text{ 或} \int \mathrm{d}F(x) = F(x) + C.$$

这就是说：若先积分后微分，则两者的作用互相抵消；反过来，若先微分后积分，则应在抵消后加上任意常数 C.

习　题

1. 写出下列各式的结果.

(1) $\int \mathrm{d}[\sin(2x+3)]$;

(2) $d\left[\int \frac{1}{1+x^2}dx\right]$;

(3) $\int (x\sin x)'dx$;

(4) $\left[\int e^x(\cos x - \sin x)dx\right]$.

2. 验证下列等式.

(1) $\int \frac{x}{\sqrt{1+x^2}}dx = \sqrt{1+x^2} + C$;

(2) $\int \cos^2 x dx = \frac{x}{2} + \frac{1}{4}\sin 2x + C$;

(3) $\int \sqrt{a^2 - x^2}dx = \frac{a^2}{2}\arcsin\frac{x}{a} + \frac{x}{2}\sqrt{a^2 - x^2} + C$;

(4) $\int \frac{x}{\sqrt{a^2+x^2}}dx = \sqrt{a^2+x^2} + C$.

不定积分的几何意义

根据不定积分的定义，可知本章例 6-1 提出的切线斜率为 $2x$ 的全部曲线是

$$y = \int 2x\mathrm{d}x = x^2 + C,$$

即　$y = x^2 + C.$

对于任意常数 C 的每一个确定的值 C_0（例如 -1，0，1 等），就得到函数 $2x$ 的一个确定的原函数，也就是一条确定的抛物线 $y = x^2 + C_0$. 在例 6-1 中，所求的曲线通过点(0，0)，即 $x=0$ 时，$y=0$，把它们代入上式，得 $C=0$. 于是所求曲线为

$$y = x^2.$$

因为 C 可取任意实数，所以 $y = x^2 + C$ 就表达了无穷多条抛物线，所有这些抛物线构成一个曲线的集合，也叫曲线族. 如图 6-1 中任意两条曲线，对应于相同的横坐标 x，它们对应的纵坐标 y 的差总是一个常数，即曲线族中任一条抛物线可由另一条抛物线沿 y 轴方向平移而得到.

一般地，若 $F(x)$ 是 $f(x)$ 的一个原函数，$f(x)$ 的不定积分

$$\int f(x)\,\mathrm{d}x = F(x) + C$$

是 $f(x)$ 的原函数族，对于 C 每取一个值 C_0，就确定 $f(x)$ 的一个原函数，在直角坐标系中就确定一条曲线 $y = F(x) + C_0$，这条曲线叫作函数 $f(x)$ 的一条积分曲线. 所有这些积分曲线构成一个曲线族，称为 $f(x)$ 的积分曲线族（见图 6-1），对应于相同的横坐标 x，它们对应的纵坐标 y 的差是一个常数，积分曲线族中每一条曲线上相同横坐标对应点处的切线互相平行.

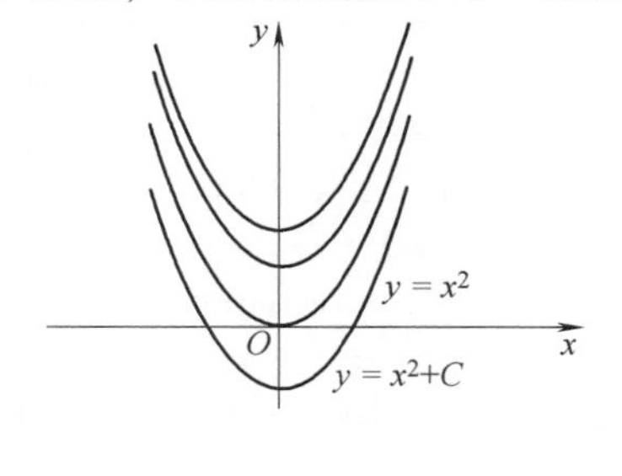

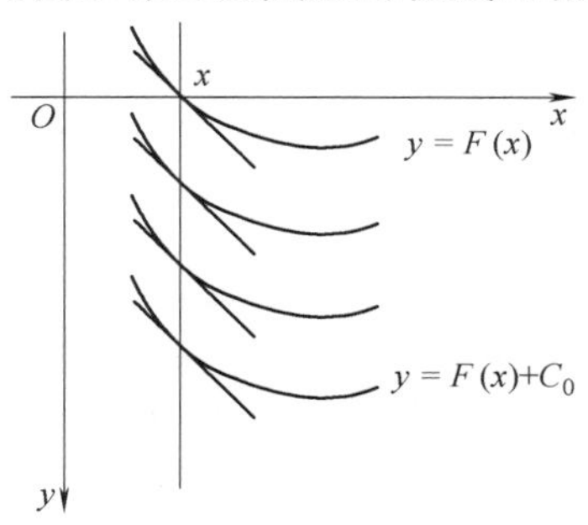

图　6-1

习　题

1. 某曲线在任一点处切线斜率等于该点的横坐标的平方，且通过点(0，1)，求此曲线方程.
2. 设物体的运动速度为 $v = \cos t$（v 以 m/s 为单位，t 以 s 为单位），当 $t = \dfrac{\pi}{2}$ 时，该物体经过的路程 $s = 10\mathrm{m}$，求物体的运动方程.

积分基本公式

由于不定积分是微分的逆运算，因此可以从导数里的基本公式得到相应的基本积分公式，现把它们列于表6-1.

表6-1 积分的基本公式(1)

序号	$F'(x)=f(x)$	$\int f(x)\mathrm{d}x=F(x)+C$
1	$(2\sqrt{x})'=\frac{1}{\sqrt{x}}$	$\int\frac{1}{\sqrt{x}}\mathrm{d}x=2\sqrt{x}+C$
2	$\left(-\frac{1}{x}\right)'=\frac{1}{x^2}$	$\int\frac{1}{x^2}\mathrm{d}x=-\frac{1}{x}+C$
3	$\left(\frac{x^{\alpha+1}}{\alpha+1}\right)'=x^{\alpha}(\alpha\neq 1)$	$\int x^{\alpha}\mathrm{d}x=\frac{x^{\alpha+1}}{\alpha+1}+C$
4	$(\mathrm{e}^x)'=\mathrm{e}^x$	$\int\mathrm{e}^x\mathrm{d}x=\mathrm{e}^x+C$
5	$\left(\frac{a^x}{\ln a}\right)'=a^x$	$\int a^x\mathrm{d}x=\frac{a^x}{\ln a}+C$
6	$(\ln\|x\|)'=\frac{1}{x}$	$\int\frac{1}{x}\mathrm{d}x=\ln\|x\|+C$
7	$(-\cos x)'=\sin x$	$\int\sin x\mathrm{d}x=-\cos x+C$
8	$(\sin x)'=\cos x$	$\int\cos x\mathrm{d}x=\sin x+C$
9	$(\tan x)'=\sec^2 x$	$\int\sec^2 x\mathrm{d}x=\tan x+C$
10	$(-\cot x)'=\csc^2 x$	$\int\csc^2 x\mathrm{d}x=-\cot x+C$
11	$(\sec x)'=\sec x\tan x$	$\int\sec x\tan x\mathrm{d}x=\sec x+C$
12	$(-\csc x)'=\csc x\cot x$	$\int\csc x\cot x\mathrm{d}x=-\csc x+C$
13	$(\arcsin x)'=\frac{1}{\sqrt{1-x^2}}$	$\int\frac{1}{\sqrt{1-x^2}}\mathrm{d}x=\arcsin x+C$
14	$(\arctan x)'=\frac{1}{1+x^2}$	$\int\frac{1}{1+x^2}\mathrm{d}x=\arctan x+C$

注：$x>0$，$(\ln x)'=\frac{1}{x}$　　$x<0$，$[\ln(-x)]'=\frac{1}{x}$

上面14个公式是求不定积分的基础，读者必须熟记.

例　题

【例6-3】求下列不定积分.

(1) $\int\frac{1}{x^3}\mathrm{d}x$;

(2) $\int x^2\sqrt{x}\mathrm{d}x$.

解　(1) $\int \frac{1}{x^3}dx = \int x^{-3}dx = \frac{x^{-3+1}}{-3+1} + C$

$= -\frac{1}{2x^2} + C.$

(2) $\int x^2\sqrt{x}dx = \int x^{\frac{5}{2}}dx = \frac{x^{\frac{5}{2}+1}}{\frac{5}{2}+1} + C$

$= \frac{2}{7}x^{\frac{7}{2}} + C$

$= \frac{2}{7}x^3\sqrt{x} + C.$

上面的例子表明，对某些分式或根式函数求积分，可先把它们化为 x^α 的形式，然后用幂函数的积分公式求积分.

积分的基本运算法则

法则 1　非零常数因子可提到积分号外，即

$$\int kf(x)dx = k\int f(x)dx \qquad (k \neq 0).$$

法则 2　两个函数的代数和的积分，等于各函数不定积分的代数和，即

$$\int [f(x) \pm g(x)]dx = \int f(x)dx \pm \int g(x)dx.$$

法则 2 可以推广到有限个函数的情形.

利用基本积分公式和积分的运算法则可求得一些函数的积分.

例　题

【例 6-4】求下列不定积分.

(1) $\int (x^2 + 2^x)dx$;

(2) $\int (2\cos x - 3\sin x)dx$.

解　(1) $\int (x^2 + 2^x)dx = \frac{x^{2+1}}{2+1} + \frac{2^x}{\ln 2} + C$

$= \frac{1}{3}x^3 + \frac{2^x}{\ln 2} + C.$

(2) $\int (2\cos x - 3\sin x)dx = 2\int \cos x dx - 3\int \sin x dx$

$= 2\sin x - 3(-\cos x) + C = 2\sin x + 3\cos x + C.$

注意：逐项积分后，每个积分结果中都含有一个任意常数，由于任意常数之和仍是任意常数，因此只要在末尾加一个积分常数 C 就可以了.

直接积分法

在求积分问题中，有时可直接按积分的基本公式和两条运算法则求出结果；有时则须将被积函数经过适当的恒等变形，再利用积分公式和两个基本法则求出结果，这样的积分方法叫作直接积分法.

例题

【例6-5】求 $\int 2^x e^x dx$.

解 $\int 2^x e^x dx = \int (2e)^x dx = \frac{(2e)^x}{\ln(2e)} + C = \frac{2^x e^x}{1+\ln 2} + C$.

【例6-6】求 $\int \frac{1+x+x^2}{x(1+x^2)}dx$.

解
$$\int \frac{1+x+x^2}{x(1+x^2)}dx = \int \frac{(1+x^2)+x}{x(1+x^2)}dx = \int \frac{1}{x}dx + \int \frac{1}{1+x^2}dx = \ln x + \arctan x + C.$$

【例6-7】求 $\int \frac{2x^2+1}{x^2(x^2+1)}dx$.

解
$$\int \frac{2x^2+1}{x^2(x^2+1)}dx = \int \frac{x^2+(x^2+1)}{x^2(x^2+1)}dx = \int \frac{1}{x^2+1}dx + \int \frac{1}{x^2}dx = \arctan x - \frac{1}{x} + C.$$

【例6-8】求 $\int \frac{1}{\sin^2 x\cos^2 x}dx$.

解
$$\int \frac{1}{\sin^2 x\cos^2 x}dx = \int \frac{\sin^2 x+\cos^2 x}{\sin^2 x\cos^2 x}dx = \int \frac{1}{\cos^2 x}dx + \int \frac{1}{\sin^2 x}dx = \tan x - \cot x + C.$$

【例6-9】求 $\int \frac{\cos 2x}{\sin x-\cos x}dx$.

解
$$\int \frac{\cos 2x}{\sin x-\cos x}dx = \int \frac{\cos^2 x-\sin^2 x}{\sin x-\cos x}dx = -\int(\sin x+\cos x)dx = \cos x - \sin x + C.$$

【例6-10】求 $\int \cos^2\frac{x}{2}dx$.

解
$$\int\cos^2\frac{x}{2}\mathrm{d}x=\int\frac{1}{2}(\cos x+1)\mathrm{d}x$$
$$=\frac{1}{2}\left[\int\cos x\mathrm{d}x+\int\mathrm{d}x\right]$$
$$=\frac{1}{2}[(\sin x)+x]+C$$
$$=\frac{1}{2}(x+\sin x)+C.$$

习 题

1. 求下列各不定积分.

(1) $\int(\mathrm{e}^x+1)\mathrm{d}x$；　(2) $\int a^x\mathrm{e}^x\mathrm{d}x$；

(3) $\int\left(\frac{1}{x}-2\cos x\right)\mathrm{d}x$；　(4) $\int\frac{x^3-27}{x-3}\mathrm{d}x$；

(5) $\int(2^x+\sec^2x)\mathrm{d}x$；　(6) $\int\left(\frac{1}{x}+3^x+\frac{1}{\cos^2x}-\mathrm{e}^x\right)\mathrm{d}x$；

(7) $\int\sec x(\sec x-\tan x)\mathrm{d}x$；　(8) $\int\frac{x^3+x+2}{x^2+1}\mathrm{d}x$；

(9) $\int\left(\frac{x+1}{x}\right)^2\mathrm{d}x$；　(10) $\int\frac{x-4}{\sqrt{x}+2}\mathrm{d}x$；

(11) $\int\sin^2\frac{x}{2}\mathrm{d}x$；　(12) $\int\frac{\sin 2x}{\sin x}\mathrm{d}x$；

(13) $\int\frac{\cos 2x}{\sin^2x}\mathrm{d}x$；　(14) $\int\frac{\cos 2x}{\cos^2x\sin^2x}\mathrm{d}x$；

(15) $\int\tan^2x\mathrm{d}x$；　(16) $\int\sec x(\sec x-\tan x)\mathrm{d}x$；

(17) $\int\frac{\mathrm{d}x}{1+\cos 2x}$；　(18) $\int\frac{\mathrm{e}^{3x}+1}{\mathrm{e}^x+1}\mathrm{d}x$.

2. 已知某函数导数是 $\sin x+\cos x$，又知当 $x=\frac{\pi}{2}$时，函数的值等于2，求此函数.

3. 已知某产品产量的变化率为 $f(x)=50t+200$，其中 t 为时间，求此产品在 t 时刻的产量 $p(t)$（已知：$p(0)=0$）.

第一类换元积分法

第一类换元积分法是与微分学中的复合函数求导法则(或微分形式的不变性)相对应的积分方法. 为了说明这种方法，我们先看下面的例子.

【例 6-11】求 $\int e^{3x}dx$.

解 在基本积分公式里虽有

$$\int e^{x}dx = e^{x} + C,$$

但我们这里不能直接应用，这是因为被积函数 e^{3x} 是一个复合函数. 为了套用这个积分公式，先把原积分作下列变形，然后进行计算.

$$\int e^{3x}dx = \frac{1}{3}\int e^{3x}3dx \xlongequal{令\ 3x = u} \frac{1}{3}\int e^{u}du$$

$$= \frac{1}{3}e^{u} + C \xlongequal{回代\ u = 3x} \frac{1}{3}e^{3x} + C,$$

验证：$\left(\frac{1}{3}e^{3x} + C\right)' = e^{3x}$

所以，确实$\frac{1}{3}e^{3x}+C$ 是 e^{3x}的原函数，这说明上面的方法是正确的. 例 6-11 的解法特点是引入新变量 $u=3x$，从而把原积分化为积分变量为 u 的积分，再用基本积分公式求解. 它就是利用 $\int e^{x}dx = e^{x} + C$ 得 $\int e^{u}du = e^{u} + C$.

一般地，若 $u = \varphi(x)$ 与$\int f(x)dx = F(x) + C$ 成立，那么当 u 是 x 的任一可导函数时，式子 $\int f(u)du = F(u) + C$ 也一定成立. 事实上，由$\int f(x)dx = F(x) + C$ 得，$dF(x) = f(x)dx$.

根据前一章证得的微分形式不变性可以知道，当 $u=\varphi(x)$ 可导时，有 $dF(u) = f(u)du$，从而根据不定积分定义有

$$\int f(u)du = F(u) + C.$$

这个结论表明：在基本积分公式中，自变量 x 换成任一可导函数 $u=\varphi(x)$时，公式仍成立，这就大大扩大了基本积分公式的使用范围.

一般地，若不定积分的被积表达式能写成$f[\varphi(x)]\varphi(x)'dx=f[\varphi(x)]d\varphi(x)$的形式，则令 $\varphi(x)=u$，当积分 $\int f(u)du = F(u) + C$ 容易用直接积分法求得，那么就按下述方法计算不定积分：

$$\int f[\varphi(x)]\varphi'(x)dx = \int f[\varphi(x)]d\varphi(x)$$

$$\xlongequal{\text{令}\varphi(x)=u}\int f(u)\mathrm{d}u = F(u)+C$$

$$\xlongequal{\text{回代}u=\varphi(x)} F[\varphi(x)]+C.$$

通常把这样的积分方法叫作第一类换元积分法.

【例 6-12】求 $\int(3x-1)^{10}\mathrm{d}x$.

解　基本积分公式中有

$$\int x^{\alpha}\mathrm{d}x = \frac{x^{\alpha+1}}{\alpha+1}+C(\alpha\neq 1),$$

因为　$3\mathrm{d}x=\mathrm{d}(3x-1)$,

所以　$\int(3x-1)^{10}\mathrm{d}x = \frac{1}{3}\int(3x-1)^{10}\mathrm{d}(3x-1)$

$$\xlongequal{\text{令}3x-1=u}\frac{1}{3}\int u^{10}\mathrm{d}u = \frac{1}{33}u^{11}+C$$

$$\xlongequal{\text{回代}u=3x-1}\frac{1}{33}(3x-1)^{11}+C.$$

从上例可以看出，求积分经常需要用到下面两个微分性质.

(1) $\mathrm{d}[\alpha\varphi(x)]=\alpha\mathrm{d}\varphi(x)$，即常系数可以从微分号内移出移进. 如

$$2\mathrm{d}x=\mathrm{d}(2x);\ \mathrm{d}(-x)=-\mathrm{d}x;\ \mathrm{d}\left(\frac{1}{2}x^2\right)=\frac{1}{2}\mathrm{d}(x^2).$$

(2) $\mathrm{d}[\varphi(x)]=\mathrm{d}[\varphi(x)\pm b]$，即微分号内的函数可加(或减)一个常数，如

$$\mathrm{d}x=\mathrm{d}(x+1);\ \mathrm{d}\sqrt{x}=\mathrm{d}(\sqrt{x}\pm\sqrt{3}).$$

【例 6-13】求 $\int\frac{2x+3}{x^2+3x+2}\mathrm{d}x$.

解　$\int\frac{2x+3}{x^2+3x+2}\mathrm{d}x = \int\frac{1}{x^2+3x+2}\mathrm{d}(x^2+3x+2)$

$$\xlongequal{\text{令}u=x^2+3x+2}\int\frac{1}{u}\mathrm{d}u = \ln|u|+C$$

$$\xlongequal{\text{回代}u=x^2+3x+2}\ln|x^2+3x+2|+C.$$

【例 6-14】求 $\int x\sqrt{1-x^2}\mathrm{d}x$.

解　$\int x\sqrt{1-x^2}\mathrm{d}x = -\frac{1}{2}\int\sqrt{1-x^2}\mathrm{d}(1-x^2)$

$$\xlongequal{\text{令}u=1-x^2}-\frac{1}{2}u^{\frac{1}{2}}\mathrm{d}u = -\frac{1}{3}u^{\frac{3}{2}}+C$$

$$\xlongequal{\text{回代}u=1-x^2}-\frac{1}{3}(1-x^2)^{\frac{3}{2}}+C$$

$$=-\frac{1}{3}(1-x^2)\sqrt{1-x^2}+C.$$

【例6-15】求 $\int \tan x \mathrm{d}x$.

解 $$\int \tan x \mathrm{d}x = \int \frac{\sin x}{\cos x}\mathrm{d}x = -\int \frac{1}{\cos x}\mathrm{d}(\cos x)$$

$$\xlongequal{令\cos x = u} -\int \frac{1}{u}\mathrm{d}u = -\ln|u| + C$$

$$\xlongequal{回代 u = \cos x} -\ln|\cos x| + C$$

同理可得 $\int \cot x \mathrm{d}x = \ln|\sin x| + C$.

【例6-16】求 $\int \frac{1}{a^2 + x^2}\mathrm{d}x$.

解 $$\int \frac{1}{a^2 + x^2}\mathrm{d}x = \frac{1}{a}\int \frac{1}{1 + \left(\frac{x}{a}\right)^2}\mathrm{d}\left(\frac{x}{a}\right)$$

$$\xlongequal{令\frac{x}{a} = u} \frac{1}{a}\int \frac{1}{1 + u^2}\mathrm{d}u = \frac{1}{a}\arctan u + C$$

$$\xlongequal{回代 u = \frac{x}{a}} \frac{1}{a}\arctan \frac{x}{a} + C.$$

由上面例题可以看出，用第一类换元积分法计算积分时，关键是被积式能分成两部分，一部分为 $\varphi(x)$ 的函数 $f[\varphi(x)]$，另一部分为 $\mathrm{d}\varphi(x)$. 当运算熟练后，中间变量 $\varphi(x) = u$ 不必写出. 我们把第一类换元积分法表述为

$$\int f[\varphi(x)]\varphi'(x)\mathrm{d}x \xlongequal{凑微分} \int f[\varphi(x)]\mathrm{d}\varphi(x) \xlongequal{视\varphi(x)为中间变量} F[\varphi(x)] + C,$$

即在凑微分之后直接得出结果，故第一类换元积分法又叫作凑微分法.

在凑微分时，常要用到下列的微分式子，熟悉它们是有助于求不定积分的.

$\mathrm{d}x = \frac{1}{a}\mathrm{d}(ax + b)$　　　　$x\mathrm{d}x = \frac{1}{2}\mathrm{d}(x^2)$

$\frac{1}{x}\mathrm{d}x = \mathrm{d}\ln|x|$　　　　$\frac{1}{x^2}\mathrm{d}x = -\mathrm{d}\left(\frac{1}{x}\right)$

$\frac{1}{1 + x^2}\mathrm{d}x = \mathrm{d}(\arctan x)$　　　　$\frac{1}{\sqrt{1 - x^2}}\mathrm{d}x = \mathrm{d}(\arcsin x)$

$\mathrm{e}^x\mathrm{d}x = \mathrm{d}(\mathrm{e}^x)$　　　　$\sin x\mathrm{d}x = -\mathrm{d}(\cos x)$

$\cos x\mathrm{d}x = \mathrm{d}(\sin x)$　　　　$\sec^2 x\mathrm{d}x = \mathrm{d}(\tan x)$

$\csc^2 x\mathrm{d}x = -\mathrm{d}(\cot x)$　　　　$\sec x\tan x\mathrm{d}x = \mathrm{d}(\sec x)$

$\csc x\cot x\mathrm{d}x = -\mathrm{d}(\csc x)$

显然，微分式子绝非只有这些，积分时要具体问题具体分析，在熟记基本积分公式和一些常用微分式子的基础上，通过大量的练习来积累经验，才能逐步掌握这一重要的积分法.

【例6-17】求 $\int \frac{\ln x}{x}\mathrm{d}x$.

解
$$\int \frac{\ln x}{x}\mathrm{d}x \xlongequal{\text{拆成}} \int \frac{1}{x}\ln x\mathrm{d}x \xlongequal{\text{凑微分}} \int \ln x \mathrm{d}\ln x \xlongequal{\text{视 }\ln x\text{ 为中间变量}} \frac{1}{2}\ln^2 x + C.$$

【例 6-18】求 $\int \frac{\sin(\sqrt{x}+1)}{\sqrt{x}}\mathrm{d}x$.

解
$$\int \frac{\sin(\sqrt{x}+1)}{\sqrt{x}}\mathrm{d}x \xlongequal{\text{拆成}} 2\int \frac{1}{2\sqrt{x}}\sin(\sqrt{x}+1)\mathrm{d}x \xlongequal{\text{凑微分}} 2\int \sin(\sqrt{x}+1)\mathrm{d}(\sqrt{x}+1) \xlongequal{\text{视}\sqrt{x}+1\text{ 为中间变量}} -2\cos(\sqrt{x}+1)+C.$$

【例 6-19】求 $\int \frac{1}{x^2-a^2}\mathrm{d}x$.

解
$$\begin{aligned}\int \frac{1}{x^2-a^2}\mathrm{d}x &= \int \frac{1}{(x+a)(x-a)}\mathrm{d}x \\ &= \frac{1}{2a}\int\left(\frac{1}{x-a}-\frac{1}{x+a}\right)\mathrm{d}x \\ &= \frac{1}{2a}\left[\int \frac{\mathrm{d}(x-a)}{x-a} - \int \frac{\mathrm{d}(x+a)}{x+a}\right] \\ &= \frac{1}{2a}\ln\left|\frac{x-a}{x+a}\right| + C.\end{aligned}$$

【例 6-20】求 $\int \sec x\mathrm{d}x$.

解法一
$$\begin{aligned}\int \sec x\mathrm{d}x &= \int \frac{1}{\cos x}\mathrm{d}x = \int \frac{\cos x}{\cos^2 x}\mathrm{d}x \\ &= \int \frac{\mathrm{d}(\sin x)}{1-\sin^2 x}\text{（利用上例的结果）} \\ &= \frac{1}{2}\ln\left|\frac{1+\sin x}{1-\sin x}\right| + C \\ &= \frac{1}{2}\ln\frac{(1+\sin x)^2}{\cos^2 x} + C \\ &= \ln\left|\frac{1+\sin x}{\cos x}\right| + C \\ &= \ln|\sec x + \tan x| + C.\end{aligned}$$

解法二　因为

$$\sec x = \frac{\sec x(\sec x+\tan x)}{\sec x+\tan x},$$ 因此

$$\int \sec x \mathrm{d}x \xlongequal{\text{拆成}} \int \frac{\sec x(\sec x+\tan x)}{\sec x+\tan x}\mathrm{d}x$$

$$=\int \frac{\mathrm{d}(\sec x+\tan x)}{\sec x+\tan x}=\ln|\sec x+\tan x|+C.$$

同理 $\int \csc x \mathrm{d}x=\ln|\csc x-\cot x|+C$.

【例 6-21】求 $\int \cos^3 x \mathrm{d}x$.

解 $\int \cos^3 x \mathrm{d}x=\int \cos^2 x \cos x \mathrm{d}x$

$$=\int (1-\sin^2 x)\mathrm{d}(\sin x)=\sin x-\frac{1}{3}\sin^3 x+C.$$

【例 6-22】求 $\int \cos^2 x \mathrm{d}x$.

解 $\int \cos^2 x \mathrm{d}x=\int \frac{1+\cos 2x}{2}\mathrm{d}x$

$$=\frac{1}{2}x+\frac{1}{4}\int \cos 2x \mathrm{d}(2x)$$

$$=\frac{1}{2}x+\frac{1}{4}\sin 2x+C.$$

【例 6-23】求 $\int \sec^4 x \mathrm{d}x$.

解 $\int \sec^4 x \mathrm{d}x=\int \sec^2 x \mathrm{d}(\tan x)$

$$=\int (1+\tan^2 x)\mathrm{d}(\tan x)$$

$$=\tan x+\frac{1}{3}\tan^3 x+C.$$

【例 6-24】求 $\int \cos 3x \sin x \mathrm{d}x$.

解 先利用积化和差公式作恒等变换，然后再求积分，即

$$\int \cos 3x \sin x \mathrm{d}x=\frac{1}{2}\int [\sin(3x+x)-\sin(3x-x)]\mathrm{d}x$$

$$=\frac{1}{2}\int (\sin 4x-\sin 2x)\mathrm{d}x$$

$$=\frac{1}{8}\sin 4x \mathrm{d}(4x)-\frac{1}{4}\int \sin 2x \mathrm{d}(2x)$$

$$=-\frac{1}{8}\cos 4x+\frac{1}{4}\cos 2x+C.$$

注意：求同一积分，可以有几种不同的解法，其结果在形式上可能不同，但实际上最多只是积分常数有区别.

例如，求 $\int \sin x\cos x\mathrm{d}x$.

解法一

$$\int \sin x\cos x\mathrm{d}x = \int \sin x\mathrm{d}(\sin x) = \frac{1}{2}\sin^2 x + C_1 .$$

解法二

$$\int \sin x\cos xx\mathrm{d}x = -\int \cos x\mathrm{d}(\cos x) = -\frac{1}{2}\cos^2 x + C_2 .$$

解法三

$$\begin{aligned}\int \sin x\cos x\mathrm{d}x &= \frac{1}{2}\int \sin 2x\mathrm{d}x \\ &= \frac{1}{4}\int \sin 2x\mathrm{d}(2x) = -\frac{1}{4}\cos 2x + C_3.\end{aligned}$$

上面三个不同的结果，利用三角公式可化为相同的形式：

$$-\frac{1}{2}\cos^2 x + C_2 = -\frac{1}{2}(1-\sin^2 x) + C_2 = \frac{1}{2}\sin^2 x + C_1.$$

$$-\frac{1}{4}\cos 2x + C_3 = -\frac{1}{4}(1-2\sin^2 x) + C_3 = \frac{1}{2}\sin^2 x + C_1.$$

虽然上例三种解法的结果较容易地化成了同一结果，但是很多积分要把结果化为相同形式有时会有一定的困难．事实上，要检查积分结果是否正确，只要对所得结果求导，如果这个导数与被积函数相同，那么结果就是正确的.

1. 在下列各等式右端的括号内，填入适当的常数，使等式成立.

（1）$\mathrm{d}x = (\quad)\mathrm{d}(2x+3)$；（2）$x\mathrm{d}x = (\quad)\mathrm{d}(x^2)$；

（3）$\mathrm{e}^{3x}\mathrm{d}x = (\quad)\mathrm{d}\mathrm{e}^{3x}$；（4）$\cos 2x\mathrm{d}x = (\quad)\mathrm{d}\sin 2x$；

（5）$\frac{1}{x}\mathrm{d}x = (\quad)\mathrm{d}(1-\ln|x|)$；（6）$\frac{1}{1+4x^2}\mathrm{d}x = (\quad)\mathrm{d}(\arctan 2x)$；

（7）$\frac{1}{\sqrt{1-4x^2}}\mathrm{d}x(\quad)\mathrm{d}(\arcsin 2x)$；（8）$x\sin x^2\mathrm{d}x = (\quad)\mathrm{d}(\cos x^2)$.

2. 求下列各不定积分.

（1）$\int \cos 4x\mathrm{d}x$；（2）$\int \sin\frac{t}{5}\mathrm{d}t$；

（3）$\int (x^2-2x+3)^{10}(x-1)\mathrm{d}x$；（4）$\int 3^{2x}\mathrm{d}x$；

（5）$\int \frac{1}{\sqrt{1+2x}}\mathrm{d}x$；（6）$\int (2x-3)^{15}\mathrm{d}x$；

（7）$\int x\sqrt{1+x^2}\mathrm{d}x$；（8）$\int \frac{x}{(1-x^2)^{101}}\mathrm{d}x$；

(9) $\int \sin(2x-3)\mathrm{d}x$;

(10) $\int \frac{\cos x}{a+b\sin x}\mathrm{d}x$;

(11) $\int e^{\sin x}\cos x\mathrm{d}x$;

(12) $\int \frac{\sin x}{\cos^2 x}\mathrm{d}x$;

(13) $\int \sin^3 x\mathrm{d}x$;

(14) $\int \csc^3 x\cos x\mathrm{d}x$;

(15) $\int \frac{1}{x}\ln^3 x\mathrm{d}x$;

(16) $\int \frac{1}{x\sqrt{1+\ln x}}\mathrm{d}x$;

(17) $\int e^{-x}\mathrm{d}x$;

(18) $\int e^{\sin x}\sec^2 x\mathrm{d}x$;

(19) $\int \frac{\cos\sqrt{x}}{\sqrt{x}}\mathrm{d}x$;

(20) $\int \frac{e^{\sqrt{x}}}{\sqrt{x}}\mathrm{d}x$;

(21) $\int \sqrt{2+e^x}e^x\mathrm{d}x$;

(22) $\int x^2\sin x^3\mathrm{d}x$;

(23) $\int x\cos(a+bx^2)\mathrm{d}x$;

(24) $\int x^2 a^{2x^3}\mathrm{d}x$;

(25) $\int \frac{e^{\frac{1}{x}}}{x^2}\mathrm{d}x$;

(26) $\int \cos^3 2x\mathrm{d}x$;

(27) $\int \frac{\cot x}{\ln\sin x}\mathrm{d}x$;

(28) $\int \frac{\mathrm{d}x}{\cos^2(a-bx)}$;

(29) $\int \sin4x\cos5x\mathrm{d}x$;

(30) $\int \frac{\sin^4 x}{\cos^2 x}\mathrm{d}x$;

(31) $\int \frac{\mathrm{d}x}{x\sqrt{1-\ln^2 x}}$;

(32) $\int \frac{x\mathrm{d}x}{\sin^2(1+x^2)}$.

第二类换元积分法

在第一类换元积分法中，都是选取 $u=\varphi(x)$ 进行代换的，这时，中间变量 u 是变量 x 的函数. 但也有相反的情形，需要选取 x 为中间变量，用 $x=\phi(t)$ 进行代换，这时变量 x 是变量 t 的函数，即

$$\int f(x)\mathrm{d}x \xlongequal{x=\phi(t)} \int f[\phi(t)]\phi'(t)\mathrm{d}t = F(t)+C \xlongequal{\text{回代}} F[\varphi^{-1}(x)]+C.$$

这种求不定积分的方法叫作第二类换元积分法.

应用换元积分法时，选择适当的变量代换是个关键，如果选择不当，就可能引起计算上的麻烦或者求不出积分. 但是究竟如何选择代换，应由被积函数的具体情况进行分析而定.

在本节例题中，有一些积分是以后经常会遇到的，所以也作为基本公式列出(见表6-2).

表6-2　积分的基本公式(2)

序号	$\int f(x)\mathrm{d}x=F(x)+C$	序号	$\int f(x)\mathrm{d}x=F(x)+C$
15	$\int \tan x\mathrm{d}x=-\ln\lvert\cos x\rvert+C$	19	$\int\frac{\mathrm{d}x}{a^2+x^2}=\frac{1}{a}\arctan\frac{x}{a}+C$
16	$\int \cot x\mathrm{d}x=\ln\lvert\sin x\rvert+C$	20	$\int\frac{\mathrm{d}x}{x^2-a^2}=\frac{1}{2a}\ln\left\lvert\frac{x-a}{x+a}\right\rvert+C$
17	$\int \sec x\mathrm{d}x=\ln\lvert\sec x+\tan x\rvert+C$	21	$\int\frac{\mathrm{d}x}{\sqrt{a^2-x^2}}=\arctan\frac{x}{a}+C$
18	$\int \csc x\mathrm{d}x=\ln\lvert\csc x-\cot x\rvert+C$	22	$\int\frac{\mathrm{d}x}{\sqrt{x^2\pm a^2}}\ln\lvert x+\sqrt{x^2\pm a^2}\rvert+C$

例　题

【例6-25】求 $\int\frac{\mathrm{d}x}{1+\sqrt{x}}$.

解　这个积分不易用前面的方法计算，困难在于被积式的分母含根式，要先作代换去掉根号，为此设

$$\sqrt{x}=t>0,$$

即 $x=t^2$，则 $\mathrm{d}x=2t\mathrm{d}t$，于是

$$\begin{aligned}\int\frac{\mathrm{d}x}{1+\sqrt{x}}&=\int\frac{2t\mathrm{d}t}{1+t}=2\int\frac{1+t-1}{1+t}\mathrm{d}t\\&=2\int\left(1-\frac{1}{1+t}\right)\mathrm{d}t=2t-2\ln\lvert1+t\rvert+C\\&\xlongequal{\text{回代}t=\sqrt{x}}2\sqrt{x}-2\ln(1+\sqrt{x})+C\\&=2[\sqrt{x}-\ln(1+\sqrt{x})]+C.\end{aligned}$$

【例6-26】求 $\int\sqrt{a^2-x^2}\mathrm{d}x(a>0)$.

解　被积式中含有 $\sqrt{a^2-x^2}$，同上例一样，设法去掉根号，此时，如果能找一种变量替代式，使 a^2-x^2 能化成一项的平方，而经变换后又不含根号，这样，就可使被积式不含根号. 由三角函数公式 $1-\sin^2t=\cos^2t$，可设

$$x=a\sin t\ \left(-\frac{\pi}{2}<t<\frac{\pi}{2}\right),$$

则有 $\mathrm{d}x=a\cos t\mathrm{d}t$,

而 $\sqrt{a^2-x^2}=\sqrt{a^2-a^2\sin^2 t}=a\cos t$,

于是

$$\begin{aligned}\int\sqrt{a^2-x^2}\mathrm{d}x&=a^2\int\cos^2 t\mathrm{d}t\\&=a^2\int\frac{1+\cos 2t}{2}\mathrm{d}t=\frac{a^2}{2}\left(t+\frac{1}{2}\sin 2t\right)+C\\&=\frac{a^2}{2}t+\frac{a^2}{2}\sin t\cos t+C,\end{aligned}$$

由于 $x=a\sin t$,所以

$$t=\arcsin\frac{x}{a},$$

$$\cos t=\sqrt{1-\sin^2 t}=\sqrt{1-\left(\frac{x}{a}\right)^2}=\frac{\sqrt{a^2-x^2}}{a},$$

于是所求积分为

$$\int\sqrt{a^2-x^2}\mathrm{d}x=\frac{a^2}{2}\arcsin\frac{x}{a}+\frac{x}{a}\sqrt{a^2-x^2}+C.$$

为了使所得结果用原变量 x 来表示,较简便的方法是作辅助三角形(见图6-2),于是有 $\cos t=\dfrac{\sqrt{a^2-x^2}}{a}$.

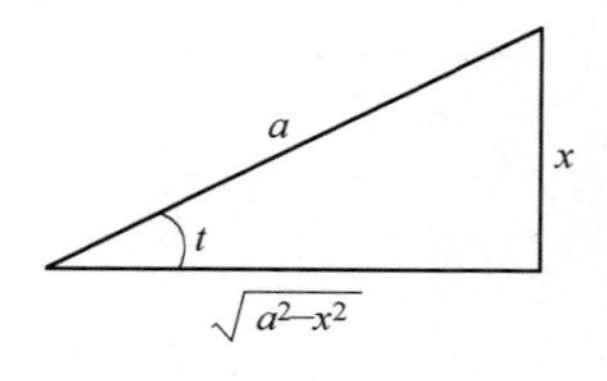

图 6-2

【例6-27】求 $\displaystyle\int\frac{\mathrm{d}x}{\sqrt{x^2+a^2}}(a>0)$.

解 和上例类似,我们可以利用三角公式来消去根式.

令 $x=a\tan t$,则

$$\sqrt{x^2+a^2}=\sqrt{a^2\tan^2 t+a^2}=a\sqrt{1+\tan^2 t}=a\sec t,$$
$$\mathrm{d}x=a\sec^2 t\mathrm{d}t,$$

于是所求积分为

$$\int\frac{\mathrm{d}x}{\sqrt{x^2+a^2}}=\int\frac{a\sec^2 t\mathrm{d}t}{a\sec t}=\int\sec t\mathrm{d}t,$$

由例6-20的结果,得

$$\int\frac{\mathrm{d}x}{\sqrt{x^2+a^2}}=\ln|\sec t+\tan t|+C,$$

为了使所得结果用原变量来表示,可以根据 $\tan t=\dfrac{x}{a}$ 作辅助直角三角形(见图6-3),于是有 $\sec t=\dfrac{\sqrt{x^2+a^2}}{a}$.

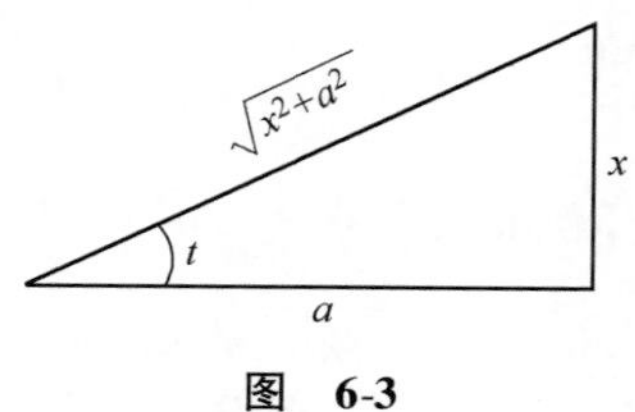

图 6-3

因此 $\displaystyle\int\frac{\mathrm{d}x}{\sqrt{x^2+a^2}}=\ln\left|\frac{\sqrt{x^2+a^2}}{a}+\frac{x}{a}\right|+C_1$

$$= \ln(\sqrt{x^2+a^2}+x)+C_1-\ln a$$
$$= \ln(\sqrt{x^2+a^2}+x)+C.$$

其中 $C=C_1-\ln a$

和上例类似，利用三角公式消去根号，读者可以求出

$$\int \frac{1}{\sqrt{x^2-a^2}}\mathrm{d}x \xlongequal{\text{令 } x=a\sec t} \ln|x+\sqrt{x^2-a^2}|+C,$$

当被积函数含有根式 $\sqrt{a^2-x^2}$ 或 $\sqrt{x^2\pm a^2}$ 时，可将被积式作如下变换：

（1）当含有 $\sqrt{a^2-x^2}$ 时，可令 $x=a\sin t$.

（2）当含有 $\sqrt{x^2+a^2}$ 时，可令 $x=a\tan t$.

（3）当含有 $\sqrt{x^2-a^2}$ 时，可令 $x=a\sec t$.

以上三种变换叫作三角代换.

【例 6-28】求 $\int \frac{1}{\mathrm{e}^x+1}\mathrm{d}x$.

解法一　用第二类换元法.

令 $\mathrm{e}^x=t$，即 $x=\ln t$，则 $\mathrm{d}x=\frac{1}{t}\mathrm{d}t$，于是

$$\int \frac{1}{\mathrm{e}^x+1}\mathrm{d}x = \int \frac{1}{t(t+1)}\mathrm{d}t = \int \frac{(t+1)-t}{t(t+1)}\mathrm{d}t$$
$$= \int\left(\frac{1}{t}-\frac{1}{1+t}\right)\mathrm{d}t$$
$$= \ln|t|-\ln|1+t|+C$$
$$\xlongequal{\text{回代 } t=\mathrm{e}^x} x-\ln(1+\mathrm{e}^x)+C.$$

解法二　用第一类换元法.

$$\int \frac{1}{\mathrm{e}^x+1}\mathrm{d}x = \int \frac{(\mathrm{e}^x+1)-\mathrm{e}^x}{\mathrm{e}^x+1}\mathrm{d}x = \int\left(1-\frac{\mathrm{e}^x}{\mathrm{e}^x+1}\right)\mathrm{d}x$$
$$= x-\int \frac{\mathrm{d}(\mathrm{e}^x+1)}{\mathrm{e}^x+1} = x-\ln(\mathrm{e}^x+1)+C.$$

习　题

求下列各不定积分.

（1）$\int \frac{1}{1+\sqrt[3]{x+1}}\mathrm{d}x$；　　（2）$\int \frac{\mathrm{d}x}{\sqrt{x}+\sqrt[3]{x}}$；

（3）$\int \frac{\mathrm{d}x}{x\sqrt{x+1}}$；　　（4）$\int \frac{\mathrm{d}x}{\sqrt{1+\mathrm{e}^x}}$；

（5）$\int \frac{1}{\sqrt{9x^2-4}}\mathrm{d}x$；　　（6）$\int \frac{1}{x\sqrt{x^2-1}}\mathrm{d}x$；

（7）$\int \sqrt{1-4x^2}\mathrm{d}x$；　　（8）$\int \frac{x^2}{\sqrt{9-x^2}}\mathrm{d}x$.

分部积分法

前面我们在复合函数求导法则的基础上，得到了换元积分法. 现在我们利用两个函数乘积的求导法则，来推得另一个求积分的基本方法——分部积分法.

设函数 $u=u(x)$ 及 $v=v(x)$ 具有连续导数. 那么，两个函数乘积的导数公式为

$$(uv)'=u'v+uv',$$

移项，得 $uv'=(uv)'-u'v$,

对这个等式两边求积分，得

$$\int uv'\mathrm{d}x = uv - \int u'v\mathrm{d}x. \tag{6-1}$$

式(6-1)称为分部积分公式. 如果求 $\int uv'\mathrm{d}x$ 有困难，而求 $\int u'v\mathrm{d}x$ 比较容易，则利用分部积分公式就可以起到化难为易的作用.

为简便起见，也可把式(6-1)写成下面的形式

$$\int u\mathrm{d}v = uv - \int v\mathrm{d}u. \tag{6-2}$$

现在通过例子说明如何运用这个重要公式.

例 题

【例 6-29】求 $\int x\cos x\mathrm{d}x$.

解 这个积分用换元积分法不易求得结果. 现在试用分部积分法来求它. 如果设 $u=x$，$\mathrm{d}v=\cos x\mathrm{d}x$，那么 $\mathrm{d}u=\mathrm{d}x$，$v=\sin x$，代入分部积分式(6-2)得，

$$\int x\cos x\mathrm{d}x = \int x\mathrm{d}(\sin x) = x\sin x - \int \sin x\mathrm{d}x,$$

而 $\int v\mathrm{d}u = \int \sin x\mathrm{d}x$ 容易积出，所以

$$\int x\cos x\mathrm{d}x = x\sin x + \cos x + C.$$

求这个积分时，如果设 $u=\cos x$，$\mathrm{d}v=x\mathrm{d}x$，那么 $\mathrm{d}u=-\sin x$，$v=\dfrac{x^2}{2}$.

于是 $\int x\cos x\mathrm{d}x = \dfrac{x^2}{2}\cos x + \int \dfrac{x^2}{2}\sin x\mathrm{d}x$.

上式右端的积分比原积分更不容易求出. 由此可见，如果 u 和 v 选取不当，就求不出结果. 所以，应用分部积分法时，恰当选取 u 和 v 是一个关键. 选取 u 和 v 一般要考虑下面两点：

(1) v 要容易求得；

(2) $\int v\mathrm{d}u$ 要比 $\int u\mathrm{d}v$ 容易积出.

【例 6-30】求 $\int x\mathrm{e}^x\mathrm{d}x$.

解　设 $u=x$，$\mathrm{d}v=\mathrm{e}^x\mathrm{d}x$，那么 $\mathrm{d}u=\mathrm{d}x$，$v=\mathrm{e}^x$. 于是

$$\int x\mathrm{e}^x\mathrm{d}x = x\mathrm{e}^x - \int \mathrm{e}^x\mathrm{d}x = x\mathrm{e}^x - \mathrm{e}^x + C = \mathrm{e}^x(x-1)+C.$$

【例 6-31】求 $\int x^2\mathrm{e}^x\mathrm{d}x$.

解　设 $u=x^2$，$\mathrm{d}v=\mathrm{e}^x\mathrm{d}x$，那么 $\mathrm{d}u=2x\mathrm{d}x$，$v=\mathrm{e}^x$，于是

$$\int x^2\mathrm{e}^x\mathrm{d}x = x^2\mathrm{e}^x - 2\int x\mathrm{e}^x\mathrm{d}x,$$

这里 $\int x\mathrm{e}^x\mathrm{d}x$ 比 $\int x^2\mathrm{e}^x\mathrm{d}x$ 容易积出，因为被积函数中 x 的幂次前者比后者降低了一次. 由例 6-30 可知，对 $\int x\mathrm{e}^x\mathrm{d}x$ 再使用一次分部积分法就可以了. 于是

$$\begin{aligned}\int x^2\mathrm{e}^x\mathrm{d}x &= x^2\mathrm{e}^x - 2\int x\mathrm{e}^x\mathrm{d}x \\ &= x^2\mathrm{e}^x - 2(x\mathrm{e}^x - \mathrm{e}^x) + C \\ &= \mathrm{e}^x(x^2-2x+2)+C.\end{aligned}$$

总结上面三个例子，可以知道，如果被积函数是幂函数和正(余)弦函数或幂函数和指数函数的乘积，就可以考虑用分部积分法，并设幂函数为 u，这样用一次分部积分法就可以使幂函数的幂次降低一次(这里假定幂指数是正整数).

【例 6-32】求 $\int x\ln x\mathrm{d}x$.

解　设 $u=\ln x$，$\mathrm{d}v=x\mathrm{d}x$，那么 $\mathrm{d}u=\dfrac{1}{x}\mathrm{d}x$，$v=\dfrac{x^2}{2}$，利用分部积分公式得

$$\int x\ln x\mathrm{d}x = \frac{x^2}{2}\ln x - \frac{1}{2}\int x\mathrm{d}x = \frac{x^2}{2}\ln x - \frac{x^2}{4} + C.$$

【例 6-33】求 $\int \arccos x\mathrm{d}x$.

解　设 $u=\arccos x$，$\mathrm{d}v=\mathrm{d}x$，那么 $\mathrm{d}u=-\dfrac{1}{\sqrt{1-x^2}}\mathrm{d}x$，$v=x$，于是

$$\begin{aligned}\int \arccos x\mathrm{d}x &= x\arccos x + \int \frac{x}{\sqrt{1-x^2}}\mathrm{d}x = x\arccos x - \frac{1}{2}\int \frac{1}{(1-x^2)^{\frac{1}{2}}}\mathrm{d}(1-x^2) \\ &= x\arccos x - \frac{1}{2}\cdot\frac{(1-x^2)^{\frac{1}{2}}}{\frac{1}{2}} + C = x\arccos x - \sqrt{1-x^2} + C.\end{aligned}$$

【例 6-34】求 $\int x\arctan x\mathrm{d}x$.

解　设 $u=\arctan x$，$\mathrm{d}v=x\mathrm{d}x$，那么 $\mathrm{d}u=\dfrac{1}{1+x^2}\mathrm{d}x$，$v=\dfrac{x^2}{2}$，于是

$$\begin{aligned}\int x\arctan x\mathrm{d}x &= \frac{x^2}{2}\arctan x - \frac{1}{2}\int \frac{x^2}{1+x^2}\mathrm{d}x \\ &= \frac{x^2}{2}\arctan x - \frac{1}{2}\int \frac{1+x^2-1}{1+x^2}\mathrm{d}x\end{aligned}$$

$$= \frac{x^2}{2}\arctan x - \frac{1}{2}\int\left(1 - \frac{1}{1+x^2}\right)dx$$
$$= \frac{x^2}{2}\arctan x - \frac{1}{2}(x - \arctan x) + C$$
$$= \frac{1}{2}(x^2 + 1)\arctan x - \frac{1}{2}x + C.$$

总结上面三个例子可以知道，如果被积函数是幂函数和对数函数或幂函数和反三角函数的乘积，可以考虑用分部积分法，并设对数函数或反三角函数为 u.

下面几个例子中的方法也是比较典型的.

【例 6-35】求 $\int e^x \sin x dx$.

解 设 $u = e^x$，$dv = \sin x dx$，那么 $du = e^x dx$，$v = -\cos x$，于是

$$\int e^x \sin x dx = -e^x \cos x + \int e^x \cos x dx,$$

等式右边与等式左边的积分是同一类型的. 对右端的积分再用一次分部积分：设 $u = e^x$，$dv = \cos x dx$，那么 $du = e^x dx$，$v = \sin x$，于是

$$\int e^x \sin x dx = -e^x \cos x + e^x \sin x - \int e^x \sin x dx,$$

由于上式右端的第三项就是所求积分，把它移到等号左端去，再两端同除以 2，便得到

$$\int e^x \sin x dx = \frac{1}{2}e^x(\sin x - \cos x) + C.$$

因上式右端已不包含积分项，所以必须加上任意常数 C. 综上所述，确定 u 的先后顺序概括为对、反、幂、三、指；其中，“对”指对数函数；“反”指反三角函数；“幂”指幂函数；“三”指三角函数；“指”指指数函数.

【例 6-36】求 $\int \sec^3 x dx$.

解 设 $u = \sec x$，$dv = \sec^2 x dx$，那么

$du = \sec x \tan x dx$，$v = \tan x$，于是

$$\int \sec^3 x dx = \sec x \tan x - \int \sec x \tan^2 x dx$$
$$= \sec x \tan x - \int \sec x(\sec^2 x - 1) dx$$
$$= \sec x \tan x - \int \sec^3 x dx + \int \sec x dx$$
$$= \sec x \tan x + \ln|\sec x + \tan x| - \int \sec^3 x dx,$$

由于上式右端的第三项就是所求的积分 $\int \sec^3 x dx$，把它移到等号左端去，再两端各除以 2，便得

$$\int \sec^3 x dx = \frac{1}{2}(\sec x \tan x + \ln|\sec x + \tan x|) + C).$$

在积分过程中往往要兼用换元法与分部积分法，如例 6-33.

【例 6-37】求 $\int e^{\sqrt{x}}dx$.

解　令 $\sqrt{x}=t$，则 $x=t^2$，$dx=2tdt$，于是

$$\int e^{\sqrt{x}}dx = 2\int te^t dt = 2\int td(e^t)$$
$$= 2\left(te^t - \int e^t dt\right) = 2(t-1)e^t + C$$
$$\xlongequal{\text{回代 } t=\sqrt{x}} 2(\sqrt{x}-1)e^{\sqrt{x}} + C.$$

习　题

求下列各不定积分.

(1) $\int x\sin x dx$；　　(2) $\int \ln x dx$；

(3) $\int \arcsin x dx$；　　(4) $\int xe^{-x}dx$；

(5) $\int e^{-x}\cos x dx$；　　(6) $\int x^2\cos x dx$；

(7) $\int te^{-2t}dt$；　　(8) $\int x\sin x\cos x dx$；

(9) $\int x^2\ln x dx$；　　(10) $\int x^2\cos 2x dx$；

(11) $\int \frac{\ln x}{\sqrt{x}}dx$；　　(12) $\int (\ln x)^2 dx$.

积分表的应用

我们可以看出，积分运算比微分运算复杂得多，为了使用方便，人们已经将一些函数的不定积分汇编成表，这种表叫积分表. 本书附录B中列出的“常用积分公式”是按积分函数的类型加以编排的，其中包括了最常用的一些积分公式. 下面举例说明积分表的使用方法.

一般来说，查积分表可以节省计算积分的时间，但是，只有掌握了前面学过的基本积分方法后才能灵活地使用积分表，而且有时对一些比较简单的积分，应用基本积分方法来计算比查表更快些，例如，对 $\int \sin^2 x\cos^3 x\mathrm{d}x$，用凑微分 $\cos x\mathrm{d}x=\mathrm{d}(\sin x)$，很快就可得到结果. 所以，求积分时是直接计算，还是查表，或是两者结合使用，应该作具体分析，不能一概而论. 但是在学习应用数学(高等数学)的阶段，最好不要查积分表(学习本节时例外)，这样有利于掌握基本积分公式和基本积分方法.

关于不定积分，我们还要指出：对初等函数来说，在其定义区间内，它的原函数一定存在，但有些原函数不一定是初等函数，例如：

$$\int \mathrm{e}^{-x^2}\mathrm{d}x,\int \frac{\sin x}{x}\mathrm{d}x,\int \frac{\mathrm{d}x}{\ln x},\int \frac{\mathrm{d}x}{\sqrt{1+x^4}},\int \sqrt{1-k^2\cos^2 t}\mathrm{d}t(0<k<1)$$

等，它们都不能用初等函数来表达，因此我们常说这些积分是“积不出来”的.

例 题

【例6-38】查表求 $\int \frac{x}{(3+4x)^2}\mathrm{d}x$.

解 被积函数含有形如 $a+bx$ 的因式，在附录B中查得公式7，当 $a=4$，$b=3$ 时，就有

$$\int \frac{x}{(3+4x)^2}\mathrm{d}x=\frac{1}{16}\left[\ln|4x+3|+\frac{3}{4x+3}\right]+C.$$

【例6-39】查表求 $\int \sqrt{x^2-4x+8}\mathrm{d}x$

解 被积函数为 $\sqrt{c+bx+ax^2}$ 型，在附录B中查得公式74，当 $a=1$，$b=-4$，$c=8$ 时，就有

$$\begin{aligned}\int \sqrt{x^2-4x+8}\mathrm{d}x &= \frac{2\times 1x-4}{4\times 1}\sqrt{x^2-4x+8}+\\ &\quad \frac{4\times 1\times 8-(-4)^2}{8\sqrt{1^3}}\ln\left|2\times 1x-4+2\sqrt{1}\sqrt{x^2-4x+8}\right|+C_1\\ &=\frac{x-2}{2}\sqrt{x^2-4x+8}+2\ln\left|x-2+\sqrt{x^2-4x+8}\right|+C.\end{aligned}$$

另一解法

$$\int \sqrt{x^2-4x+8}\mathrm{d}x=\int \sqrt{(x-2)^2+4}\mathrm{d}x \xlongequal{\text{令}x-2=t} \sqrt{t^2+2^2}\mathrm{d}t,$$

在附录 B 中查得公式 39，当 $a=2$ 时，就有

$$\int \sqrt{t^2+2^2}\mathrm{d}t = \frac{t}{2}\sqrt{t^2+4}+2\ln(t+\sqrt{t^2+4})+C,$$

回代原积分变量，得

$$\int \sqrt{x^2-4x+8}\mathrm{d}x = \frac{x-2}{2}\sqrt{x^2-4x+8}+2\ln\left|x-2+\sqrt{x^2-4x+8}\right|+C.$$

【例 6-40】查表求 $\int \frac{1}{x\sqrt{3+5x}}\mathrm{d}x$.

解　被积函数含有形如 $\sqrt{ax+b}$ 的因式，在附录 B 中查得公式 15，当 $a=5>0$，$b=3$ 时，有

$$\int \frac{1}{x\sqrt{3+5x}}\mathrm{d}x = \frac{1}{\sqrt{3}}\ln\frac{\left|\sqrt{3+5x}-\sqrt{3}\right|}{\sqrt{3+5x}+\sqrt{3}}+C.$$

【例 6-41】查表求 $\int \frac{\mathrm{d}x}{5-3\sin x}$.

解　被积函数含有三角函数，在附录 B 中查得公式 103、104 关于 $\int \frac{\mathrm{d}x}{a+b\sin x}$ 的公式，但公式有两个，要看 $a^2>b^2$ 还是 $a^2<b^2$ 来决定采用哪一个.

当 $a=5$，$b=-3$ 时，$a^2>b^2$，所以用公式 103，得

$$\int \frac{\mathrm{d}x}{5-3\sin x} = \frac{2}{\sqrt{5^2-(-3)^2}}\arctan\frac{5\tan\frac{x}{2}-3}{\sqrt{5^2-(-3)^2}}+C$$

$$= \frac{1}{2}\arctan\frac{5\tan\frac{x}{2}-3}{4}+C.$$

【例 6-42】查表求 $\int \sqrt{4x^2+9}\mathrm{d}x$.

解　这个积分在积分表中不能直接查到，若令 $2x=u$，则有

$$\mathrm{d}x=\frac{1}{2}\mathrm{d}u,\quad \sqrt{4x^2+9}=\sqrt{u^2+3^2},$$

于是

$$\int \sqrt{4x^2+9}\mathrm{d}x = \frac{1}{2}\int \sqrt{u^2+3^2}\mathrm{d}u.$$

在附录 B 中查到公式 39，现在 $a=3$，于是

$$\int \sqrt{4x^2+9}\mathrm{d}x = \frac{1}{2}\sqrt{u^2+3^2}\mathrm{d}u$$

$$= \frac{1}{2}\left[\frac{u}{2}\sqrt{u^2+9}+\frac{9}{2}\ln(u+\sqrt{u^2+9})\right]+C$$

$$= \frac{x}{2}\sqrt{4x^2+9}+\frac{9}{4}\ln(2x+\sqrt{4x^2+9})+C.$$

【例6-43】查表求$\int\frac{dx}{1+x+x^2}$.

解 这个积分属于附录B中含有$ax^2+bx\pm c(a>0)$的积分. 其中公式29有两个结果，要看$b^2<4ac$还是$b^2>4ac$才能决定采用哪一个，现在，$a=1$，$b=1$，$c=1$，$b^2=1$，$4ac=4$，即$b^2<4ac$，所以应采用公式29中的第一个结果，得

$$\int\frac{dx}{1+x+x^2}=\frac{2}{\sqrt{3}}\arctan\frac{2x+1}{\sqrt{3}}+C.$$

【例6-44】查表求$\int\frac{dx}{(2+7x^2)^2}$.

解 从附录B中，查得公式28，得

$$\int\frac{dx}{(2+7x^2)^2}=\frac{x}{4(2+7x^2)}+\frac{1}{4}\int\frac{dx}{2+7x^2},$$

上式右端的积分，再用公式22，得

$$\int\frac{dx}{(2+7x^2)^2}=\frac{x}{4(2+7x^2)}+\frac{1}{4\sqrt{14}}\arctan\sqrt{\frac{7}{2}}x+C.$$

【例6-45】查表求$\int x^3\ln^2x\mathrm{d}x$.

解 在附录B中查得公式136，得

$$\int x^m\ln^nx\mathrm{d}x=\frac{x^{m+1}}{m+1}\ln^nx-\frac{n}{m+1}\int x^m\ln^{n-1}x\mathrm{d}x.$$

就本例而言，利用这个公式并不能求出最后结果，但是可使被积函数中$\ln x$的幂指数减少一次，重复使用这个公式可以使$\ln x$的幂指数继续减少，直到求出最后结果. 这个公式叫作递推公式. 现在$m=3$，$n=2$，两次运用公式136，得

$$\begin{aligned}\int x^3\ln^2x\mathrm{d}x&=\frac{x^4}{4}\ln^2x-\frac{1}{2}\int x^3\ln x\mathrm{d}x\\&=\frac{x^4}{4}\ln^2x-\frac{1}{2}\left[\frac{x^4}{4}\ln x-\frac{1}{4}\int x^3\mathrm{d}x\right]\\&=\frac{x^4}{4}\ln^2x-\frac{1}{2}x^4\left(\frac{\ln x}{4}-\frac{1}{16}\right)+C\\&=\frac{x^4}{32}(8\ln^2x-4\ln x+1)+C.\end{aligned}$$

习题

利用简易积分表求下列各不定积分.

(1) $\int\frac{dx}{x(2+x)}$;　　(2) $\int\frac{dx}{2+\sin 2x}$;

(3) $\int x\arcsin\frac{x}{2}dx$;　　(4) $\int\frac{dx}{x^2+2x+5}$;

(5) $\int \frac{dx}{5-4\cos x}$;　　(6) $\int \sqrt{3x^2+2}dx$;

(7) $\int e^{2x}\cos x dx$;　　(8) $\int \frac{dx}{\sin^3 x}$;

(9) $\int e^{-2x}\sin 3x dx$;　　(10) $\int \frac{dx}{x^2(1-x)}$;

(11) $\int \frac{dx}{4-9x^2}$;　　(12) $\int \sin^4 x\cos^3 x dx$;

(13) $\int \sin^4 x dx$;　　(14) $\int \sqrt{x^2-4x+8}dx$;

(15) $\int \frac{dx}{(x^2+2)^3}$;　　(16) $\int x^2\ln^3 x dx$;

(17) $\int \frac{\sqrt{x-1}}{x}dx$;　　(18) $\int (\ln x)^3 dx$;

(19) $\int \frac{x}{\sqrt{1+x-x^2}}dx$;　　(20) $\int \frac{x+5}{x^2-2x-1}dx$.

综合练习

1. 填空题.

(1) 如果$f'(x)=g'(x)$，$x\in(a,\ b)$，则在$(a,\ b)$内$f(x)$和$g(x)$的关系式是__________.

(2) 一物体以速度$v=3t^2+4t$(m/s)作直线运动，当$t=2$s时，物体经过的路程$s=16$m，则这物体的运动方程是=__________.

(3) 如果$F'(x)=f(x)$，且A是常数，那么积分$\int[f(x)+A]\mathrm{d}x=$__________.

(4) $\int\frac{f'(x)}{1+[f(x)]^2}\mathrm{d}x=$__________.

(5) $\int\frac{1}{\sqrt{a^2-x^2}}\mathrm{d}x=$__________.

(6) $\int \mathrm{e}^{f(x)}f'(x)\mathrm{d}x=$__________.

(7) $\int\frac{\tan x}{\ln\cos x}\mathrm{d}x=$__________.

(8) $\mathrm{d}\left[\int\frac{\cos^2x}{1+\sin^2x}\mathrm{d}x\right]=$__________.

(9) $\int\left(\frac{\cos x}{1+\sin x}\right)'\mathrm{d}x=$__________.

(10) $\left[\int\frac{\sin x}{1+x^2}\mathrm{d}x\right]'=$__________.

2. 选择题.

(1) 下列等式成立的是(　　).

(A) $\int x^{\alpha}\mathrm{d}x=\frac{1}{\alpha+1}x^{\alpha-1}+C$；　　(B) $\int\cos x\mathrm{d}x=\sin x+C$；

(C) $\int a^x\mathrm{d}x=a^x\ln a+C$；　　(D) $\int\tan x\mathrm{d}x=\frac{1}{1+x^2}+C$.

(2) $\int\frac{\mathrm{d}x}{\mathrm{e}^x+\mathrm{e}^{-x}}=$(　　).

(A) $\arctan\mathrm{e}^x+C$；　　(B) $\arctan\mathrm{e}^{-x}+C$；

(C) $\mathrm{e}^x-\mathrm{e}^{-x}+C$；　　(D) $\ln|\mathrm{e}^x+\mathrm{e}^{-x}|+C$.

(3) 计算$\int f'\left(\frac{1}{x}\right)\frac{1}{x^2}\mathrm{d}x$的结果，正确的是(　　).

(A) $f\left(-\frac{1}{x}\right)+C$；　　(B) $-f\left(-\frac{1}{x}\right)+C$；

(C) $f\left(\frac{1}{x}\right)+C$;　　(D) $-f\left(\frac{1}{x}\right)+C$.

(4) 如果 $F_1(x)$ 和 $F_2(x)$ 是 $f(x)$ 的两个不同的原函数，那么 $\int[F_1(x)-F_2(x)]\mathrm{d}x$ 是(　　).

(A) $f(x)+C$;　　(B) 0;

(C) 一次函数;　　(D) 常数.

(5) 在闭区间上的连续函数，它的原函数个数是(　　).

(A) 1 个;　　(B) 有限个;

(C) 无限多个，但彼此只相差一个常数;　　(D) 不一定有原函数.

3. 求下列各不定积分.

(1) $\int \frac{\mathrm{d}x}{\sin^2 x\cos^2 x}$;　　(2) $\int \sin^2 x\cos^2 x\mathrm{d}x$;

(3) $\int \frac{\sin\sqrt{x}}{\sqrt{x}}\mathrm{d}x$;　　(4) $\int \frac{1-\cos x}{1+\cos x}\mathrm{d}x$;

(5) $\int x\sqrt{2x^2+1}\mathrm{d}x$;　　(6) $\int \frac{(\ln x)^2}{x}\mathrm{d}x$;

(7) $\int \frac{1}{x\ln\sqrt{x}}\mathrm{d}x$;　　(8) $\int \frac{\mathrm{e}^{2x}-1}{\mathrm{e}^x}\mathrm{d}x$;

(9) $\int \frac{(\arctan x)^2}{1+x^2}\mathrm{d}x$;　　(10) $\int \frac{\arcsin x}{\sqrt{1-x^2}}\mathrm{d}x$;

(11) $\int \frac{\mathrm{d}x}{3+4x^2}$;　　(12) $\int \frac{\cos x}{a^2+\sin^2 x}\mathrm{d}x$;

(13) $\int \frac{2x-7}{4x^2+12x+5}\mathrm{d}x$;　　(14) $\int \frac{1}{x^2+2x+2}\mathrm{d}x$;

(15) $\int x^2\ln(x-3)\mathrm{d}x$;　　(16) $\int x^2\sin 2x\mathrm{d}x$;

(17) $\int \cos\sqrt{x}\mathrm{d}x$;　　(18) $\int \frac{\ln(\arcsin x)}{\sqrt{1-x^2}\arcsin x}\mathrm{d}x$;

(19) $\int \cos 3x\sin 2x\mathrm{d}x$;　　(20) $\int x^2\cos^2\frac{x}{2}\mathrm{d}x$;

(21) $\int xf''(x)\mathrm{d}x$;　　(22) $\int[f(x)+xf'(x)]\mathrm{d}x$;

(23) $\int \frac{2x+3}{\sqrt{3-2x-x^2}}\mathrm{d}x$;　　(24) $\int \sqrt{3+2x-x^2}\mathrm{d}x$.

4. 设某函数当 $x=1$ 时有极小值，当 $x=-1$ 时有极大值 4，又知这个函数的导数具有形状 $y'=3x^2+bx+c$，求此函数.

5. 设一质点作直线运动，其速度函数为 $v(t)=\frac{1}{3}t^2-\frac{1}{2}t^3$，开始时它位于原点，求当 $t=2$ 时质点位于何处.

数学的一个重要特征是它的符号语言：如同音乐利用符号来代表和传播声音一样，数学也用符号表示数量关系和空间形式. 与日常讲话用的语言不同，日常语言是习俗的产物，也是社会和政治运动的产物，而数学语言则是慎重的、有意的而且经常是精心设计的，凭借数学语言的严密性和简洁性，数学家们就可以表达和研究数学思想，这些思想如果用普通语言表达出来，就会显得冗长不堪. 这种简洁性有助于提升思维的效率.

第 7 章　定积分及其应用

学习目标

- 了解定积分的概念和性质.
- 掌握微积分的基本公式，熟练掌握积分的运算.
- 了解广义积分的定义.
- 掌握定积分在几何中的应用.

导学提纲

- 定积分的实质是什么?
- 微积分的基本公式有哪些?
- 如何用换元积分法和分部积分法计算定积分?
- 定积分有哪些应用?

定积分是积分学中另一个重要的基本概念，本章将从实际问题中引出定积分的定义，然后讨论定积分的性质和计算方法，最后介绍定积分在几何、物理及经济上的应用.

定积分概念的引入

1. 曲边梯形的面积

曲边梯形的定义　曲线 $y=f(x)$ 和三条直线 $x=a$，$x=b$ 和 $y=0$(即 Ox 轴) 所围成的图形(见图7-1)叫作曲边梯形. 图7-2、图7-3是曲边梯形的特殊情况. 在 Ox 轴上的线段 ab 叫作曲边梯形的底.

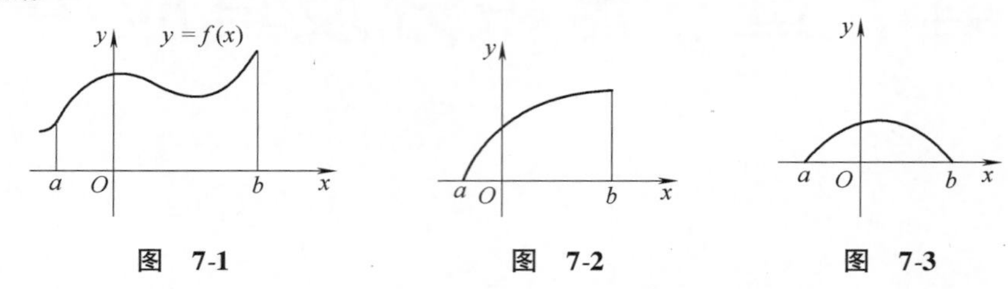

图　7-1　　图　7-2　　图　7-3

现在我们来求由任意曲线 $y=f(x)$ $(f(x)\geqslant 0)$ 与直线 $x=a$，$x=b$ 和 Ox 轴所围成的一般曲边梯形的面积 A(见图7-4).

我们知道，矩形的高是不变的，它的面积可按公式

$$\text{矩形面积}=\text{高}\times\text{底}$$

来定义和计算. 而曲边梯形在底边上各点处的高 $f(x)$ 在区间 $[a, b]$ 上是变动的，故它的面积不能直接按上述公式来定义和计算. 然而，由于曲边梯形的高 $f(x)$ 在区间 $[a, b]$ 上是连续变化的，在很小一段区间上它的变化很小，近似于不变. 因此，如果把区间 $[a, b]$ 划分为许多小区间，在每个小区间上用其中某一点处的高来近似代替同一个小区间上的窄曲边梯形的变化的高，那么，每个窄曲边梯形就可近似地看成这样得到的窄矩形. 我们就以所有这些窄矩形面积之和作为曲边梯形面积的近似值. 如果把区间 $[a, b]$ 无限细分，使每个小区间的长度都趋于零，这时所有窄矩形面积之和的极限就可定义为曲边梯形的面积. 这个定义同时也给出了计算曲边梯形面积的方法，现详述于下.

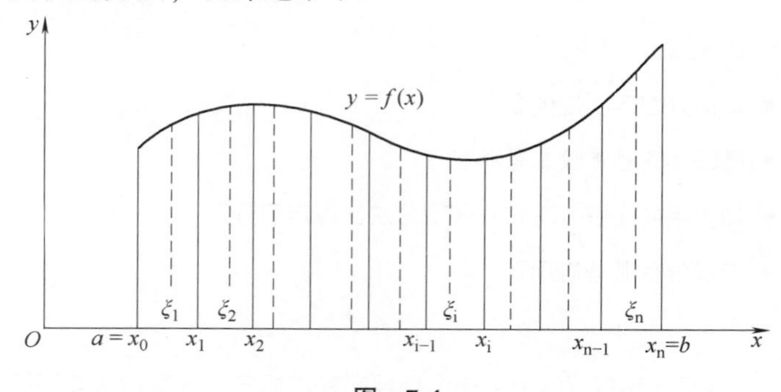

图　7-4

在区间 $[a, b]$ 中任意插入若干个分点

$$a=x_0<x_1<x_2<\cdots<x_{n-1}<x_n=b,$$

把 $[a, b]$ 分成 n 个小区间

$$[x_0, x_1], [x_1, x_2], \cdots, [x_{n-1}, x_n].$$

它们的长度依次为

$$\Delta x_1=x_1-x_0, \Delta x_2=x_2-x_1, \cdots, \Delta x_n=x_n-x_{n-1}.$$

经过每一个分点作平行于 y 轴的直线段，把曲边梯形分成 n 个窄曲边梯形. 在每个小区间 $[x_{i-1}, x_i]$ 上取任取一点 ξ_i，以 $[x_{i-1}, x_i]$ 为底、$f(\xi_i)$ 为高的窄矩形近似替代第 i 个窄曲边梯形 $(i=1, 2, \cdots, n)$，把这样得到的 n 个窄矩形面积之和作为所求曲边梯形面积 A 的近似值，即

$$\begin{aligned} A &\approx f(\xi_1)\Delta x_1 + f(\xi_2)\Delta x_2 + \cdots + f(\xi_n)\Delta x_n \\ &= \sum_{i=1}^{n} f(\xi_i)\Delta x_i . \end{aligned}$$

为了保证所有小区间的长度都无限缩小，我们要求小区间长度中的最大值趋于零，如记 $\lambda = \max\{\Delta x_1, \Delta x_2, \cdots, \Delta x_n\}$，则上述条件可表示为 $\lambda \to 0$. 当 $\lambda \to 0$ 时(这时分段数 n 无限多，即 $n \to \infty$)，取上述和式的极限，便得曲边梯形的面积

$$A = \lim_{\lambda \to 0} \sum_{i=1}^{n} f(\xi_i)\Delta x_i .$$

2. 变速直线运动的路程

设某物体作直线运动，已知速度 $v=v(t)$ 是时间间隔 $[a, b]$ 上 t 的连续函数，且 $v(t) \geqslant 0$，计算在这段时间内物体所经过的路程 s.

我们知道，对于等速直线运动，有公式

路程 = 速度 × 时间.

但是，在我们的问题中，速度不是常量而是随时间变化的变量，因此，所求路程 s 不能直接按等速直线运动的路程公式来计算. 然而，物体运动的速度函数 $v=v(t)$ 是连续变化的，在很短一段时间内，速度的变化很小，近似于等速. 因此，如果把时间间隔分小，在小段时间内，以等速运动代替变速运动，那么，就可算出部分路程的近似值；再求和，便得到路程的近似值；最后，通过对时间间隔无限细分的极限过程，这时所有部分路程的近似值之和的极限，就是所求变速直线运动的路程的精确值.

具体计算步骤如下：

在时间间隔 $[a, b]$ 内任意插入若干个分点：

$$a = t_0 < t_1 < t_2 < \cdots < t_{n-1} < t_n = b,$$

把 $[a, b]$ 分成 n 个小段

$$[t_0, t_1], [t_1, t_2], \cdots, [t_{n-1}, t_n],$$

各小段时间的时长依次为

$$\Delta t_1 = t_1 - t_0, \Delta t_2 = t_2 - t_1, \cdots, \Delta t_n = t_n - t_{n-1},$$

相应地，在各段时间内物体经过的路程依次为

$$\Delta s_1, \Delta s_2, \cdots, \Delta s_n,$$

在时间间隔 $[t_{i-1}, t_i]$ 上任取一个时刻 $\xi_i (t_{i-1} \leqslant \xi_i \leqslant t_i)$，以 ξ_i 时的速度 $v(\xi_i)$ 来代替 $[t_{i-1}, t_i]$ 上各个时刻的速度，得到部分路程 Δs_i 的近似值，即

$$\Delta s_i \approx v(\xi_i)\Delta t_i \qquad (i=1, 2, \cdots, n).$$

于是这 n 段部分路程的近似值之和就是所求变速直线运动路程 s 的近似值，即

$$\begin{aligned} s &\approx v(\xi_1)\Delta t_1 + v(\xi_2)\Delta t_2 + \cdots + v(\xi_n)\Delta t_n \\ &= \sum_{i=1}^{n} v(\xi_i)\Delta t_i . \end{aligned}$$

记 $\lambda = \max\{\Delta t_1, \Delta t_2, \cdots, \Delta t_n\}$，当 $\lambda \to 0$ 时，取上述和式的极限，即得变速直线运动的路程

$$s = \lim_{\lambda \to 0} \sum_{i=1}^{n} v(\xi_i)\Delta t_i .$$

定积分的定义

上面两个实际问题，一个是求曲边梯形面积，一个是求变速直线运动的路程，虽然实际意义不同，但是解决方法和计算步骤是完全相同的，即分割、近似代替、求和，最后都归结为求一个连续函数某一闭区间上的和式的极限问题.

类似的实际问题很多，都可以归结为求这种和式的极限. 下面我们舍弃具体意义，抽象出解决这类问题的一般思想，给出下面的定义.

定义 设函数$f(x)$在区间$[a, b]$上连续，任意用分点

$$a=x_0<x_1<\cdots<x_{i-1}<x_i<\cdots<x_{n-1}<x_n=b,$$

把区间$[a, b]$分成n个小区间，在每个小区间$[x_{i-1}, x_i]$上任取一点ξ_i有相应的函数值$f(\xi_i)$，作乘积$f(\xi_i)\Delta x_i(i=1, 2, \cdots, n)$，并求和$I_n=\sum\limits_{i=1}^{n}f(\xi_i)\Delta x_i$，其中$\Delta x_i$是第$i$个小区间的长度，记$\max\limits_{1\leqslant i\leqslant n}\{\Delta x_i\}$，我们把$\lambda\to 0$时，和式$I_n$的极限值叫作函数$f(x)$在区间$[a, b]$上的定积分，记作$\int_a^b f(x)\mathrm{d}x$，即

$$\int_a^b f(x)\mathrm{d}x=\lim_{\lambda\to 0}\sum_{i=1}^{n}f(\xi)\Delta x_i,$$

式中，a与b分别叫作积分下限与上限，区间$[a, b]$叫作积分区间，函数$f(x)$叫作被积函数，x叫作积分变量，$f(x)\mathrm{d}x$叫作被积式. 在不至于混淆时，定积分也简称积分.

根据定积分的定义，就可以说：

(1) 曲边梯形的面积A等于其曲边所对应的函数$f(x)$($f(x)\geqslant 0$)在其底所在区间$[a, b]$上的定积分，即

$$A=\int_a^b f(x)\mathrm{d}x.$$

(2) 变速直线运动的物体所经过的路程s等于其速度$v=v(t)$($v(t)\geqslant 0$)在时间区间$[a, b]$上的定积分

$$s=\int_a^b v(t)\mathrm{d}t.$$

应当注意：

(1) 如果定积分$\int_a^b f(x)\mathrm{d}x$存在，则称$f(x)$在$[a, b]$上可积；闭区间$[a, b]$上的连续函数$f(x)$在$[a, b]$上可积.

(2) 定积分是一个确定的常数，它取决于被积函数$f(x)$和积分区间$[a, b]$，而与积分变量用什么字母表示无关，与分点x_i及ξ_i的选取无关. 如$\int_a^b f(x)\mathrm{d}x=\int_a^b f(u)\mathrm{d}u=\int_a^b f(t)\mathrm{d}t$.

习　题

填空题.

(1) 由直线 $y=1$，$x=a$，$x=b$ 及 Ox 轴围成的图形的面积等于__________，用定积分表示为__________.

(2) 一物体以速度 $v=2t+1$ 作直线运动，该物体在时间[0，3]内所经过的路程 s，用定积分表示为__________=__________.

(3) 定积分 $\int_{-2}^{3}\cos 2t\mathrm{d}t$ 中，积分上限是__________，积分下限是__________，积分区间是__________.

定积分的几何意义

我们已经知道，如果函数$f(x)$在$[a, b]$上连续且$f(x)\geqslant 0$，那么定积分$\int_a^b f(x)\mathrm{d}x$就表示以$y=f(x)$为曲边的曲边梯形的面积.

如果函数$f(x)$在$[a, b]$上连续，且$f(x)\leqslant 0$，由于定积分

$$\int_a^b f(x)\mathrm{d}x = \lim_{\lambda\to 0}\sum_{i=1}^{n} f(\xi_i)\Delta x_i$$

的右端和式中每一项$f(\xi_i)\Delta x_i$都是负值($\Delta x_i>0$)，其绝对值$|f(\xi_i)\Delta x_i|$表示小矩形的面积. 因此，定积分$\int_a^b f(x)\mathrm{d}x$也是一个负数，从而$-\int_a^b f(x)\mathrm{d}x$等于如图7-5所示的曲边梯形的面积$A$，即$\int_a^b f(x)\mathrm{d}x = -A$.

如果$f(x)$在$[a, b]$上连续，且有时为正有时为负，如图7-6所示，则连续曲线$y=f(x)$，直线$x=a$，$x=b$及x轴所围成的图形由三个曲边梯形组成. 由定义可得

$$\int_a^b f(x)\mathrm{d}x = A_1 - A_2 + A_3 .$$

总之，定积分$\int_a^b f(x)\mathrm{d}x$在各种实际问题中所代表的实际意义尽管不同，但它的数值在几何上都可用曲边梯形的代数和来表示. 这就是定积分的几何意义.

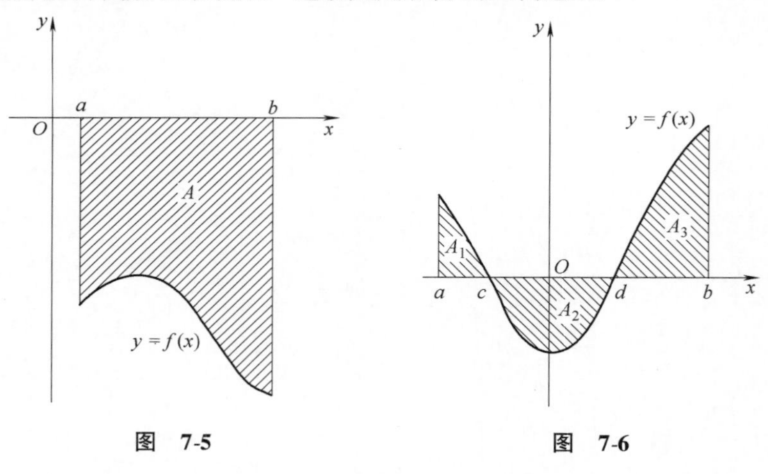

图 7-5　　图 7-6

例 题

【例7-1】利用定积分表示图中阴影部分的面积.

解　图7-7中阴影部分的面积为

$$A = \int_{-1}^{2} x^2\mathrm{d}x,$$

图7-8中阴影部分的面积为

$$A = \int_{-1}^{0}[(x-1)^2-1]\mathrm{d}x - \int_{0}^{2}[(x-1)^2-1]\mathrm{d}x .$$

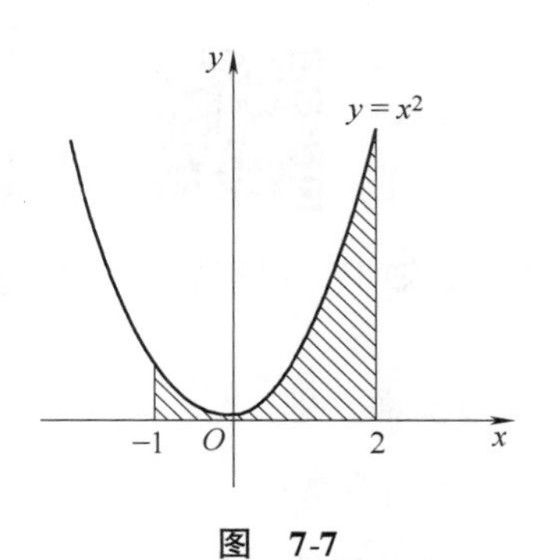

图　7-7

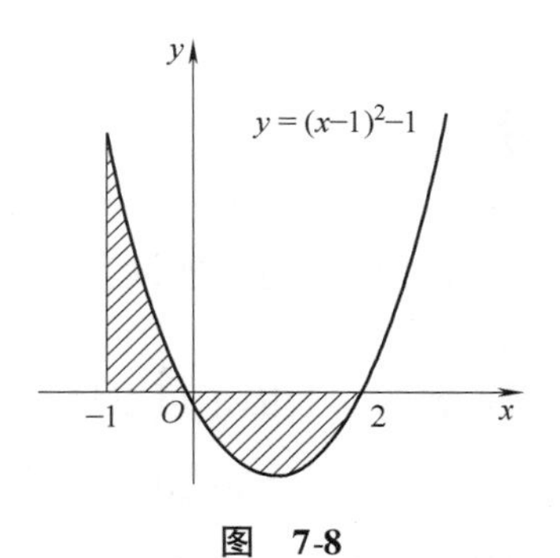

图　7-8

习　题

1. 用定积分表示下列各组曲线围成的平面图形的面积 A.

　(1) $y=x^2$，$x=1$，$x=2$，$y=0$；

　(2) $y=\sin x$，$x=\dfrac{\pi}{3}$，$x=\pi$，$y=0$；

　(3) $y=\ln x$，$x=\mathrm{e}$，$y=0$.

2. 利用几何意义，说明下列等式成立.

　(1) $\int_0^1 2x = 1$；　　　(2) $\int_0^1 \sqrt{1-x^2}\mathrm{d}x = \dfrac{\pi}{4}$；

　(3) $\int_{-\pi}^{\pi} \sin x\mathrm{d}x = 0$；　　　(4) $\int_{-\frac{\pi}{2}}^{\frac{\pi}{2}} \cos x\mathrm{d}x = 2\int_0^{\frac{\pi}{2}} \cos x\mathrm{d}x$.

3. 用定积分表示图 7-9 中阴影部分的面积 A.

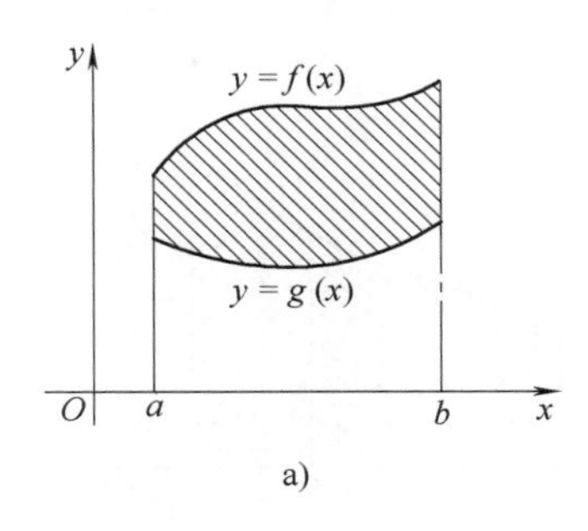

a)

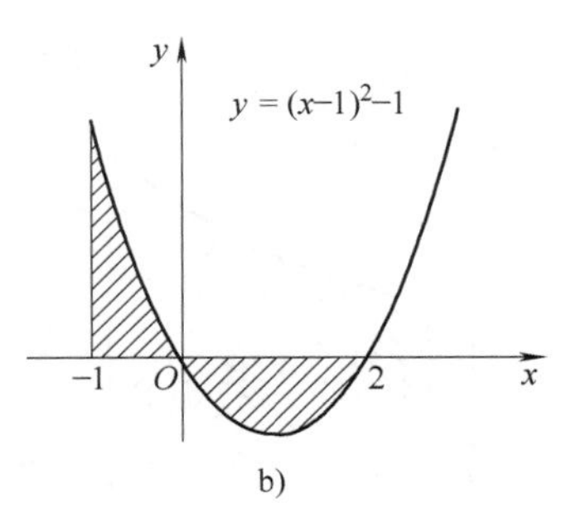

b)

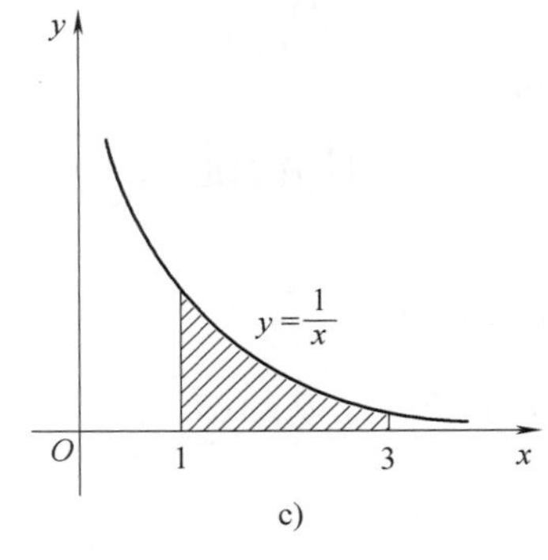

c)

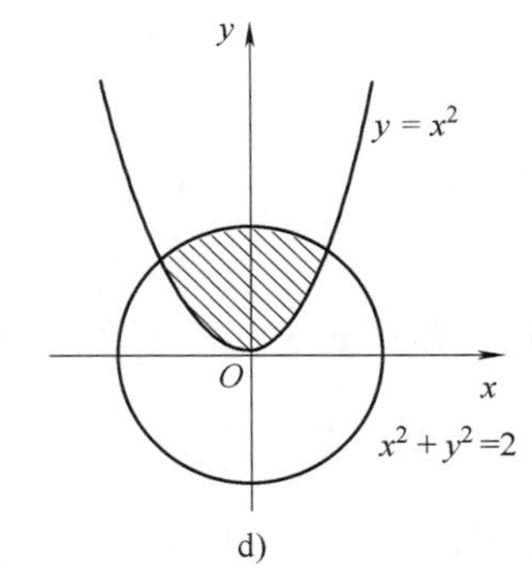

d)

图　7-9

定积分的性质

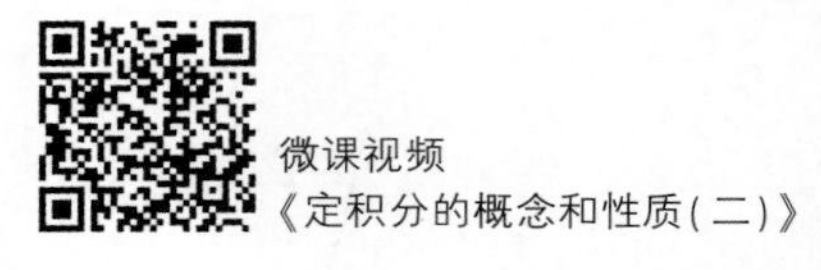

设$f(x)$，$g(x)$在相应区间上连续，利用前面学过的知识，可以得到定积分以下几个简单性质.

性质1 被积函数的常数因子可以提到定积分符号前面，即

$$\int_a^b Af(x)\,\mathrm{d}x = A\int_a^b f(x)\,\mathrm{d}x \quad (A\text{ 为常数}).$$

性质2 函数的代数和的定积分等于它们的定积分的代数和，即

$$\int_a^b [f(x) \pm g(x)]\,\mathrm{d}x = \int_a^b f(x)\,\mathrm{d}x \pm \int_a^b g(x)\,\mathrm{d}x .$$

这个性质对有限个函数代数和也成立.

性质3 积分的上、下限对换，则定积分变号，即

$$\int_a^b f(x)\,\mathrm{d}x = -\int_b^a f(x)\,\mathrm{d}x .$$

以上性质用定积分的定义及牛顿-莱布尼兹公式均可证明，此处证明从略.

性质4 如果将区间$[a, b]$分成两个子区间$[a, c]$及$[c, b]$，那么有

$$\int_a^b f(x)\,\mathrm{d}x = \int_a^c f(x)\,\mathrm{d}x + \int_c^b f(x)\,\mathrm{d}x,$$

这个在区间被分成有限个的情形也成立.

下面用定积分的几何意义，对性质4加以说明.

当$a<c<b$时，从图7-10a可知，由$y=f(x)$与$x=a$，$x=b$及x轴围成的曲边梯形面积A：

$$A = A_1 + A_2,$$

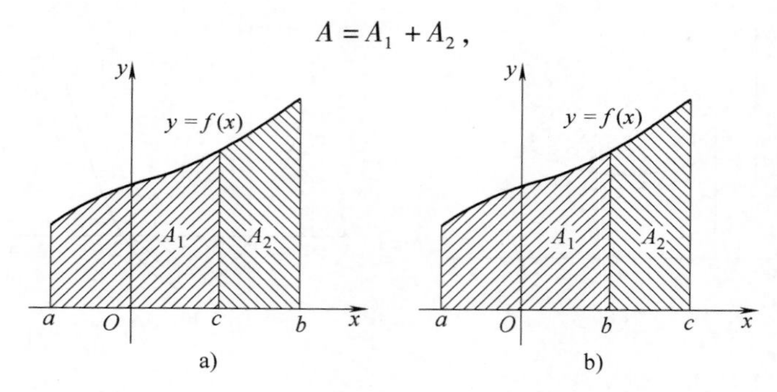

图 7-10

因为$A = \int_a^b f(x)\mathrm{d}x$；$A_1 = \int_a^c f(x)\mathrm{d}x$；$A_2 = \int_c^b f(x)\mathrm{d}x$，所以$\int_a^b f(x)\mathrm{d}x = \int_a^c f(x)\mathrm{d}x + \int_c^b f(x)\mathrm{d}x$.

即性质4成立.

当$a<b<c$时，即点c在$[a, b]$外，由图7-10b可知

$$\int_a^c f(x)\,\mathrm{d}x = A_1 + A_2 = \int_a^b f(x)\,\mathrm{d}x + \int_b^c f(x)\,\mathrm{d}x,$$

所以

$$\begin{aligned}\int_a^b f(x)\,\mathrm{d}x &= \int_a^c f(x)\,\mathrm{d}x - \int_b^c f(x)\,\mathrm{d}x \\ &= \int_a^c f(x)\,\mathrm{d}x + \int_c^b f(x)\,\mathrm{d}x,\end{aligned}$$

显然，性质 4 也成立.

总之，不论 c 点在$[a, b]$内还是$[a, b]$外，性质 4 总是成立的.

例　题

【例 7-2】求 $\int_1^2 \left(3x^2 + \frac{1}{x}\right) dx$.

解

$$\int_1^2 \left(3x^2 + \frac{1}{x}\right) dx = \int_1^2 3x^2 dx + \int_1^2 \frac{1}{x} dx$$
$$= [x^3]_1^2 + [\ln|x|]_1^2$$
$$= 8 - 1 + \ln 2 - \ln 1 = 7 + \ln 2.$$

【例 7-3】求 $\int_0^{\frac{\pi}{2}} 2\sin^2 \frac{x}{2} dx$.

解

$$\int_0^{\frac{\pi}{2}} 2\sin^2 \frac{x}{2} dx = \int_0^{\frac{\pi}{2}} (1 - \cos x) dx$$
$$= \int_0^{\frac{\pi}{2}} dx - \int_0^{\frac{\pi}{2}} \cos x dx = [x]_0^{\frac{\pi}{2}} - [\sin x]_0^{\frac{\pi}{2}}$$
$$= \frac{\pi}{2} - \sin \frac{\pi}{2} + \sin 0 = \frac{\pi}{2} - 1.$$

【例 7-4】求 $\int_0^1 \frac{x^2}{1 + x^2} dx$.

解

$$\int_0^1 \frac{x^2}{1 + x^2} dx = \int_0^1 \frac{1 + x^2 - 1}{1 + x^2} dx$$
$$= \int_0^1 \left(1 - \frac{1}{1 + x^2}\right) dx$$
$$= [x - \arctan x]_0^1 = 1 - \frac{\pi}{4}.$$

【例 7-5】求 $\int_{-1}^2 |x| dx$.

解　$f(x) = |x| = \begin{cases} x, & 0 \leqslant x \leqslant 2, \\ -x, & -1 \leqslant x < 0, \end{cases}$

于是，

$$\int_{-1}^2 |x| dx = \int_{-1}^0 (-x) dx + \int_0^2 x dx$$
$$= \left[-\frac{1}{2}x^2\right]_{-1}^0 + \left[\frac{1}{2}x^2\right]_0^2$$
$$= \frac{1}{2} + 2 = \frac{5}{2}.$$

【例 7-6】设 $f(x) = \begin{cases} x - 1, & -1 \leqslant x \leqslant 1, \\ \frac{1}{x^2}, & 1 < x \leqslant 2, \end{cases}$ 求 $\int_{-1}^2 f(x) dx$.

解 因为$f(x)$在$[-1,2]$上分段连续，

所以
$$\int_{-1}^{2}f(x)\,dx=\int_{-1}^{1}f(x)\,dx+\int_{1}^{2}f(x)\,dx$$
$$=\int_{-1}^{1}(x-1)\,dx+\int_{1}^{2}\frac{1}{x^2}dx$$
$$=\left[\frac{x^2}{2}-x\right]_{-1}^{1}+\left[-\frac{1}{x}\right]_{1}^{2}=-\frac{3}{2}.$$

【例7-7】火车以$v=72\text{km/h}$的速度在平直的轨道上行驶，到某处需要减速停车. 设火车以加速度$a=-5\text{m/s}^2$制动. 问从开始制动到停车，火车走了多少距离?

解 首先要算出从开始制动到停车经过的时间. 当时火车速度

$v_0=72\text{km/h}=\frac{72\times1000}{3600}\text{m/s}=20\text{m/s}$，制动后火车减速行驶. 其速度为$v(t)=v_0-at=20-5t$. 当火车停住时，速度$v(t)=0$，故从$v(t)=20-5t=0$，

解得
$$t=\frac{20\text{m/s}}{5\text{m/s}^2}=4\text{s},$$

于是在这段时间内，火车走过的距离为
$$s=\int_0^4v(t)\,dt=\int_0^4(20-5t)\,dt=\left[20t-\frac{5t^2}{2}\right]_0^4$$
$$=\left(20\times4-\frac{5\times4^2}{2}\right)\text{m}=40\text{m},$$

即在制动后，火车需走过40m才能停住.

定积分的计算公式——变上限函数

设函数$f(x)$在区间$[a,b]$上连续，并且设x为$[a,b]$上的任一点，于是，$f(x)$在区间$[a,x]$上的定积分为
$$\int_a^xf(x)\,dx,$$

这里x既是积分上限，又是积分变量，由于定积分与积分变量无关，故可将此改为
$$\int_a^xf(t)\,dt.$$

如果上限x在区间$[a,b]$上任意变动，则对于每一个取定的x值，定积分有一个确定值与之对应，所以定积分在$[a,b]$上定义了一个以x为自变量的函数$\varphi(x)$，我们把$\varphi(x)$称为函数$f(x)$在区间$[a,b]$上的变上限函数，记为$\varphi(x)=\int_a^xf(t)\,dt\,(a\leqslant x\leqslant b)$.

从几何上看，也很显然. 因为x是$[a,b]$上一个动点，从而以线段$[a,x]$为底的曲边梯形的面积，必然随着点x的变化而变化，所以阴影部分的面积是端点x的函数(见图7-11).

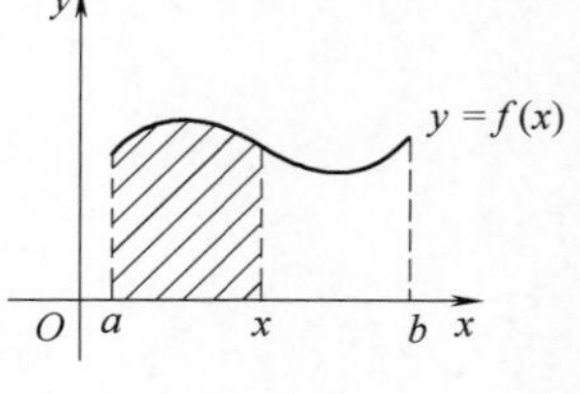

图 7-11

牛顿-莱布尼茨公式

利用定义计算定积分的值是十分麻烦的，有时甚至无法计算. 因此，必须寻求计算定积分的简便方法.

我们知道：如果物体以速度 $v(t)\,(v(t)>0)$ 作直线运动，那么在时间区间 $[a,\ b]$ 上所经过的路程 s 为 $s=\int_a^b v(t)\mathrm{d}t$. 另一方面，如果物体经过的路程 s 是时间 t 的函数 $s(t)$，那么物体从 $t=a$ 到 $t=b$ 所经过的路程应该是(见图 7-12)

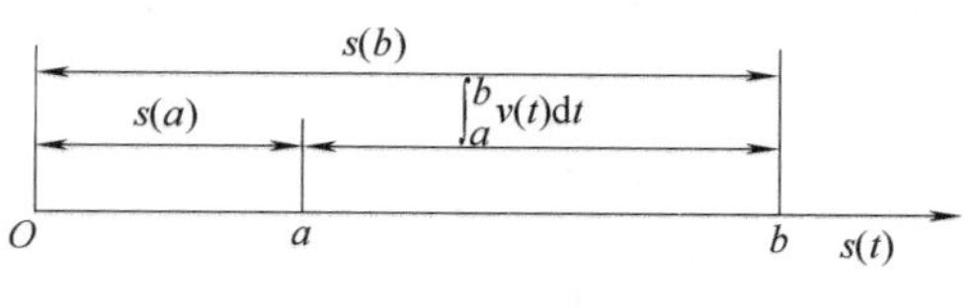

图　7-12

$$\int_a^b v(t)\mathrm{d}t = s(b) - s(a).$$

由导数的物理意义可知：$s'(t)=v(t)$ 即 $s(t)$ 是 $v(t)$ 一个原函数，因此，为了求出定积分 $\int_a^b v(t)\mathrm{d}t$，应先求出被积函数 $v(t)$ 的原函数 $s(t)$，再求 $s(t)$ 在区间 $[a,\ b]$ 上的增量 $s(b)-s(a)$ 即可.

如果抛开上面物理意义，便可得出计算定积分 $\int_a^b f(x)\mathrm{d}x$ 的一般方法：

设函数 $f(x)$ 在闭区间 $[a,\ b]$ 上连续，$F(x)$ 是 $f(x)$ 的一个原函数，即 $F'(x)=f(x)$，则

$$\int_a^b f(x)\mathrm{d}x = F(b) - F(a),$$

这个公式叫作牛顿-莱布尼兹公式.

为了使用方便，将公式写成

$$\int_a^b f(x)\mathrm{d}x = [F(x)]_a^b = F(b) - F(a).$$

牛顿-莱布尼兹公式通常也叫作微积分基本公式. 它表示一个函数定积分等于这个函数的原函数在积分上、下限处函数值之差. 它揭示了定积分和不定积分的内在联系，提供了计算定积分有效而简便的方法，从而使定积分得到了广泛的应用.

例　题

【例 7-8】计算 $\int_0^1 x^2\mathrm{d}x$.

解　因为 $\frac{1}{3}x^3$ 是 x^2 的一个原函数，所以

$$\int_0^1 x^2\mathrm{d}x = \left[\frac{1}{3}x^3\right]_0^1 = \frac{1}{3} - 0 = \frac{1}{3}.$$

【例 7-9】求曲线 $y=\sin x$ 和直线 $x=0$、$x=\pi$ 及 $y=0$ 所围成图形的面积 A(见图 7-13).

解　这个图形的面积为

$$A = \int_0^{\pi}\sin x\mathrm{d}x = [-\cos x]_0^{\pi}$$
$$= -\cos\pi + \cos 0 = 1 + 1 = 2.$$

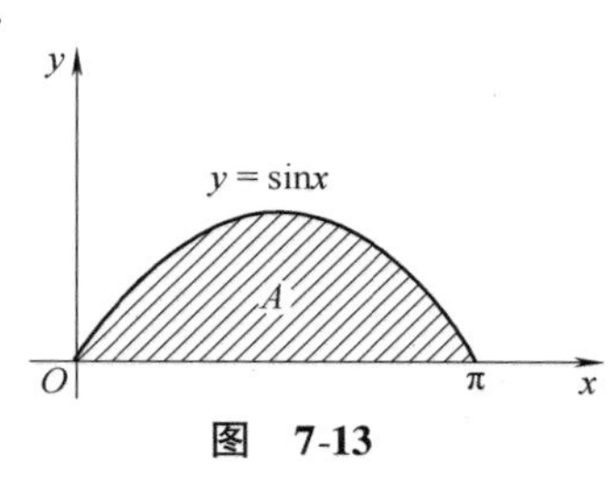

图　7-13

习 题

1. 求下列定积分.

(1) $\int_{-\frac{1}{2}}^{\frac{1}{2}} \frac{1}{\sqrt{1-x^2}} dx$;

(2) $\int_1^2 \left(x+\frac{1}{x}\right)^2 dx$;

(3) $\int_{\frac{1}{\sqrt{3}}}^{\sqrt{3}} \frac{1}{1+x^2} dx$;

(4) $\int_0^{\pi} (\cos x+\sin x) dx$;

(5) $\int_2^3 \left(\sqrt{x}+\frac{1}{\sqrt{x}}\right) dx$;

(6) $\int_{-\frac{\pi}{2}}^{\frac{\pi}{2}} \cos^2 t dt$;

(7) $\int_{-1}^{0} \frac{3x^4+3x^2+1}{x^2+1} dx$;

(8) $\int_0^{\frac{\pi}{2}} \frac{\cos 2x}{\cos x+\sin x} dx$;

(9) $\int_{\frac{\pi}{6}}^{\frac{\pi}{3}} \frac{1}{\sin^2 x \cos^2 x} dx$;

(10) $\int_0^{\pi} |\sin x| dx$.

2. 设 $f(x)=\begin{cases} x^2, & -1 \leqslant x \leqslant 0, \\ x-1, & 0 < x \leqslant 1, \end{cases}$ 求 $\int_{-\frac{1}{2}}^{\frac{1}{2}} f(x) dx$.

定积分的换元法

定理　如果函数 $f(x)$ 在 $[a,\ b]$ 上连续，函数 $x=\varphi(t)$ 在 $[\alpha,\ \beta]$ 上是单值的，并且有导数 $\varphi'(t)$，$\varphi(\alpha)=a$，$\varphi(\beta)=b$，且当 t 在 $[\alpha,\ \beta]$ 上变化时，相应的 x 值不超出 $[a,\ b]$ 范围，那么

$$\int_a^b f(x)\mathrm{d}x = \int_\alpha^\beta f[\varphi(t)]\varphi'(t)\mathrm{d}t .$$

（证明从略）

例题

【例 7-10】计算 $\int_0^3 \frac{x}{\sqrt{1+x}}\mathrm{d}x$.

解　设 $\sqrt{1+x}=t$，则

$$x=t^2-1,\ \mathrm{d}x=2t\mathrm{d}t,$$

当 $x=0$ 时，$t=1$；当 $x=3$ 时，$t=2$. 根据定理 1 得

$$\begin{aligned}\int_0^3 \frac{x}{\sqrt{1+x}}\mathrm{d}x &= \int_1^2 \frac{t^2-1}{t}2t\mathrm{d}t\\ &= 2\int_1^2 (t^2-1)\mathrm{d}t\\ &= 2\left[\frac{t^3}{3}-t\right]_1^2 = \frac{8}{3}.\end{aligned}$$

【例 7-11】计算 $\int_0^{\frac{\pi}{2}} \cos^3 x\sin x\mathrm{d}x$.

解　设 $t=\cos x$，则 $\mathrm{d}t=-\sin x\mathrm{d}x$.

当 $x=0$ 时 $t=1$；当 $x=\frac{\pi}{2}$ 时 $t=0$. 所以

$$\begin{aligned}\int_0^{\frac{\pi}{2}} \cos^3 x\sin x\mathrm{d}x &= -\int_1^0 t^3\mathrm{d}t\\ &= \left[\frac{1}{4}t^4\right]_0^1 = \frac{1}{4}.\end{aligned}$$

这个定积分中的被积函数的原函数也可用“凑微分法”求得，即

$$\begin{aligned}\int_0^{\frac{\pi}{2}} \cos^3 x\sin x\mathrm{d}x &= -\int_0^{\frac{\pi}{2}} \cos^3 x\mathrm{d}\cos x\\ &= \left[-\frac{1}{4}\cos^4 x\right]_0^{\frac{\pi}{2}} = \frac{1}{4}.\end{aligned}$$

由此可见，在定积分的计算中，采用换元积分法时，要相应地改变积分上下限，简单地说就是“换元要换限”. 在积分过程中，积分变量没变，上下限也保持不变，有时计算还较为简便. 两种方法可酌情选用.

【例7-12】计算 $\int_{1}^{\sqrt{3}}\frac{\arctan x}{1+x^{2}}\mathrm{d}x$.

解 $\int_{1}^{\sqrt{3}}\frac{\arctan x}{1+x^{2}}\mathrm{d}x=\int_{1}^{\sqrt{3}}\arctan x\mathrm{d}(\arctan x)$

$$=\left[\frac{1}{2}(\arctan x)^{2}\right]_{1}^{\sqrt{3}}$$

$$=\frac{1}{2}\left[\left(\frac{\pi}{3}\right)^{2}-\left(\frac{\pi}{4}\right)^{2}\right]$$

$$=\frac{7}{288}\pi^{2}.$$

【例7-13】证明：$\int_{-a}^{a}f(x)\mathrm{d}x=\begin{cases}0, & f(x)\text{ 为奇函数},\\ 2\int_{0}^{a}f(x)\mathrm{d}x, & f(x)\text{ 为偶函数}.\end{cases}$

证明 因为 $\int_{-a}^{a}f(x)\mathrm{d}x=\int_{-a}^{0}f(x)\mathrm{d}x+\int_{0}^{a}f(x)\mathrm{d}x$，对定积分 $\int_{-a}^{a}f(x)\mathrm{d}x$ 作代换 $x=-t$ 时，

$$\int_{-a}^{0}f(x)\mathrm{d}x=-\int_{a}^{0}f(-t)\mathrm{d}t=\int_{0}^{a}f(-t)\mathrm{d}t,$$

所以 $\int_{-a}^{a}f(x)\mathrm{d}x=\int_{0}^{a}f(-t)\mathrm{d}t+\int_{0}^{a}f(t)\mathrm{d}t$

$$=\int_{0}^{a}[f(-t)+f(t)]\mathrm{d}t,$$

若 $f(x)$ 为奇函数，$f(-x)=-f(x)$，

所以 $\int_{-a}^{a}f(x)\mathrm{d}x=0$，

若 $f(x)$ 为偶函数，$f(-x)=f(x)$，

所以 $\int_{-a}^{a}f(x)\mathrm{d}x=2\int_{0}^{a}f(x)\mathrm{d}x$.

【例7-14】计算：(1) $\int_{-\frac{\pi}{2}}^{\frac{\pi}{2}}\sin^{7}x\mathrm{d}x$；

(2) $\int_{-\frac{\pi}{4}}^{\frac{\pi}{4}}\frac{x}{1+\cos x}\mathrm{d}x$；

(3) $\int_{-2}^{2}x^{2}\mathrm{d}x$.

解 (1) 令 $f(x)=\sin^{7}x$，因为 $f(x)$ 在 $\left[-\frac{\pi}{2},\frac{\pi}{2}\right]$ 为奇函数，所以

$$\int_{-\frac{\pi}{2}}^{\frac{\pi}{2}}\sin^{7}x\mathrm{d}x=0.$$

(2) 令 $f(x)=\frac{x}{1+\cos x}$，因为 $f(x)$ 在 $\left[-\frac{\pi}{4},\frac{\pi}{4}\right]$ 上为奇函数，所以

$$\int_{-\frac{\pi}{4}}^{\frac{\pi}{4}} \frac{x}{1+\cos x} dx = 0.$$

（3）令 $f(x)=x^2$，因为 $f(x)$ 在 $[-2, 2]$ 上为偶函数，所以

$$\begin{aligned} \int_{-2}^{2} x^2 dx &= 2\int_{0}^{2} x^2 dx \\ &= 2\left[\frac{1}{3}x^3\right]_0^2 \\ &= \frac{16}{3}. \end{aligned}$$

习　题

求下列定积分.

（1）$\int_{1}^{4} \frac{1}{x+\sqrt{x}} dx$；

（2）$\int_{1}^{2} \frac{x}{(1+x^2)^3} dx$；

（3）$\int_{1}^{e^2} \frac{1}{x\sqrt{1+\ln x}} dx$；

（4）$\int_{-\frac{\pi}{2}}^{\frac{\pi}{2}} \cos x \cos 2x dx$；

（5）$\int_{0}^{\frac{\pi}{2}} \sin^3 x dx$；

（6）$\int_{0}^{\frac{\pi}{2}} \sin^3 x \cos^2 x dx$；

（7）$\int_{0}^{1} \frac{1}{\sqrt{4-x^2}} dx$；

（8）$\int_{0}^{3} \frac{x}{\sqrt{1+x}} dx$；

（9）$\int_{0}^{1} \frac{e^x}{1+e^x} dx$；

（10）$\int_{-\frac{\pi}{2}}^{\frac{\pi}{2}} \sqrt{\cos x - \cos^3 x} dx$.

定积分的分部积分法

定理 如果函数 $u=u(x)$，$v=v(x)$在区间$[a, b]$上具有连续的导数，那么

$$\int_a^b u\mathrm{d}v = [u \cdot v]_a^b - \int_a^b v\mathrm{d}u .$$

例 题

【例 7-15】计算 $\int_0^{\pi} x\cos x\mathrm{d}x$.

解
$$\begin{aligned}\int_0^{\pi} x\cos x\mathrm{d}x &= \int_0^{\pi} x\mathrm{d}(\sin x)\\ &= [x\sin x]_0^{\pi} - \int_0^{\pi}\sin x\mathrm{d}x\\ &= 0 - \int_0^{\pi}\sin x\mathrm{d}x\\ &= [\cos x]_0^{\pi}\\ &= -2 .\end{aligned}$$

【例 7-16】计算 $\int_0^1 x\mathrm{e}^x\mathrm{d}x$.

解
$$\begin{aligned}\int_0^1 x\mathrm{e}^x\mathrm{d}x &= \int_0^1 x\mathrm{d}(\mathrm{e}^x)\\ &= [x\mathrm{e}^x]_0^1 - \int_0^1 \mathrm{e}^x\mathrm{d}x\\ &= \mathrm{e} - [\mathrm{e}^x]_0^1\\ &= 1 .\end{aligned}$$

【例 7-17】计算 $\int_0^1 \mathrm{e}^{\sqrt{x}}\mathrm{d}x$.

解 令$\sqrt{x}=t$ 即 $x=t^2$，则 $\mathrm{d}x=2t\mathrm{d}t$，

当 $x=0$ 时，$t=0$；当 $x=1$ 时，$t=1$. 于是

$$\begin{aligned}\int_0^1 \mathrm{e}^{\sqrt{x}}\mathrm{d}x &= 2\int_0^1 t\mathrm{e}^t\mathrm{d}t\\ &= 2\int_0^1 t\mathrm{d}\mathrm{e}^t\\ &= 2[t\mathrm{e}^t]_0^1 - 2\int_0^1 \mathrm{e}^t\mathrm{d}t\\ &= 2\mathrm{e} - 2[\mathrm{e}^t]_0^1\\ &= 2 .\end{aligned}$$

【例 7-18】计算 $\int_{\frac{1}{2}}^{\mathrm{e}} |\ln x|\mathrm{d}x$.

解 因为 $f(x) = |\ln x| = \begin{cases}\ln x, & 1<x\leqslant \mathrm{e},\\ -\ln x, & \dfrac{1}{2}\leqslant x\leqslant 1.\end{cases}$

所以

$$\begin{aligned}\int_{\frac{1}{2}}^{e}|\ln x|dx &= -\int_{\frac{1}{2}}^{1}\ln x dx + \int_{1}^{e}\ln x dx \\ &= -[x\ln x]_{\frac{1}{2}}^{1} + \int_{\frac{1}{2}}^{1}dx + [x\ln x]_{1}^{e} - \int_{1}^{e}dx \\ &= -\frac{1}{2}(1-\ln 2) + 1 \\ &= \frac{3}{2} - \frac{1}{2}\ln 2 .\end{aligned}$$

习　题

计算下列定积分.

(1) $\int_{0}^{\frac{\pi}{2}} \arcsin x dx$;　　(2) $\int_{0}^{\pi} x\sin x dx$;

(3) $\int_{0}^{1} t^2 e^t dt$;　　(4) $\int_{1}^{e} x\ln x dx$;

(5) $\int_{0}^{\frac{\pi}{2}} \sin x e^x dx$;　　(6) $\int_{0}^{\frac{\pi}{2}} x^2 \sin x dx$.

前面所讨论的定积分都是在有限区间和被积函数为有界的条件下进行的，这种积分叫常义积分. 在实际问题中，常常需要处理积分区间为无限区间，或被积函数在有限的积分区间上为无界函数的积分问题，这两种积分都称为广义积分(或反常积分). 下面将介绍这两种广义积分的概念及计算方法.

广义积分——无限区间上的积分

定义 设函数 $f(x)$ 在区间 $[a, +\infty)$ 内连续，b 是区间 $[a, +\infty)$ 内的任意数值，则称

$$\lim_{b\to+\infty}\int_a^b f(x)\,dx$$

为 $f(x)$ 在 $[a, +\infty)$ 上的广义积分，记为

$$\int_a^{+\infty} f(x)\,dx = \lim_{b\to+\infty}\int_a^b f(x)\,dx,$$

若上述极限存在，则称广义积分 $\int_a^{+\infty} f(x)\,dx$ 收敛；若上述极限不存在，则称广义积分 $\int_a^{+\infty} f(x)\,dx$ 发散. 类似地，可以定义广义积分：

$$\int_{-\infty}^{b} f(x)\,dx = \lim_{a\to-\infty}\int_a^b f(x)\,dx,$$

$$\int_{-\infty}^{+\infty} f(x)\,dx = \int_{-\infty}^{c} f(x)\,dx + \int_{c}^{+\infty} f(x)\,dx \qquad c\in(-\infty, +\infty).$$

按广义积分的定义，它是一类常义积分的极限，因此广义积分的计算就是先计算常义积分，再取极限.

例 题

【例 7-19】求 $\int_0^{+\infty}\frac{dx}{1+x^2}$.

解

$$\begin{aligned}\int_0^{+\infty}\frac{dx}{1+x^2} &= \lim_{b\to+\infty}\int_0^b \frac{1}{1+x^2}dx \\ &= \lim_{b\to+\infty}[\arctan x]_0^b \\ &= \lim_{b\to+\infty}(\arctan b - \arctan 0) \\ &= \frac{\pi}{2}.\end{aligned}$$

【例 7-20】求 $\int_a^{+\infty}\frac{1}{x^2}dx \quad (a>0)$.

解

$$\begin{aligned}\int_a^{+\infty}\frac{1}{x^2}dx &= \lim_{b\to+\infty}\int_a^b \frac{1}{x^2}dx \\ &= \lim_{b\to+\infty}\left[-\frac{1}{x}\right]_a^b\end{aligned}$$

$$= \lim_{b \to +\infty}\left(\frac{1}{a} - \frac{1}{b}\right)$$

$$= \frac{1}{a}.$$

【例 7-21】求 $\int_{-\infty}^{+\infty} \frac{1}{1+x^2}\mathrm{d}x$.

解　方法 1　因被积函数 $f(x) = \frac{1}{1+x^2}$ 在 $(-\infty, +\infty)$ 为偶函数，故

$$\int_{-\infty}^{+\infty} \frac{1}{1+x^2}\mathrm{d}x = 2\int_{0}^{+\infty} \frac{1}{1+x^2}\mathrm{d}x,$$

再利用例 7-19 的结果有

$$\int_{-\infty}^{+\infty} \frac{1}{1+x^2}\mathrm{d}x = 2 \times \frac{\pi}{2} = \pi.$$

方法 2

$$\int_{-\infty}^{+\infty} \frac{1}{1+x^2}\mathrm{d}x = \int_{-\infty}^{0} \frac{1}{1+x^2}\mathrm{d}x + \int_{0}^{+\infty} \frac{1}{1+x^2}\mathrm{d}x$$

$$= \lim_{a \to -\infty}\int_{a}^{0} \frac{1}{1+x^2}\mathrm{d}x + \lim_{b \to +\infty}\int_{0}^{b} \frac{1}{1+x^2}\mathrm{d}x$$

$$= \lim_{a \to -\infty}[\arctan x]_a^0 + \lim_{b \to +\infty}[\arctan x]_0^b$$

$$= \lim_{a \to -\infty}(-\arctan a) + \lim_{b \to +\infty}\arctan b$$

$$= -\left(-\frac{\pi}{2}\right) + \frac{\pi}{2} = \pi.$$

【例 7-22】讨论 $\int_{1}^{+\infty} \frac{1}{x^p}\mathrm{d}x$（$p$ 为常数）的敛散性.

解　(1) 当 $p \neq 1$ 时，有

$$\int_{1}^{+\infty} \frac{1}{x^p}\mathrm{d}x = \lim_{b \to +\infty}\int_{1}^{b} \frac{1}{x^p}\mathrm{d}x$$

$$= \lim_{b \to +\infty}\left[\frac{x^{1-p}}{1-p}\right]_1^b$$

$$= \begin{cases} \frac{1}{p-1}, & p > 1, \\ +\infty, & p < 1, \end{cases}$$

(2) 当 $p = 1$ 时，有

$$\int_{1}^{+\infty} \frac{1}{x}\mathrm{d}x = \lim_{b \to +\infty}\int_{1}^{b} \frac{1}{x}\mathrm{d}x$$

$$= \lim_{b \to +\infty}[\ln x]_1^b$$

$$= +\infty,$$

综上所述，广义积分 $\int_{1}^{+\infty} \frac{1}{x^p}\mathrm{d}x$，当 $p > 1$ 时收敛，当 $p \leqslant 1$ 时发散.

习 题

1. 求下列广义积分.

(1) $\int_{1}^{+\infty} \frac{1}{x^3}\mathrm{d}x$;　　(2) $\int_{0}^{+\infty} \mathrm{e}^{-ax}\mathrm{d}x \quad (a>0)$;

(3) $\int_{-\infty}^{+\infty} \frac{1}{x^2+2x+2}\mathrm{d}x$;　　(4) $\int_{0}^{+\infty} x\mathrm{e}^{-x}\mathrm{d}x$.

2. 判断广义积分的敛散性.

(1) $\int_{1}^{+\infty} \frac{1}{\sqrt{x}}\mathrm{d}x$;　　(2) $\int_{-\infty}^{0} \frac{x}{1+x^2}\mathrm{d}x$;

(3) $\int_{0}^{2} \frac{\mathrm{d}x}{(1-x)^2}$;　　(4) $\int_{0}^{1} \frac{x\mathrm{d}x}{\sqrt{1-x^2}}$.

广义积分——无界函数的积分

定义 设函数 $f(x)$ 在区间 $(a, b]$ 上连续，且 $\lim\limits_{x \to a+0} f(x) = \infty$. 取 $\xi > 0$，则称 $\lim\limits_{\xi \to 0^+}\int_{a+\xi}^{b} f(x)\,\mathrm{d}x$ 为 $f(x)$ 在 $(a, b]$ 上的广义积分，记为

$$\int_a^b f(x)\,\mathrm{d}x = \lim_{\xi \to 0^+}\int_{a+\xi}^{b} f(x)\,\mathrm{d}x.$$

若上述极限存在，则称广义积分 $\int_a^b f(x)\,\mathrm{d}x$ 收敛，若上述极限不存在，则称广义积分 $\int_a^b f(x)\,\mathrm{d}x$ 发散.

类似地，定义 $x=b$ 为函数 $f(x)$ 的无穷间断点时，无界函数 $f(x)$ 的广义积分为

$$\int_a^b f(x)\,\mathrm{d}x = \lim_{\xi \to 0^+}\int_{a}^{b-\xi} f(x)\,\mathrm{d}x.$$

如果上式右端极限存在，则称之收敛，否则称之发散. 对于 $f(x)$ 在 $[a, b]$ 上除点 $c(a<c<b)$ 外连续且 $\lim\limits_{x\to c} f(x)=\infty$，取 $\xi>0$，$\xi'>0$ 则定义为

$$\begin{aligned}\int_a^b f(x)\,\mathrm{d}x &= \int_a^c f(x)\,\mathrm{d}x + \int_c^b f(x)\,\mathrm{d}x \\ &= \lim_{\xi \to 0^+}\int_a^{c-\xi} f(x)\,\mathrm{d}x + \lim_{\xi' \to 0^+}\int_{c+\xi'}^{b} f(x)\,\mathrm{d}x.\end{aligned}$$

若上式右端两个极限都存在，则称之收敛；否则，称之发散.

例题

【例 7-23】计算广义积分 $\int_{-1}^{0}\frac{\mathrm{d}x}{\sqrt{1-x^2}}$.

解
$$\begin{aligned}\int_{-1}^{0}\frac{\mathrm{d}x}{\sqrt{1-x^2}} &= \lim_{\xi\to 0^+}\int_{-1+\xi}^{0}\frac{\mathrm{d}x}{\sqrt{1-x^2}} \\ &= \lim_{\xi\to 0^+}[\arcsin x]_{-1+\xi}^{0} \\ &= \lim_{\xi\to 0^+}[-\arcsin(-1+\xi)] \\ &= \frac{\pi}{2}.\end{aligned}$$

【例 7-24】求 $\int_1^2 \frac{x}{\sqrt{x-1}}\mathrm{d}x$.

解
$$\begin{aligned}\int_1^2 \frac{x}{\sqrt{x-1}}\mathrm{d}x &= \lim_{\xi\to 0^+}\int_{1+\xi}^{2}\frac{x}{\sqrt{x-1}}\mathrm{d}x \\ &= \lim_{\xi\to 0^+}\int_{1+\xi}^{2}\left(\sqrt{x-1}+\frac{1}{\sqrt{x-1}}\right)\mathrm{d}(x-1) \\ &= \lim_{\xi\to 0^+}\left[\frac{2}{3}(x-1)^{\frac{3}{2}}+2(x-1)^{\frac{1}{2}}\right]_{1+\xi}^{2}\end{aligned}$$

$$= \lim_{\xi \to 0^+} \left(\frac{2}{3} + 2 - \frac{2}{3}\xi^{\frac{3}{2}} - 2\xi^{\frac{1}{2}} \right)$$

$$= 2\,\frac{2}{3}.$$

【例 7-25】求 $\int_{-1}^{1} \frac{1}{x^2} dx$.

解 被积函数 $f(x) = \frac{1}{x^2}$ 在积分区间 $[-1, 1]$ 上除 $x=0$ 外连续，且 $\lim\limits_{x \to 0} \frac{1}{x^2} = \infty$.

$$\int_{-1}^{1} \frac{1}{x^2} dx = \int_{-1}^{0} \frac{1}{x^2} dx + \int_{0}^{1} \frac{1}{x^2} dx,$$

由于 $\int_{-1}^{0} \frac{1}{x^2} dx = \lim\limits_{\xi \to 0^+} \int_{-1}^{-\xi} \frac{dx}{x^2} = \lim\limits_{\xi \to 0^+} \left[-\frac{1}{x} \right]_{-1}^{-\xi}$

$$= \lim_{\xi \to 0^+} \left(\frac{1}{\xi} - 1 \right) = +\infty,$$

即 $\int_{-1}^{0} \frac{1}{x^2} dx$ 发散.

所以广义积分 $\int_{-1}^{1} \frac{1}{x^2} dx$ 发散.

注意：如果疏忽了函数 $x=0$ 的无穷间断点，就会得出以下错误的结果：

$$\int_{-1}^{1} \frac{1}{x^2} dx = \left[-\frac{1}{x} \right]_{-1}^{1} = -1 - 1 = -2.$$

求下列广义积分.

(1) $\int_{0}^{1} \frac{1}{\sqrt{1-x}} dx$;　　(2) $\int_{-1}^{1} \frac{1}{\sqrt{1-x^2}} dx$;

(3) $\int_{0}^{1} \frac{\arcsin x}{\sqrt{1-x^2}} dx$;　　(4) $\int_{0}^{a} \frac{dx}{\sqrt{a^2-x^2}}$　$(a > 0)$.

定积分的应用——微元法

本章讨论计算曲边梯形面积的四个步骤中，关键是第二步，即确定

$$\Delta A \approx f(\xi_i)\Delta x_i.$$

在实用上，为简便起见，省略下标 i，用 ΔA 表示任一小区间 $[x, x+\mathrm{d}x]$ 上的小曲边梯形的面积，这样 $A=\sum \Delta A$.

取 $[x, x+\mathrm{d}x]$ 的左端点 x 为 ξ_i，以点 x 处的函数值 $f(x)$ 为高，$\mathrm{d}x$ 为底的矩形面积为 ΔA 的近似值（如图 7-14 中阴影部分所示），即

$$\Delta A \approx f(x)\,\mathrm{d}x,$$

上式右端 $f(x)\,\mathrm{d}x$ 称为面积微元，记为 $\mathrm{d}A=f(x)\,\mathrm{d}x$，于是面积 A 就是将这些微元在区间 $[a, b]$ 上的“无限累加”，即 a 到 b 的定积分

$$A=\int_a^b \mathrm{d}A=\int_a^b f(x)\,\mathrm{d}x.$$

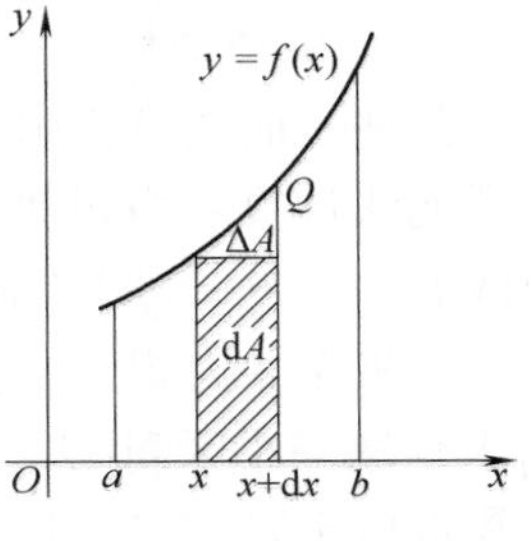

图　7-14

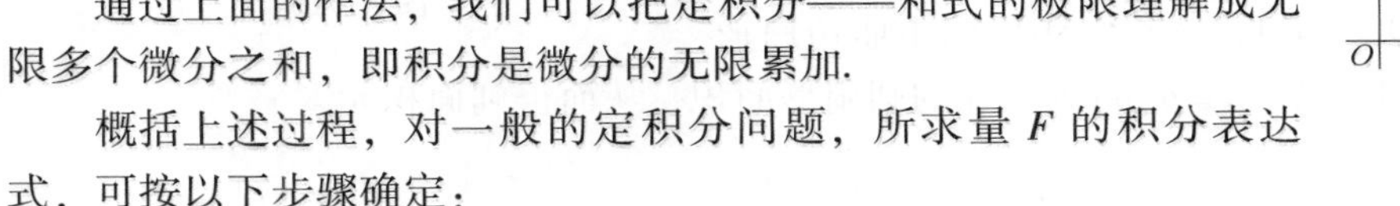

通过上面的作法，我们可以把定积分——和式的极限理解成无限多个微分之和，即积分是微分的无限累加.

概括上述过程，对一般的定积分问题，所求量 F 的积分表达式，可按以下步骤确定：

（1）确定积分变量 x，求出积分区间 $[a, b]$.

（2）在 $[a, b]$ 上，任取一微小区间 $[x, x+\mathrm{d}x]$，求出部分量 ΔF 的近似值 $\Delta F \approx \mathrm{d}F = f(x)\,\mathrm{d}x$（称它为所求量 F 的微元）.

（3）将 $\mathrm{d}F$ 在 $[a, b]$ 积分，即得到所求量 $F=\int_a^b \mathrm{d}F=\int_a^b f(x)\,\mathrm{d}x$. 通常把这种方法叫作微元法（或元素法）.

下面用微元法讨论定积分在几何中的应用.

定积分的应用——平面图形的面积

1. 直角坐标情形

根据定积分的几何意义，由区间$[a, b]$上连续曲线$y=f(x)$、$y=g(x)$($f(x)\geqslant g(x)$，$x\in[a, b]$)及直线$x=a$，$x=b$所围成的平面图形的面积A，由定积分的性质，有

$$A=\int_a^b[f(x)-g(x)]\mathrm{d}x.$$

利用微元法求解可得同样的结果. 其中$\mathrm{d}A=[f(x)-g(x)]\mathrm{d}x$，就是面积元素.

2. 极坐标情形

某些平面图形，用极坐标计算它们的面积比较方便. 用微元法计算：由极坐标方程$\rho=\rho(\theta)$所表示的曲线与射线$\theta=\alpha$，$\theta=\beta$所围成的曲边扇形面积(见图7-15).

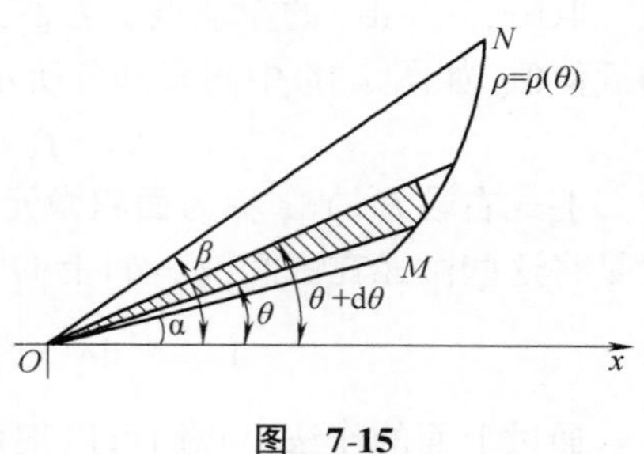

图 7-15

以极角θ为积分变量，积分区间为$[\alpha, \beta]$，在$[\alpha, \beta]$上任取一小区间$[\theta, \theta+\mathrm{d}\theta]$，与它相应的小曲边扇形面积近似于以$\mathrm{d}\theta$为圆心角，$\rho=\rho(\theta)$为半径的圆扇形面积，从而得到面积元素

$$\mathrm{d}A=\frac{1}{2}[\rho(\theta)]^2\mathrm{d}\theta,$$

于是所求面积为

$$A=\int_\alpha^\beta\frac{1}{2}[\rho(\theta)]^2\mathrm{d}\theta.$$

例 题

【例7-26】计算由两条抛物线$y^2=x$和$x^2=y$围成的图形面积.

解 (1) 如图7-16所示，确定积分变量为x，由方程组$\begin{cases}y=x^2\\y^2=x\end{cases}$解得两抛物线交点为(0，0)、(1，1)，从图可知，所求图形在直线$x=0$及$x=1$之间，即积分区间为$[0, 1]$.

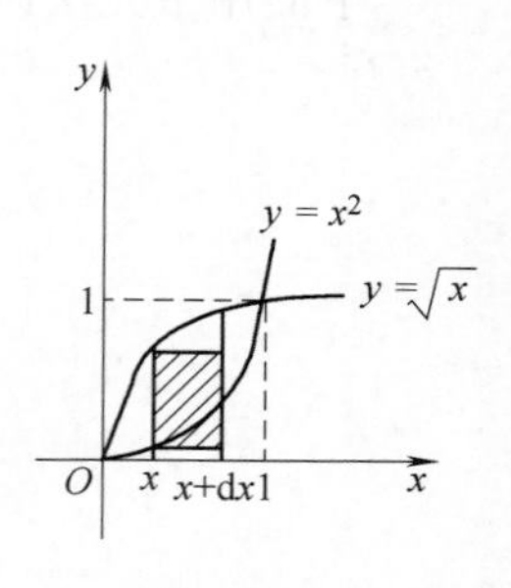

图 7-16

(2) 在区间$[0, 1]$上，任取一小区间$[x, x+\mathrm{d}x]$，对应的窄条面积近似于高为$(\sqrt{x}-x^2)$，底为$\mathrm{d}x$的小矩形面积，从而得到面积元素

$$\mathrm{d}A=(\sqrt{x}-x^2)\mathrm{d}x.$$

(3) 所求图形面积为

$$A=\int_0^1(\sqrt{x}-x^2)\mathrm{d}x=\left[\frac{2}{3}x^{\frac{3}{2}}-\frac{1}{3}x^3\right]_0^1=\frac{1}{3}.$$

【例7-27】求抛物线$y^2=x$与直线$y=x-2$所围成的图形面积.

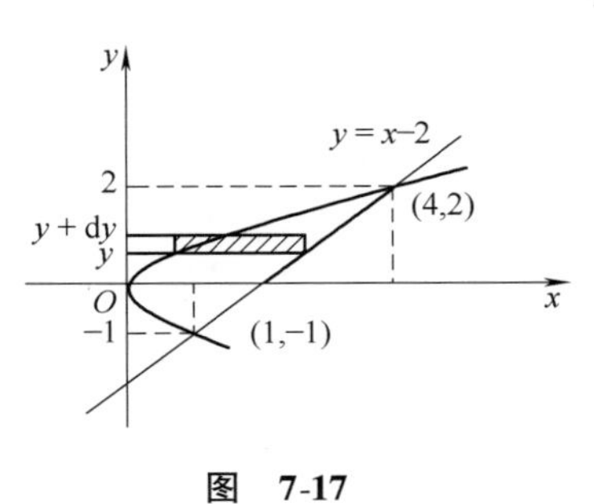

图　7-17

解　(1) 如图 7-17 所示，确定积分变量为 y，解方程组$\begin{cases} y^2=x, \\ y=x-2, \end{cases}$解得交点为$(1,\ -1)$及$(4,\ 2)$.

从而知这图形在 $y=-1$ 与 $y=2$ 之间，即积分区间为$[-1,\ 2]$.

(2) 在区间$[-1,\ 2]$上，任取一小区间$[y,\ y+dy]$，对应的窄条面积近似于高为 dy，底为$(y+2)-y^2$ 的矩形面积，从而得到面积元素

$$dA=[(y+2)-y^2]dy.$$

(3) 所求图形面积为

$$A=\int_{-1}^{2}(y+2-y^2)dy=\left[\frac{1}{2}y^2+2y-\frac{1}{3}y^3\right]_{-1}^{2}$$

$$=\frac{9}{2},$$

如果取 x 为积分变量，则积分区间须分成$[0,\ 1]$，$[1,\ 4]$两部分，且每个区间对应的面积元素并不相同，所以计算比较复杂. 因此，应恰当选择积分变量.

一般地，由区间$[c,\ d]$上的连续曲线 $x=\varphi(y)$，$x=\phi(y)$ $(\varphi(y)\geqslant\phi(y)$，$y\in[c,\ d])$及直线 $y=c$，$y=d$ 所围成平面图形面积为

$$A=\int_{c}^{b}[\varphi(y)-\phi(y)]dy,$$

面积元素是

$$dA=[\varphi(y)-\phi(y)]dy.$$

一般说来，求平面图形面积的步骤为：

(1) 作草图，确定积分变量和积分区间；

(2) 求出面积微元；

(3) 计算定积分，求出面积.

【例 7-28】计算心形线 $\rho=a(1+\cos\theta)$ $(a>0)$所围成的平面图形的面积(见图 7-18).

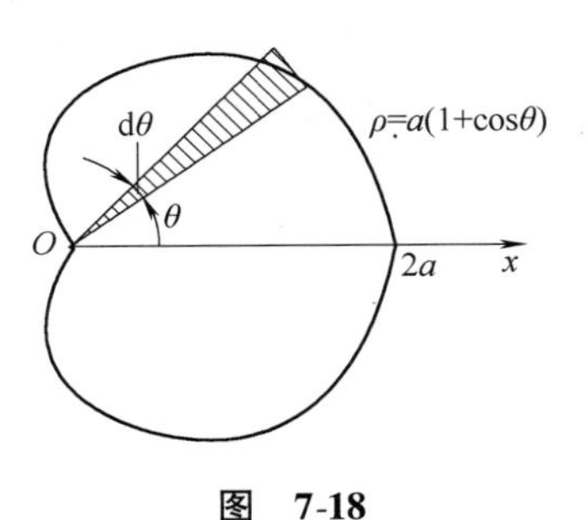

图　7-18

解　由于图形对称于极轴，只需算出极轴以上部分面积 A_1，再 2 倍即得所求面积 A.

对于极轴以上部分图形，θ 的变化区间为$[0,\ \pi]$. 相应于$[0,\ \pi]$上任一小区间$[\theta,\ \theta+d\theta]$的窄曲边扇形的面积近似于半径为 $a(1+\cos\theta)$，圆心角为 $d\theta$ 的圆扇形的面积. 从而得到面积元素

$$dA=\frac{1}{2}a^2(1+\cos\theta)^2d\theta,$$

于是

$$A_1=\int_{0}^{\pi}\frac{1}{2}a^2(1+\cos\theta)^2d\theta$$

$$= \frac{1}{2}a^2\int_0^{\pi}(1 + 2\cos\theta + \cos^2\theta)\,\mathrm{d}\theta$$

$$= \frac{1}{2}a^2\int_0^{\pi}\left[\frac{3}{2} + 2\cos\theta + \frac{1}{2}\cos2\theta\right]\mathrm{d}\theta$$

$$= \frac{1}{2}a^2\left[\frac{3}{2}\theta + 2\sin\theta + \frac{1}{4}\sin2\theta\right]_0^{\pi}$$

$$= \frac{3}{4}\pi a^2.$$

所以，所求面积为

$$A = 2A_1 = \frac{3}{2}\pi a^2.$$

习 题

1. 求由 $y = x^2$ 与直线 $x = 1$，$x = 2$ 及 x 轴所围成的图形的面积.
2. 求由下列已知曲线围成的图形的面积.
   (1) $y = x^3$，$y = 2x$；
   (2) $y = \ln x$，$y = \ln 3$，$y = \ln 7$，$x = 0$；
   (3) $y = x^2$，$y = (x-2)^2$，$y = 0$；
   (4) $y^2 = x$，$x^2 + y^2 = 2(x > 0)$；
   (5) $y = x^2$，$y = 2 - x$；
   (6) $y = \frac{1}{x}$，$y = x$，$y = 2$.
3. 求由下列各曲线或射线围成图形的面积.
   (1) $\rho = a\theta(a > 0)$，$\theta = 0$，$\theta = 2\pi$；
   (2) $\rho = 2a\cos\theta(a > 0)$；
   (3) $\rho = 3\cos\theta$ 和 $\rho = 1 + \cos\theta$ 的内部；
   (4) $\rho^2 = a^2\cos2\theta(a > 0)$.

定积分的应用——体积

1. 旋转体的体积

设一旋转体是由曲线 $y=f(x)$ 与直线 $x=a$，$x=b$ 及 x 轴所围成的曲边梯形绕 x 轴旋转而成(见图 7-19)．现用微元法求它的体积.

在区间 $[a, b]$ 上任取 $[x, x+\mathrm{d}x]$，对应于该小区间的小薄片体积近似于以 $f(x)$ 为半径、以 $\mathrm{d}x$ 为高的薄片圆柱体体积，从而得到体积元素为

$$\mathrm{d}V=\pi[f(x)]^2\mathrm{d}x,$$

从 a 到 b 积分，得旋转体体积为

$$V=\pi\int_a^b f^2(x)\,\mathrm{d}x.$$

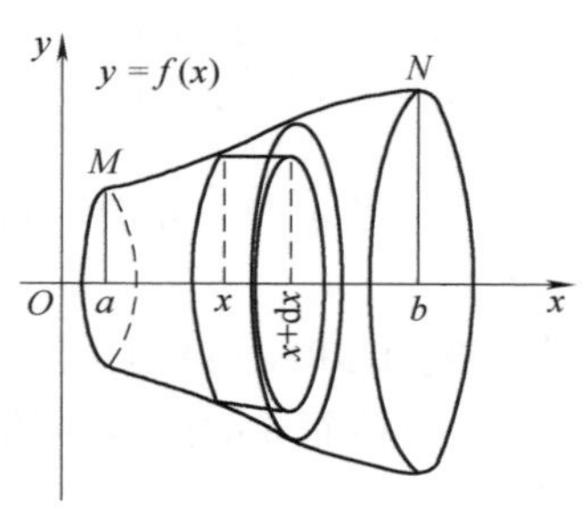

图　7-19

类似地，若旋转体是由连续曲线 $x=\varphi(y)$ 与直线 $y=c$，$y=d$ 及 y 轴所围成的图形绕 y 轴旋转而成，则其体积为

$$V=\pi\int_c^d \varphi^2(y)\,\mathrm{d}y.$$

2. 平行截面面积为已知的立体的体积

从计算旋转体体积的过程中可以看出：如果一个立体不是旋转体，但却知道该立体上垂直于一定轴的各个截面的面积，那么，这个立体的体积也可以用定积分计算.

如图 7-20 所示，取上述定轴为 x 轴，并设该立体在过点 $x=a$，$x=b$ 且垂直于 x 轴的两个平面之间，以 $A(x)$ 表示过点 x 且垂直于 x 轴的截面面积. $A(x)$ 为 x 的已知的连续函数.

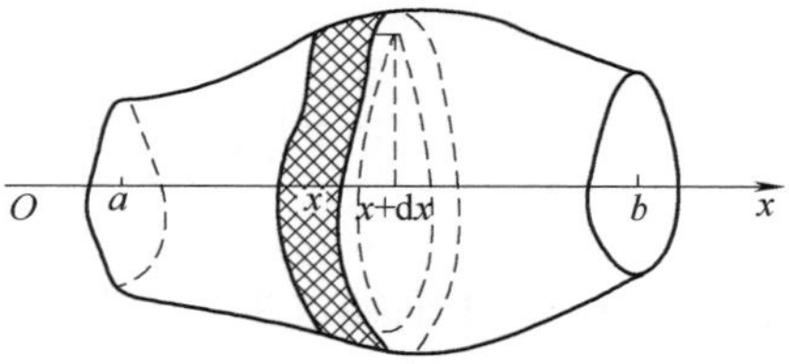

图　7-20

取 x 为积分变量，它的变化区间为 $[a, b]$. 立体中相应于 $[a, b]$ 上任一小区间 $[x, x+\mathrm{d}x]$ 的薄片的体积，近似于底面积为 $A(x)$、高为 $\mathrm{d}x$ 的扁柱体的体积，即体积元素

$$\mathrm{d}V=A(x)\,\mathrm{d}x,$$

于是所求立体的体积为

$$V=\int_a^b A(x)\,\mathrm{d}x.$$

例　题

【例 7-29】 求椭圆 $\dfrac{x^2}{a^2}+\dfrac{y^2}{b^2}=1$ 绕 x 轴旋转而成的旋转体的体积(见图 7-21).

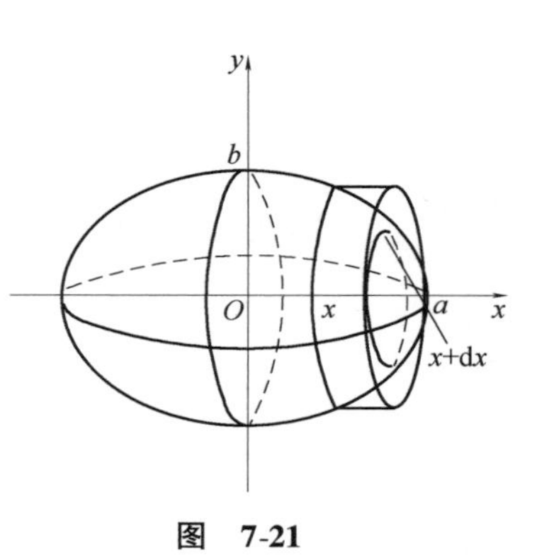

图　7-21

解　将椭圆方程化为

$$y^2=\frac{b^2}{a^2}(a^2-x^2),$$

体积元素为

$$\mathrm{d}V=\pi f^{2}(x)\mathrm{d}x=\pi\frac{b^{2}}{a^{2}}(a^{2}-x^{2})\mathrm{d}x,$$

所求体积为

$$V=\frac{\pi b^{2}}{a^{2}}\int_{-a}^{a}(a^{2}-x^{2})\mathrm{d}x=\frac{2\pi b^{2}}{a^{2}}\int_{0}^{a}(a^{2}-x^{2})\mathrm{d}x$$

$$=\frac{2\pi b^{2}}{a^{2}}\left[a^{2}x-\frac{1}{3}x^{3}\right]_{0}^{a}=\frac{4}{3}\pi ab^{2},$$

当 $a=b=R$ 时，得球体积 $V=\frac{4}{3}\pi R^{3}$.

【例7-30】试求由过点 $O(0,0)$ 及点 $P(r,h)$ 的直线，$y=h$ 及 y 轴围成的直角三角形绕 y 轴旋转而成的圆锥体的体积(见图7-22).

解 过 OP 的直线方程为 $y=\frac{h}{r}x$ 即 $x=\frac{r}{h}y$.

因为绕 y 轴旋转，所以取 y 为积分变量，积分区间为 $[0,h]$.

体积元素为

$$\mathrm{d}V=\pi\left(\frac{r}{h}y\right)^{2}\mathrm{d}y,$$

于是圆锥体的体积为

$$V=\pi\int_{0}^{h}\left(\frac{r}{h}y\right)^{2}\mathrm{d}y=\frac{\pi r^{2}}{h^{2}}\left[\frac{1}{3}y^{3}\right]_{0}^{h}=\frac{1}{3}\pi r^{2}h.$$

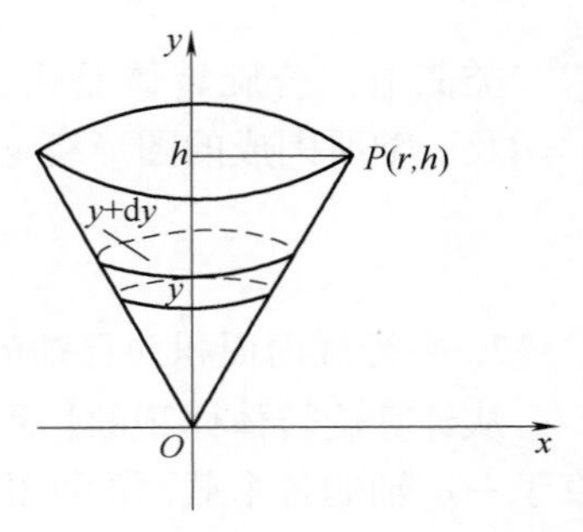

图 7-22

【例7-31】一平面经过半径为 R 的圆柱体的底圆中心，并与底面交成角 α(见图7-23). 计算这个平面截圆柱所得立体的体积.

解 取这平面与圆柱体的底面的交线为 x 轴，以过底圆中心且垂直 x 轴的直线为 y 轴. 此时，底圆的方程为 $x^{2}+y^{2}=R^{2}$. 立体中过点 x 且垂直于 x 轴的截面是直角三角形. 它的两条直角边的长度分别为 y 及 $y\tan\alpha$. 即 $\sqrt{R^{2}-x^{2}}$ 及 $\sqrt{R^{2}-x^{2}}\tan\alpha$. 于是截面面积为

$$A(x)=\frac{1}{2}(R^{2}-x^{2})\tan\alpha,$$

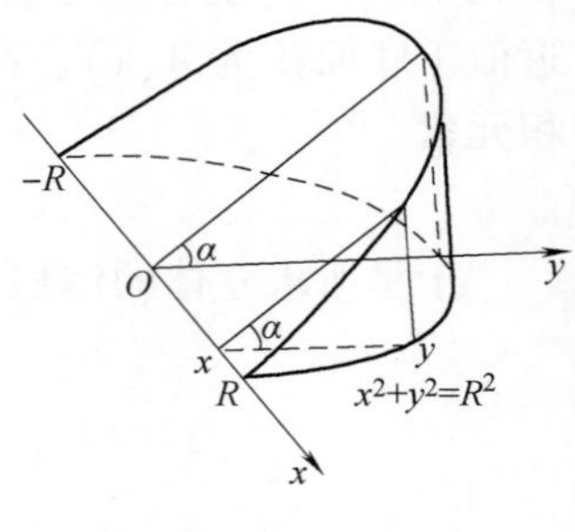

图 7-23

因此所求立体体积为

$$V=\int_{-R}^{R}\frac{1}{2}(R^{2}-x^{2})\tan\alpha\mathrm{d}x$$

$$=\frac{1}{2}\tan\alpha\left[R^{2}x-\frac{x^{3}}{3}\right]_{-R}^{R}=\frac{2}{3}R^{3}\tan\alpha.$$

习　题

1. 求由下列曲线所围成的图形绕指定轴旋转而成的旋转体的体积.
   (1) $y=x^2$，$y^2=x$，绕 x 轴；
   (2) $y=\cos x$，$x=0$，$x=\pi$，$y=0$，绕 x 轴；
   (3) $2x-y+4=0$，$x=0$，$y=0$，绕 y 轴；
   (4) $y=x^2-4$，$y=0$，绕 y 轴；
   (5) $x^2+(y-5)^2=16$，绕 x 轴.
2. 计算底面是半径为 R 的圆，而且垂直于底面上一条固定直径的所有截面是等边三角形的立体的体积(见图 7-24).
3. 计算以半径 R 的圆为底，以平行于底且长度等于该圆直径的线段为顶，高为 h 的正劈锥体(见图 7-25)的体积.

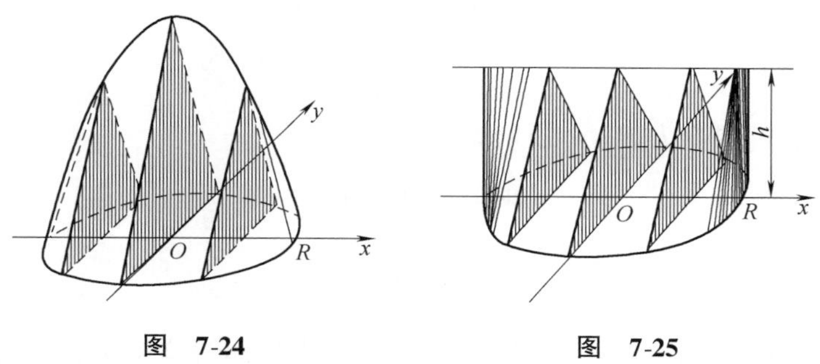

图　7-24　　　　图　7-25

定积分的应用——变力所做的功

由物理学可知，在常力 F 的作用下，物体沿力的方向作直线运动，当物体移动一段距离 s 时，力 F 所做的功

$$W = Fs.$$

但在实际问题中，物体所受的力经常是变化的，这就需要讨论如何来求变力做功的问题.

设物体在变力 $F=f(x)$ 的作用下，沿 x 轴由 a 移动到 b(见图7-26)，而且变力方向与 x 轴方向一致.

试用定积分的元素法计算力在这段路程中所做的功.

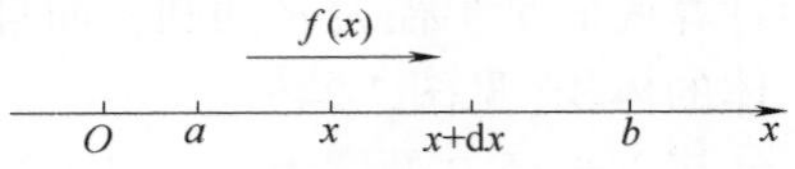

(1) 确定积分变量 x，积分区间为$[a, b]$;

(2) 在区间$[a, b]$上任取一小区间$[x, x+\mathrm{d}x]$，当物体从 x 移动到 $x+\mathrm{d}x$ 时，变力 $F=f(x)$ 所做的功的近似值为

$$\mathrm{d}W = f(x)\mathrm{d}x.$$

图 7-26

(3) 求定积分，即得变力 $F=f(x)$ 所做的功

$$W = \int_a^b f(x)\mathrm{d}x.$$

例 题

【例7-32】已知弹簧每拉长0.02m，要用9.8N的力，求把弹簧拉长0.1m所作的功.

解 (1) 如图7-27所示，取 x 为积分变量，积分区间为$[0, 0.1]$.

(2) 在$[0, 0.1]$上，任取一小区间$[x, x+\mathrm{d}x]$，与它对应的变力所做功的近似值为

$$\mathrm{d}W = 4.9\times 10^2 x\mathrm{d}x.$$

(3) 求定积分，得弹簧拉长所做功为

$$W = \int_0^{0.1} 4.9\times 10^2 x\mathrm{d}x = 4.9\times 10^2 \times \left[\frac{x^2}{2}\right]_0^{0.1} = 2.45(\mathrm{J}).$$

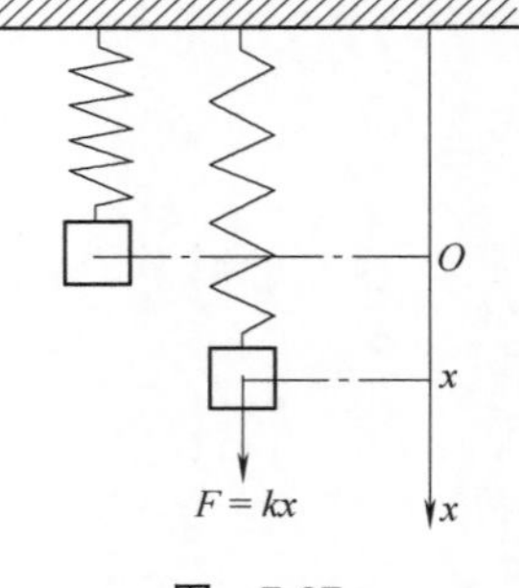

图 7-27

【例7-33】把一个带 $+q$ 电量的点电荷放在 r 轴上坐标原点 O 处，它产生一个电场，这个电场对周围的电荷有作用力，由物理学可知，如果有一个单位正电荷放在这个电场中的距离原点 O 为 r 的地方，那么电场对它的作用力的大小为

$$F = k\frac{q}{r^2}(k\text{ 为常数})$$

如图7-28所示，当这个单位电荷在电场中从 $r=a$ 处沿 r 轴移动到 $r=b(a<b)$ 处时，计算电场力对它所做的功.

解 (1) 取 r 为积分变量，积分区间为$[a, b]$.

(2) 在区间$[a, b]$上任取一小区间$[r, r+\mathrm{d}r]$，与它

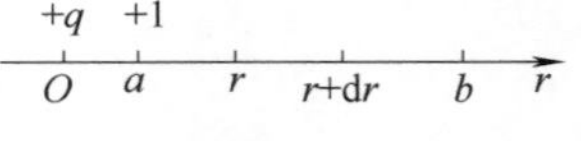

图 7-28

相对应的电场力所做功的近似值为

$$dW=\frac{kq}{r^2}dr.$$

（3）求定积分，所求电场力所做的功为

$$\begin{aligned}W&=\int_a^b\frac{kq}{r^2}dr=kq\int_a^b\frac{1}{r^2}dr\\&=kq\left[-\frac{1}{r}\right]_a^b=kq\left(\frac{1}{a}-\frac{1}{b}\right).\end{aligned}$$

【例 7-34】修建一座大桥的桥墩时先要下围囹，并且抽尽其中的水以便施工. 如图 7-29 所示，已知围囹的直径为 20m，水深 27m，围囹高出水面 3m，求抽尽水所做的功.

解　如图 7-29 建立直角坐标系.

（1）取积分变量为 x，积分区间为 $[3, 30]$.

（2）在区间 $[3, 30]$ 上任取一小区间 $[x, x+dx]$，与它对应的一薄层（圆柱）水的重量为 $\rho g\pi 10^2 dx$.

式中，水的密度为 $\rho=1\times10^3 kg/m^3$，重力加速度 $g=9.8m/s^2$.

因为这个薄层水抽出围囹所做的功近似于克服这一薄层水的重力所做的功，所以功元素为

$$dW=9.8\times10^5\pi x dx.$$

（3）在 $[3, 30]$ 上积分，所做的功（以 J 为单位）为

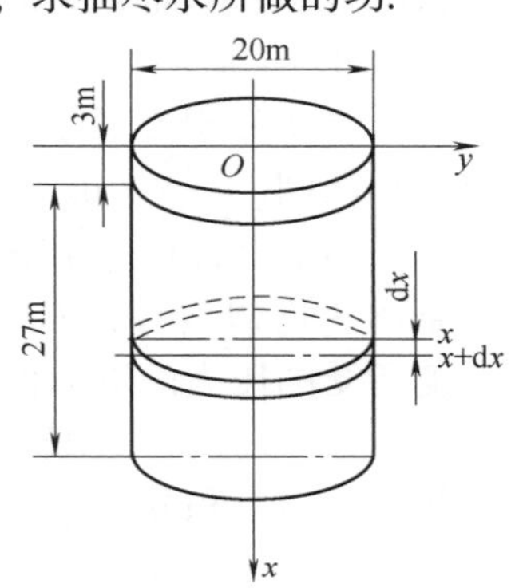

图　7-29

$$W=\int_3^{30}9.8\times10^5\pi x dx=9.8\times10^5\pi\left[\frac{1}{2}x^2\right]_3^{30}=4.3659\pi\times10^8(J).$$

习　题

1. 弹簧原长 0.30m，每压缩 0.01m 需力 2N，求把弹簧从 0.25m 压缩到 0.20m 所作的功.
2. 设把金属杆的长度从 a 拉长到 $a+x$ 时，所需的力等于 $\frac{k}{a}x$，其中 k 为常数，试求将金属杆由长度 a 拉长到 b 时所做的功.
3. 设一物体在某介质中按照公式 $s=t^2$ 作直线运动，其中 s 是在时间 t 内所经过的路程，又知介质的阻力与运动速度的平方成正比（比例系数为 k），当物体由 $s=0$ 到 $s=a$ 时，求介质阻力所做的功.

定积分的应用——液体的压力

由物理学可知，距液体表面 h 深处的水平放置的薄片所受的(压)力，等于以薄片面积为底，以 h 为高的液体柱的重力. 设 S 为薄片面积，ρ 为液体密度，g 为重力加速度，F 为薄片上所受的总压力，则

$$F=\rho gSh.$$

如果薄片垂直放在液体中，那么薄片一侧不同深度处的压强各不相同，因而不能用上式计算薄片一侧所受的压力. 下面说明它的计算方法.

设薄片形状是曲边梯形，为计算方便，一般取液面为 y 轴，向下的方向为 x 轴，此时曲边方程为 $y=f(x)$，如图7-30所示.

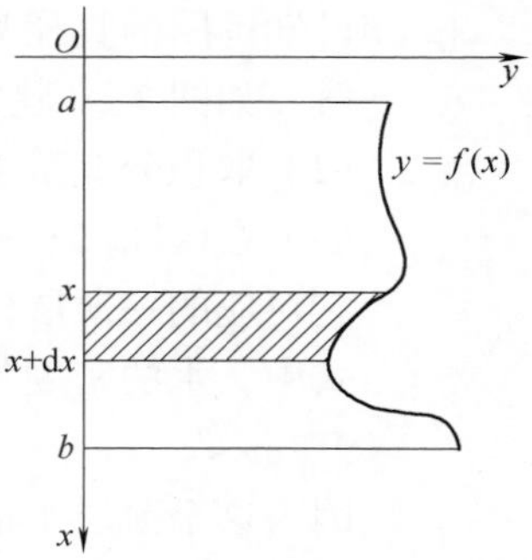

取深度 x 为积分变量，积分区间为 $[a,\ b]$，在 $[a,\ b]$ 上任取一小区间 $[x,\ x+\mathrm{d}x]$，与它对应的窄条薄片面积近似于 $f(x)\,\mathrm{d}x$，小条上各点处距液面的深度近似于 x，即把垂直放置的小条薄片近似地看作水平放置在水深 x 处，因此，小条薄片一侧所受的压力的近似值，即压力元素为

$$\mathrm{d}F=\rho gxf(x)\,\mathrm{d}x.$$

在 $[a,\ b]$ 上积分，即得压力为

$$F=\int_a^b \rho gxf(x)\,\mathrm{d}x=\rho g\int_a^b xf(x)\,\mathrm{d}x.$$

图 7-30

【例7-35】一水库的水闸为直角梯形，上底为6m，下底为2m，高为10m. 求当水面与上底相齐时水闸所受的压力.

解 建立直角坐标系，如图7-31所示. 直线 AB 的方程为

$$y=-\frac{2}{5}x+6,$$

取水深 x 为积分变量，积分区间 $[0,\ 10]$，压力元素为

$$\mathrm{d}F=\rho gxy\mathrm{d}x=9.8\times10^3x\left(-\frac{2}{5}x+6\right)\mathrm{d}x,$$

在 $[0,\ 10]$ 上积分，求得水的压力(以N为单位)为

$$F=\int_0^{10}9.8\times10^3x\left(-\frac{2}{5}x+6\right)\mathrm{d}x$$

$$=9.8\times10^3\times\left[-\frac{2}{15}x^3+3x^2\right]_0^{10}\approx16.33\times10^5.$$

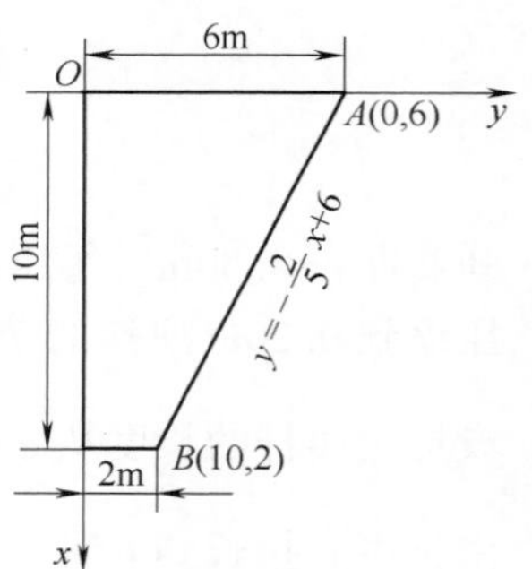

图 7-31

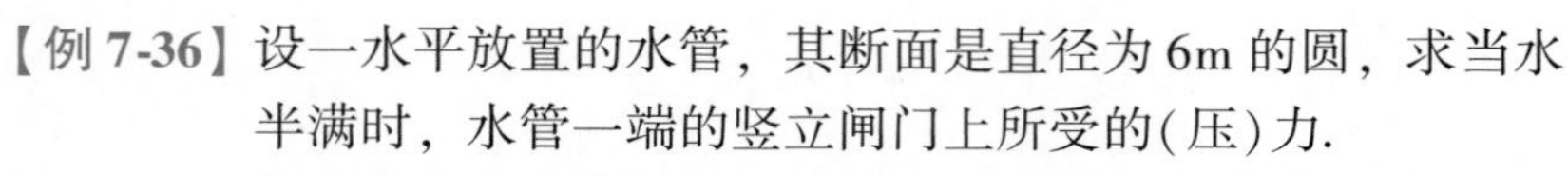

【例7-36】设一水平放置的水管，其断面是直径为6m的圆，求当水半满时，水管一端的竖立闸门上所受的(压)力.

解 建立直角坐标系，如图7-32所示. 圆的方程为

$$x^2+y^2=9,$$

取 x 为积分变量，积分区间为 $[0,\ 3]$. 压力元素为

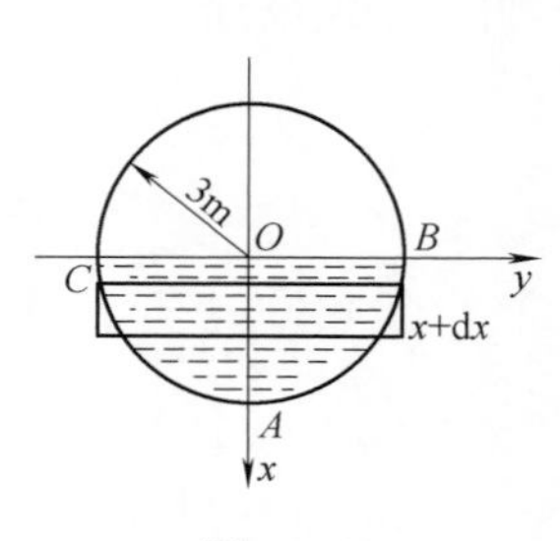

图 7-32

$$dF=\rho gx\times 2y dx=9.8\times 10^{3}\times 2x\sqrt{9-x^{2}}dx,$$

在[0，3]上积分，求得水的压力(以 N 为单位)为

$$\begin{aligned}F&=\int_{0}^{3}19.6\times 10^{3}x\sqrt{9-x^{2}}dx\\&=19.6\times 10^{3}\int_{0}^{3}\left(-\frac{1}{2}\right)\sqrt{9-x^{2}}d(9-x^{2})\\&=-9.8\times 10^{3}\times\frac{2}{3}\left[(9-x^{2})^{\frac{3}{2}}\right]_{0}^{3}\approx 1.76\times 10^{5}.\end{aligned}$$

习　题

1. 有一矩形闸门，它的尺寸如图 7 - 33 所示，求当水面超过门顶 1m 时，闸门上所受的水压力.
2. 边长为 am 的正方形薄片直立地沉没在水中，它的一顶点位于水平面，而一条对角线与水平面平行，求薄片一侧的压力.

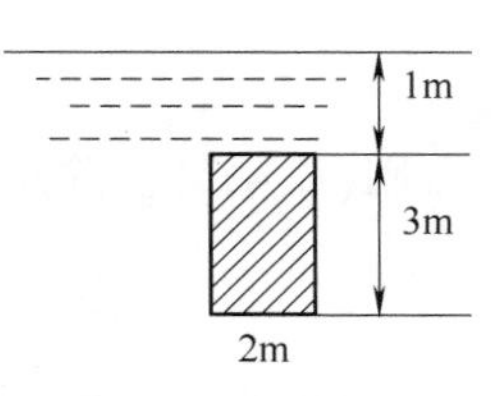

图　7-33

定积分的应用——平均值

在实际问题中，常常用一组数据的算术平均值来描述这组数据的概貌. 例如：对某一零件的长度进行 n 次测量，每次测得的值为 y_1，y_2，y_3，…，y_n. 通常用算术平均值

$$\bar{y}=\frac{1}{n}(y_1+y_2+y_3+\cdots+y_n)$$

作为这个零件长度的近似值.

然而，有时还需要计算一个连续函数 $y=f(x)$ 在区间 $[a, b]$ 上的一切值的平均值.

我们已经知道，速度为 $v(t)$ 的物体作直线运动，它在时间间隔 $[t_1, t_2]$ 上所经过的路程为

$$s=\int_{t_1}^{t_2}v(t)\,\mathrm{d}t,$$

用 (t_2-t_1) 去除路程 s，即得它在时间间隔 $[t_1, t_2]$ 上的平均速度，为

$$\bar{v}=\frac{s}{t_2-t_1}=\frac{1}{t_2-t_1}\int_{t_1}^{t_2}v(t)\,\mathrm{d}t.$$

一般地，设函数 $y=f(x)$ 在区间 $[a, b]$ 上连续，则它在 $[a, b]$ 上的平均值 $\bar{y}$ 等于它在 $[a, b]$ 上的定积分除以区间 $[a, b]$ 的长度 $b-a$，即

$$\bar{y}=\frac{1}{b-a}\int_a^b f(x)\,\mathrm{d}x,$$

这个公式叫作函数的平均值公式. 它可变形为

$$\int_a^b f(x)\,\mathrm{d}x=\bar{y}(b-a).$$

它的几何解释是：以 $[a, b]$ 为底、$y=f(x)$ 为曲边的曲边梯形的面积，等于高为 $\bar{y}$ 的同底矩形的面积(见图7-34).

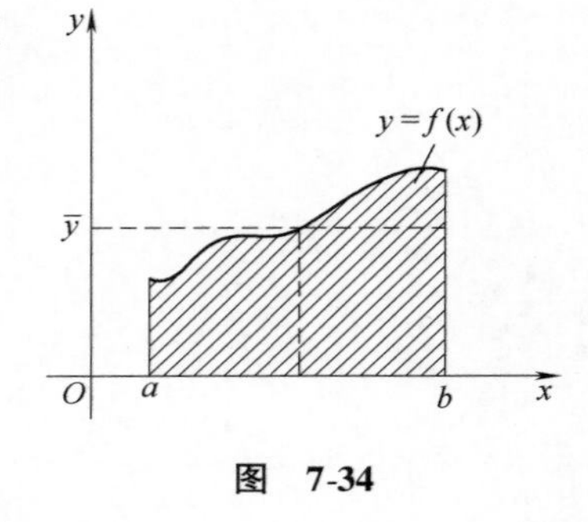

图 7-34

例 题

【例7-37】求从0到 T 这段时间内自由落体的平均速度.

解 自由速度为 $v=gt$. 所以要计算的平均速度(见图7-35)为

$$\bar{v}=\frac{1}{T-0}\int_0^T gt\mathrm{d}t=\frac{1}{T}\left[\frac{1}{2}gt^2\right]_0^T=\frac{1}{2}gT.$$

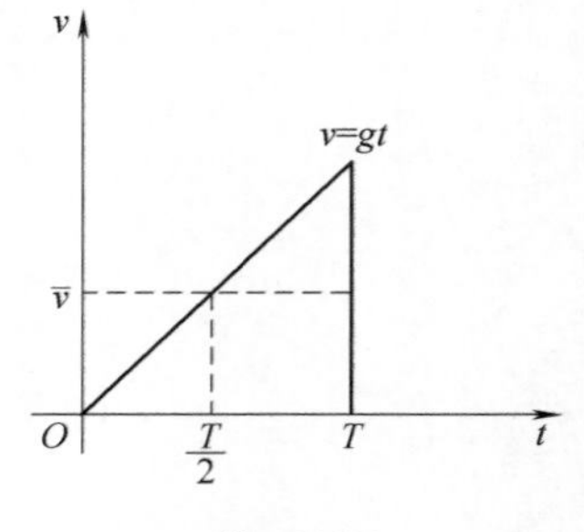

图 7-35

【例7-38】计算纯电阻电路中正弦交流电 $i=I_m\sin\omega t$ 在一个周期内功率的平均值.

解 设电阻为 R，那么电路中 R 两端的电压为

$$u=Ri=RI_m\sin\omega t,$$

而功率 $P=ui=Ri^2=RI_m^2\sin^2\omega t$,

因为交流电 $i=I_m\sin\omega t$ 的周期为 $T=\frac{2\pi}{\omega}$，所以在一个周期 $\left[0, \frac{2\pi}{\omega}\right]$ 上，P 的平均

值为

$$\overline{P}=\frac{1}{\frac{2\pi}{\omega}-0}\int_0^{\frac{2\pi}{\omega}}RI_m^2\sin^2\omega t\mathrm{d}t$$

$$=\frac{RI_m^2}{2\pi}\int_0^{\frac{2\pi}{\omega}}\sin^2\omega t\mathrm{d}(\omega t)$$

$$=\frac{RI_m^2}{4\pi}\int_0^{\frac{2\pi}{\omega}}(1-\cos 2\omega t)\mathrm{d}(\omega t)$$

$$=\frac{RI_m^2}{4\pi}\left[\omega t-\frac{\sin 2\omega t}{2}\right]_0^{\frac{2\pi}{\omega}}$$

$$=\frac{I_m^2R}{4\pi}\times 2\pi=\frac{I_m^2R}{2}=\frac{I_m u_m}{2}.$$

就是说，纯电阻电路中，正弦交流电的平均功率等于电流和电压的峰值乘积的一半. 通常交流电器上标明的功率是平均功率.

1. 求函数 $2y=\sin x$ 在[0，2]上的平均值.
2. 一物体以速度 $v=3t^2+2t+1$(m/s)作直线运动，试计算该物体在 $t=0$ 到 $t=3$s 时间内的平均速度.

定积分的应用——经济领域

定积分在经济活动中应用很广泛. 如，已知某经济函数的边际函数的条件下，求原经济函数的改变量时，就需用定积分来解决.

例题

【例7-39】设某工厂生产某产品，边际产量为时间 t 的函数，已知

$$f(x)=200+14t-0.3t^2\text{(千件/小时)},$$

求从 $t=1$ 到 $t=3$ 这两个小时的总产量.

解 因为总产量 $Q(t)$ 是它的边际产量 $f(t)$ 的原函数. 所以，从 $t=1$ 到 $t=3$ 这两小时的总产量是

$$\begin{aligned}\int_1^3 f(t)\,\mathrm{d}t &= \int_1^3 (200+14t-0.3t^2)\,\mathrm{d}t\\ &= [200t+7t^2-0.1t^3]_1^3 = 200(3-1)+7(3^2-1^2)-0.1\cdot(3^3-1^3)\\ &= 453.4\text{(千件)}.\end{aligned}$$

【例7-40】已知生产某产品 x 件的边际收入是

$$r(x)=100-\frac{x}{50}\text{(元/件)},$$

求生产此产品1000件时的总收入、平均收入，及生产1000件到2000件时所增加的收入和平均收入.

解 设总收入函数为 $R(x)$，总产量为1000件时的总收入为 $R(1000)$，

$$\begin{aligned}R(1000) &= \int_0^{1000} r(x)\,\mathrm{d}x = \int_0^{1000}\left(100-\frac{x}{50}\right)\mathrm{d}x\\ &= \left[100x-\frac{x^2}{100}\right]_0^{1000} = 90000\text{(元)}.\end{aligned}$$

平均收入为 $\overline{R}(1000)$，$\overline{R}(1000)=\dfrac{R(1000)}{1000}=90$(元).

产量从1000件到2000件所增加的收入为

$$\begin{aligned}R(2000)-R(1000) &= \int_{1000}^{2000} r(x)\,\mathrm{d}x = \int_{1000}^{2000}\left(100-\frac{x}{50}\right)\mathrm{d}x\\ &= \left[100x-\frac{x^2}{100}\right]_{1000}^{2000}\\ &= 160000-90000 = 70000\text{(元)},\end{aligned}$$

其平均收入为

$$\frac{R(2000)-R(1000)}{2000-1000}=\frac{70000}{1000}=70\text{(元)}.$$

【例7-41】设某产品的总成本 C(单位：万元)的边际成本是产量 x(单位：百台)的函

数，$C'(x)=3+\frac{x}{4}$；总收入 $R(x)$（单位：万元）的边际收入是产量 x 的函数，$R'(x)=10-x$.

求：1）产量由 1 百台增加到 5 百台的总成本、总收入各增加多少？

2）已知固定成本 $C(0)$ 为 1 万元，分别求出总成本、总收入、总利润与产量的关系式.

3）产量为多少时总利润最大？此时总利润、总成本、总收入各是多少？

解　1）产量由 1 百台增加到 5 百台，总成本和总收入分别增加

$$C=\int_1^5\left(3+\frac{x}{4}\right)\mathrm{d}x=\left[3x+\frac{x^2}{8}\right]_1^5=15(\text{万元}),$$

$$R=\int_1^5(10-x)\mathrm{d}x=\left[10x-\frac{1}{2}x^2\right]_1^5=28(\text{万元}),$$

2）总成本 $C(x)$ 为固定成本与可变成本之和，则总成本函数为

$$C(x)=C(0)+\int_0^x C'(t)\mathrm{d}t$$

$$=1+\int_0^x\left(3+\frac{1}{4}t\right)\mathrm{d}t=1+3x+\frac{1}{8}x^2,$$

总收入函数 $R(x)$ 为

$$R(x)=\int_0^x R'(t)\mathrm{d}t=\int_0^x(10-t)\mathrm{d}t=10x-\frac{1}{2}x^2,$$

总利润函数 $L(x)=R(x)-C(x)$

$$=10x-\frac{1}{2}x^2-\left(1+3x+\frac{1}{8}x^2\right)=7x-\frac{5}{8}x^2-1,$$

3）因为　$L'(x)=R'(x)-C'(x)=10-x-3-\frac{x}{4}$

$$=7-\frac{5}{4}x,$$

令　$L'(x)=0$，得 $x=\frac{28}{5}$，

因为 $L''(x)=-\frac{5}{4}<0$，故产量为 $x=\frac{28}{5}=5.6$（百台）时有最大利润. 最大利润为

$$L(5.6)=7\times5.6-\frac{5}{8}\times(5.6)^2-1=18.6(\text{万元}),$$

此时总成本

$$C(5.6)=1+3\times5.6+\frac{5.6^2}{8}=21.72(\text{万元}),$$

此时总收入

$$R(5.6)=10\times5.6-\frac{1}{2}\times(5.6)^2=40.32(\text{万元}).$$

习 题

1. 某产品生产 Q 个单位时总收入 R 的变化率(边际收入)为

$$R'(Q)=200-\frac{Q}{100},\ (Q\geqslant 0),$$

(1) 求生产50个单位时的总收入;

(2) 如果已经生产3100个单位,求再生产100个单位时的总收入.

2. 某产品总成本 C(万元)的边际成本 $C'=1$,总收入 R(万元)的边际收入为生产量 q(百台)的函数 $R'(q)=5-q$.

(1) 求产量为多少时,总利润 $L=R-C$ 为最大?

(2) 从利润最大的产量起再生产100台,总利润减少了多少?

综合练习

1. 填空题.

(1) 定积分的值与__________无关，而只与__________有关.

(2) 若函数 $f(x)$ 在区间 $[a, b]$ 上连续，$F(x)$ 是 $f(x)$ 的一个原函数，则 $\int_a^b f(x)\mathrm{d}x =$ __________.

(3) $\int_{-3}^{3}\dfrac{x\cos x}{2x^4+x^2+1}\mathrm{d}x =$ __________.

(4) $\int_a^a f(x)\mathrm{d}x =$ __________.

(5) $\int_1^{\mathrm{e}} \ln x\mathrm{d}x =$ __________.

(6) $\int_0^{+\infty}\dfrac{\mathrm{d}x}{x^2+2x+5} =$ __________.

(7) 设在 $[a, b]$ 上曲线 $y=f(x)$ 位于曲线 $y=g(x)$ 的上方，则由这两条曲线及直线 $x=a$，$x=b$ 所围成平面图形的面积 $S=$ __________.

(8) 已知函数 $y=\cos x$，函数在区间 $\left[0, \dfrac{\pi}{2}\right]$ 上的平均值 = __________.

(9) 已知 $v(t)=t^2+1$ 在时间间隔 $[0, 4]$ 上物体的位移 $s=$ __________.

2. 选择题.

(1) 设 $\int_0^1 x(a-x)\mathrm{d}x = 1$，则常数 $a =$ __________.

(A) $\dfrac{8}{3}$;　(B) $\dfrac{1}{3}$;　(C) $\dfrac{4}{3}$;　(D) $\dfrac{2}{3}$.

(2) 下列广义积分收敛的是__________.

(A) $\int_1^{+\infty}\dfrac{\mathrm{d}x}{x^5}$;　(B) $\int_1^{+\infty}\dfrac{\mathrm{d}x}{\sqrt{x+1}}$;　(C) $\int_1^{+\infty}\dfrac{\mathrm{d}x}{x^3}$;　(D) $\int_{-1}^{1}\dfrac{1}{x^2}\mathrm{d}x$.

(3) 由曲线 $y=\mathrm{e}^x$ 及直线 $x=0$，$y=2$ 所围成的平面图形的面积 $S=$ __________.

(A) $\int_1^2 \ln y\mathrm{d}y$;　(B) $\int_0^{\mathrm{e}^2}\mathrm{e}^x\mathrm{d}x$;　(C) $\int_1^{\ln 2}\ln y\mathrm{d}y$;　(D) $\int_0^2 (2-\mathrm{e}^x)\mathrm{d}x$.

(4) 由曲线 $y=\sqrt{x}$ 及直线 $x=1$，$x=3$ 围成的平面图形绕 x 轴旋转而成的旋转体的体积 $V=$ __________.

(A) 2π;　(B) 4π;　(C) 4;　(D) 4.5π.

(5) 若 $f(x)$ 在 $[-1, 1]$ 上连续，其平均值为 2，则 $\int_{-1}^{1}f(x)\mathrm{d}x =$ __________.

(A) $\dfrac{1}{4}$;　(B) -1;　(C) 4;　(D) -4.

3. 求下列定积分.

(1) $\int_3^4 \dfrac{x^2+x-6}{x-2}\mathrm{d}x$;　(2) $\int_{-2}^{-1}\dfrac{1}{(11+5x)^3}\mathrm{d}x$;

(3) $\int_{\frac{\pi}{6}}^{\frac{\pi}{3}} \frac{\cos 2x}{\cos^2 x \sin^2 x} dx$;　　(4) $\int_1^e \frac{1+\ln x}{x} dx$;

(5) $\int_0^{\frac{\pi}{2}} \cos^3 x \sin 2x dx$;　　(6) $\int_{-\frac{\pi}{4}}^{\frac{\pi}{4}} (\sin^2 x - \cos 4x) dx$;

(7) $\int_0^{\pi} \sqrt{\sin x - \sin^3 x} dx$;　　(8) $\int_0^{\frac{\pi}{2}} x \sin x dx$;

(9) $\int_0^1 x^2 \sqrt{1-x^2} dx$;　　(10) $\int_0^1 \frac{1}{1+e^x} dx$;

(11) $\int_0^1 \frac{x+\arctan x}{1+x^2} dx$;　　(12) $\int_1^4 \frac{\ln x}{\sqrt{x}} dx$.

4. 求下列广义积分.

(1) $\int_{-\infty}^0 x e^x dx$;　　(2) $\int_1^e \frac{dx}{x\sqrt{1-(\ln x)^2}}$.

5. 求曲线 $y=\sin x$ 和 $y=\cos x$ 与直线 $x=0$，$x=\frac{\pi}{2}$围成的平面图形的面积.

6. 求抛物线 $y=-x^2+4x-3$ 的其在点$(0, -3)$和点$(3, 0)$处的切线所围成的图形面积.

7. 在抛物线 $y^2=2(x-1)$上横坐标等于 3 处作一切线，试求由所作切线及 x 轴与抛物线围成的平面图形绕 x 轴旋转所成旋转体的体积.

8. 有圆锥形的贮水池深 2m，口径 6m；盛满水，问将水全部抽出应做功多少?

9. 水池的一壁为矩形，长 60m，高 5m，池中充满水，求作一水平直线把此壁分为上、下两部分，使所受压力相等.

10. 已知某产品总产量的变化率(单位为：单位/天)是$\frac{d\theta}{dt}=40+12t-\frac{3}{2}t^2$，求从第 2 天到第 10 天产品的总产量.

11. 已知生产某种产品的总收入的变化率(单位为：元/件)是 $R'(q)=200-q/10$，求：

(1) 生产 1000 件的总收入是多少.

(2) 从生产 1000 件到生产 2000 件时所增加的收入是多少.

12. 试求函数 $y=\sin^2 x$ 在 $x=0$，$x=\pi$ 之间的平均值.

数学拥有内容丰富的知识体系：其内容对自然科学家、社会科学家、哲学家、逻辑学家和艺术家十分有用，同时影响着政治家的学说；满足了人类探索宇宙的好奇心和对美妙音乐的冥想；甚至可能有时以难以察觉到的方式但无可置疑地影响着现代历史的进程. 从广泛的意义上说，数学是一种理性的精神. 正是这种精神，使得人类的思维得以完善运用，也正是这种精神，试图决定性地影响人类的物质、道德和社会生活；试图回答有关人类自身存在提出的问题. 也正是这种精神，让人类努力去理解和控制自然；尽力去探求知识深刻和完美的内涵.

第 8 章　常微分方程

学习目标

- 了解微分方程的基本概念.
- 熟练掌握可分离变量微分方程的解法.
- 掌握一阶线性微分方程的解法.
- 掌握二阶线性微分方程的解法.

导学提纲

- 微分方程与代数方程的区别是什么?
- 微分方程的解、通解、特解之间有什么关系?
- 可分离变量方程的特点，如何求解此类方程?
- 如何求解一阶线性微分方程?

在几何、物理、力学、经济学及其他实际问题中,人们经常根据问题提供的条件寻找函数关系,可是在许多问题中,往往不能直接找出所研究的函数关系,而有时却可以列出所研究的函数及其导数之间的关系式,这种关系式就是所谓的微分方程.微分方程建立后,再通过求解微分方程,可以得到所要寻求的未知函数.本章主要介绍微分方程的基本概念和常见的几种类型的微分方程及其解法,并通过举例给出微分方程在实际问题中的一些简单应用.

微分方程的基本概念

含有未知函数的导数(或微分)的等式称为微分方程. 未知函数是一元函数的微分方程称为常微分方程，未知函数是多元函数的微分方程称为偏微分方程.

微分方程中，所含未知函数的导数的最高阶数称为微分方程的阶. 如方程$\frac{dy}{dx}=2x$是一阶微分方程，$\frac{d^2x}{dt^2}=-g=-980$是二阶微分方程，$n$阶微分方程的一般形式可表示为

$$F(x, y, y', y'', y''', \cdots, y^{(n)})=0$$

式中，x为自变量，y是x的未知函数，而y，y'，y''，y'''，…，$y^{(n)}$依次是未知函数的一阶，二阶，…，n阶导数.

如果函数$y=\varphi(x)$满足微分方程，则称函数$y=\varphi(x)$为微分方程的解.

微分方程的解可以是显函数，也可以是由关系$G(x, y)=0$确定的隐函数.

如果微分方程的解中含有相互独立的任意常数，且任意常数的个数与方程的阶数相同，这样的解称为微分方程的通解. 在通解中给所有任意常数以确定值后，所得到的解称为微分方程的特解.

所谓给所有任意常数以确定值，其含义是指解必须满足某种指定的附加条件，这些附加条件称为微分方程的初始条件.

例如：$y=x^2+C$是微分方程$\frac{dy}{dx}=2x$的通解，而$y=x^2+1$是满足初始条件$y|_{x=0}=1$的特解.

$x=-490t^2+C_1t+C_2$是微分方程$m\frac{d^2x}{dt^2}=-mg$的通解，而$x=-490t^2+1960t$是满足初始条件$x|_{t=0}=0$及$\left.\frac{dx}{dt}\right|_{t=0}=1960$的特解.

微分方程解的图形称为此方程的积分曲线. 由于通解中含有任意常数，所以它的图形是具有某种共同性质的积分曲线族. 特解是积分曲线族中满足初始条件的某一条特定的积分曲线.

例 题

【例8-1】求曲线的方程问题.

已知一条曲线经过点(0，1)，且在该曲线上任一点$M(x, y)$处的切线斜率为横坐标的两倍，求这条曲线的方程.

解 设所求曲线的方程为$y=f(x)$，则由题意知

$$\frac{dy}{dx}=2x, \tag{8-1}$$

$$y|_{x=0}=1. \tag{8-2}$$

对式(8-1)两边积分，得

$$y=x^2+C, \tag{8-3}$$

式中，C 为任意常数.

将式(8-2)代入式(8-3)，得 $C=1$，将 $C=1$ 带入式(8-3)，得所求的曲线方程为

$$y=x^2+1. \tag{8-4}$$

当 C 取任意值时，不难作出式(8-3)的图形(见图 8-1).

【例 8-2】力学问题.

设一物体以初速度 19.6m/s 从地面垂直向上抛. 不计空气阻力，求物体达到的最大高度.

解　设质量为 m 的物体在 t s 后离地面的距离为 x m(见图 8-2). 选取向上方向为正向. 这时由牛顿定律，净力 = 重力

$$m\frac{\mathrm{d}^2x}{\mathrm{d}t^2}=-mg \quad 或 \quad \frac{\mathrm{d}^2x}{\mathrm{d}t^2}=-g=-9.8 \tag{8-5}$$

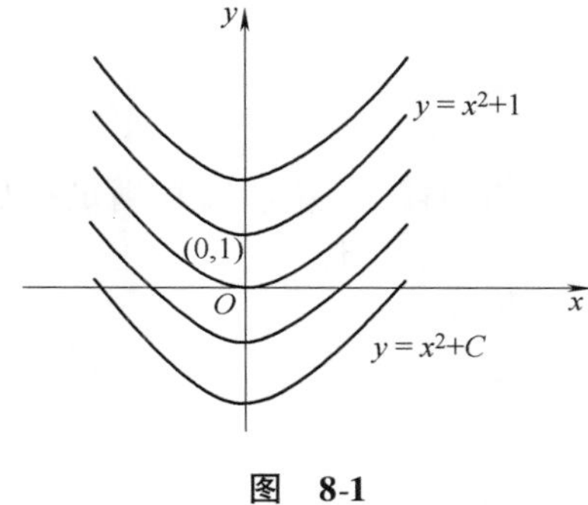

图　8-1

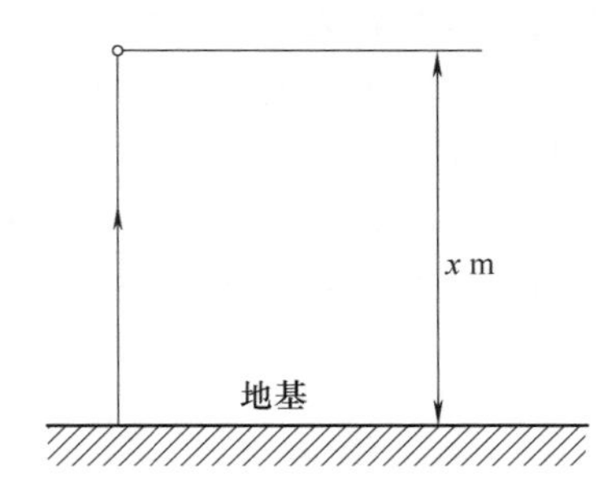

图　8-2

由函数满足

$$x\big|_{t=0}=0,\ \frac{\mathrm{d}x}{\mathrm{d}t}\bigg|_{t=0}=19.6. \tag{8-6}$$

对(8-5)式两边积分，得

$$\frac{\mathrm{d}x}{\mathrm{d}t}=-9.8t+C_1. \tag{8-7}$$

对(8-7)式两边积分，得

$$x=-4.9t^2+C_1t+C_2. \tag{8-8}$$

式中，C_1，C_2 均为任意常数.

把式(8-6)代入式(8-7)，得 $C_1=19.6$，$C_2=0$. 代入式(8-8)得运动方程

$$x=-4.9t^2+19.6t \tag{8-9}$$

当$\frac{\mathrm{d}x}{\mathrm{d}t}=-9.8t-19.6=0$ 即 $t=2$ 时，高度为极大值. 这时 $x=19.6$. 因此，物体达到的最大高度为 19.6cm.

【例 8-3】验证函数 $y=C_1\cos x+C_2\sin x$ 是微分方程 $y''+y=0$ 的解，并求出满足初始条件 $y(0)=A$，$y'(0)=0$ 的特解.

解　因为$y'=-C_1\sin x+C_2\cos x$，

$y''=-C_1\cos x-C_2\sin x$，

将 y、y''代入方程 $y''+y=0$，得

$$-C_1\cos x-C_2\sin x+C_1\cos x+C_2\sin x\equiv 0,$$

故 $y=C_1\cos x+C_2\sin x$ 是微分方程 $y''+y=0$ 的解.

满足所给初始条件 $y(0)=A$，$y'(0)=0$ 的特解为 $y=A\cos x$.

习题

1. 试说出下列各微分方程的阶数，并指出哪些是线性微分方程.

(1) $x(y')^2-2yy'+x=0$;

(2) $(y'')^3+5(y')^4-y^5+x^7=0$;

(3) $xy''+2y''+x^2y=0$;

(4) $(x^2-y^2)\mathrm{d}x+(x^2+y^2)\mathrm{d}y=0$;

(5) $(7x-6y)\mathrm{d}x+(x+y)\mathrm{d}y=0$.

2. 验证下列函数是否为所给方程的解.

(1) $y''+4y=0$，$y=2\cos 2x-5\sin 2x$;

(2) $y''+(y')^2+1=0$，$y=\ln\cos(x-a)+b$.

3. 验证函数 $y=(C_1+C_2x)\mathrm{e}^x+x+2$ 是方程 $y''-2y'+y=x$ 的通解，并求出其满足初始条件 $y|_{x=0}=4$，$y'|_{x=0}=2$ 的一个特解.

一阶微分方程——可分离变量的微分方程

形如$\frac{dy}{dx}=f(x)g(y)$的微分方程称为可分离变量的微分方程，其求解步骤如下：

（1）分离变量

$$\frac{dy}{g(y)}=f(x)dx.$$

（2）两边积分

$$\int\frac{dy}{g(y)}=\int f(x)dx.$$

（3）求出积分通解

$$G(y)=F(x)+C.$$

式中，$G(x)$，$F(x)$分别是$\frac{1}{g(y)}$，$f(x)$的原函数.

例　题

【例 8-4】求微分方程$\frac{dy}{dx}=2xy(y\neq0)$的通解.

解　由于$y\neq0$，分离变量得

$$\frac{1}{y}dy=2xdx,$$

两端分别积分，得

$$\int\frac{1}{y}dy=\int 2xdx,$$

$$\ln|y|=x^2+C_1,$$

即

$$y=\pm e^{C_1}e^{x^2},$$

若令$\pm e^{C_1}=C$，它仍然是任意常数，于是得微分方程的通解$y=Ce^{x^2}$.

【例 8-5】求微分方程$y'-e^y\sin x=0$满足条件$y|_{x=0}=0$的特解.

解　分离变量得

$$e^{-y}dy=\sin xdx.$$

两端分别积分，得

$$\int e^{-y}dy=\int\sin xdx.$$

所以通解为

$$e^{-y}=\cos x+C.$$

再由有条件$y|_{x=0}=0$得$C=0$，

故所求特解为

$$e^{-y}=\cos x.$$

【例 8-6】求方程$\frac{dy}{dx}=\frac{xy}{x^2-y^2}$满足$y|_{x=0}=1$的特解.

解 原方程变形为

$$\frac{\mathrm{d}y}{\mathrm{d}x}=\frac{\frac{y}{x}}{1-\frac{y^2}{x^2}}. \tag{8-10}$$

令 $u=\frac{y}{x}$，则 $y=ux$，$\frac{\mathrm{d}y}{\mathrm{d}x}=u+x\frac{\mathrm{d}u}{\mathrm{d}x}$.

把它代入式(8-10)式，得

$$u+x\frac{\mathrm{d}u}{\mathrm{d}x}=\frac{u}{1-u^2},$$

即
$$\frac{1-u^2}{u^3}\mathrm{d}u=\frac{1}{x}\mathrm{d}x.$$

这是一个分离变量的方程，两端分别积分，得

$$\int\frac{1-u^2}{u^3}\mathrm{d}u=\int\frac{1}{x}\mathrm{d}x,$$

$$-\frac{1}{2u^2}-\ln|u|=\ln|x|+C_1 \quad 或 \quad ux=C\mathrm{e}^{-\frac{1}{2u^2}}.$$

式中，$C=\pm\mathrm{e}^{-C_1}$，将 $u=\frac{y}{x}$ 代回，得原方程的通解为 $y=C\mathrm{e}^{-\frac{x^2}{2y^2}}$.

将初始条件 $y(0)=1$ 代入，得 $C=1$，

所以满足初始条件的特解为 $y=\mathrm{e}^{-\frac{x^2}{2y^2}}$.

由例8-6可知，如果一阶微分方程 $\frac{\mathrm{d}y}{\mathrm{d}x}=f(x,y)$ 中的函数 $f(x,y)$ 可以化为 $\varphi\left(\frac{y}{x}\right)$，则称此方程为齐次方程. 齐次方程可以利用分离变量法求解.

习题

1. 求下列方程的通解.

(1) $xy'-y\ln y=0$；

(2) $y'=\sqrt{\frac{1-y^2}{1-x^2}}$；

(3) $xy\mathrm{d}x-(x^2+1)\mathrm{d}y=0$；

(4) $y\ln x\mathrm{d}x+x\ln y\mathrm{d}y=0$；

(5) $(\mathrm{e}^{x+y}-\mathrm{e}^x)\mathrm{d}x+(\mathrm{e}^{x+y}+\mathrm{e}^y)\mathrm{d}y=0$.

2. 求下列方程满足初始条件的特解.

(1) $y'=\mathrm{e}^{2x-y}$，$y|_{x=0}=0$；

(2) $\frac{x}{1+y}\mathrm{d}x-\frac{y}{1+x}\mathrm{d}y=0$，$y|_{x=0}=1$.

一阶微分方程——一阶线性微分方程

一阶线性微分方程标准形式为

$$y'+P(x)y=Q(x). \tag{8-11}$$

式中，$P(x)$，$Q(x)$均为已知的连续函数. 当 $Q(x)=0$ 时，方程(8-11)变为

$$y'+P(x)y=0. \tag{8-12}$$

方程(8-12)称为一阶线性齐次微分方程. 当 $Q(x)\neq 0$ 时，方程(8-11)称为一阶线性非齐次微分方程.

先求一阶线性齐次微分方程(8-12)的通解.

方程(8-12)是一个可分离变量的方程. 分离变量，有$\frac{\mathrm{d}y}{y}=-P(x)\mathrm{d}x$.

两端积分，得 $$\ln y=-\int P(x)\mathrm{d}x+\ln C.$$

故一阶线性齐次微分方程(8-12)的通解为 $$y=C\mathrm{e}^{-\int P(x)\mathrm{d}(x)}. \tag{8-13}$$

容易验证，不论 C 取什么值，式(8-13)只能是一阶线性齐次微分方程(8-12)的解，而不能是一阶线性非齐次微分方程(8-11)的解. 如果我们希望(8-11)具有形如(8-13)的解，那么，显然 C 不可能再是常数而应该是 x 的函数了. 于是我们设一阶线性非齐次微分方程(8-11)的解具有形状

$$y=C(x)\mathrm{e}^{-\int P(x)\mathrm{d}x}, \tag{8-14}$$

则 $$y'=C'(x)\mathrm{e}^{-\int P(x)\mathrm{d}x}+C(x)(-P(x))\mathrm{e}^{-\int P(x)\mathrm{d}x}. \tag{8-15}$$

将式(8-14)与式(8-15)代入方程(8-11)整理得

$$C(x)=\int Q(x)\mathrm{e}^{\int P(x)\mathrm{d}x}\mathrm{d}x+C.$$

将 $C(x)$代入式(8-14)中，我们得到一阶线性非齐次微分方程(8-11)的通解公式

$$y=\mathrm{e}^{-\int P(x)\mathrm{d}x}\left[\int Q(x)\mathrm{e}^{\int P(x)\mathrm{d}x}\mathrm{d}x+C\right]. \tag{8-16}$$

上述通过把齐次线性方程通解中的任意常数 C 变易为待定函数 $C(x)$，然后求出齐次线性方程通解的这种方法，称为常数变易法.

例　题

【例 8-7】求方程$(1+x^2)y'-2xy=(1+x^2)^2$ 的通解.

解　将原方程变形为 $$y'-\frac{2x}{1+x^2}y=1+x^2,$$

这是一阶线性非齐次微分方程，给出两种解法.

解法一　常数变易法

先求对应齐次方程 $y'-\frac{2x}{1+x^2}y=0$ 的通解，分离变量后积分，即

$$\frac{1}{y}\mathrm{d}y=\frac{2x}{1+x^2}\mathrm{d}x,$$

$$\ln y=\ln(1+x^2)+\ln C.$$

所以齐次方程通解为 $\qquad y=C(1+x^2).$

令 $y=C(x)(1+x^2)$，代入原方程得

$$C'(x)(1+x^2)+2xC(x)-\frac{2x}{1+x^2}C(x)(1+x^2)=1+x^2,$$

有 $\qquad C(x)=x+C.$

由此得到原方程的通解 $\qquad y=(x+C)(1+x^2).$

解法二 公式法

由原方程可得 $\qquad y'-\frac{2x}{1+x^2}y=1+x^2,$

此时 $\qquad P(x)=\frac{-2x}{1+x^2}, \qquad Q(x)=1+x^2.$

代入通解公式(8-16)得原方程的通解

$$y=\mathrm{e}^{-\int\frac{-2x}{1+x^2}\mathrm{d}x}\left[\int(1+x^2)\mathrm{e}^{\int\frac{-2x}{1+x^2}\mathrm{d}x}\mathrm{d}x+C\right],$$

$$y=(1+x^2)(x+C).$$

【例 8-8】求方程 $x^2\mathrm{d}y+(2xy-x+1)\mathrm{d}x=0$ 满足初始条件 $y|_{x=0}=0$ 的特解.

解 将方程变形为 $\qquad \frac{\mathrm{d}y}{\mathrm{d}x}+\frac{2}{x}y=\frac{x-1}{x^2}.$

给出两种解法

解法一 常数变易法

先求对应齐次方程 $y'+\frac{2}{x}y=0$ 的通解，分离变量后积分得

$$y=\frac{C}{x^2}$$

为齐次方程通解.

令 $y=\frac{C(x)}{x^2}$，代入原方程得

$$C(x)=\frac{1}{2}x^2-x+C.$$

由此得到原方程的通解

$$y=\frac{1}{2}-\frac{1}{x}+\frac{C}{x^2}.$$

把初始条件 $y|_{x=1}=0$ 代入上式得 $C=\frac{1}{2}$.

故所求方程的特解为

$$y=\frac{1}{2}-\frac{1}{x}+\frac{1}{2x^2}.$$

解法二 公式法

因为 $$P(x)=\frac{2}{x},\ Q(x)=\frac{x-1}{x^2},$$

代入通解公式(8-16)得原方程的通解

$$y=e^{-\int\frac{2}{x}dx}\left[\int\frac{x-1}{x^2}e^{\int\frac{2}{x}dx}dx+C\right],$$

$$y=\frac{1}{2}-\frac{1}{x}+\frac{C}{x^2}.$$

把初始条件 $y|_{x=1}=0$ 代入上式得 $C=\frac{1}{2}$.

故所求方程的特解为

$$y=\frac{1}{2}-\frac{1}{x}+\frac{1}{2x^2}.$$

习　题

1. 求下列方程的通解.

(1) $y'=\frac{y}{x}+\tan\frac{y}{x}$;　　(2) $y'=\frac{y}{y-x}$;

(3) $x\frac{dy}{dx}+y=2\sqrt{xy}$;　　(4) $\frac{dy}{dx}+y=e^{-x}$;

(5) $\cos^2x\frac{dy}{dx}+y=\tan x$;　　(6) $(x^2+1)\frac{dy}{dx}+2xy=4x^2$;

(7) $\frac{dy}{dx}+2y=4x$;　　(8) $y'+2y=e^{3x}$.

2. 求下列方程满足初始条件的特解.

(1) $x\frac{dy}{dx}+y-e^x=0$, $y|_{x=0}=6$;

(2) $(1-x^2)y'+xy=1$, $y|_{x=0}=1$.

可降阶的高阶微分方程

高阶微分方程是指二阶及二阶以上的微分方程. 高阶微分方程在工程技术上有着广泛的应用. 高阶微分方程求解更困难，而且没有普遍的解法. 本节主要介绍几种常见的可用降阶法求解的高阶微分方程.

1. $y^{(n)}=f(x)$ 型的微分方程

对这类方程只需要通过 n 次积分就可以得到方程的通解.

2. $y''=f(x, y')$ 型的微分方程

微分方程 $y''=f(x, y')$ 的特点是：方程右端不含有未知函数 y. 令 $y'=p(x)$，则 $y''=p'(x)$，代入方程得 $p'(x)=f(x, p(x))$，可以得到解为 $p(x)=\varphi(x, C_1)$，即 $\frac{dy}{dx}=\varphi(x, C_1)$，两边积分就得到方程的通解为 $y=\int\varphi(x,C_1)dx+C_2$.

3. $y''=f(y, y')$ 型的微分方程

微分方程 $y''=f(y, y')$ 的特点是：方程右端不含有自变量 x. 令 $y'=p(y)$，则 $y''=\frac{dy'}{dx}=\frac{dp}{dy}\frac{dy}{dx}=\frac{dp}{dy}p$，于是方程 $y''=f(y, y')$ 可化为 $p\frac{dp}{dy}=f(y, p)$.

这是关于 y，p 的一阶微分方程，如果可求得其通解为 $p(y)=\varphi(y, C_1)$，即 $\frac{dy}{dx}=\varphi(y, C_1)$，再分离变量后求积分，便可求得原方程的通解.

例 题

【例 8-9】求方程 $y^{(3)}=\cos x$ 的通解.

解 因为 $y^{(3)}=\cos x$，所以 $y''=\int\cos x dx=\sin x+C_1$，

$$y'=\int(\sin x+C_1)dx=-\cos x+C_1x+C_2,$$

$$y=\int(-\cos x+C_1x+C_2)dx=-\sin x+\frac{1}{2}C_1x^2+C_2x+C_3.$$

$y=-\sin x+\frac{1}{2}C_1x^2+C_2x+C_3$ 为所求方程的通解.

【例 8-10】求方程 $y''-\frac{1}{x}y'=x$ 的通解.

解 令 $y'=p$，则 $y''=p'$，代入原方程有 $p'-\frac{1}{x}p=x$，

这是一个一阶线性非齐次微分方程，由通解公式可得其通解为

$$p=x^2+C_1x, \text{ 即 } y'=x^2+C_1x.$$

再次积分得到方程的通解为

$$y=\frac{1}{3}x^{3}+\frac{C_{1}}{2}x^{2}+C_{2}.$$

【例 8-11】求方程 $yy''-(y')^{2}=0$ 的通解.

解　令 $y'=p(y)$，则

$$y''=\frac{\mathrm{d}y'}{\mathrm{d}x}=\frac{\mathrm{d}p\mathrm{d}y}{\mathrm{d}y\mathrm{d}x}=\frac{\mathrm{d}p}{\mathrm{d}x}p.$$

代入原方程得

$$yp\frac{\mathrm{d}p}{\mathrm{d}y}-p^{2}=0.$$

它相当于两个方程：$p=0$，方程 $y\frac{\mathrm{d}p}{\mathrm{d}y}-p=0$.

由第一个方程 $p=0$ 解得

$$y=C.$$

第二个方程方程 $y\frac{\mathrm{d}p}{\mathrm{d}y}-p=0$ 为分离变量方程，解得

$$p=C_{1}y,$$

即 $y'=C_{1}y$，这又是一个分离变量方程，解得 $y=C_{2}\mathrm{e}^{Cx}$ 为原方程通解(解 $y=C$ 含在里面).

1. 求下列方程的通解.

(1) $y''=x+\sin x$；　　(2) $y'''=x\mathrm{e}^{x}$；

(3) $xy''+y'=0$；　　(4) $yy''+1=y'^{2}$.

2. 求下列微分方程满足初始条件的特解.

(1) $y''=x+\sin x$，$y|_{x=0}=1$，$y'|_{x=0}=1$；

(2) $y''-(y')^{2}=0$，$y|_{x=0}=1$，$y'|_{x=0}=-1$.

二阶线性齐次微分方程解的结构

方程

$$y''+p(x)y'+q(x)y=f(x), \tag{8-17}$$

式中，$p(x)$，$q(x)$，$f(x)$都是x的已知函数，称$f(x)$为方程的自由项，如果$f(x)=0$，则方程(8-17)变为

$$y''+p(x)y'+q(x)y=0, \tag{8-18}$$

称为二阶线性齐次微分方程.

如果$f(x)\neq 0$，则称方程(8-17)为二阶线性非齐次微分方程.

如果$p(x)$，$q(x)$都是常数，此时称方程式(8-17)、式(8-18)为二阶常系数线性微分方程.

为了求解二阶线性微分方程，我们先对二阶线性微分方程解的性质和结构作一些讨论.

1. 二阶线性齐次微分方程解的结构

二阶线性齐次微分方程 (8-18)的解，具有下面的特征：

定理1 如果y_1和y_2是二阶线性齐次微分方程(8-18)的两个解，则$y=C_1y_1+C_2y_2$也是方程(8-18)的解，其中C_1、C_2为任意常数.

线性齐次微分方程的这一性质，又称为解的叠和性.

定理2 如果y_1和y_2是二阶线性齐次微分方程(8-18)的两个线性无关$\left(\text{即}\dfrac{y_1}{y_2}\neq\text{常数}\right)$的解，则$y=C_1y_1+C_2y_2$为方程(8-18)的通解，其中$C_1$、$C_2$为任意常数.

2. 二阶线性非齐次微分方程解的结构

定理3 如果y^*是二阶线性非齐次微分方程(8-17)的一个特解，Y是对应的齐次方程(8-18)的通解，那么$y=y^*+Y$是二阶线性非齐次微分方程(8-17)的通解.

定理4 如果二阶线性非齐次微分方程为$y''+p(x)y'+q(x)y=f_1(x)+f_2(x)$，且$y_1^*$和$y_2^*$分别是$y''+p(x)y'+q(x)y=f_1(x)$和$y''+p(x)y'+q(x)y=f_2(x)$的解，那么$y=y_1^*+y_2^*$是方程$y''+p(x)y'+q(x)y=f_1(x)+f_2(x)$的解.

验证下列函数间的相关性.

(1) x，x^2；　　(2) e^{-x}，xe^{-x}；

(3) e^x，$\sin x$；　　(4) e^x，$\sin 2x$；

(5) x，$x+1$；　　(6) x^2，$-2x^2$.

二阶常系数线性微分方程的一般形式为

$$y''+ay'+by=f(x),\tag{8-19}$$

式中，a，b为实常数. 如果$f(x)=0$，则方程(8-19)变为

$$y''+ay'+by=0,\tag{8-20}$$

称方程(8-20)为二阶常系数齐次线性微分方程.

由定理3可知，要想求解方程(8-19)，我们首先要求出方程(8-20)的通解. 下面就方程(8-20)的求解方法作以讨论.

二阶常系数线性微分方程的解法——二阶常系数线性齐次微分方程

由本章定理2，只要找到方程(8-20)两个线性无关的特解，就可以得到方程(8-20)的通解. 由于方程(8-20)的左端是y''，ay'，by三项之和，而右端为零，即未知函数y与其一阶导数y'，二阶导数y''间只差常数因子，而指数函数$y=\mathrm{e}^{rx}$(r常数)具有这个特点，于是令$y=\mathrm{e}^{rx}$为方程(8-20)的解，代入方程得

$$(r^2+ar+b)\mathrm{e}^{rx}=0,$$

因为$\mathrm{e}^{rx}\neq0$，所以

$$r^2+ar+b=0.\tag{8-21}$$

可见，只要r是方程(8-21)的一个根，e^{rx}就是方程(8-20)的一个解，方程(8-21)称为齐次方程(8-20)的特征方程. 特征方程的根称为特征根. 由于特征方程的根只能有三种不同情况，相应地，齐次方程(8-20)的通解也有三种不同形式.

(1) 当特征方程有两个不相等的实根r_1和r_2时，即$r_1\neq r_2$，方程(8-20)有两个线性无关的解$y_1=\mathrm{e}^{r_1x}$，$y_2=\mathrm{e}^{r_2x}$，此时，方程(8-20)的通解为

$$y=C_1\mathrm{e}^{r_1x}+C_2\mathrm{e}^{r_2x}.$$

(2) 当特征方程有两个相等的实根$r_1=r_2=r$时，方程(8-20)只有一个解

$$y_1=\mathrm{e}^{rx}.$$

为了求得方程的通解，还需求出另一个与y_1线性无关的解y_2，我们可以利用常数变易法来求. 设$y_2=c(x)y_1=c(x)\mathrm{e}^{rx}$，为了确定$c(x)$，把$y_2$代入方程(8-20)中得$c''(x)=0$，我们不妨取$c(x)=x$，由此得方程(8-20)的另一个解为

$$y_2=x\mathrm{e}^{rx}.$$

因此，当特征方程有重根r时，齐次方程(8-20)的通解为

$$y=(C_1+C_2x)\mathrm{e}^{rx}.$$

(3) 当特征方程有一对共轭复根$r=\alpha\pm i\beta$时(α，β均为实常数)，方程(8-20)有两个线性无关的解$y_1=\mathrm{e}^{(\alpha+i\beta)x}$，$y_2=\mathrm{e}^{(\alpha-i\beta)x}$，由于这种形式的解不便使用，通常利用欧拉公式$\mathrm{e}^{i\theta}=\cos\theta+i\sin\theta$将$y_1$与$y_2$改写成

$$y_1=\mathrm{e}^{(\alpha+i\beta)x}=\mathrm{e}^{\alpha x}(\cos\beta x+i\sin\beta x),$$

$$y_2 = \mathrm{e}^{(\alpha - i\beta)x} = \mathrm{e}^{\alpha x}(\cos\beta x - i\sin\beta x).$$

于是方程(8-20)的通解为 $y = c_1 y_1 + c_2 y_2$.

$$y = c_1 \mathrm{e}^{\alpha x}(\cos\beta x + i\sin\beta x) + c_2 \mathrm{e}^{\alpha x}(\cos\beta x - i\sin\beta x),$$

$$y = \mathrm{e}^{\alpha x}[(c_1 + c_2)\cos\beta x + (c_1 - c_2)i\sin\beta x],$$

令 $c_1 + c_2 = C_1$，$(c_1 - c_2)i = C_2$，则方程(8-20)的通解为

$$y = \mathrm{e}^{\alpha x}(C_1\cos\beta x + C_2\sin\beta x).$$

综上所述，求二阶常系数齐次线性微分方程的通解步骤为：

1）写出微分方程的特征方程 $r^2 + ar + b = 0$.

2）求出特征根.

3）根据特征根的情况，按表8-1写出方程的通解.

表 8-1

特征方程的根	r_1，r_2	方程 $y'' + ay' + by = 0$ 的通解
两个不相等的实根	$r_1 \neq r_2$	$y = C_1\mathrm{e}^{r_1 x} + C_2\mathrm{e}^{r_2 x}$
两个相等的实根	$r_1 = r_2 = r$	$y = (C_1 + C_2 x)\mathrm{e}^{rx}$
一对共轭复根	$r = \alpha \pm i\beta$	$y = \mathrm{e}^{\alpha x}(C_1\cos\beta x + C_2\sin\beta x)$

例题

【例 8-12】求方程 $y'' + 2y' - 3y = 0$ 的通解.

解 方程所对应的特征方程为 $r^2 + 2r - 3 = 0$，

解得两个不相等的实根 $r_1 = -3$，$r_2 = 1$，故得原方程的通解为

$$y = C_1\mathrm{e}^{-3x} + C_2\mathrm{e}^{x}.$$

【例 8-13】求方程 $y'' - 4y' + 4y = 0$ 的通解. 并求满足初始条件 $y|_{x=0} = 2$，$y'|_{x=0} = 5$ 的特解.

解 方程所对应的特征方程为

$$r^2 - 4r + 4 = 0,$$

解得两个相等的实根 $r_1 = r_2 = 2$，故得原方程的通解为

$$y = (C_1 + C_2 x)\mathrm{e}^{2x},$$

将 $y|_{x=0} = 2$，$y'|_{x=0} = 5$ 代入通解，得 $C_1 = 2$，$C_2 = 1$.

故满足初始条件的特解为

$$y = (2 + x)\mathrm{e}^{2x}.$$

【例 8-14】求方程 $y'' + 2y' + 3y = 0$ 的通解.

解 方程所对应的特征方程为 $r^2 + 2r + 3 = 0$，

解得一对共轭复根 $r = -1 \pm i\sqrt{2}$，故得原方程的通解为

$$y = \mathrm{e}^{-x}(C_1\cos\sqrt{2}x + C_2\sin\sqrt{2}x).$$

习　题

1. 求下列方程的通解.

（1）$y''+y'-2y=0$；　　（2）$y''-9y=0$；

（3）$y''-4y'=0$；　　（4）$y''-2y'-y=0$；

（5）$3y''+2y'-8y=0$；　　（6）$y''+y=0$；

（7）$y''+6y'-13y=0$；　　（8）$4y''+8y'-5y=0$；

（9）$y''+2y'+y=0$.

2. 求下列微分方程满足初始条件的特解.

（1）$y''+4y'+3y=0$，$y|_{x=0}=6$，$y'|_{x=0}=10$；

（2）$4y''+4y'+y=0$，$y|_{x=0}=2$，$y'|_{x=0}=0$；

（3）$y''-3y'-4y=0$，$y|_{x=0}=0$，$y'|_{x=0}=-5$；

（4）$y''-4y'-29y=0$，$y|_{x=0}=0$，$y'|_{x=0}=15$.

二阶常系数线性微分方程的解法——二阶常系数线性非齐次微分方程

$$y''+ay'+by=f(x). \tag{8-22}$$

由本章定理3可知，方程(8-22)的通解是由 $y''+ay'+by=0$ 的通解 $\bar{y}$ 与 $y''+ay'+by=f(x)$ 的特解 y^* 之和构成，而 $\bar{y}$ 的求法上面已经讨论了，现在我们只需求方程(8-22)的一个特解 y^* 即可，下面我们只介绍方程(8-22)中在两种常见形式时特解的求法.

1. $f(x)=e^{\lambda x}p_n(x)$ 型

$$y''+ay'+by=e^{\lambda x}p_n(x), \tag{8-23}$$

式中，λ 是常数，$p_n(x)$ 是一个已知的 x 的 n 次多项式.

$$p_n(x)=a_nx^n+a_{n-1}x^{n-1}+\cdots+a_1x+a_0,$$

由于 $e^{\lambda x}p_n(x)$ 的导数仍然是多项式与指数的乘积，因此我们推测方程(8-23)的特解也是多项式与 $e^{\lambda x}$ 的乘积，故设方程(8-23)特解为

$$y^*=Q(x)e^{\lambda x}.$$

式中，$Q(x)$ 是 x 的多项式. 把 y^* 及 $y^{*\prime}=[Q'(x)+\lambda Q(x)]e^{\lambda x}$,

$$y^{*\prime\prime}=[Q''(x)+2\lambda Q'(x)+\lambda^2Q(x)]e^{\lambda x}.$$

代入方程(8-23)中，经整理得

$$Q''(x)+(2\lambda+a)Q'(x)+(\lambda^2+a\lambda+b)Q(x)=p_n(x). \tag{8-24}$$

下面分三种情形来讨论：

(1) 如果 λ 不是特征方程(8-22)的特征根，则 $\lambda^2+a\lambda+b\neq0$.

由于 $p_n(x)$ 是一个 n 次多项式，要使(8-24)两端恒等，$Q(x)$ 应是一个与 $p_n(x)$ 次数相同的多项式，因此可设方程(8-23)的一个特解为

$$y^*=Q_n(x)e^{\lambda x},$$

式中，$Q_n(x)=b_nx^n+b_{n-1}x^{n-1}+\cdots+b_1x+b_0$（$b_n$，$b_{n-1}$，…，$b_1$，$b_0$ 是待定系数).

将 y^* 及 $y^{*\prime}$，$y^{*\prime\prime}$代入方程(8-23)中，比较等式两端 x 的同次幂的系数，即可确定出系数 b_n，b_{n-1}，…，b_1，b_0，从而得到方程(8-23)的特解 y^*.

(2) 如果 λ 恰好是特征方程(8-23)的特征单根，则 $\lambda^2+a\lambda+b=0$ 而 $2\lambda+a\neq0$，则式(8-24)变成 $Q''(x)+(2\lambda+a)Q'(x)=p_n(x)$，要使此时两端恒等，$Q'(x)$ 应是一个与 $p_n(x)$ 次数相同的多项式，因此可设方程(8-23)的一个特解为

$$y^*=xQ_n(x)e^{\lambda x}.$$

(3) 如果 λ 是特征方程(8-22)的特征重根，则 $\lambda^2+a\lambda+b=0$ 而 $2\lambda+a=0$，则式(8-24)变成 $Q''(x)=p_n(x)$，要使此时两端恒等，$Q''(x)$ 应是一个与 $p_n(x)$ 次数相同的多项式，因此可设方程(8-23)的一个特解为

$$y^*=x^2Q_n(x)e^{\lambda x}.$$

综上所述，对于二阶常系数非齐次线性微分方程(8-23)，其特解形式为

$$y^*=x^kQ_n(x)e^{\lambda x}, \tag{8-25}$$

式中，$Q_n(x)$ 是与 $p_n(x)$ 次数相同的多项式，而 k 按 λ 不是特征根、是特征单根、是特征重根，分别取0、1、2，然后将 y^* 代入方程(8-23)，并比较等式两端 x 的同次幂的系数，即可

确定出系数 b_n，b_{n-1}，…，b_1，b_0，从而得到方程(8-23)的特解 y^*.

2. $f(x)=e^{\alpha x}(A\cos\beta x+B\sin\beta x)$ 型

$$y''+ay'+by=e^{\alpha x}(A\cos\beta x+B\sin\beta x), \tag{8-26}$$

式中，A，B，α，β 是常数.

我们知道，这种类型函数的一阶导数、二阶导数均为这种类型的函数. 可以证明方程(8-26)的特解为

$$y^*=x^k e^{\alpha x}(M\cos\beta x+N\sin\beta x), \tag{8-27}$$

式中，M，N 为待定常数，k 按 $\alpha\pm i\beta$ 不是特征根、是特征根，分别取 0、1，然后将 y^* 代入方程(8-26)求出 M，N 的值即可.

例题

【例 8-15】求 $y''-2y'-3y=3x-1$ 通解.

解　1）先求出对应的齐次方程的通解.

特征方程为 $r^2-2r-3=0$，特征根 $r_1=3$，$r_2=-1$，故对应的齐次方程的通解为

$$\overline{y}=C_1e^{3x}+C_2e^{-x},$$

2）求非齐次方程的一个特解.

因为 $f(x)=3x-1$，$\lambda=0$ 不是特征根，$p_n(x)=3x-1$ 是一次多项式，由式(8-25)，设特解为 $y^*=Ax+B$. 为了确定 A 和 B，把 y^* 代入原方程，化简可得

$$-2A-3B-3Ax=3x-1,$$

分别比较 x 的系数和常数，得 $A=-1$，$B=1$，得特解 $y^*=-x+1$，

故原方程的通解为

$$y=\overline{y}+y^*=C_1e^{3x}+C_2e^{-x}-x+1.$$

【例 8-16】求 $y''-4y'+4y=e^{2x}$的通解.

解　1）先求出对应的齐次方程的通解.

特征方程为 $r^2-4r+4=0$ 特征根为重根 $r=2$，故对应的齐次方程的通解为

$$\overline{y}=(C_1+C_2x)e^{2x}.$$

2）求非齐次方程的一个特解.

因为 $f(x)=e^{2x}$，$\lambda=2$ 是特征重根，由式(8-25)，设特解为 $y^*=Ax^2e^{2x}$. 为了确定 A，把 y^* 代入原方程，化简可得 $2A=1$，得 $A=\frac{1}{2}$，即 $y^*=\frac{1}{2}x^2e^{2x}$.

故原方程的通解为

$$y=\overline{y}+y^*=(C_1+C_2x)e^{2x}+\frac{1}{2}x^2e^{2x}.$$

【例 8-17】求 $y''+3y'+2y=e^{-x}\cos x$ 的通解.

解　1）先求出对应的齐次方程的通解.

特征方程为 $r^2+3r+2=0$，特征根 $r_1=-2$，$r_2=-1$，故对应的齐次方程的通解为

$$\overline{y}=C_1e^{-2x}+C_2e^{-x}.$$

2）求非齐次方程的一个特解.

因为 $f(x)=e^{-x}\cos x$，$\alpha\pm i\beta=-1\pm i$ 不是特征根，所以 $k=0$.

可设 $$y^* = e^{-x}(M\cos x + N\sin x),$$

为了确定 M，N，把 y^* 代入原方程，化简可得 $M = -\dfrac{1}{2}$，$N = \dfrac{1}{2}$.

则 $$y^* = e^{-x}\left(-\frac{1}{2}\cos x + \frac{1}{2}\sin x\right),$$

故原方程的通解为

$$y = \overline{y} + y^* = C_1 e^{-2x} + C_2 e^{-x} + \left(-\frac{1}{2}\cos x + \frac{1}{2}\sin x\right)e^{-x}.$$

【例 8-18】求 $y'' + y = 4\sin x$ 的通解.

解 1）先求出对应的齐次方程的通解.

特征方程为 $r^2 + 1 = 0$，特征根为一对共轭复根 $r = \pm i$，

故对应的齐次方程的通解为 $\overline{y} = C_1\cos x + C_2\sin x$.

2）求非齐次方程的一个特解.

因为 $f(x) = 4\sin x$，$\alpha \pm i\beta = \pm i$ 是特征根，所以 $k = 1$，可设

$$y^* = x(M\cos x + N\sin x),$$

为了确定 M，N，把 y^* 代入原方程，化简可得 $M = -2$、$N = 0$，则 $y^* = -2x\cos x$，故原方程的通解为

$$y = \overline{y} + y^* = C_1\cos x + C_2\sin x - 2x\cos x.$$

1. 求下列方程的通解.

（1）$2y'' + y' - y = 2e^x$.　　（2）$y'' + a^2 y = e^x$；

（3）$y'' - 7y' + 6y = \sin x$；　　（4）$2y'' + 5y = 5x^2 - 2x - 1$.

2. $y'' - 2y' + 5y = f(x)$，若 $f(x)$ 等于：（1）e^x；（2）$\cos 2x$，求 $f(x)$ 的通解.

微分方程应用举例

例　题

【例 8-19】在某介质中一个质量0.5kg 的物体在 $t=0$ 时由静止开始下落，介质阻力的大小等于瞬时速度的2倍．求：(1)在任何时刻($t>0$)的速度和行经的距离；(2)极限速度.

解　选取向下方向为正方向.

$$净力=重力-阻力,$$

$$0.5\frac{\mathrm{d}v}{\mathrm{d}t}=0.5g-2v \quad 或 \quad \frac{\mathrm{d}v}{\mathrm{d}t}=g-4v \tag{8-28}$$

1）由初始条件，当 $t=0$ 时，$v=0$，解方程(8-28)，得到在任何时刻的速度

$$v=\frac{g}{4}(1-\mathrm{e}^{-4t}),$$

又因为 $v=\frac{\mathrm{d}x}{\mathrm{d}t}$，所以有

$$\frac{\mathrm{d}x}{\mathrm{d}t}=\frac{g}{4}(1-\mathrm{e}^{-4t}),$$

在初始条件：当 $t=0$ 时 $x=0$，得到行经的距离

$$x=\frac{g}{16}(4t+\mathrm{e}^{-4t}-1).$$

2）极限速度

$$\lim_{t\to\infty}v=\lim_{t\to\infty}\frac{g}{4}(1-\mathrm{e}^{-4t})=\frac{g}{4}(\mathrm{m/s}).$$

如果令 $\frac{\mathrm{d}v}{\mathrm{d}t}=g-4v=0$，也可得到极限速度.

【例 8-20】一长为 L 的梁，其两端是简支的(见图 8-3)．若此梁每单位长的重量是常数 q，求：(1) 梁的挠度；(2) 梁的最大挠度.

解　(1) 梁的总重量是 qL，这样，每一端支撑重量为 $\frac{1}{2}qL$. 设 x 为离梁的左端 A 的距离，为求在 x 处的弯矩 M，考虑 x 左面的作用力.

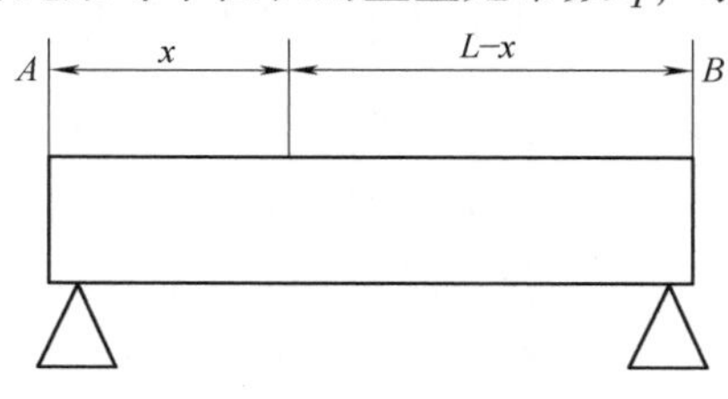

图　8-3

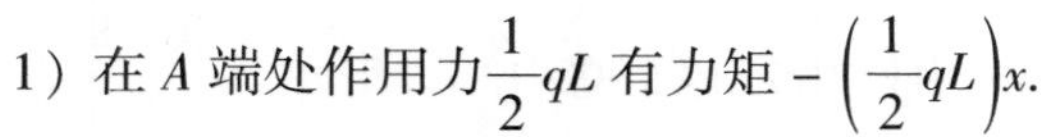
1）在 A 端处作用力 $\frac{1}{2}qL$ 有力矩 $-\left(\frac{1}{2}qL\right)x$.

2）在 x 左面部分由于梁的重量而产生的作用力大小为 qx，力矩为

$$qx\left(\frac{x}{2}\right)=\frac{1}{2}qx^2,$$

于是梁在 x 处总的弯矩是

$$M=\frac{1}{2}qx^2-\left(\frac{1}{2}qL\right)x,$$

因此，由挠度方法可得

$$EIy''=\frac{1}{2}qx^2-\left(\frac{1}{2}qL\right)x.$$

解此方程并使满足条件在 $x=\frac{L}{2}$ 处 $y'=0$(由于对称性)，以及在 $x=0$ 处 $y=0$ ，得到

$$y=\frac{q}{24EI}(x^4-2Lx^3+L^3x).$$

如果利用条件在 $x=0$ 和 $x=L$ 处 $y=0$，也可得到此结果.

(2) 最大挠度发生在 $x=\frac{L}{2}$ 处，是 $5qL^4/384EI$. 注意，若考虑 x 右面部分的作用力，弯矩将为

$$-\frac{1}{2}qL(L-x)+q(L-x)+q(L-x)\left(\frac{L-x}{2}\right)=\frac{1}{2}qx^2-\left(\frac{1}{2}qL\right)x.$$

这同上面得到的弯矩是一样的.

【例 8-21】将一个温度为 100°C 的物体放在 20°C 的恒温环境中冷却，求该物体温度变化的规律.

解 设 t 时刻物体温度为 $T(t)$，根据冷却定理，物体冷却速度与温差$(T-20)$成正比，则

$$\frac{\mathrm{d}T}{\mathrm{d}t}=-k(T-20),\tag{8-29}$$

其中常数 $k>0$，且满足初始条件当 $t=0$ 时 $T=100$.

解方程(8-29)得 $T=20+C\mathrm{e}^{-kt}$，代入初始条件 $t=0$ 时，$T=100$，得 $C=80$，故所求物体温度变化的规律为 $T=20+80\mathrm{e}^{-kt}$.

上式表明：冷却时间越长，物体温度越接近环境温度.

【例 8-22】设一电路如图 8-4 所示，其中电动势 E、自感 L 与电阻 R 都是常数，若开始时$(t=0)$回路电流为 i_0，求任一时刻 t 的电流 $i(t)$.

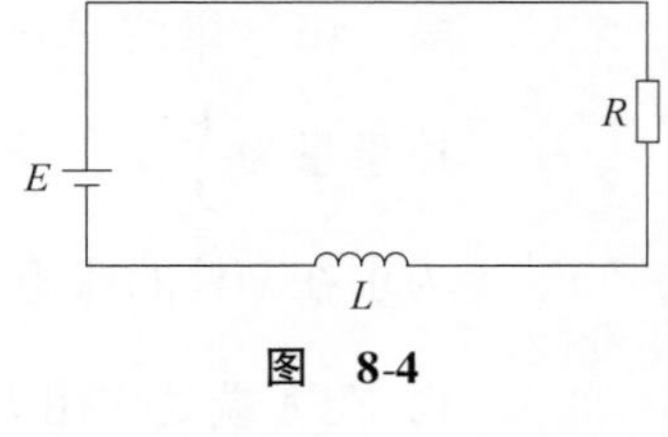

图 8-4

解 由电学可知，总电动势等于电源的电动势 E 减去自感 L 产生的电动势 $L\frac{\mathrm{d}i}{\mathrm{d}t}$，再由欧姆定律，总电动势又等于电阻 R 乘以电流 $i(t)$，所以得

$$E-L\frac{\mathrm{d}i}{\mathrm{d}t}=Ri,$$

或

$$\frac{\mathrm{d}i}{\mathrm{d}t}+\frac{R}{L}i=\frac{E}{L}.\tag{8-30}$$

式中，L，R，E 均为常数，且满足初始条件 $i|_{t=o}=i_0$.

解方程(8-30)得 $i(t)=\frac{E}{R}+Ce^{\frac{R}{L}t}$代入初始条件 $i|_{t=0}=i_0$，得 $C=i_0-\frac{E}{R}$，故所求任一时刻 t 的电流为

$$i(t)=\frac{E}{R}+\left(i_0-\frac{E}{R}\right)e^{\frac{R}{L}t},$$

从解中可知，无论初始电流多大，当 $t\to+\infty$ 时，$i(t)$都趋于定值$\frac{E}{R}$.

【例 8-23】如图 8-5 所示，悬臂梁 AB，自由端 B 受集中力 F 作用. 求梁的挠度方程和转角方程.

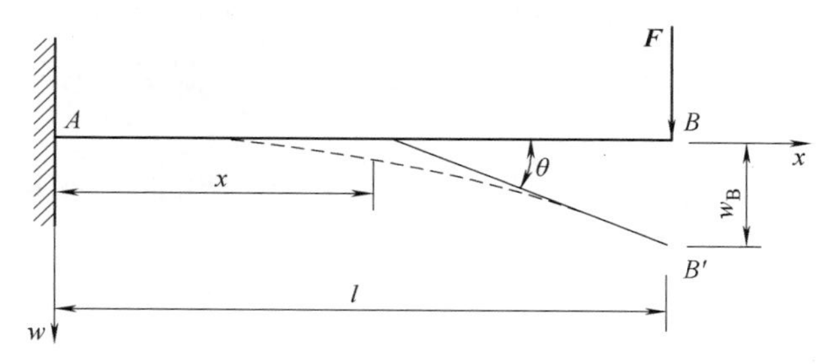

图　8-5

解　因为梁的弯矩方程为

$$M(x)=-F(l-x),\ (0<x\leqslant l)$$

由梁的挠曲线近似方程
$$\frac{d^2w}{dx^2}=-\frac{M(x)}{EI},$$

得
$$\frac{d^2w}{dx^2}=\frac{F(l-x)}{EI}. \tag{8-31}$$

这是一个二阶微分方程，其中 F，E，I，l 均为常数.

积分一次得

$$\theta=\frac{dw}{dx}\frac{F}{EI}\left(lx-\frac{1}{2}x^2\right)+C_1, \tag{8-32}$$

再积分一次得

$$w=\frac{F}{EI}\left(\frac{1}{2}lx^2-\frac{1}{6}x^3\right)+C_1+C_2, \tag{8-33}$$

在固定端 A 处，横截面的转角和挠度均为零，即

$\theta|_{x=0}=0$、$w|_{x=0}=0$，代入式(8-32)，式(8-33)中得 $C_1=0$，$C_2=0$

故转角方程为

$$\theta=\frac{dw}{dx}\frac{F}{EI}\left(lx-\frac{1}{2}x^2\right).$$

挠度方程为

$$w=\frac{F}{EI}\left(\frac{1}{2}lx^2-\frac{1}{6}x^3\right).$$

习 题

1. 一曲线能过点(2，3)，它在两坐标轴间的任意切线线段均被切点所平分，求该曲线的方程.
2. 一曲线通过点(2，0)，并具有一种性质，即在切点和纵坐标轴间的切线段有定长2，求该曲线的方程.
3. 一曲线上任意一点处切线的斜率等于自原点到该切点的边线的斜率的2倍，且曲线过点$A\left(1,\frac{1}{3}\right)$，求该曲线的方程.
4. 一汽艇在以10km/h的速度在静水上运动时停止了发动机，经过$t=20$s后，汽艇的速度减至$v_1=6$km/h. 试确定发动机停止2mins后艇的速度(假定水的阻力与艇的运动速度成正比).
5. 假定室温为20℃时，一物体由100℃冷却到60℃须经过20mins，试问共经过多少时间方可使此物体的温度从开始时的100℃降低到30℃？

综合练习

1. 指出下列常微分方程所属的类型(①变量可分离的微分方程；②一阶齐次线性微分方程；③一阶非齐次线性微分方程).

(1) $x+y'=0$；　(2) $\dfrac{dy}{dx}=10^{x+y}$；

(3) $(1-x^2)y'+xy=0$；　(4) $(x+1)(y^2+1)dx+x^2y^2dy=0$；

(5) $(x+y)dx+xdy=0$；　(6) $x^2y'-y=x^2e^{x-\frac{1}{x}}$.

2. 选择题.

(1) 方程 $y'-2y=0$ 的通解是(　　).

(A) $y=C\sin2x$；　(B) $y=Ce^{-2x}$；

(C) $y=Ce^{2x}$；　(D) $y=Ce^{x}$.

(2) 方程 $(1-x)y-xy'=0$ 的通解是(　　).

(A) $y=C\sqrt{1-x^2}$；　(B) $y=\dfrac{C}{\sqrt{1-x^2}}$；

(C) $y=Cxe^{-\frac{1}{2}x^2}$　(D) $y=-\dfrac{1}{2}x^3+Cx$.

(3) 以 e^x 和 $e^x\sin x$ 为特解的二阶常系数齐次线性微分方程是(　　).

(A) $y''-2y'+y=0$；　(B) $y''-2y'+2y=4$；

(C) $y''+y=0$；　(D) 无这样的方程.

(4) 方程 $y''+2y'+y=e^{-x}$ 的一个特解具有形式(　　).

(A) $y=ae^{-x}$；　(B) $y=axe^{-x}$；

(C) $y=ax^2e^{-x}$；　(D) $y=(ax+b)e^{-x}$.

(5) 方程 $y''+2y'+5y=\sin2x$ 的一个特解具有形式(　　).

(A) $y=x(a\sin2x)$；　(B) $y=a\sin2x$；

(C) $y=x(a\sin2x+b\cos2x)$；　(D) $y=a\sin2x+b\cos2x$.

(6) 方程 $y''-6y'+9y=x^2e^{3x}$ 的一个特解具有形式(　　).

(A) $y=ax^2e^{3x}$；　(B) $y=(ax^2+bx+c)e^{3x}$；

(C) $y=x(ax^2+bx+c)e^{3x}$；　(D) $y=x^2(ax^2+bx+c)e^{3x}$.

(7) 方程 $y''+2y'+5y=e^{-x}+\sin2x$ 的一个特解具有形式(　　).

(A) $y=ae^{-x}+b\sin2x$；　(B) $y=ae^{-x}+b\sin2x+c\cos2x$；

(C) $y=x(ae^{-x}+b\sin2x)$；　(D) $y=x^2(ae^{-x}+b\sin2x+c\cos2x)$.

(8) 若函数 $\bar{y}=-\dfrac{t}{4}\cos2t$ 是方程 $\dfrac{d^2y}{dt^2}+4y=\sin2t$ 的一个特解，则该方程的通解是(　　).

(A) $y=c_1\sin2t+c_2\cos2t-\dfrac{t}{4}\cos2t$；　(B) $y=c_1\sin2t-\dfrac{t}{4}\cos2t$；

(C) $y=(c_1+c_2t)e^{-2t}-\frac{t}{4}\cos 2t$;　　(D) $y=c_1e^{2t}+c_2e^{-2t}-\frac{t}{4}\cos 2t$.

3. 求下列微分方程的通解.

(1) $e^t\left(s-\frac{ds}{dt}\right)=1$;　　(2) $y'+y=\cos x$;

(3) $y'-ay=e^{mx}(m\neq a)$;　　(4) $y''-y'=x^2$;

(5) $y''+4y'+3y=2\sin x$;　　(6) $y''+k^2y=2k\sin kx \quad (k\neq 0)$.

4. 求下列微分方程满足初始条件的特解.

(1) $y'-\frac{xy}{1+x^2}=1+x$, $y|_{x=0}=1$;　　(2) $y'=3x^2y+x^5+x^2$, $y|_{x=0}=1$.

5. 求下列微分方程的通解.

(1) $y''-8y'+16yx=x+e^{4x}$;　　(2) $y''+y=\cos x\cos 2x$.

6. 在电感L与电容C串联的电路中，如果在$t=0$时，电容的初始电压$u_C(0)=u_0$，电路中初始电流$i(0)=0$，求$t>0$时，电路中的电流$i(t)$和电容上的电压$u_C(t)$.

数学的一个基本作用是认知客观真实，提供自然现象的合理结构. 数学的概念、方法和结论是物理学的基础. 许多学科的成就大小取决于它们与数学结合的程度. 数学给互不关联的事实的干枯骨架注入了生命，使其成了有联系的有机体，并且还将一系列彼此脱节的观察研究纳入科学的实体之中.

第9章　拉普拉斯变换

学习目标

- 理解拉普拉斯变换的定义.
- 掌握常用函数的拉普拉斯变换表.
- 会利用拉普拉斯变换定义求解简单函数的拉普拉斯变换.
- 能较为熟练地运用常用函数的拉普拉斯变换表求解函数的拉普拉斯变换.
- 理解并掌握单位阶梯函数及其性质.
- 掌握自动控制系统中常用的两个函数的拉普拉斯变换.

导学提纲

- 如何用部分分式法求拉普拉斯逆变换?
- 如何将 $F(s)$ 分解成分式之和?
- 用位移性质求拉普拉斯逆变换的方法.

拉普拉斯(Laplace)变换是分析和求解常系数线性微分方程的一种简便的方法，而且在自动控制系统的分析和综合中也起着重要的作用.本章将扼要地介绍拉普拉斯变换(以下简称拉氏变换)的基本概念、主要性质、逆变换以及它在解常系数线性微分方程中的应用.

在工程计算中我们常常会碰到一些复杂的计算问题，对这些问题我们往往采取变换的方法，将一个复杂的数学问题变为一个较为简单的数学问题，求解以后再转化为原问题的解(如图9-1所示).

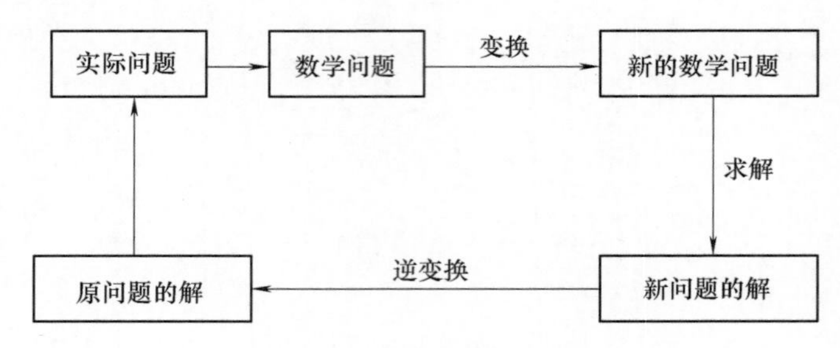

图9-1　工程问题计算方案

拉普拉斯变换就是为了解决工程计算问题而发明的一种“运算法”(算子法).这种方法的基本思想就是通过积分运算，把一种函数变成另一种函数，从而使运算变得更加简捷方便.法国数学家拉普拉斯(P. S. Laplace)最早研究了这一方法，并在数学理论上使它逐步完善，所以人们把这一方法取名为拉普拉斯变换.拉普拉斯变换在电学、力学等众多的工程与科学领域中得到广泛应用，尤其是在电路理论的研究中，在相当长的时期内，人们几乎无法把电路理论与拉普拉斯变换分开来讨论.

近年来，拉普拉斯变换的传统重要地位正逐渐让位给一些在此基础上发展起来的新方法，但在某些同题上，拉普拉斯变换仍然起着非常重要的作用.

在初等数学中，通过取对数，可以把乘除运算转化为加减运算，把乘方开方运算转化为乘除运算．拉普拉斯变换类似于对数运算，也是一种把复杂运算转化为另一领域内简单运算的一种手段.

拉普拉斯变换的定义

定义　设函数$f(t)$在区间$[0,+\infty]$上有定义，如果广义积分$\int_0^{+\infty} f(t)\mathrm{e}^{-st}\mathrm{d}t$在$s$的某一区域内收敛，则由此积分所确定的一个以参变量$s$为自变量的函数，记作$F(s)$，即

$$F(s)=\int_0^{+\infty} f(t)\mathrm{e}^{-st}\mathrm{d}t, \tag{9-1}$$

称式(9-1)为函数$f(t)$的拉普拉斯变换式(简称为拉氏变换式)，记为$L[f(t)]=F(s)$.

函数$F(s)$被称为是$f(t)$的拉普拉斯变换(或称象函数).

若$F(s)$是$f(t)$的拉氏变换，则称$f(t)$为$F(s)$的拉普拉斯逆变换(或称为象原函数)，记作$L^{-1}[F(s)]$，即

$$f(t)=L^{-1}[F(s)]. \tag{9-2}$$

在许多有关物理与无线电技术的问题里，一般总是把所研究的问题的初始时间定为$t=0$，当$t<0$时无意义或不需要考虑．因此，在拉普拉斯变换的定义当中，只要求$f(t)$在区间$[0,+\infty)$上有定义，为了研究的方便，我们假定在区间$(-\infty,0)$上$f(t)\equiv 0$.

从式(9-1)可以看出，拉普拉斯变换是将给定的函数通过广义积分转换成一个新的函数，它是一种积分变换．一般说来，在科学技术中遇到的函数，其拉普拉斯变换总是存在的.

应该指出的是，在较为深入的讨论中，拉氏变换中的参变量s是在复数范围内取值的．为了方便和问题的简化，本书把s的取值范围限制在实数范围内，这并不影响对拉氏变换性质的研究和应用.

例题

【例9-1】求单位阶梯函数$u(t)=\begin{cases}0, & t<0\\ 1, & t\geqslant 0\end{cases}$的拉氏变换.

解　$L[u(t)]=\int_0^{+\infty} u(t)\mathrm{e}^{-st}\mathrm{d}t=\int_0^{+\infty} 1\cdot \mathrm{e}^{-st}\mathrm{d}t=-\frac{1}{s}\mathrm{e}^{-st}\Big|_0^{+\infty}=\frac{1}{s}$,

所以　$L[1]=\frac{1}{s}\quad (s>0)$.

【例9-2】求指数函数$f(t)=\mathrm{e}^{kt}(t\geqslant 0, k\in R)$的拉氏变换.

解　$L[f(t)]=\int_0^{+\infty} \mathrm{e}^{kt}\mathrm{e}^{-st}\mathrm{d}t=\int_0^{+\infty} \mathrm{e}^{-(s-k)t}\mathrm{d}t=-\frac{1}{s-k}\mathrm{e}^{-(s-k)t}\Big|_0^{+\infty}=\frac{1}{s-k}$,

所以　$L[\mathrm{e}^{kt}]=\frac{1}{s-k}\quad (s>k)$.

【例9-3】求余弦函数$f(t)=\cos kt(k\in R)$的拉氏变换.

解　$L[\cos kt]=\int_0^{+\infty} \cos kt\mathrm{e}^{-st}\mathrm{d}t=\frac{\mathrm{e}^{-st}}{s^2+k^2}(k\sin kt-s\cos kt)\Big|_0^{+\infty}=\frac{s}{s^2+k^2}(s>0)$

【例9-4】求$f(t)=t^n(n\in N)$的拉氏变换.

解 $$L[t^n]=\int_0^{+\infty}t^n\mathrm{e}^{-st}\mathrm{d}t=-\frac{t^n}{s}\mathrm{e}^{-st}\bigg|_0^{+\infty}+\frac{n}{s}\int_0^{+\infty}t^{n-1}\mathrm{e}^{-st}\mathrm{d}t$$
$$=\frac{n}{s}\int_0^{+\infty}t^{n-1}\mathrm{e}^{-st}\mathrm{d}t=\frac{n}{s}L[t^{n-1}],$$

由此可知$L[t^{n-1}]=\frac{n-1}{s}L[t^{n-2}]$，$L[t^{n-2}]=\frac{n-2}{2}L[t^{n-3}]\cdots\cdots$

当$n=1$时，$L[t]=\frac{1}{s}L[t^0]=\frac{1}{s}L[1]=\frac{1}{s^2}$，

所以$L[t^n]=\frac{n(n-1)(n-2)\cdots2}{s^{n-1}}\cdot\frac{1}{s^2}=\frac{n!}{s^{n+1}}$.

特别地，当$n=4$时，$L[t^4]=\frac{4!}{s^5}=\frac{24}{s^5}$.

习题

求下列函数的拉氏变换式.

(1) $f(t)=\cos\frac{t}{3}$；　　(2) $f(t)=\mathrm{e}^{-2t}$；

(3) $f(t)=t^3$；　　(4) $f(t)=\sin^2\frac{t}{2}$.

单位脉冲函数及其拉氏变换

在许多实际问题中，常会遇到在极短时间内集中作用的量. 例如，打桩机在打桩时，质量为 m 的锤以速度 v_0 撞击钢筋混凝土桩，在很短的时间$[0, \tau]$(τ 为一很小的正数)内，锤的速度由 v_0 变为 0，由物理学的动量定律可知，桩所受到的冲击力为

$$F=\frac{mv_0}{\tau}.$$

由上式可以看出，作用时间越短，冲击力就越大. 若把冲击力 F 看为时间 t 的函数，可以近似表示为

$$F_\tau(t)=\begin{cases}0, & t<0,\\ \dfrac{mv_0}{\tau}, & 0\leqslant t\leqslant\tau,\\ 0, & t>\tau.\end{cases}$$

在 τ 趋近于零时，若 $t\neq0$，则 $F_\tau(t)$的值将趋于零；若 $t=0$，则 $F_\tau(t)$的值将趋近于无穷大. 即

$$\lim_{\tau\to0}F_\tau(t)=\begin{cases}0, & t\neq0,\\ \infty, & t=0.\end{cases}$$

由于 $F_\tau(t)$的极限$\lim\limits_{\tau\to0}F_\tau(t)$不能用我们已学过的普通函数来表示，对于类似的式子我们有如下定义：

定义　设 $\delta_\tau(t)=\begin{cases}0, & t<0,\\ \dfrac{1}{\tau}, & 0\leqslant t\leqslant\tau,\\ 0, & t>\tau,\end{cases}$ 当 $\tau\to0$ 时，$\delta_\tau(t)$的极限 $\delta(t)=\lim\limits_{\tau\to0}\delta_\tau(t)$称为狄拉克函数，又叫单位脉冲函数，简称为 δ-函数，如图 9-2 所示.

当 $t\neq0$ 时，$\delta(t)$的值为 0；当 $t=0$ 时，$\delta(t)$的值为无穷大，如图 9-3 所示，即

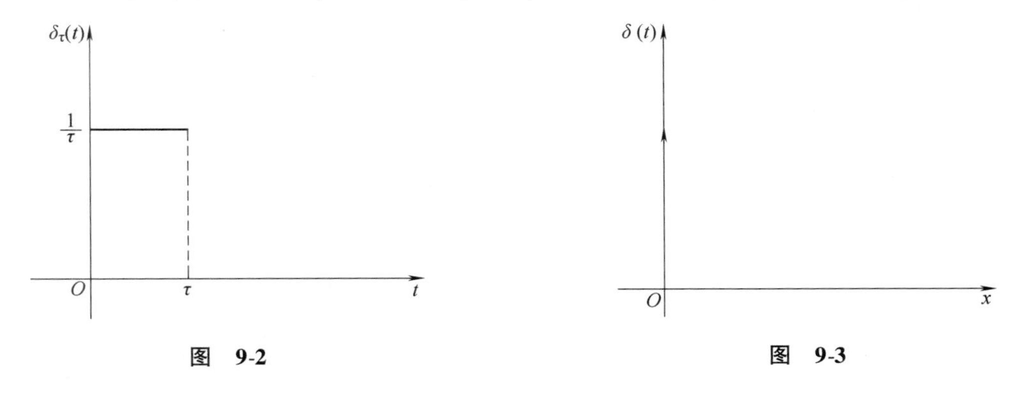

图　9-2　　　　图　9-3

$$\delta(t)=\begin{cases}0, & t\neq0,\\ \infty, & t=0.\end{cases}$$

因为

$$\int_{-\infty}^{+\infty}\delta_{\tau}(t)\mathrm{d}t = \int_{-\infty}^{0}\delta_{\tau}(t)\mathrm{d}t + \int_{0}^{+\infty}\delta_{\tau}(t)\mathrm{d}t = \int_{0}^{\tau}\frac{1}{\tau}\mathrm{d}t = 1.$$

所以我们规定 $\int_{-\infty}^{+\infty}\delta(t)\mathrm{d}t = 1$.

狄拉克函数 $\delta(t)$ 具有以下性质：

（1）如果 $g(t)$ 是定义在 $(-\infty, +\infty)$ 上的连续函数，则 $g(t)\delta(t)$ 在 $(-\infty, +\infty)$ 上的积分等于函数 $g(t)$ 在 $t=0$ 处的函数值，即

$$\int_{-\infty}^{+\infty}g(t)\delta(t)\mathrm{d}t = g(0),$$

从而不难得出

$$\int_{-\infty}^{+\infty}g(t)\delta(t-t_0)\mathrm{d}t = g(t_0).$$

（2）由于 $\delta(-t)=\delta(t)$，因此 $\delta(t)$ 是偶函数.

（3）$\delta(t)$ 函数是单位函数 $u(t)$ 的导函数.

这是因为 $\int_0^t\delta(\tau)\mathrm{d}\tau = \lim\limits_{\tau\to 0}\int_0^t\delta_{\tau}(t)\mathrm{d}t = \lim\limits_{\tau\to 0}\begin{cases}0, & t<0,\\ \dfrac{t}{\tau}, & 0\leqslant t<\tau\\ 1, & t\geqslant\tau,\end{cases} = \begin{cases}0, & t<0,\\ 1, & t\geqslant 0,\end{cases}$

由于 $L[\delta(t)] = \int_0^{+\infty}\delta(t)\mathrm{e}^{-st}\mathrm{d}t = \int_{-\infty}^{+\infty}\delta(t)\mathrm{e}^{-st}\mathrm{d}t = \mathrm{e}^{-st}\Big|_{t=0} = 1.$

所以单位脉冲函数的拉氏变换 $L[\delta(t)]=1$.

习 题

求函数 $f(t)=\begin{cases}3, & 0\leqslant t<2\\ -1, & 2\leqslant t<4\\ 0, & t\geqslant 4\end{cases}$ 的拉氏变换式.

周期函数的拉氏变换

设 $f(t)$ 是一个周期为 T 的周期函数，则有 $f(t)=f(t+kT)$（k 为整数），由拉氏变换的定义，有

$$
\begin{aligned}
L[f(t)] &= \int_0^{+\infty} f(t)\mathrm{e}^{-st}\mathrm{d}t = \int_0^{T} f(t)\mathrm{e}^{-st}\mathrm{d}t + \int_T^{2T} f(t)\mathrm{e}^{-st}\mathrm{d}t + \cdots + \int_{kT}^{(k+1)T} f(t)\mathrm{e}^{-st}\mathrm{d}t + \cdots \\
&= \sum_{k=0}^{+\infty}\int_{kT}^{(k+1)T} f(t)\mathrm{e}^{-st}\mathrm{d}t \xlongequal{\text{令 } t=\tau+kT} \sum_{k=0}^{+\infty}\int_0^{T} f(\tau+kT)\mathrm{e}^{-s(\tau+kT)}\mathrm{d}\tau \\
&= \sum_{k=0}^{+\infty}\mathrm{e}^{-skT}\int_0^{T} f(\tau)\mathrm{e}^{-s\tau}\mathrm{d}\tau = \int_0^{T} f(\tau)\mathrm{e}^{-s\tau}\mathrm{d}\tau \sum_{k=0}^{+\infty}(\mathrm{e}^{-sT})^k \\
&= \frac{1}{1-\mathrm{e}^{-sT}}\int_0^{T} f(\tau)\mathrm{e}^{-s\tau}\mathrm{d}\tau \quad (t>0, |\mathrm{e}^{-sT}|<1),
\end{aligned}
$$

所以周期函数的拉氏变换式为

$$
L[f(t)] = \frac{1}{1-\mathrm{e}^{-sT}}\int_0^{T} f(t)\mathrm{e}^{-st}\mathrm{d}t. \tag{9-3}
$$

例　题

【例 9-5】矩形周期脉冲函数在一个周期内的函数表达式为

$$
f(t)=\begin{cases} E, & 0\leqslant t\leqslant \dfrac{T}{2}, \\ 0, & \dfrac{T}{2}<t\leqslant T, \end{cases}
$$

求其拉氏变换.

解　由式(9-3)得

$$
\begin{aligned}
L[f(t)] &= \frac{1}{1-\mathrm{e}^{-sT}}\int_0^{T} f(t)\mathrm{e}^{-st}\mathrm{d}t = \frac{E}{1-\mathrm{e}^{-sT}}\int_0^{\frac{T}{2}} \mathrm{e}^{-st}\mathrm{d}t = \frac{E}{1-\mathrm{e}^{-sT}}\left(-\frac{1}{s}\right)\mathrm{e}^{-st}\Big|_0^{\frac{T}{2}} \\
&= \frac{E}{s\left(1+\mathrm{e}^{-s\frac{T}{2}}\right)}.
\end{aligned}
$$

我们把一些常用的函数的拉氏变换计算出来，列在一张表内，就形成了拉氏变换表（见表 9-1）. 在以后的工作中，在求一些函数的拉氏变换时，只要查表就可得到，而无须再计算那些复杂的广义积分了.

表 9-1 常用函数的拉氏变换表

序号	$f(t)$	$F(s)$	序号	$f(t)$	$F(s)$
1	$\delta(t)$	1	12	$\cos(\omega t+\varphi)$	$\frac{s\cos\varphi-\omega\sin\varphi}{s^2+\omega^2}$
2	$u(t)$	$\frac{1}{s}$	13	$t\sin\omega t$	$\frac{2\omega s}{(s^2+\omega^2)^2}$
3	t	$\frac{1}{s^2}$	14	$\sin\omega t-\omega t\cos\omega t$	$\frac{2\omega^3}{(s^2+\omega^2)^2}$
4	$t^n(n\in N)$	$\frac{n!}{s^{n+1}}$	15	$t\cos\omega t$	$\frac{s^2-\omega^2}{(s^2+\omega^2)^2}$
5	e^{kt}	$\frac{1}{s-k}$	16	$e^{-at}\sin\omega t$	$\frac{\omega}{(s+a)^2+\omega^2}$
6	$1-e^{-kt}$	$\frac{k}{s(s+k)}$	17	$e^{-at}\cos\omega t$	$\frac{s+a}{(s+a)^2+\omega^2}$
7	te^{kt}	$\frac{1}{(s-k)^2}$	18	$\frac{1}{\omega}(1-\cos\omega t)$	$\frac{1}{s(s^2+\omega^2)}$
8	$t^ne^{kt}(n\in N)$	$\frac{n!}{(s-k)^{n+1}}$	19	$e^{at}-e^{bt}$	$\frac{a-b}{(s-a)(s-b)}$
9	$\sin\omega t$	$\frac{\omega}{s^2+\omega^2}$	20	$2\sqrt{\frac{t}{\pi}}$	$\frac{1}{s\sqrt{s}}$
10	$\cos\omega t$	$\frac{s}{s^2+\omega^2}$	21	$\frac{1}{\sqrt{\pi t}}$	$\frac{1}{\sqrt{s}}$
11	$\sin(\omega t+\varphi)$	$\frac{s\sin\varphi+\omega\cos\varphi}{s^2+\omega^2}$			

习 题

1. 设$f(t)$是以2π为周期的函数，且在一个周期内的函数表达式为

$$f(t)=\begin{cases}\sin t, & 0<t\leqslant\pi,\\ 0, & \pi<t<2\pi,\end{cases}$$

求它的拉氏变换式.

2. 一周期函数如图9-4所示，求其拉氏变换式.

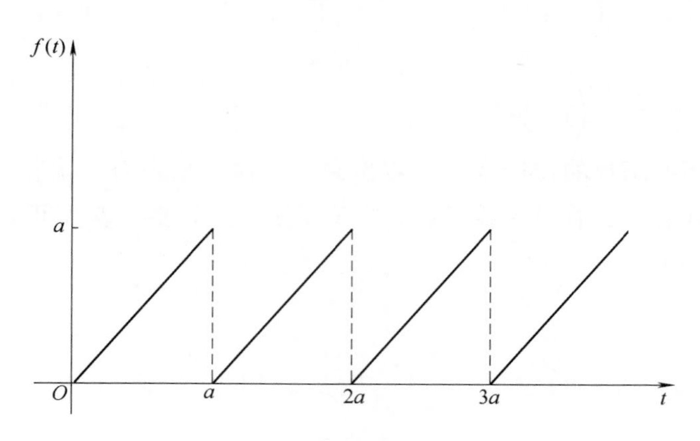

图 9-4

为了更快更方便地求函数的拉氏变换，研究和掌握拉氏变换的性质是十分必要的. 在以下的叙述中涉及的函数，假定其拉氏变换都存在.

拉氏变换的性质——线性性质

若 a_1，a_2 是常数，且 $L[f_1(t)]=F_1(s)$，$L[f_2(t)]=F_2(s)$，则有

$$L[a_1f_1(t)+a_2f_2(t)]=a_1F_1(s)+a_2f_2(s). \tag{9-4}$$

证明　由拉氏变换的定义

$$\begin{aligned}L[a_1f_1(t)+a_2f_2(t)] &= \int_0^{+\infty}[a_1f_1(t)+a_2f_2(t)]\mathrm{e}^{-st}\mathrm{d}t \\ &= \int_0^{+\infty}a_1f_1(t)\mathrm{e}^{-st}\mathrm{d}t+\int_0^{+\infty}a_2f_2(t)\mathrm{e}^{-st}\mathrm{d}t = a_1L[f_1(t)]+a_2L[f_2(t)] \\ &= a_1F_1(s)+a_2F_2(s).\end{aligned}$$

例　题

【例 9-6】求函数 $f(t)=\frac{1}{3}(t^2-\mathrm{e}^{-3t})$ 的拉氏变换.

解　由于 $L[t^2]=\frac{2}{s^3}$，$L[\mathrm{e}^{-3t}]=\frac{1}{s+3}$，

所以 $L[f(t)]=L\left[\frac{1}{3}(t^2-\mathrm{e}^{-3t})\right]=\frac{1}{3}\{L[t^2]-L[\mathrm{e}^{-3t}]\}=\frac{1}{3}\left[\frac{2}{s^3}-\frac{1}{s+3}\right]$

$$=\frac{2s+6-s^3}{3s^3(s+3)}.$$

拉氏变换的性质——延迟性质

若 $L[f(t)]=F(s)$，则对于任一非负实数 τ，有

$$L[f(t-\tau)]=\mathrm{e}^{-\tau s}F(s). \tag{9-5}$$

证明 由拉氏变换定义

$$\begin{aligned}L[f(t-\tau)]&=\int_0^{+\infty}f(t-\tau)\mathrm{e}^{-st}\mathrm{d}t=\int_0^{\tau}f(t-\tau)\mathrm{e}^{-st}\mathrm{d}t+\int_{\tau}^{+\infty}f(t-\tau)\mathrm{e}^{-st}\mathrm{d}t\\&\xlongequal{令 u=t-\tau}\int_0^{+\infty}f(u)\mathrm{e}^{-s(u+\tau)}\mathrm{d}u=\mathrm{e}^{-\tau s}\int_0^{+\infty}f(u)\mathrm{e}^{-su}\mathrm{d}u\\&=\mathrm{e}^{-\tau s}F(s).\end{aligned}$$

例 题

【例9-7】求矩形单位脉冲函数 $u_{ab}(t)=\begin{cases}1, & a\leqslant t\leqslant b,\\0, & t<a 或 t>b,\end{cases}$ $(b>a>0)$ 的拉氏变换式.

解 因为 $u(t)=\begin{cases}0, & t<0,\\1, & t\geqslant 0,\end{cases}$ 所以

$$u(t-a)=\begin{cases}0, & t<a,\\1, & t\geqslant a,\end{cases}\qquad u(t-b)=\begin{cases}0, & t<b,\\1, & t\geqslant b,\end{cases}$$

由延迟性质可知

$$L[u(t-a)]=\frac{1}{s}\mathrm{e}^{-as},\ L[u(t-b)]=\frac{1}{s}\mathrm{e}^{-bs}，则$$

$$\begin{aligned}L[u_{ab}(t)]&=L[u(t-a)-u(t-b)]=L[u(t-a)]-L[u(t-b)]\\&=\frac{1}{s}(\mathrm{e}^{-as}-\mathrm{e}^{-bs}).\end{aligned}$$

【例9-8】求定义在 $(0,+\infty)$ 上的如图9-5所示阶梯函数的拉氏变换.

解 将阶梯函数 $f(t)$ 表示成为

$$f(t)=c[u(t)+u(t-a)+u(t-2a)+\cdots\cdots],$$

$$\begin{aligned}L[f(t)]&=cL[u(t)+u(t-a)+u(t-2a)+\cdots\cdots]\\&=c\left(\frac{1}{s}+\frac{1}{s}\mathrm{e}^{-as}+\frac{1}{s}\mathrm{e}^{-2as}+\cdots\cdots\right)\\&=\frac{c}{s(1-\mathrm{e}^{-as})}\cdot(a>0,\ s>0)\end{aligned}$$

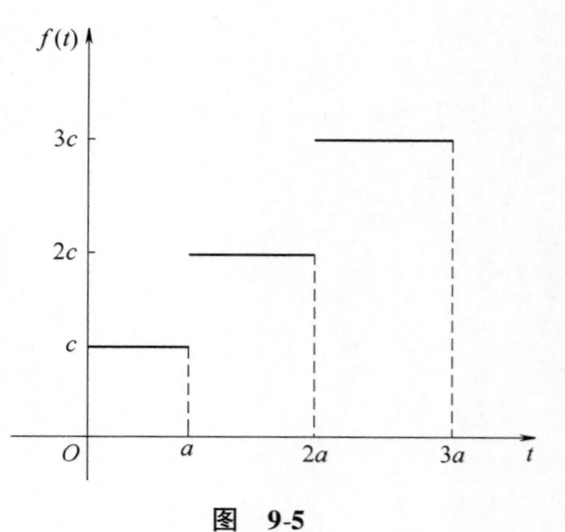

图 9-5

拉氏变换的性质——位移性质

设 $L[f(t)]=F(s)$，则有

$$L[e^{kt}f(t)]=F(s-k). \tag{9-6}$$

证明

$$\begin{aligned}&L[e^{kt}f(t)]\\&=\int_0^{+\infty}e^{kt}f(t)e^{-st}dt\\&=\int_0^{+\infty}f(t)e^{-(s-k)t}dt\\&=F(s-k).\end{aligned}$$

这说明象原函数 $f(t)$ 乘以 e^{kt} 的拉氏变换相当于其象函数 $F(s)$ 作位移 k.

例　题

【例 9-9】求下列函数的拉氏变换式.

(1) $f(t)=e^{at}t^n$；　　(2) $f(t)=e^{4t}\sin 5t$.

解　(1) 因为 $L[t^n]=\dfrac{n!}{s^{n+1}}$，由位移性质

所以
$$L[e^{at}t^n]=\frac{n!}{(s-a)^{n+1}}.$$

(2) 因为 $L[\sin 5t]=\dfrac{5}{s^2+25}$，由位移性质

所以
$$L[e^{4t}\sin 5t]=\frac{5}{(s-4)^2+25}.$$

拉氏变换的性质——微分性质

设 $L[f(t)]=F(s)$，且 $f(t)$ 在 $[0,+\infty)$ 上连续，$f'(t)$ 分段连续，则

$$L[f'(t)]=sF(s)-f(0). \tag{9-7}$$

证明 因为在 $L[f(t)]$ 存在时，可以证明 $\lim\limits_{t\to+\infty}f(t)\mathrm{e}^{-st}=0$

$$\begin{aligned}L[f'(t)] &= \int_0^{+\infty}f'(t)\mathrm{e}^{-st}\mathrm{d}t = f(t)\mathrm{e}^{-st}\Big|_0^{+\infty}+s\int_0^{+\infty}f(t)\mathrm{e}^{-st}\mathrm{d}t\\ &= 0-f(0)+s\int_0^{+\infty}f(t)\mathrm{e}^{-st}\mathrm{d}t\\ &= sF(s)-f(0).\end{aligned}$$

这个性质可以推广到有限整数 n 的情况，因此有推论.

推论 设 $L[f(t)]=F(s)$，则有

$$L[f^{(n)}(t)]=s^nF(s)-s^{n-1}f(0)-s^{n-2}f'(0)-\cdots-f^{(n-1)}(0). \tag{9-8}$$

特别地，当 $f(0)=f'(0)=f''(0)=\cdots=f^{(n-1)}(0)=0$ 时，则有

$$L[f^{(n)}(t)]=s^nF(s). \tag{9-9}$$

这一性质将微分运算化为代数运算，这是拉氏变换的一大特点，这为我们求解微分方程提供了一种简便的方法.

例 题

【例 9-10】利用拉氏变换的微分性质求下列函数的拉氏变换式.

(1) $f(t)=\sin\omega t$；　　(2) $f(t)=t^n$.

解 (1) 因为 $f(0)=0$，$f'(0)=\omega$，$f''(t)=-\omega^2\sin\omega t$，

所以 $L[f''(t)]=L[-\omega^2\sin\omega t]=-\omega^2L[\sin\omega t]$.

由微分性质可知

$$\begin{aligned}L[f''(t)]&=s^2F(s)-sf(0)-f'(0)\\&=s^2L[\sin\omega t]-\omega,\end{aligned}$$

由上面两式相等，得

$$-\omega^2L[\sin\omega t]=s^2L[\sin\omega t]-\omega.$$

所以

$$L[\sin\omega t]=\frac{\omega}{s^2+\omega^2}.$$

(2) 因为 $f(0)=f'(0)=f''(0)=\cdots=f^{(n-1)}(0)=0$，$f^{(n)}(t)=n!$

所以　$L[f^{(n)}(t)]=s^nF(s)-s^{n-1}f(0)-s^{n-2}f'(0)-\cdots-f^{(n-1)}(0)=s^nL[t^n]$

即　$$L[f^{(n)}(t)]=L[n!]=\frac{n!}{s}=s^nL[t^n],$$

所以　$$L[t^n]=\frac{n!}{s^{n+1}}.$$

拉氏变换的性质——积分性质

设 $L[f(t)]=F(s)\quad(s\neq0)$，则有

$$L\left[\int_0^t f(t)\mathrm{d}t\right]=\frac{1}{s}F(s). \tag{9-10}$$

证明 设 $\int_0^t f(t)\mathrm{d}t=\varphi(t)$，则 $\varphi'(t)=f(t)$，$\varphi(0)=0$，

因为
$$L[\varphi'(t)]=sL[\varphi(t)]-\varphi(0)，\text{即 } L[f(t)]=sL\left[\int_0^t f(t)\mathrm{d}t\right],$$

所以
$$L\left[\int_0^t f(t)\mathrm{d}t\right]=\frac{1}{s}L[f(t)]=\frac{1}{s}F(s).$$

和微分性质一样，积分性质也可以推广到有限重积分的情况. 如

$$L\left[\int_0^t \mathrm{d}t\int_0^t f(t)\mathrm{d}t\right]=\frac{1}{s^2}F(s),\ L\left[\int_0^t \mathrm{d}t\int_0^t \mathrm{d}t\int_0^t f(t)\mathrm{d}t\right]=\frac{1}{s^3}F(s) \text{ 等.}$$

例题

【例9-11】利用积分性质求下列函数的拉氏变换式.

(1) $f(t)=\sin3t$； (2) $f(t)=t^3$.

解 (1) 因为 $L[\cos3t]=\dfrac{s}{s^2+9}\qquad \sin3t=3\int_0^t\cos3t\mathrm{d}t$，

所以
$$L[\sin3t]=L\left[3\int_0^t\cos3t\mathrm{d}t\right]=3\cdot\frac{1}{s}\cdot\frac{s}{s^2+9}=\frac{3}{s^2+9}.$$

(2) 因为 $L[1]=\dfrac{1}{s}$，$L[t]=L\left[\int_0^t 1\cdot\mathrm{d}t\right]=\dfrac{1}{s}L[1]=\dfrac{1}{s^2}$，

$$L[t^2]=2L\left[\int_0^t t\mathrm{d}t\right]=2\cdot\frac{1}{s}\cdot\frac{1}{s^2}=\frac{2!}{s^3},$$

所以
$$L[t^3]=3L\left[\int_0^t t^2\mathrm{d}t\right]=3\,\frac{1}{s}\cdot\frac{2!}{s^3}=\frac{3!}{s^4}.$$

拉氏变换的性质——相似性质

设 $L[f(t)]=F(s)$，则当 $a>0$ 时有

$$L[f(at)]=\frac{1}{a}F\left(\frac{s}{a}\right). \tag{9-11}$$

证明 $L[f(at)]=\int_0^{+\infty}f(at)\mathrm{e}^{-st}\mathrm{d}t\xlongequal{令\ at=u}\int_0^{+\infty}f(u)\mathrm{e}^{-\frac{s}{a}u}\frac{1}{a}\mathrm{d}u=\frac{1}{a}F\left(\frac{s}{a}\right).$

这说明象原函数的自变量扩大 a 倍，而象函数的自变量反而缩小同样的倍数.

例题

【例 9-12】用相似性质求 $f(t)=\sin kt$ 的拉氏变换式.

解 因为 $f(t)=\sin t$ 的拉氏变换式为

$$L[\sin t]=\frac{1}{s^2+1},$$

所以由相似性有

$$L[\sin kt]=\frac{1}{k}\frac{1}{\left(\frac{s}{k}\right)^2+1}=\frac{k}{s^2+k^2}.$$

习题

求下列函数的拉氏变换.

(1) $f(t)=t^3+2t-2$；

(2) $f(t)=1-t\mathrm{e}^t$；

(3) $f(t)=(t-1)^2\mathrm{e}^t$；

(4) $f(t)=\frac{t}{2a}\sin at$；

(5) $f(t)=t\cos 3t$；

(6) $f(t)=4\sin 2t-3\cos t$；

(7) $f(t)=\mathrm{e}^{-3t}\sin 5t$；

(8) $f(t)=\mathrm{e}^{-2t}\cos 3t$；

(9) $f(t)=t^n\mathrm{e}^{at}$；

(10) $f(t)=\sin(\omega t+\varphi)$；

(11) $f(t)=u(3t-4)$；

(12) $f(t)=\cos^2 t$；

(13) $f(t)=\begin{cases}-1, & 0\leqslant t<4,\\ 1, & t\geqslant 4;\end{cases}$

(14) $f(t)=\begin{cases}\cos t, & 0\leqslant t<\pi,\\ t, & t\geqslant \pi.\end{cases}$

拉氏变换的性质——其他性质

拉氏变换不仅具有以上六条性质，由拉氏变换的定义及性质，我们还可以得到如下性质.

1. 象函数的微分性质

设 $L[f(t)]=F(s)$，则

$$L[t^n f(t)]=(-1)^n F^{(n)}(s), \tag{9-12}$$

或

$$F^{(n)}(s)=L[(-t)^n f(t)].$$

2. 象函数的积分性质

设 $L[f(t)]=F(s)$，$\lim\limits_{t\to 0}\dfrac{f(t)}{t}$存在，则

$$L\left[\frac{f(t)}{t}\right]=\int_s^{+\infty}F(s)\,\mathrm{d}s. \tag{9-13}$$

例题

【例 9-13】求 $L[t\cos kt]$.

解

$$L[t\cos kt]=-\{L[\cos kt]\}'=-\left(\frac{s}{s^2+k^2}\right)'=\frac{s^2-k^2}{(s^2+k^2)^2}.$$

【例 9-14】求函数 $f(t)=\dfrac{\sin t}{t}$的拉氏变换式，并求广义积分 $\displaystyle\int_0^{+\infty}\frac{\sin t}{t}\mathrm{d}t$.

解　因为 $L[\sin t]=\dfrac{1}{s^2+1}$，且$\lim\limits_{t\to 0}\dfrac{\sin t}{t}=1$，由象函数的积分性质有

$$L\left[\frac{\sin t}{t}\right]=\int_s^{+\infty}\frac{1}{s^2+1}\mathrm{d}s=\arctan s\Big|_0^{+\infty}=\frac{\pi}{2}-\arctan s,$$

由拉氏变换定义，有

$$\int_0^{+\infty}\frac{\sin t}{t}\mathrm{e}^{-st}\mathrm{d}t=\frac{\pi}{2}-\arctan s,$$

当 $t=0$ 时,有

$$\int_0^{+\infty}\frac{\sin t}{t}\mathrm{d}t=\frac{\pi}{2}.$$

为使用方便，我们将拉氏变换的性质列成一览表，见表 9-2.

表 9-2　拉氏变换性质一览表

序号	设 $L[f(t)]=F(s)$
1	$L[a_1f_1(t)+a_2f_2(t)]=a_1F_1(s)+a_2F_2(s)$
2	$L[f(t-\tau)]=\mathrm{e}^{-\tau s}F(s)$
3	$L[\mathrm{e}^{kt}f(t)]=F(s-k)$

(续)

序号	设 $L[f(t)]=F(s)$
4	$L[f'(t)]=sF(s)-f(0)$ $L[f^{(n)}(t)]=s^nF(s)-s^{n-1}f(0)-s^{n-2}f'(0)-\cdots-f^{(n-1)}(0)$
5	$L\left[\int_0^t f(t)\mathrm{d}t\right]=\frac{1}{s}F(s)$
6	$L[f(at)]=\frac{1}{a}F\left(\frac{s}{a}\right)$
7	$L[t^nf(t)]=(-1)^nF^{(n)}(s)$ 或 $F^{(n)}(s)=L[(-t)^nf(t)]$
8	$L\left[\frac{f(t)}{t}\right]=\int_s^{+\infty}F(s)\mathrm{d}s$

1. 若 $L[f(t)]=F(s)$，$\lim\limits_{t\to0}\frac{f(t)}{t}$存在，证明

$$L\left[\frac{f(t)}{t}\right]=\int_s^{+\infty}F(s)\mathrm{d}s.$$

并利用此结论，计算下列各函数的拉氏变换：

(1) $f(t)=\frac{\sin kt}{t}$；　(2) $f(t)=\frac{\mathrm{e}^{3t}\sin2t}{t}$；

(3) $f(t)=\frac{1-\cos2t}{t}$；　(4) $f(t)=\int_0^t\frac{\mathrm{e}^{3t}\sin2t}{t}\mathrm{d}t$.

2. 设 $L[f(t)]=F(s)$，证明

$$L[f^{(n)}(t)]=s^nF(s)-s^{n-1}f(0)-s^{n-2}f'(0)-\cdots-f^{(n-1)}(0).$$

3. 利用象函数的性质计算下列函数的拉氏变换.

(1) $f(t)=t\cos kt$；　(2) $f(t)=t^2\sin kt$；

(3) $f(t)=\frac{\mathrm{e}^{3t}-\mathrm{e}^{2t}}{t}$；　(4) $f(t)=\frac{\sin2t}{t}$.

前面研究了如何把一个已知函数变换为它相应的象函数，也就是如何求一个函数的拉普拉斯变换，为解决复杂工程计算打下了基础．下面将重点研究如何把一个象函数变换为它的象原函数，也就是已知一个函数的拉普拉斯变换，如何求它的逆变换．这里主要介绍两种常用的方法——查表法和部分分式法．

拉普拉斯逆变换——查表法

对于一些较简单的拉氏变换，我们可以通过查拉氏变换表来直接求出它的逆变换．

【例 9-15】求下列函数的拉普拉斯逆变换．

(1) $F(s)=\dfrac{1}{s^4}$；　　(2) $F(s)=\dfrac{2s+3}{s^2+9}$；

(3) $F(s)=\dfrac{2s-2}{(s+1)(s-3)}$；　　(4) $F(s)=\dfrac{s}{s-1}$．

解　(1) 因为 $L[t^3]=\dfrac{3!}{s^4}$，

所以 $L^{-1}[F(s)]=L^{-1}\left[\dfrac{1}{3!}\cdot\dfrac{3!}{s^4}\right]=\dfrac{1}{3!}t^3$．

(2) 因为 $F(s)=\dfrac{2s+3}{s^2+9}=\dfrac{2s}{s^2+9}+\dfrac{3}{s^2+9}$，

所以 $L^{-1}[F(s)]=L^{-1}\left[\dfrac{2s}{s^2+9}+\dfrac{3}{s^2+9}\right]=2\cos3t+\sin3t$．

(3) 因为 $F(s)=\dfrac{2s-2}{(s+1)(s-3)}=\dfrac{1}{s-3}+\dfrac{1}{s+1}$，

所以 $L^{-1}[F(s)]=L^{-1}\left[\dfrac{1}{s-3}+\dfrac{1}{s+1}\right]=\mathrm{e}^{3t}+\mathrm{e}^{-t}$．

(4) 因为 $F(s)=\dfrac{s}{s-1}=1+\dfrac{1}{s-1}$，

所以 $L^{-1}[F(s)]=L^{-1}\left[1+\dfrac{1}{s-1}\right]=\delta(t)+\mathrm{e}^{t}$．

【例 9-16】求下列函数的拉氏逆变换．

(1) $F(s)=\dfrac{2s+5}{s^2+4s+13}$；　　(2) $F(s)=\dfrac{s+4}{s^2+s-6}$．

解　(1) 因为 $F(s)=\dfrac{2s+5}{s^2+4s+13}=\dfrac{2(s+2)+1}{(s+2)^2+9}=\dfrac{2(s+2)}{(s+2)^2+9}+\dfrac{1}{3}\,\dfrac{3}{(s+2)^2+9}$，

所以 $L^{-1}[F(s)]=L^{-1}\left[\frac{2(s+2)}{(s+2)^2+9}+\frac{1}{3}\frac{3}{(s+2)^2+9}\right]$.

$$=e^{-2t}\left(2\cos3t+\frac{1}{3}\sin3t\right).$$

(2) 因为 $F(s)=\frac{s+4}{s^2+s-6}=\frac{s+3+1}{(s+3)(s-2)}=\frac{1}{s-2}+\frac{1}{(s+3)(s-2)}$,

所以 $L^{-1}[F(s)]=L^{-1}\left[\frac{1}{s-2}+\frac{1}{(s+3)(s-2)}\right]$

$$=L^{-1}\left[\frac{1}{s-2}+\left(-\frac{1}{5}\right)\left(\frac{1}{s+3}-\frac{1}{s-2}\right)\right]$$

$$=e^{2t}-\frac{1}{5}(e^{-3t}-e^{2t})=\frac{6}{5}e^{2t}-\frac{1}{5}e^{-3t}.$$

拉普拉斯逆变换——部分分式法

当象函数是比较复杂的有理分式时，我们可以采用部分分式法先将有理分式的象函数分解成几个较简单的分式之和的形式，然后再分别求它们的象原函数.

1. 有理分式的分解

形如

$$R(x)=\frac{P_m(x)}{Q_n(x)}=\frac{a_0x^m+a_1x^{m-1}+a_2x^{m-2}+\cdots+a_{m-1}x+a_m}{b_0x^n+b_1x^{n-1}+b_2x^{n-2}+\cdots+b_{n-1}x+b_n}$$

的分式叫有理分式. 其中 m，n 是非负整数，$a_i(i=0,1,2,\cdots,m)$ 和 $b_i(i=0,1,2,\cdots,n)$ 都是实数，且 $a_0\neq 0$，$b_0\neq 0$，并假定分子多项式和分母多项式之间没有公因子. 当 $m\geqslant n$ 时称该分式为假分式，当 $m<n$ 时称之为真分式.

当分式 $R(x)$ 为假分式时，由多项式的除法法则，我们总可以将其分解为一个多项式和一个真分式的和的形式. 如

$$\frac{x^3+2x^2-3}{x^2-3x+1}=x+5+\frac{14x-8}{x^2-3x+1}.$$

当分式 $R(x)$ 为真分式时，由分式通分相加的原理可知，一个真分式总可以把它分成若干个分式之和的形式. 如

$$\frac{x-3}{x(x+1)(x+2)}=-\frac{3}{2x}+\frac{4}{x+1}-\frac{5}{2(x+2)},$$

式中，$-\frac{3}{2x}$，$\frac{4}{x+1}$，$-\frac{5}{2(x+2)}$叫作部分分式.

一般地，当真分式的分母中有因式$(x-a)$时，分解后的分式有$\frac{A}{x-a}$(A 为待定常数)的部分分式.

当真分式的分母中含有因式$(x-a)^k$ 时，则分解后的分式有 k 个部分分式之和，即

$$\frac{A_1}{(x-a)^k}+\frac{A_2}{(x-a)^{k-1}}+\cdots+\frac{A_k}{x-a},$$

式中，$A_i(i=1,2,\cdots,k)$都是待定常数.

当真分式的分母中有不可分解的二次三项式 $x^2+px+q(p^2-4q<0)$时，分解后的分式含有$\frac{Bx+C}{x^2+px+q}$的部分分式，其中 B，C 是待定常数.

若真分式的分母中有因式$(x^2+px+q)^k$ 时，则分解后的分式含有下列 k 个部分分式之和，即

$$\frac{B_1x+C_1}{(x^2+px+q)^k}+\frac{B_2x+C_2}{(x^2+px+q)^{k-1}}+\cdots+\frac{B_kx+C_k}{x^2+px+q},$$

式中，B_i，$C_i(i=1,2,\cdots,k)$都是待定常数.

2. 部分分式法求拉氏逆变换

由以上内容可以知道，一个有理真分式总可以分成若干个部分分式的和，而一个有理假分式总可以分成一个整式和一个有理真分式的和. 这样对任何一个有理分式，我们总可以将其分解成部分分式的和，这也就为我们已知象函数求象原函数的拉氏逆变换提供了方法.

例 题

【例 9-17】将下列分式分解成部分分式.

(1) $\dfrac{x-3}{x^2+2x-3}$;　　(2) $\dfrac{x+1}{x^2(x^2-x+1)}$.

解 (1) 因为$\dfrac{x-3}{x^2+2x-3}=\dfrac{x-3}{(x+3)(x-1)}=\dfrac{A}{x+3}+\dfrac{B}{x-1}$,

等式右边通分相加后应与左边相等，由分子相等得

$$A(x-1)+B(x+3)=x-3,$$

由此可得方程组

$$\begin{cases}A+B=1,\\-A+3B=-3,\end{cases}\quad 解之，得\begin{cases}A=\dfrac{3}{2},\\B=-\dfrac{1}{2}.\end{cases}$$

所以
$$\frac{x-3}{x^2+2x-3}=\frac{3}{2(x+3)}-\frac{1}{2(x-1)}.$$

(2) 由于$\dfrac{x+1}{x^2(x^2-x+1)}=\dfrac{A}{x^2}+\dfrac{B}{x}+\dfrac{Cx+D}{x^2-x+1}$,

由分式两边相等，得

$$A(x^2-x+1)+Bx(x^2-x+1)+(Cx+D)x^2=x+1,$$

得方程组

$$\begin{cases}B+C=0,\\A-B+D=0,\\-A+B=1,\\A=1,\end{cases}\quad 解之，得\begin{cases}A=1,\\B=2,\\C=-2,\\D=1.\end{cases}$$

所以
$$\frac{x+1}{x^2(x^2-x+1)}=\frac{1}{x^2}+\frac{2}{x}-\frac{2x-1}{x^2-x+1}.$$

【例 9-18】求下列函数的拉氏逆变换.

(1) $F(s)=\dfrac{1}{s(s-1)^2}$;　　(2) $F(s)=\dfrac{1}{s^2(s+1)}$;

(3) $F(s)=\dfrac{1}{s(s^2+1)^2}$;　　(4) $F(s)=\dfrac{s^2+4}{s^3+2s^2+2s}$.

解 (1) 设 $F(s)=\dfrac{1}{s(s-1)^2}=\dfrac{A}{s}+\dfrac{B}{(s-1)^2}+\dfrac{C}{s-1}$,

由 $A(s-1)^2+Bs+Cs(s-1)=1$，得

$$\begin{cases}A+C=0,\\-2A+B-C=0,\\A=1,\end{cases}\quad 解之，得\begin{cases}A=1,\\B=1,\\C=-1.\end{cases}$$

所以
$$F(s)=\frac{1}{s(s-1)^2}=\frac{1}{s}+\frac{1}{(s-1)^2}+\frac{-1}{s-1}.$$

从而有
$$L^{-1}[F(s)]=1+te^t-e^t\quad(t>0).$$

(2) 设 $F(s)=\dfrac{1}{s^2(s+1)}=\dfrac{A}{s^2}+\dfrac{B}{s}+\dfrac{C}{s+1}$，

由 $A(s+1)+Bs(s+1)+Cs^2=1$，得

$$\begin{cases}B+C=0,\\A+B=0,\\A=1,\end{cases}\quad 解之，得\begin{cases}A=1,\\B=-1,\\C=1.\end{cases}$$

所以有
$$F(s)=\frac{1}{s^2(s+1)}=\frac{1}{s^2}+\frac{-1}{s}+\frac{1}{s+1}.$$

从而有
$$L^{-1}[F(s)]=t-1+e^{-t}.$$

(3) 设 $F(s)=\dfrac{1}{s(s^2+1)^2}=\dfrac{A}{s}+\dfrac{Bs+C}{(s^2+1)^2}+\dfrac{Ds+E}{s^2+1}$，

由 $A(s^2+1)^2+(Bs+C)s+(Ds+E)s(s^2+1)=1$，得

$$\begin{cases}A+D=0,\\E=0,\\2A+B+D=0,\\C+E=0,\\A=1,\end{cases}\quad 解之，得\begin{cases}A=1,\\B=-1,\\C=0,\\D=-1,\\E=0.\end{cases}$$

所以
$$F(s)=\frac{1}{s(s^2+1)^2}=\frac{1}{s}+\frac{-s}{(s^2+1)^2}+\frac{-s}{s^2+1},$$

从而有
$$L^{-1}[F(s)]=1-\frac{1}{2}t\sin t-\cos t.$$

(4) 设 $F(s)=\dfrac{s^2+4}{s^3+2s^2+2s}=\dfrac{A}{s}+\dfrac{Bs+C}{s^2+2s+2}$，

由 $A(s^2+2s+2)+(Bs+C)s=s^2+4$，得

$$\begin{cases}A+B=1,\\2A+C=0,\\2A=4,\end{cases}\quad 解之，得\begin{cases}A=2,\\B=-1,\\C=-4.\end{cases}$$

所以有
$$F(s)=\frac{s^2+4}{s^3+2s^2+2s}=\frac{2}{s}+\frac{-s-4}{s^2+2s+2}$$
$$=\frac{2}{s}-\frac{s+1}{(s+1)^2+1}-\frac{3}{(s+1)^2+1},$$

从而有
$$L^{-1}[F(s)]=2-e^{-t}\cos t-3e^{-t}\sin t=2-e^{-t}(\cos t+3\sin t).$$

习 题

求下列函数的拉氏逆变换.

(1) $F(s)=\dfrac{3}{s+2}$;

(2) $F(s)=\dfrac{s}{s-2}$;

(3) $F(s)=\dfrac{s}{(s^2+4)^2}$;

(4) $F(s)=\dfrac{2s}{s^2+16}$;

(5) $F(s)=\dfrac{1}{4s^2+9}$;

(6) $F(s)=\dfrac{s}{(s-a)(s-b)}$;

(7) $F(s)=\dfrac{s+c}{(s+a)(s+b)}$;

(8) $F(s)=\dfrac{1}{s(s+a)(s+b)}$;

(9) $F(s)=\dfrac{1}{s^2(s^2+a^2)}$;

(10) $F(s)=\dfrac{1}{s^2(s^2-1)}$;

(11) $F(s)=\dfrac{s^2+2s-1}{s(s-1)^2}$;

(12) $F(s)=\dfrac{4}{s^2+4s+10}$;

(13) $F(s)=\dfrac{1}{s^4+5s^2+4}$;

(14) $F(s)=\dfrac{s+1}{9s^2+6s+5}$.

拉普拉斯变换是一种计算方法，学习的目的在于应用这种计算方法解决工程计算问题. 而在对一个工程实际问题进行分析和研究时，首先要建立这个实际问题的数学模型，也就是通过对这个问题的条件的理解和要求计算的结果建立符合实际情况的数学表达式. 关于如何建立数学模型的问题，我们在后面的数学建模一章中将有详细的论述. 本部分主要讲述如何应用拉氏变换求解线性微分方程和建立线性系统的传递函数的问题.

拉氏变换的应用——微分方程的拉氏变换解法

由本章图 9-1，我们知道了对一个实际问题的一般解决方法. 用拉氏变换解微分方程的方法是先对微分方程的各项取拉氏变换，把微分方程化为容易求解的象函数的代数方程，根据这个代数方程求出象函数，再取拉氏逆变换求出原微分方程的解. 这里我们仅讨论用拉氏变换解常微分方程的问题.

例题

【例 9-19】求方程 $y''-3y'+2y=2e^{3t}$ 满足初始条件 $y'\big|_{t=0}=y\big|_{t=0}=0$ 的解.

解　设 $L[y(t)]=Y(s)$，对方程两端取拉氏变换，并代入初始条件，得

$$s^2Y(s)-3sY(s)+2Y(s)=\frac{2}{s-3},$$

从而求出象函数 $Y(s)=\dfrac{2}{(s-3)(s^2-3s+2)}$，将其分解成部分分式，有

$$Y(s)=\frac{1}{s-1}-\frac{2}{s-2}+\frac{1}{s-3},$$

对其取拉氏逆变换，得

$$y(t)=e^t-2e^{2t}+e^{3t},$$

这就是原微分方程的解.

【例 9-20】解微分方程 $\begin{cases}y'+y=u(t-b),\\ y\big|_{t=0}=y_0.\end{cases}$

解　设 $L[y(t)]=Y(s)$，对方程两端取拉氏变换，并代入初始条件，得

$$sY(s)-y_0+Y(s)=\frac{1}{s}e^{-bs},$$

解得

$$Y(s)=\frac{1}{s(s+1)}e^{-bs}+\frac{y_0}{s+1}=e^{-bs}\left(\frac{1}{s}-\frac{1}{s+1}\right)+\frac{y_0}{s+1},$$

对象函数 $Y(s)$ 取拉氏逆变换，得

$$\begin{aligned}y(t)&=u(t-b)-u(t-b)e^{-(t-b)}+y_0u(t)e^{-t}\\&=\begin{cases}0, & t<0,\\ y_0e^{-t}, & 0\leqslant t<b,\\ 1-e^{-(t-b)}+y_0e^{-t}, & t\geqslant b.\end{cases}\end{aligned}$$

【例 9-21】解微分方程组

$$\begin{cases}2x''-x'+9x-y''-y'-3y=0,\\2x''+x'+7x-y''+y'-5y=0,\end{cases}\text{初始条件为}\begin{cases}x(0)=x'(0)=1,\\y(0)=y'(0)=0.\end{cases}$$

解 设$L[x(t)]=X(s)$，$L[y(t)]=Y(s)$，对方程组取拉氏变换，并代入初始条件，得

$$\begin{cases}2s^2X(s)-sX(s)+9X(s)-s^2Y(s)-sY(s)-3Y(s)=2s+1,\\2s^2X(s)+sX(s)+7X(s)-s^2Y(s)+sY(s)-5Y(s)=2s+3,\end{cases}$$

即

$$\begin{cases}(2s^2-s+9)X(s)-(s^2+s+3)Y(s)=2s+1,\\(2s^2+s+7)X(s)-(s^2-s+5)Y(s)=2s+3,\end{cases}$$

解这个方程组，得

$$\begin{cases}X(s)=\dfrac{3s^2+2}{3(s-1)(s^2+4)},\\Y(s)=\dfrac{10}{3(s-1)(s^2+4)},\end{cases}$$

将其分成部分分式，得

$$\begin{cases}X(s)=\dfrac{1}{3}\left(\dfrac{1}{s-1}+\dfrac{2s}{s^2+4}+\dfrac{2}{s^2+4}\right),\\Y(s)=\dfrac{1}{3}\left(\dfrac{2}{s-1}-\dfrac{2s}{s^2+4}-\dfrac{2}{s^2+4}\right),\end{cases}$$

取拉氏逆变换，得原方程的解

$$\begin{cases}x(t)=\dfrac{1}{3}(\mathrm{e}^t+2\cos2t+\sin2t),\\y(t)=\dfrac{1}{3}(2\mathrm{e}^t-2\cos2t-\sin2t).\end{cases}$$

【例9-22】如图9-6所示，小车的质量为m，弹簧的弹性系数为k，假定车轮与地面的接触是光滑的，当一单位脉冲力作用到小车上以后，小车由静止开始振动，求小车的振动方程.

解 设坐标轴X的方向与单位脉冲力$\delta(t)$作用的方向相同，小车在X方向上的受力情况如图9-6所示. 设小车的振动方程为$x=x(t)$，由牛顿第二运动定律$\sum F=ma$得运动微分方程

$$\delta(t)-kx=mx''$$

即

$$mx''+kx=\delta(t),$$

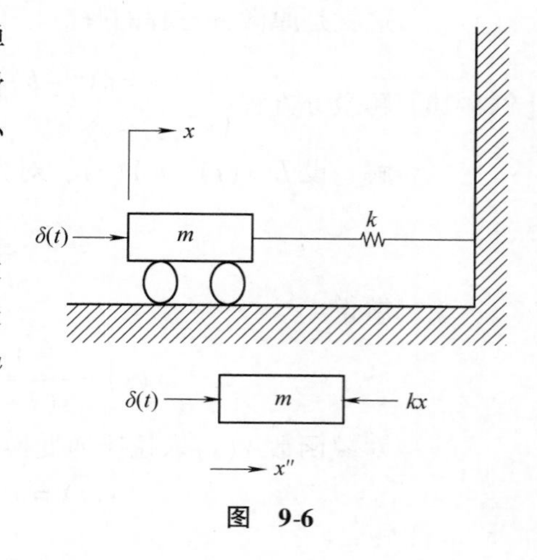

图 9-6

由小车的初始情况可知方程有初始条件$x|_{t=0}=x'|_{t=0}=0$，

设$L[x(t)]=X(s)$，对方程两端取拉氏变换，并代入初始条件，有$ms^2X(s)+kX(s)=1$，解之，得

$$X(s)=\frac{1}{ms^2+k}=\frac{1}{m\left(s^2+\frac{k}{m}\right)},$$

对象函数取拉氏逆变换，得小车的振动方程

$$x(t)=\frac{1}{\sqrt{mk}}\sin\sqrt{\frac{k}{m}}t.$$

【例 9-23】在图 9-7 所示电路中，在 $t=0$ 时接通电路，求输出信号 $u_c(t)$.

解　根据基尔霍夫定律可知，任一闭合电路上的电压降之和等于电动势，即

$$U_R(t)+u_c(t)=E.$$

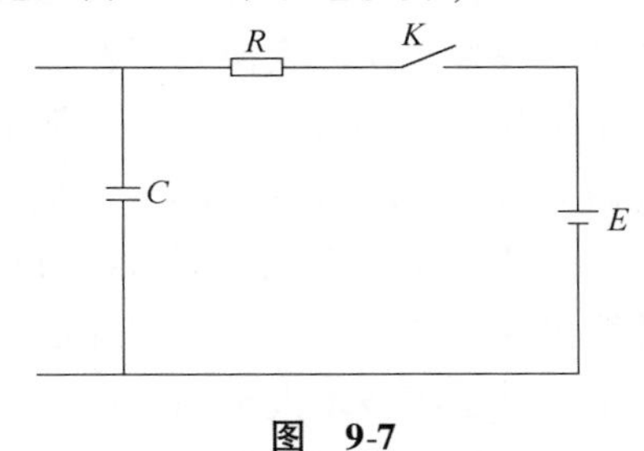

图　9-7

由

$$u_c(t)=\frac{1}{C}\int_{-\infty}^{t}I(t)\,\mathrm{d}t,$$

可知

$$I(t)=C\frac{\mathrm{d}u_c(t)}{\mathrm{d}t},$$

$$U_R(t)=RI(t)=RC\frac{\mathrm{d}u_c(t)}{\mathrm{d}t},$$

从而得微分方程

$$RC\frac{\mathrm{d}u_c(t)}{\mathrm{d}t}+u_c(t)=E,$$

并有初始条件 $u_c(0)=0$,

设 $L[u_c(t)]=F(s)$，对方程两边取拉氏变换，得

$$RCsF(s)+F(s)=\frac{E}{s},$$

解得

$$F(s)=\frac{E}{s(RCs+1)}=E\left(\frac{1}{s}-\frac{1}{s+\frac{1}{RC}}\right),$$

取拉氏逆变换，得

$$u_c(t)=L^{-1}[F(s)]=E(1-\mathrm{e}^{-\frac{t}{RC}})\quad(t\geqslant 0).$$

拉氏变换的应用——线性系统的传递函数

在研究工程实际问题时，我们常把对一个系统输入(或施加)一个作用称为激励，而把系统经作用后产生的结果或效应称为响应. 如在电学中，对一电路的输入信号叫作对这个电路的激励，而电路的输出信号叫作这个电路的响应；在力学中，对一构件施加力叫作对这个构件的激励，加力后构件产生的应力应变叫这个构件的响应. 如果一个系统的激励和响应构成的数学模型经拉氏变换后两者呈线性关系，这样的系统称为线性系统. 如例9-22中的弹簧小车系统和例9-23中的RC电路都是线性系统. 在大部分情况下，线性系统往往可以用一个线性微分方程表示(或描述). 我们在分析和研究线性系统时，通常对系统的激励和响应有着浓厚的兴趣，而对系统内部的结构并不感兴趣. 事实上，当我们计算一个电路系统时，只要能计算出输入和输出信号的物理量，就已经满足计算的目的和要求，至于其中的结构情况是另一个领域工程技术人员的事情. 因此，我们关心的只是系统的激励和响应之间的关系，而不是系统内部的物理结构. 为此，我们引入传递函数的概念.

设有一个线性系统，它的激励为$X(t)$，响应为$Y(t)$，由于它们的关系经拉氏变换后成线性关系，则有象函数方程

$$Y(s)=W(s)X(s)+G(s),$$

式中，$Y(s)=L[Y(t)]$，$X(s)=L[X(t)]$，$G(s)$是由初始条件决定的，当初始条件全为零时，$G(s)=0$. 而$W(s)$就叫作系统的传递函数，它表达了系统的特性，是与初始条件没有关系的，当已知传递函数和激励时就可由此求出系统的响应. 但在不同的系统中，相同的激励也可能会产生不同和响应.

特别地，当系统的初始条件全为零时，即$G(s)=0$时有

$$\text{传递函数 } W(s)=\frac{Y(s)}{X(s)}.$$

例题

【例9-24】在如图9-8所示的RC电路中，$u_i(t)$和$u_o(t)$分别为电路的输入和输出电压，设$t=0$时电路没有电流通过，求它的传递函数.

解 由电工学知识可得如下方程组

$$\begin{cases} u_i(t) = Ri(t) + \dfrac{1}{C}\displaystyle\int_0^t i(t)\,\mathrm{d}t, \\ u_o(t) = Ri(t), \end{cases}$$

设$L[u_i(t)]=u_i(s)$，$L[u_o(t)]=u_o(s)$，$L[i(t)]=I(s)$，

对上式两边取拉氏变换，得

$$\begin{cases} u_i(s)=RI(s)+\dfrac{1}{Cs}I(s), \\ u_o(s)=RI(s), \end{cases}$$

两式相比，有

$$\frac{u_o(s)}{u_i(s)}=\frac{RI(s)}{RI(s)+\frac{1}{Cs}I(s)}=\frac{RCs}{RCs+1},$$

若令 $T_0=RC$，则有

$$\frac{u_o(s)}{u_i(s)}=\frac{T_0 s}{T_0 s+1}=W(s),$$

这就是以上系统的传递函数.

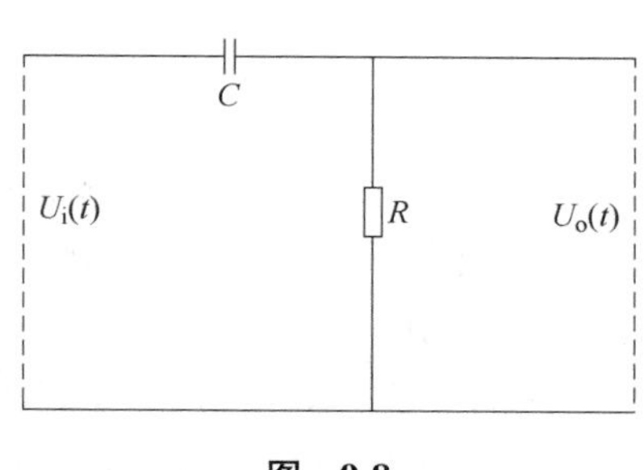

图　9-8

【例 9-25】上例中，如果输入电压为

$$u_i(t)=\begin{cases}1, & 0\leqslant t\leqslant\tau,\\ 0, & t>\tau,\end{cases}$$

求输出电压 $u_o(t)$.

解　将输入电压改写为

$$u_i(t)=u(t)-u(t-\tau),$$

则它的拉氏变换为

$$u_i(s)=L[u_i(t)]=L[u(t)-u(t-\tau)]=\frac{1}{s}-\frac{e^{-\tau s}}{s}=\frac{1}{s}(1-e^{-\tau s}),$$

则有

$$u_o(s)=W(s)\cdot u_i(s)=\frac{T_0 s}{1+T_0 s}\cdot\frac{1}{s}(1-e^{-\tau s})=\frac{1}{s+\frac{1}{T_0}}(1-e^{-\tau s}),$$

取逆变换，得输出电压为

$$u_o(t)=e^{-\frac{t}{T_0}}-u(t-\tau)e^{-\frac{t-\tau}{T_0}}.$$

输入、输出电压与时间的关系分别如图 9-9 所示.

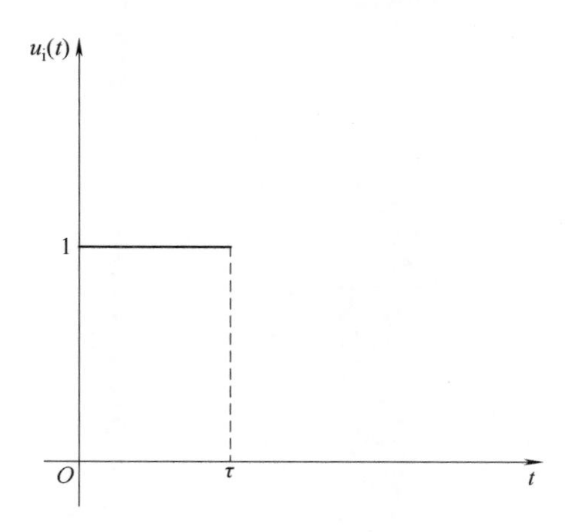

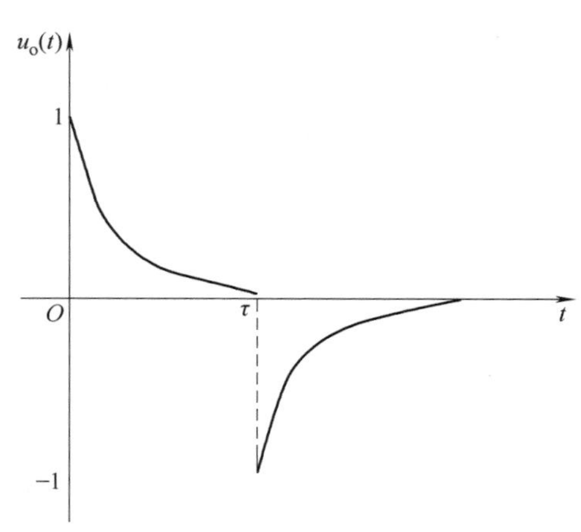

图　9-9

习 题

用拉氏变换求下列微分方程的解.

(1) $i'+5i=10\mathrm{e}^{-3t}$, $i(0)=0$;

(2) $y''+4y'+3y=\mathrm{e}^{-t}$, $y(0)=y'(0)=1$;

(3) $y''+\omega^2y=0$, $y(0)=0$, $y'(0)=\omega$;

(4) $y''+3y'+2y=u(t-1)$, $y(0)=0$, $y'(0)=1$;

(5) $y''-y=4\sin t+5\cos 2t$, $y(0)=-1$, $y'(0)=-2$;

(6) $y''-2y'+2y=2\mathrm{e}^t\cos t$, $y(0)=y'(0)=0$;

(7) $y'''+y'=\mathrm{e}^{2t}$, $y(0)=y'(0)=y''(0)=0$;

(8) $y''+16y=32t$, $y(0)=3$, $y'(0)=-2$.

综合练习

1. 选择题.

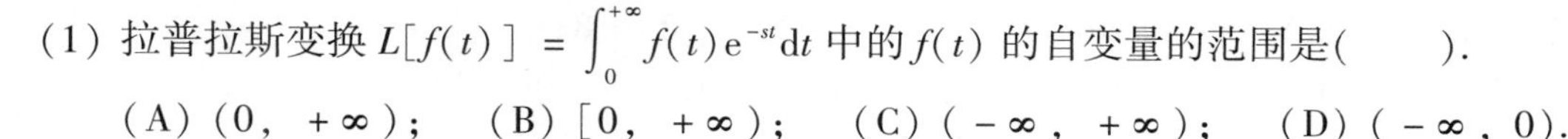

(1) 拉普拉斯变换 $L[f(t)] = \int_0^{+\infty} f(t)\mathrm{e}^{-st}\mathrm{d}t$ 中的 $f(t)$ 的自变量的范围是(　　).

(A) $(0, +\infty)$;　(B) $[0, +\infty)$;　(C) $(-\infty, +\infty)$;　(D) $(-\infty, 0)$.

(2) 拉普拉斯变换 $F(s) = \int_0^{+\infty} f(t)\mathrm{e}^{-st}\mathrm{d}t$ 中的参数 s 是(　　).

(A) 实变数;　(B) 虚变数;　(C) 复变数;　(D) 有理数.

(3) 若 $L[f(t)] = F(s)$, 那么 $L[\mathrm{e}^{-at}f(t)] =$ (　　).

(A) $F(s-a)$;　(B) $F(s+a)$;　(C) $F(s)\mathrm{e}^{-as}$;　(D) $\frac{1}{s}F(s+a)$.

(4) 若 $t \geqslant 0$ 时, 函数 $f(t)$ 有拉氏变换 $L[f(t)] = 1$, 则(　　).

(A) $f(t) = u(t)$;　(B) $f(t) = t$;　(C) $f(t) = \delta(t)$;　(D) $f(t) = 1$.

(5) 若 $L[f(t)] = F(s)$, 那么 $L[f(t+a)] =$ (　　).

(A) $\mathrm{e}^{-as}F(s)$;　(B) $\mathrm{e}^{as}F(s)$;　(C) $\mathrm{e}^{-as}F(s-a)$;　(D) $\mathrm{e}^{as}F(s+a)$.

(6) 若 $L[f(t)] = F(s)$, 那么 $L\left[\frac{1}{t}f(t)\right] =$ (　　).

(A) $-F'(s)$;　(B) $\frac{1}{s}F(s)$;　(C) $\int_s^{+\infty} F(s)\mathrm{d}s$;　(D) $\int_0^s F(s)\mathrm{d}s$.

(7) 若 $L[f(t)] = F(s)$, 那么 $L[f'(t)] =$ (　　).

(A) $F'(s)$;　(B) $sF(s)$;　(C) $sF'(s)$;　(D) $sF(s) - f(0)$.

(8) 若 $L[f(t)] = F(s)$, 那么 $L\left[\int_0^t f(t)\mathrm{d}t\right] =$ (　　).

(A) $\frac{1}{s}F(s)$;　(B) $\int_s^{+\infty} F(s)\mathrm{d}s$;　(C) $\int_0^s F(s)\mathrm{d}s$;　(D) $\mathrm{e}^{-s}F(s)$.

(9) 若 $L[f(t)] = F(s)$, 当 $a > 0$ 时, 那么 $L[f(at)] =$ (　　).

(A) $\frac{1}{a}F(s)$;　(B) $\frac{1}{a}F\left(\frac{s}{a}\right)$;　(C) $aF\left(\frac{s}{a}\right)$;　(D) $F(s-a)$.

(10) 若 $L[f(t)] = F(s)$, 且 $f(0) = f'(0) = 0$, 那么 $L[f''(t)] =$ (　　).

(A) $sF'(s)$;　(B) $F''(s)$;　(C) $s^2F(s)$;　(D) $s^2F'(s)$.

2. 求下列函数的拉普拉斯变换.

(1) $f(t) = \mathrm{e}^{4t}\cos 3t\cos 4t$;　(2) $f(t) = t^2\cos 2t$;

(3) $f(t) = \frac{1-\mathrm{e}^t}{t}$;　(4) $f(t) = t\mathrm{e}^t\sin t$;

(5) $f(t) = \sin^2 2t$;　(6) $f(t) = \sin^3 t$;

(7) $f(t) = \begin{cases} 0, & 0 \leqslant t < 2, \\ 1, & 2 \leqslant t < 4, \\ 0, & t \geqslant 4; \end{cases}$

(8) $f(t)$ 以 2π 为周期, 且 $f(t) = \begin{cases} \sin t, & 0 \leqslant t < \pi, \\ 0, & \pi \leqslant t < 2\pi. \end{cases}$

3. 求下列函数的拉氏逆变换.

(1) $\frac{3s+9}{s^2+2s+10}$; (2) $\frac{2e^{-s}-e^{-2s}}{s}$; (3) $\frac{s^2+4}{s^3+2s^2+2s}$.

4. 解下列微分方程或方程组.

(1) $y''(t)+4y'(t)+4y(t)=6e^{-2t}$, $y(0)=-2$, $y'(0)=8$;

(2) $y'''(t)+y'(t)=t+1$, $y''(0)=y'(0)=y(0)=0$;

(3) $\begin{cases}2x(t)-y(t)-y'(t)=4(1-e^{-t}),\\2x'(t)+y(t)=2(1+3e^{-2t}),\\x(0)=y(0)=0;\end{cases}$

(4) $\begin{cases}x''+y'+3x=\cos 2t,\\y''-4x'+3y=\sin 2t,\\x(0)=\frac{1}{5},\ x'(0)=0,\ y(0)=0,\ y'=\frac{6}{5};\end{cases}$

数学是厚植爱国主义情怀的. 1936年，华罗庚前往英国剑桥大学学习，抗日战争期间回到祖国，在昆明的一个吊脚楼上写出了堆垒数论. 1950年，华罗庚放弃美国优越的生活条件和良好的研究环境，克服重重困难回到祖国怀抱，投身我国数学科学研究事业. 归途中，他写了一封致留美学生的公开信，信中说：“为了抉择真理，我们应当回去；为了国家民族，我们应当回去；为了为人民服务，我们应当回去；就是为个人出路，也应当早日回去，建立我们工作的基础，为我们伟大祖国的建设和发展而奋斗！”他凭借自己的智慧和巨大的影响力，为我国数学事业发展做出了极其巨大的贡献，被誉为“人民的数学家”.

第 10 章　线性代数简介

学习目标

- 理解行列式的概念及计算.
- 熟练掌握矩阵的概念及运算.
- 会求逆矩阵.
- 掌握矩阵的秩的概念及计算.
- 会求线性方程组的解.

导学提纲

- 矩阵的类型有哪些?
- 矩阵的秩的特征是什么?
- 求解线性方程组的方法有哪几种?

在科学技术与经济活动中，经常遇到解线性方程组(即一次方程组)的问题，行列式和矩阵是讨论和计算线性方程组的重要工具，本章将介绍行列式和矩阵的一些基本概念，并讨论一般线性方程组的解法.

二阶行列式

n 元线性方程组的一般形式为

$$\begin{cases} a_{11}x_1 + a_{12}x_2 + \cdots + a_{1n}x_n = b_1, \\ a_{21}x_1 + a_{22}x_2 + \cdots + a_{2n}x_n = b_2, \\ \qquad \vdots \\ a_{m1}x_1 + a_{m2}x_2 + \cdots + a_{mn}x_n = b_m. \end{cases} \tag{10-1}$$

它含有 m 个方程，n 个未知数，m 和 n 可以相等，也可以不等，其中，x_1，x_2，…，x_n 是未知数；b_1，b_2，…，b_m 是常数；a_{11}，…，a_{1n}，a_{21}，…，a_{2n}，…，a_{m1}，…，a_{mn}是方程组中未知数的系数.

一般地，把方程组第 i 个方程的未知数 x_j 的系数记为 $a_{ij}(i=1, 2, \cdots, m; j=1, 2, \cdots, n)$. 这里先讨论 $m=n=2$，即二元线性方程组的情形.

解二元线性方程组

$$\begin{cases} a_{11}x_1 + a_{12}x_2 = b_1, \\ a_{21}x_1 + a_{22}x_2 = b_2, \end{cases} \tag{10-2}$$

若 $a_{11}a_{22} - a_{12}a_{21} \neq 0$，由消元法可得线性方程组的唯一解：

$$x_1 = \frac{a_{22}b_1 - a_{12}b_2}{a_{11}a_{22} - a_{12}a_{21}}, \quad x_2 = \frac{a_{11}b_2 - a_{21}b_1}{a_{11}a_{22} - a_{12}a_{21}}. \tag{10-3}$$

为方便使用与记忆，把上面出现的这种四个数之间的特定算式记为 $\begin{vmatrix} a_{11} & a_{12} \\ a_{21} & a_{22} \end{vmatrix}$，称为二阶行列式.

定义 将 2^2 个数排成 2 行 2 列，并在左、右两边各加一竖线的算式 $\begin{vmatrix} a_{11} & a_{12} \\ a_{21} & a_{22} \end{vmatrix}$称为二阶行列式，其值为 $a_{11}a_{22} - a_{12}a_{21}$，即

$$\begin{vmatrix} a_{11} & a_{12} \\ a_{21} & a_{22} \end{vmatrix} = a_{11}a_{22} - a_{12}a_{21} \tag{10-4}$$

式中，$a_{ij}(i=1, 2; j=1, 2)$称为这个行列式的元素，横排的称为行，竖排的称为列，左上角到右下角的对角线称为主对角线.

若记 $\Delta = \begin{vmatrix} a_{11} & a_{12} \\ a_{21} & a_{22} \end{vmatrix}$，$\Delta_1 = \begin{vmatrix} b_1 & a_{12} \\ b_2 & a_{22} \end{vmatrix}$，$\Delta_2 = \begin{vmatrix} a_{11} & b_1 \\ a_{21} & b_2 \end{vmatrix}$，则方程组(10-2)的解可表示为

$$x_1 = \frac{\Delta_1}{\Delta}, \quad x_2 = \frac{\Delta_2}{\Delta} \tag{10-5}$$

例 题

【例 10-1】计算行列式 $\begin{vmatrix} 2 & 3 \\ -1 & 4 \end{vmatrix}$.

解

$$\begin{vmatrix} 2 & 3 \\ -1 & 4 \end{vmatrix} = 2 \times 4 - 3 \times (-1) = 11$$

【例 10-2】用行列式法解线性方程组$\begin{cases}4x_1+3x_2=3,\\2x_1+6x_2=5.\end{cases}$

解　因为$\Delta=\begin{vmatrix}4&3\\2&6\end{vmatrix}=4\times6-3\times2=18$,

$$\Delta_1=\begin{vmatrix}3&3\\5&6\end{vmatrix}=3\times6-3\times5=3,\ \Delta_2=\begin{vmatrix}4&3\\2&5\end{vmatrix}=4\times5-3\times2=14,$$

所以

$$\begin{cases}x_1=\dfrac{\Delta_1}{\Delta}=\dfrac{3}{18}=\dfrac{1}{6},\\x_2=\dfrac{\Delta_2}{\Delta}=\dfrac{14}{18}=\dfrac{7}{9}.\end{cases}$$

三阶行列式

为便于记忆和表达三元线性方程组

$$\begin{cases}a_{11}x_1+a_{12}x_2+a_{13}x_3=b_1\\a_{21}x_1+a_{22}x_2+a_{23}x_3=b_2\\a_{31}x_1+a_{32}x_2+a_{33}x_3=b_3\end{cases}\tag{10-6}$$

的解，引进三阶行列式的概念.

定义 将3^2个数排成3行3列，并在左、右两边各加一竖线的算式$\begin{vmatrix}a_{11}&a_{12}&a_{13}\\a_{21}&a_{22}&a_{23}\\a_{31}&a_{32}&a_{33}\end{vmatrix}$称为三阶行列式，并定义其值为

$$a_{11}a_{22}a_{33}+a_{12}a_{23}a_{31}+a_{13}a_{21}a_{32}-a_{13}a_{22}a_{31}-a_{12}a_{21}a_{33}-a_{11}a_{23}a_{32},$$

即

$$\begin{vmatrix}a_{11}&a_{12}&a_{13}\\a_{21}&a_{22}&a_{23}\\a_{31}&a_{32}&a_{33}\end{vmatrix}=a_{11}a_{22}a_{33}+a_{12}a_{23}a_{31}+a_{13}a_{21}a_{32}-a_{13}a_{22}a_{31}-a_{12}a_{21}a_{33}-a_{11}a_{23}a_{32}.\tag{10-7}$$

由定义可知，三阶行列式的值是六项的代数和，每项是不同行不同列的三个数的乘积，主对角线方向上的乘积(图10-1中用实线相连)前面加正号；次对角线方向的乘积(图10-1中用虚线相连)前面加负号，这种计算三阶行列式的方法称为对角线展开法.

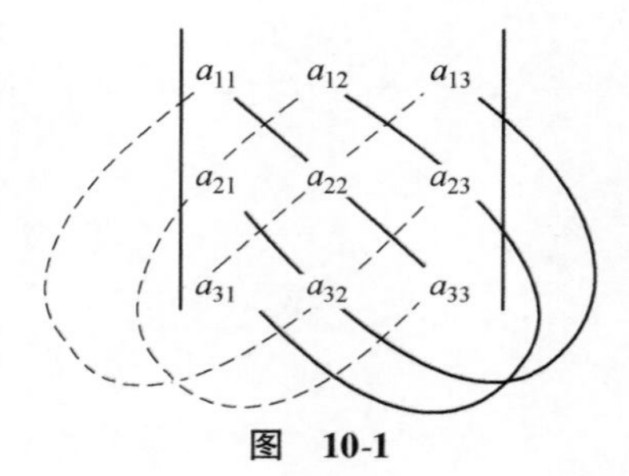

图 10-1

三阶行列式可以用来解三元线性方程组(10-6)，若记其系数行列式为

$$\Delta=\begin{vmatrix}a_{11}&a_{12}&a_{13}\\a_{21}&a_{22}&a_{23}\\a_{31}&a_{32}&a_{33}\end{vmatrix},$$

依次将Δ中的第1，2，3列换为常数列，则得到

$$\Delta_1=\begin{vmatrix}b_1&a_{12}&a_{13}\\b_2&a_{22}&a_{23}\\b_3&a_{32}&a_{33}\end{vmatrix},\ \Delta_2=\begin{vmatrix}a_{11}&b_1&a_{13}\\a_{21}&b_2&a_{23}\\a_{31}&b_3&a_{33}\end{vmatrix},\ \Delta_3=\begin{vmatrix}a_{11}&a_{12}&b_1\\a_{21}&a_{22}&b_2\\a_{31}&a_{32}&b_3\end{vmatrix}.$$

如果线性方程组(10-6)的系数行列式$\Delta\neq0$，则方程组有唯一解，其解为

$$x_1=\frac{\Delta_1}{\Delta},\ x_2=\frac{\Delta_2}{\Delta},\ x_3=\frac{\Delta_3}{\Delta}.\tag{10-8}$$

例 题

【例10-3】用对角线展开法计算$D=\begin{vmatrix}2&-1&1\\3&2&-5\\1&3&-2\end{vmatrix}$.

$$
\begin{aligned}
D &= 2\times2\times(-2)+3\times3\times1+(-1)\times(-5)\times1-1\times2\times1-\\
&\quad 3\times(-1)\times(-2)-3\times(-5)\times2\\
&= -8+9+5-2-6+30=28.
\end{aligned}
$$

【例 10-4】用行列式解线性方程组

$$
\begin{cases}
x_1+2x_2+3x_3=4,\\
2x_1+x_2+2x_3=-4,\\
x_1+3x_2+3x_3=8.
\end{cases}
$$

解　系数行列式 $\Delta=\begin{vmatrix}1&2&3\\2&1&2\\1&3&3\end{vmatrix}=4\neq0$，所以方程组有唯一解. 又

$$
\Delta_1=\begin{vmatrix}4&2&3\\-4&1&2\\8&3&3\end{vmatrix}=-16,\ \Delta_2=\begin{vmatrix}1&4&3\\2&-4&2\\1&8&3\end{vmatrix}=16,\ \Delta_3=\begin{vmatrix}1&2&4\\2&1&-4\\1&3&8\end{vmatrix}=0
$$

所以方程组的解为 $x_1=\dfrac{\Delta_1}{\Delta}=\dfrac{-16}{4}=-4$，$x_2=\dfrac{\Delta_2}{\Delta}=\dfrac{16}{4}=4$，$x_3=\dfrac{\Delta_3}{\Delta}=\dfrac{0}{4}=0$

三阶行列式按行(列)展开

定义 在三阶行列式 $D=\begin{vmatrix} a_{11} & a_{12} & a_{13} \\ a_{21} & a_{22} & a_{23} \\ a_{31} & a_{32} & a_{33} \end{vmatrix}$ 中，划去元素 a_{ij} 所在的行与列的元素，剩下的元素按原来的位置组成的二阶行列式称为元素 a_{ij} 的余子式，记作 M_{ij}. 称 $(-1)^{i+j}M_{ij}$ 为元素 a_{ij} 的代数余子式，记作 A_{ij}，即

$$A_{ij}=(-1)^{i+j}M_{ij}.$$

定理 三阶行列式等于它的任一行(列)的各元素与其相应的代数余子式的乘积之和，即

$$D=\sum_{k=1}^{3}a_{ik}A_{ik}\quad(i=1,2,3).\text{(按行展开)} \tag{10-9}$$

$$D=\sum_{k=1}^{3}a_{kj}A_{kj}\quad(i=1,2,3).\text{(按列展开)} \tag{10-10}$$

按第一行展开验证：

$$\begin{aligned}
&a_{11}A_{11}+a_{12}A_{12}+a_{13}A_{13}\\
&=a_{11}(-1)^{1+1}\begin{vmatrix} a_{22} & a_{23} \\ a_{32} & a_{33} \end{vmatrix}+a_{12}(-1)^{1+2}\begin{vmatrix} a_{21} & a_{23} \\ a_{31} & a_{33} \end{vmatrix}+a_{13}(-1)^{1+3}\begin{vmatrix} a_{21} & a_{22} \\ a_{31} & a_{32} \end{vmatrix}\\
&=a_{11}(a_{22}a_{33}-a_{23}a_{32})-a_{12}(a_{21}a_{33}-a_{23}a_{31})+a_{13}(a_{21}a_{32}-a_{22}a_{31})\\
&=a_{11}a_{22}a_{33}+a_{12}a_{23}a_{31}+a_{13}a_{21}a_{32}-a_{13}a_{22}a_{31}-a_{12}a_{21}a_{33}-a_{11}a_{23}a_{32}.
\end{aligned}$$

例题

【例 10-5】计算三阶行列式.

(1) $\begin{vmatrix} 2 & -1 & 1 \\ 3 & 2 & -5 \\ 1 & 3 & -2 \end{vmatrix}$；　(2) $\begin{vmatrix} a_{11} & 0 & 0 \\ a_{21} & a_{22} & 0 \\ a_{31} & a_{32} & a_{33} \end{vmatrix}$.

解 (1)

$$\begin{aligned}
\begin{vmatrix} 2 & -1 & 1 \\ 3 & 2 & -5 \\ 1 & 3 & -2 \end{vmatrix}&=2\times(-1)^2\begin{vmatrix} 2 & -5 \\ 3 & -2 \end{vmatrix}+(-1)\times(-1)^3\begin{vmatrix} 3 & -5 \\ 1 & -2 \end{vmatrix}+\\
&\quad 1\times(-1)^4\begin{vmatrix} 3 & 2 \\ 1 & 3 \end{vmatrix}\\
&=2[2\times(-2)-3\times(-5)]+[3\times(-2)-1\times(-5)]+\\
&\quad(3\times3-1\times2)=28.
\end{aligned}$$

(2) $$\begin{vmatrix} a_{11} & 0 & 0 \\ a_{21} & a_{22} & 0 \\ a_{31} & a_{32} & a_{33} \end{vmatrix}=a_{11}\begin{vmatrix} a_{22} & 0 \\ a_{32} & a_{33} \end{vmatrix}=a_{11}a_{22}a_{33}.$$

习　题

求下列行列式的值.

(1) $\begin{vmatrix} 5 & -1 & 3 \\ 2 & 2 & 2 \\ 196 & 203 & 199 \end{vmatrix}$；　(2) $\begin{vmatrix} a_{11} & a_{12} & a_{13} \\ a_{21} & a_{22} & 0 \\ a_{31} & 0 & 0 \end{vmatrix}$；　(3) $\begin{vmatrix} 2 & 1 & 2 \\ -4 & 3 & 1 \\ 2 & 3 & 5 \end{vmatrix}$；

(4) $\begin{vmatrix} 1 & 2 & 0 \\ -1 & 1 & -4 \\ 3 & -1 & 8 \end{vmatrix}$；　(5) $\begin{vmatrix} 1 & 2 & 3 \\ 3 & 1 & 2 \\ 2 & 3 & 1 \end{vmatrix}$.

n 阶行列式的定义

由二阶、三阶行列式的定义和关系，推广到一般情形，可以得到 n 阶行列式的定义.

定义 将 n^2 个数排成 n 行 n 列，并在左、右两边各加一竖线的算式，即

$$D_n = \begin{vmatrix} a_{11} & a_{12} & \cdots & a_{1n} \\ a_{21} & a_{22} & \cdots & a_{2n} \\ \vdots & \vdots & & \vdots \\ a_{n1} & a_{n2} & \cdots & a_{nn} \end{vmatrix} \tag{10-11}$$

称为 n 阶行列式，行列式左上角到右下角的对角线称为主对角线，位于主对角线上的元素称为主对角元.

当 $n>2$ 时，

$$D_n = a_{11}A_{11} + a_{12}A_{12} + \cdots + a_{1n}A_{1n} = \sum_{j=1}^{n} a_{1j}A_{1j}, \tag{10-12}$$

式中，数 a_{ij}称为第 i 行第 j 列的元素(i, $j=1$, 2, $\cdots$, n)，表达式

$$A_{ij} = (-1)^{i+j}M_{ij} \tag{10-13}$$

称为 a_{ij}的代数余子式；M_{ij}为由 D_n 划去第 i 行和第 j 列后余下元素按原有的位置排列构成的 $n-1$ 阶行列式，即

$$M_{ij} = \begin{vmatrix} a_{11} & \cdots & a_{1j-1} & a_{1j+1} & \cdots & a_{1n} \\ \vdots & & \vdots & \vdots & & \vdots \\ a_{i-11} & \cdots & a_{i-1j-1} & a_{i-1j+1} & \cdots & a_{i-1n} \\ a_{i+11} & \cdots & a_{i+1j-1} & a_{i+1j+1} & \cdots & a_{i+1n} \\ \vdots & & \vdots & \vdots & & \vdots \\ a_{n1} & \cdots & a_{nj-1} & a_{nj+1} & \cdots & a_{nn} \end{vmatrix} \tag{10-14}$$

称为 a_{ij}的余子式.

例如四阶行列式 $D_4 = \begin{vmatrix} 1 & 2 & 3 & 4 \\ 6 & -1 & 7 & 0 \\ 5 & -2 & 8 & -3 \\ -4 & 9 & -5 & -6 \end{vmatrix}$中，元素 a_{23}的余子式即为划去第 2 行和第 3 列后的三阶行列式 $M_{23} = \begin{vmatrix} 1 & 2 & 4 \\ 5 & -2 & -3 \\ -4 & 9 & -6 \end{vmatrix}$. 元素 a_{23}的代数余子式即为余子式 M_{23}乘以符号因子$(-1)^{2+3}$.

根据定义可以知道，一个 n 阶行列式代表一个数值，而且这个数值可以利用定义由第一行所有元素与其相应的代数余子式乘积之和而求得.

当 $n=2$ 时，

$$D_2 = \begin{vmatrix} a_{11} & a_{12} \\ a_{21} & a_{22} \end{vmatrix} = a_{11}A_{11} - a_{12}A_{12} = a_{11}(-1)^{1+1}|a_{22}| + a_{12}(-1)^{1+2}|a_{21}| = a_{11}|a_{22}| - a_{12}|a_{21}|.$$

又因为
$$D_2 = \begin{vmatrix} a_{11} & a_{12} \\ a_{21} & a_{22} \end{vmatrix} = a_{11}a_{22} - a_{12}a_{21}.$$

显然应有 $|a_{22}| = a_{22}$，$|a_{21}| = a_{21}$.

于是，我们规定：一个元素的行列式就等于该元素，即

$$D_1 = |a_{11}| = a_{11}.\ （注意：不是绝对值！）$$

这样，就可以把 n 阶行列式纳入统一的定义中. 按定义求 n 阶($n \geqslant 3$)行列式的值一般计算量较大，计算较烦琐，为了简化行列式的计算，并能应用行列式来处理问题，有必要先讨论行列式的性质.

n 阶行列式的性质

设行列式 D 由下式给出

$$D=\begin{vmatrix} a_{11} & a_{12} & \cdots & a_{1n} \\ a_{21} & a_{22} & \cdots & a_{2n} \\ \vdots & \vdots & & \vdots \\ a_{n1} & a_{n2} & \cdots & a_{nn} \end{vmatrix},$$

则把行列式 D 中的行与列按原来顺序互换以后所得的行列式记为

$$D^{\mathrm{T}}=\begin{vmatrix} a_{11} & a_{21} & \cdots & a_{n1} \\ a_{12} & a_{22} & \cdots & a_{n2} \\ \vdots & \vdots & & \vdots \\ a_{1n} & a_{2n} & \cdots & a_{nn} \end{vmatrix}, \qquad (10\text{-}15)$$

称行列式 D^{T} 为行列式 D 的转置行列式.

性质 1 行列式与它的转置行列式相等. 即

$$D^{\mathrm{T}}=D. \qquad (10\text{-}16)$$

对于二阶行列式，可由定义直接验证：

$$D_2=\begin{vmatrix} a_{11} & a_{12} \\ a_{21} & a_{22} \end{vmatrix}=a_{11}a_{22}-a_{12}a_{21},\ D_2^{\mathrm{T}}=\begin{vmatrix} a_{11} & a_{21} \\ a_{12} & a_{22} \end{vmatrix}=a_{11}a_{22}-a_{21}a_{12}=D_2.$$

至于一般 n 阶行列式，则可以用数学归纳法加以证明，证明从略.

这个性质说明：对于行列式来说，行与列无本质区别，凡是行列式对行成立的性质对列也成立.

性质 2 互换行列式的两行(列)，行列式的值改变符号.

性质 2 关于二阶行列式的正确性，可通过计算直接验证. 如 $D_2=\begin{vmatrix} a & b \\ c & d \end{vmatrix}=ad-bc$，把两行互换得行列式 $\begin{vmatrix} c & d \\ a & b \end{vmatrix}=cb-ad$，易知其值为 D_2 的值变号.

至于一般 n 阶行列式，则可以用数学归纳法加以证明，此处从略. 对性质 2 有如下推论.

推论 1 若行列式有两行(列)的对应元素相同，则该行列式的值为零.

证明 设行列式 D 有某两行相同，交换这两行得一新的行列式 D_1，由于这两行元素相同，所以 $D=D_1$；但由性质 2 知，$D_1=-D$，于是 $D=-D$，$2D=0$，所以 $D=0$.

性质 3 n 阶行列式等于任意一行(列)所有元素与其对应的代数余子式乘积之和，即

$$D_n=\sum_{k=1}^{n}a_{ik}A_{ik}=a_{i1}A_{i1}+a_{i2}A_{i2}+\cdots+a_{in}A_{in}, \qquad (10\text{-}17)$$

$$D_n=\sum_{k=1}^{n}a_{kj}A_{kj}=a_{1j}A_{1j}+a_{2j}A_{2j}+\cdots+a_{nj}A_{nj}, \qquad (10\text{-}18)$$

其中 $i=1, 2, \cdots, n$; $j=1, 2, \cdots, n$. 简言之，行列式可按任意一行(列)展开.

性质 4　若行列式 D 的某一行(列)的每一个元素都乘以同一个常数 k，则行列式的值等于 kD.

如
$$\begin{vmatrix} a_{11} & a_{12} & \cdots & a_{1n} \\ \vdots & \vdots & & \vdots \\ ka_{i1} & ka_{i2} & \cdots & ka_{in} \\ \vdots & \vdots & & \vdots \\ a_{n1} & a_{n2} & \cdots & a_{nn} \end{vmatrix} = k\begin{vmatrix} a_{11} & a_{12} & \cdots & a_{1n} \\ \vdots & \vdots & & \vdots \\ a_{i1} & a_{i2} & \cdots & a_{in} \\ \vdots & \vdots & & \vdots \\ a_{n1} & a_{n2} & \cdots & a_{nn} \end{vmatrix}. \tag{10-19}$$

证明　由性质 3，将行列式按第 i 行展开，有

$$左边 = ka_{i1}A_{i1} + ka_{i2}A_{i2} + \cdots + ka_{in}A_{in} = k(a_{i1}A_{i1} + a_{i2}A_{i2} + \cdots + a_{in}A_{in}) = kD = 右边$$

也就是说，行列式的某一行(列)所有的公因子可以提到行列式记号的外面.

推论 2　若行列式有一行(列)的各元素都是零，则此行列式等于零.

推论 3　若行列式有两行(列)对应元素成比例，则此行列式的值等于零.

性质 5　若行列式的某一行(列)的每一个元素都是两项之和，则此行列式等于把这两项各取一项做成相应的行(列)，而其余行(列)不变的两个行列式之和，即

$$\begin{vmatrix} a_{11} & a_{12} & \cdots & a_{1n} \\ \vdots & \vdots & & \vdots \\ a_{i1}+b_{i1} & a_{i2}+b_{i2} & \cdots & a_{in}+b_{in} \\ \vdots & \vdots & & \vdots \\ a_{n1} & a_{n2} & \cdots & a_{nn} \end{vmatrix} = \begin{vmatrix} a_{11} & a_{12} & \cdots & a_{1n} \\ \vdots & \vdots & & \vdots \\ a_{i1} & a_{i2} & \cdots & a_{in} \\ \vdots & \vdots & & \vdots \\ a_{n1} & a_{n2} & \cdots & a_{nn} \end{vmatrix} + \begin{vmatrix} a_{11} & a_{12} & \cdots & a_{1n} \\ \vdots & \vdots & & \vdots \\ b_{i1} & b_{i2} & \cdots & b_{in} \\ \vdots & \vdots & & \vdots \\ a_{n1} & a_{n2} & \cdots & a_{nn} \end{vmatrix}. \tag{10-20}$$

证明　将上述三个行列式均按第 i 行展开，且注意到它们第 i 行的代数余子式都是相同的，于是有

$$\begin{aligned} 左边 &= (a_{i1}+b_{i1})A_{i1} + (a_{i2}+b_{i2})A_{i2} + \cdots + (a_{in}+b_{in})A_{in} \\ &= (a_{i1}A_{i1} + a_{i2}A_{i2} + \cdots + a_{in}A_{in}) + (b_{i1}A_{i1} + b_{i2}A_{i2} + \cdots + b_{in}A_{in}) \\ &= 右边. \end{aligned}$$

性质 6　行列式的某一行(列)的各元素加上另一行(列)对应元素的 k 倍，行列式的值不变，即

$$\begin{vmatrix} a_{11} & a_{12} & \cdots & a_{1n} \\ \vdots & \vdots & & \vdots \\ a_{i1} & a_{i2} & \cdots & a_{in} \\ \vdots & \vdots & & \vdots \\ a_{j1} & a_{j2} & \cdots & a_{jn} \\ \vdots & \vdots & & \vdots \\ a_{n1} & a_{n2} & \cdots & a_{nn} \end{vmatrix} = \begin{vmatrix} a_{11} & a_{12} & \cdots & a_{1n} \\ \vdots & \vdots & & \vdots \\ a_{i1} & a_{i2} & \cdots & a_{in} \\ \vdots & \vdots & & \vdots \\ a_{j1}+ka_{i1} & a_{j2}+ka_{i2} & \cdots & a_{jn}+ka_{in} \\ \vdots & \vdots & & \vdots \\ a_{n1} & a_{n2} & \cdots & a_{nn} \end{vmatrix}. \tag{10-21}$$

证明 由性质5得

$$右边=\begin{vmatrix} a_{11} & a_{12} & \cdots & a_{1n} \\ \vdots & \vdots & & \vdots \\ a_{i1} & a_{i2} & \cdots & a_{in} \\ \vdots & \vdots & & \vdots \\ a_{j1} & a_{j2} & \cdots & a_{jn} \\ \vdots & \vdots & & \vdots \\ a_{n1} & a_{n2} & \cdots & a_{nn} \end{vmatrix}+\begin{vmatrix} a_{11} & a_{12} & \cdots & a_{1n} \\ \vdots & \vdots & & \vdots \\ a_{i1} & a_{i2} & \cdots & a_{in} \\ \vdots & \vdots & & \vdots \\ ka_{i1} & ka_{i2} & \cdots & ka_{in} \\ \vdots & \vdots & & \vdots \\ a_{n1} & a_{n2} & \cdots & a_{nn} \end{vmatrix},$$

由推论3，右边第二个行列式的值等于零，所以，右边=左边.

性质7 n阶行列式中任意一行(列)的元素与另一行(列)相应元素的代数余子式乘积之和等于零，即

$$a_{i1}A_{k1}+a_{i2}A_{k2}+\cdots+a_{in}A_{kn}=0(k=1,\ 2,\ \cdots,\ n,\ k\neq i), \tag{10-22}$$

$$a_{1j}A_{1k}+a_{2j}A_{2k}+\cdots+a_{nj}A_{nj}=0(k=1,\ 2,\ \cdots,\ n,\ k\neq j). \tag{10-23}$$

证明 在n阶行列式

$$D=\begin{vmatrix} a_{11} & a_{12} & \cdots & a_{1n} \\ \vdots & \vdots & & \vdots \\ a_{i1} & a_{i2} & \cdots & a_{in} \\ \vdots & \vdots & & \vdots \\ a_{k1} & a_{k2} & \cdots & a_{kn} \\ \vdots & \vdots & & \vdots \\ a_{n1} & a_{n2} & \cdots & a_{nn} \end{vmatrix}$$

中将第k行元素都换成第$i(i\neq k)$行的对应元素，得到一新的行列式

$$D_0=\begin{vmatrix} a_{11} & a_{12} & \cdots & a_{1n} \\ \vdots & \vdots & & \vdots \\ a_{i1} & a_{i2} & \cdots & a_{in} \\ \vdots & \vdots & & \vdots \\ a_{i1} & a_{i2} & \cdots & a_{in} \\ \vdots & \vdots & & \vdots \\ a_{n1} & a_{n2} & \cdots & a_{nn} \end{vmatrix},$$

显然，D_0的第k行各元素的代数余子式与D的第k行相应元素的代数余子式是完全相同的，将D_0按第k行展开得$D_0=a_{i1}A_{k1}+a_{i2}A_{k2}+\cdots+a_{in}A_{kn}$

因为D_0中有两行元素对应相同，所以$D_0=0$，因此式(10-22)得证.

同理可证式(10-23).

由性质3和性质7，可得如下结论：

$$a_{i1}A_{k1}+a_{i2}A_{k2}+\cdots+a_{in}A_{kn}=\begin{cases}D,\ (k=i),\\ 0,\ (k\neq i),\end{cases} \tag{10-24}$$

$$a_{1j}A_{1k}+a_{2j}A_{2k}+\cdots+a_{nj}A_{nk}=\begin{cases}D,\ (k=j),\\0,\ (k\neq j).\end{cases}\tag{10-25}$$

例　题

【例 10-6】计算行列式

$$D=\begin{vmatrix}a_{11}&a_{12}&\cdots&a_{1n}\\0&a_{22}&\cdots&a_{2n}\\\vdots&\vdots&&\vdots\\0&0&\cdots&a_{nn}\end{vmatrix}.$$

（主对角线下侧元素全为零的行列式称为上三角行列式）.

解　由性质 1 可知

$$D=D^{\mathrm{T}}=\begin{vmatrix}a_{11}&0&\cdots&0\\a_{12}&a_{22}&\cdots&0\\\vdots&\vdots&&\vdots\\a_{1n}&a_{2n}&\cdots&a_{nn}\end{vmatrix}=a_{11}a_{22}\cdots a_{nn}.$$

即上三角行列式的值等于主对角元的乘积.

【例 10-7】计算行列式

$$D=\begin{vmatrix}4&5&7&9&-4\\1&2&-1&4&5\\7&0&6&-1&2\\4&5&7&9&-4\\3&-3&-2&-7&1\end{vmatrix}$$

解　注意到 D 中的第一行和第四行是相同的，因此由性质 2 的推论可得，$D=0$.

【例 10-8】计算五阶行列式

$$D_5=\begin{vmatrix}1&-1&0&-6&0\\3&1&0&2&0\\4&9&2&10&8\\-1&3&0&4&7\\0&5&0&0&0\end{vmatrix}.$$

解　注意到第三列有四个元素为零，故由性质 3 按第三列展开，得

$$D_5=2\cdot(-1)^{3+3}\begin{vmatrix}1&-1&-6&0\\3&1&2&0\\-1&3&4&7\\0&5&0&0\end{vmatrix},$$

对于上面的四阶行列式按第四行展开，得

$$D_5 = 2 \cdot 5 \cdot (-1)^{4+2} \begin{vmatrix} 1 & -6 & 0 \\ 3 & 2 & 0 \\ -1 & 4 & 7 \end{vmatrix}.$$

再按第三列展开，得

$$D_5 = 2 \cdot 5 \cdot 7 \cdot (-1)^{3+3} \begin{vmatrix} 1 & -6 \\ 3 & 2 \end{vmatrix} = 1400.$$

【例 10-9】计算四阶行列式 $D = \begin{vmatrix} 1 & 2 & 3 & 4 \\ 5 & 6 & 7 & 8 \\ -1 & -1 & -1 & -1 \\ 10 & 3 & 7 & 14 \end{vmatrix}$.

解 把 D 的第二行的元素分别看成：$5=1+4$，$6=2+4$，$7=3+4$，$8=4+4$ 由性质 5 得

$$D = \begin{vmatrix} 1 & 2 & 3 & 4 \\ 1 & 2 & 3 & 4 \\ -1 & -1 & -1 & -1 \\ 10 & 3 & 7 & 14 \end{vmatrix} + \begin{vmatrix} 1 & 2 & 3 & 4 \\ 4 & 4 & 4 & 4 \\ -1 & -1 & -1 & -1 \\ 10 & 3 & 7 & 14 \end{vmatrix},$$

而 $\begin{vmatrix} 1 & 2 & 3 & 4 \\ 1 & 2 & 3 & 4 \\ -1 & -1 & -1 & -1 \\ 10 & 3 & 7 & 14 \end{vmatrix} = 0$，$\begin{vmatrix} 1 & 2 & 3 & 4 \\ 4 & 4 & 4 & 4 \\ -1 & -1 & -1 & -1 \\ 10 & 3 & 7 & 14 \end{vmatrix} = 0$，所以 $D=0$.

n 阶行列式的计算

一般说来，行列式的计算比较麻烦，以下通过例题总结出一些基本方法.

首先，作如下约定：用记号"ⓘ k"表示将第 i 行(列)乘 k；"ⓘ↔ⓙ"表示将第 i 行(列)与第 j 行(列)互换；"ⓙ + ⓘ · k"表示将第 i 行(列)乘以 k 后加到第 j 行(列)上. 并把对行的运算写在等号上方，把对列的运算写在等号下方.

【例 10-10】计算四阶行列式

$$D=\begin{vmatrix} -1 & 2 & -2 & 1 \\ 2 & 3 & 1 & -1 \\ 2 & 0 & 0 & 3 \\ 4 & 1 & 0 & 1 \end{vmatrix}.$$

解

$$D \xlongequal{①+②\cdot 2} \begin{vmatrix} 3 & 8 & 0 & -1 \\ 2 & 3 & 1 & -1 \\ 2 & 0 & 0 & 3 \\ 4 & 1 & 0 & 1 \end{vmatrix} = (-1)^{2+3}\begin{vmatrix} 3 & 8 & -1 \\ 2 & 0 & 3 \\ 4 & 1 & 1 \end{vmatrix}$$

$$\xlongequal{①+③\cdot(-8)} -\begin{vmatrix} -29 & 0 & -9 \\ 2 & 0 & 3 \\ 4 & 1 & 1 \end{vmatrix} = -1\cdot(-1)^{3+2}\begin{vmatrix} -29 & -9 \\ 2 & 3 \end{vmatrix} = -69.$$

由此可以看出，为了简化计算，选择零元素较多的行(列)，先使用行列式的性质把该行(列)除去一元素外，其余的元素尽可能都化为零，然后利用展开定理依次降阶计算.

例　题

【例 10-11】计算五阶行列式

$$D=\begin{vmatrix} 3 & 1 & 1 & 1 & 1 \\ 1 & 3 & 1 & 1 & 1 \\ 1 & 1 & 3 & 1 & 1 \\ 1 & 1 & 1 & 3 & 1 \\ 1 & 1 & 1 & 1 & 3 \end{vmatrix}.$$

解　这个行列式的特点是每一行(列)的 5 个数之和都是 7，因此，把第 2、3、4、5 列同时加到第 1 列上去，然后提取公因子 7，再把行列式化为三角行列式，然后使用上三角行列式的结论即得结果.

$$D \xlongequal[①+②+③+④+⑤]{} \begin{vmatrix} 7 & 1 & 1 & 1 & 1 \\ 7 & 3 & 1 & 1 & 1 \\ 7 & 1 & 3 & 1 & 1 \\ 7 & 1 & 1 & 3 & 1 \\ 7 & 1 & 1 & 1 & 3 \end{vmatrix} = 7\begin{vmatrix} 1 & 1 & 1 & 1 & 1 \\ 1 & 3 & 1 & 1 & 1 \\ 1 & 1 & 3 & 1 & 1 \\ 1 & 1 & 1 & 3 & 1 \\ 1 & 1 & 1 & 1 & 3 \end{vmatrix}$$

$$\xlongequal[\substack{②+①\cdot(-1)\\③+①\cdot(-1)\\④+①\cdot(-1)\\⑤+①\cdot(-1)}]{}7\begin{vmatrix}1&1&1&1&1\\0&2&0&0&0\\0&0&2&0&0\\0&0&0&2&0\\0&0&0&0&2\end{vmatrix}=7\cdot1\cdot2^4=112.$$

上例给出了另外一种计算行列式的基本方法，即利用行列式的性质，把行列式变成三角行列式，从而行列式的值等于三角行列式主对角元的乘积.

一般行列式计算时，先将 a_{11} 变换为 1，然后把第 1 行分别乘$(-a_{21})$，$(-a_{31})$，…，$(-a_{n1})$加到第 2，3，…，n 行的对应元素上去，这样，就把第一列 a_{11} 以下元素均化为零，按第 1 列展开即可降阶；亦可逐次用类似方法把主对角元以下的元素全化为零，则行列式化为上三角行列式.

在计算行列式的过程中，注意对行列式的某一行(列)提取公因子；如果某一行(列)的元素全为零，或某两行(列)成比例，则此行列式的值为零.

【例 10-12】证明

$$\begin{vmatrix}1&1&1\\x_1&x_2&x_3\\x_1^2&x_2^2&x_3^2\end{vmatrix}=(x_2-x_1)(x_3-x_1)(x_3-x_2).$$

证明 左边 $=\begin{vmatrix}1&1&1\\x_1&x_2&x_3\\x_1^2&x_2^2&x_3^2\end{vmatrix}\xlongequal[\substack{②+①\cdot(-1)\\③+①\cdot(-1)}]{}\begin{vmatrix}1&0&0\\x_1&x_2-x_1&x_3-x_1\\x_1^2&x_2^2-x_1^2&x_3^2-x_1^2\end{vmatrix}$

$$=1\cdot(-1)^{1+1}\begin{vmatrix}x_2-x_1&x_3-x_1\\(x_2-x_1)(x_2+x_1)&(x_3-x_1)(x_3+x_1)\end{vmatrix}$$

$$=(x_2-x_1)(x_3-x_1)\begin{vmatrix}1&1\\x_2+x_1&x_3+x_1\end{vmatrix}$$

$$=(x_2-x_1)(x_3-x_1)(x_3-x_2)=\text{右边}.$$

行列式 $\begin{vmatrix}1&1&1\\x_1&x_2&x_3\\x_1^2&x_2^2&x_3^2\end{vmatrix}$ 称为三阶范德蒙行列式.

习 题

1. 求下列行列式的值.

(1) $\begin{vmatrix}2&1&-2&4\\3&0&1&1\\0&-1&2&3\\2&0&5&1\end{vmatrix}$；　　(2) $\begin{vmatrix}1&-1&0&2\\0&-1&-1&2\\-1&2&-1&0\\2&1&1&0\end{vmatrix}$；

(3) $\begin{vmatrix} 1 & 2 & 3 & 4 \\ 4 & 1 & 2 & 3 \\ 3 & 4 & 1 & 2 \\ 2 & 3 & 4 & 1 \end{vmatrix}$；　(4) $\begin{vmatrix} 2 & 1 & -5 & 8 \\ 1 & -3 & 0 & 9 \\ 0 & 2 & -1 & -5 \\ 1 & 4 & -7 & 0 \end{vmatrix}$；

(5) $\begin{vmatrix} 2 & -5 & 1 & 2 \\ -3 & 4 & -1 & 4 \\ 5 & -9 & 2 & 7 \\ 4 & -6 & 1 & 2 \end{vmatrix}$.

2. 计算下列行列式的值.

(1) $\begin{vmatrix} a_1+b_1x & a_1x+b_1 & c_1 \\ a_2+b_2x & a_2x+b_2 & c_2 \\ a_3+b_3x & a_3x+b_3 & c_3 \end{vmatrix}$；

(2) $\begin{vmatrix} a & b & c & d \\ a & a+b & a+b+c & a+b+c+d \\ a & 2a+b & 3a+2b+c & 4a+3b+2c+d \\ a & 3a+b & 6a+3b+c & 10a+6b+3c+d \end{vmatrix}$.

克莱姆法则

与二、三元线性方程组类似，对于 n 元线性方程组

$$\begin{cases}a_{11}x_1+a_{12}x_2+\cdots+a_{1n}x_n=b_1,\\a_{21}x_1+a_{22}x_2+\cdots+a_{2n}x_n=b_2,\\\qquad\vdots\\a_{n1}x_1+a_{n2}x_2+\cdots+a_{nn}x_n=b_n,\end{cases}\tag{10-26}$$

有以下定理：

定理(克莱姆法则) 若线性方程组(10-26)的系数行列式不等于零，即

$$\Delta=\begin{vmatrix}a_{11}&a_{12}&\cdots&a_{1n}\\a_{21}&a_{22}&\cdots&a_{2n}\\\vdots&\vdots&&\vdots\\a_{n1}&a_{n2}&\cdots&a_{nn}\end{vmatrix}\neq0,$$

则线性方程组有唯一解，且解可以表示为

$$x_1=\frac{\Delta_1}{\Delta},\ x_2=\frac{\Delta_2}{\Delta},\ \cdots,\ x_j=\frac{\Delta_j}{\Delta},\ \cdots,\ x_n=\frac{\Delta_n}{\Delta},\tag{10-27}$$

式中，$\Delta_j(j=1,2,\cdots,n)$是用方程右端的常数项代替 Δ 中第 j 列的元素所得到的 n 阶行列式，即

$$\Delta_j=\begin{vmatrix}a_{11}&\cdots&a_{1\,j-1}&b_1&a_{1\,j+1}&\cdots&a_{1n}\\a_{21}&\cdots&a_{2\,j-1}&b_2&a_{2\,j+1}&\cdots&a_{2n}\\\vdots&&\vdots&\vdots&\vdots&&\vdots\\a_{n1}&\cdots&a_{n\,j-1}&b_n&a_{n\,j+1}&\cdots&a_{nn}\end{vmatrix}.\tag{10-28}$$

证明 用 Δ 中第 j 列元素的代数余子式
A_{1j}，A_{2j}，$\cdots$，$A_{nj}(j=1,2,\cdots,n)$依次乘方程组(10-26)的第1个，第2个，$\cdots$，第 n 个方程，得

$$\begin{cases}a_{11}A_{1j}x_1+a_{12}A_{1j}x_2+\cdots+a_{1j}A_{1j}x_j\cdots+a_{1n}A_{1j}x_n=b_1A_{1j},\\a_{21}A_{2j}x_1+a_{22}A_{2j}x_2+\cdots+a_{2j}A_{2j}x_j\cdots+a_{2n}A_{2j}x_n=b_2A_{2j},\\\qquad\vdots\\a_{n1}A_{nj}x_1+a_{n2}A_{nj}x_2+\cdots+a_{nj}A_{nj}x_j\cdots+a_{nn}A_{nj}x_n=b_nA_{nj},\end{cases}$$

然后把各方程左右两边分别相加.

由式(10-25)可知，在此等式的左边，除 x_j 的系数为 Δ 外，其余系数都等于零，而等式右边等于 Δ_j，所以方程组化为

$$\Delta\cdot x_j=\Delta_j\quad(j=1,2,\cdots,n),$$

即

$$\Delta\cdot x_1=\Delta_1,\ \Delta\cdot x_2=\Delta_2,\ \cdots,\ \Delta\cdot x_j=\Delta_j,\ \cdots,\ \Delta\cdot x_n=\Delta_n$$

因为 $\Delta\neq0$，则方程组(10-26)有唯一解，为

$$x_1=\frac{\Delta_1}{\Delta},\ x_2=\frac{\Delta_2}{\Delta},\ \cdots,\ x_j=\frac{\Delta_j}{\Delta},\ \cdots,\ x_n=\frac{\Delta_n}{\Delta}$$

注意：用克莱姆法则求解线性方程组必须满足以下两个条件.

（1）方程组中方程的个数与未知数的个数相等，即 $m=n$.

（2）方程组的系数行列式不等于零，即 $\Delta\neq 0$.

例　题

【例 10-13】用克莱姆法则解线性方程组

$$\begin{cases} x_1+x_2+2x_3-x_4=-1, \\ 3x_2+x_3-2x_4=1, \\ 2x_1-x_2+2x_3+x_4=0, \\ -x_1-2x_2+x_3+3x_4=0. \end{cases}$$

解　因为 $\Delta=\begin{vmatrix} 1 & 1 & 2 & -1 \\ 0 & 3 & 1 & -2 \\ 2 & -1 & 2 & 1 \\ -1 & -2 & 1 & 3 \end{vmatrix}=-14\neq 0$

根据克莱姆法则，方程组有唯一解，且

$$\Delta_1=\begin{vmatrix} -1 & 1 & 2 & -1 \\ 1 & 3 & 1 & -2 \\ 0 & -1 & 2 & 1 \\ 0 & -2 & 1 & 3 \end{vmatrix}=-14，\Delta_2=\begin{vmatrix} 1 & -1 & 2 & -1 \\ 0 & 1 & 1 & -2 \\ 2 & 0 & 2 & 1 \\ -1 & 0 & 1 & 3 \end{vmatrix}=-28,$$

$$\Delta_3=\begin{vmatrix} 1 & 1 & -1 & -1 \\ 0 & 3 & 1 & -2 \\ 2 & -1 & 0 & 1 \\ -1 & -2 & 0 & 3 \end{vmatrix}=14，\Delta_4=\begin{vmatrix} 1 & 1 & 2 & -1 \\ 0 & 3 & 1 & 1 \\ 2 & -1 & 2 & 0 \\ -1 & -2 & 1 & 0 \end{vmatrix}=-28.$$

所以方程组的解为

$$x_1=\frac{-14}{-14}=1，x_2=\frac{-28}{-14}=2，x_3=\frac{14}{-14}=-1，x_4=\frac{-28}{-14}=2.$$

习　题

1. 解下列方程组.

（1）$\begin{cases} 2x_1+5x_2=1, \\ 3x_1+7x_2=2; \end{cases}$　　（2）$\begin{cases} 2x_1-x_2+x_3=0, \\ 3x_1+2x_2-5x_3=1, \\ x_1+3x_2-2x_3=4. \end{cases}$

2. 设方程组 $\begin{cases} x_1-x_2+x_3=0 \\ 2x_1+\lambda x_2+(2-\lambda)x_3=0 \\ x_1+(\lambda+1)x_2=0 \end{cases}$ 有非零解，求 λ.

矩阵的概念

我们欲讨论一般的线性方程组问题，首先遇到的是线性方程组的表达问题，过去我们习惯于如下的表达方式

$$\begin{cases} a_{11}x_1+a_{12}x_2+\cdots+a_{1n}x_n=b_1, \\ a_{21}x_1+a_{22}x_2+\cdots+a_{2n}x_n=b_2, \\ \qquad\vdots \\ a_{m1}x_1+a_{m2}x_2+\cdots+a_{mn}x_n=b_m. \end{cases} \tag{10-29}$$

但无论是从数值求解还是理论推演的角度，这种较繁的形式并不是必要的，我们可以省略未知数的记号，仅以下面的数表

$$\begin{pmatrix} a_{11} & a_{12} & \cdots & a_{1n} & b_1 \\ a_{21} & a_{22} & \cdots & a_{2n} & b_2 \\ \vdots & \vdots & & \vdots & \vdots \\ a_{m1} & a_{m2} & \cdots & a_{mn} & b_m \end{pmatrix}$$

来表达这一线性方程组.

其实用数表来表示一些量或关系的办法，在工程技术和经济活动中是常用的，如工厂中的产量统计表，市场上的价目表等，我们把这种数表称为矩阵.

1. 矩阵的定义

定义1 由 $m\times n$ 个数 $a_{ij}(i=1, 2, \cdots, m; j=1, 2, \cdots, n)$ 排成 m 行 n 列并括以方括弧(或圆括弧)的数表

$$\begin{pmatrix} a_{11} & a_{12} & \cdots & a_{1n} \\ a_{21} & a_{22} & \cdots & a_{2n} \\ \vdots & \vdots & & \vdots \\ a_{m1} & a_{m1} & \cdots & a_{mn} \end{pmatrix} \tag{10-30}$$

称为 m 行 n 列矩阵，矩阵常用大写字母 $\boldsymbol{A}$，$\boldsymbol{B}$，$\boldsymbol{C}$，…表示，如要表明它的行数和列数，可记作 $\boldsymbol{A}_{m\times n}$ 或 $\boldsymbol{A}=(a_{ij})_{m\times n}$.
式中 $a_{ij}(i=1, 2, \cdots, m; j=1, 2, \cdots, n)$ 称为矩阵第 i 行，第 j 列的元素.

注意：矩阵和行列式是两个完全不同的概念，行列式是一个数值，而矩阵仅是一张数表而已.

2. 几类特殊的矩阵

(1) 行矩阵：当 $m=1$ 时，矩阵只有一行，称为行矩阵，记作

$$(a_{11} \quad a_{12} \quad \cdots \quad a_{1n}).$$

(2) 列矩阵：当 $n=1$ 时，矩阵只有一列，称为列矩阵，记作

$$\begin{pmatrix} a_{11} \\ a_{21} \\ \vdots \\ a_{m1} \end{pmatrix}.$$

(3) 零矩阵：元素全为零的矩阵称为零矩阵，记作 $\boldsymbol{O}$ 或 $\boldsymbol{O}_{m\times n}$.

(4) n 阶方阵：当 $m=n$ 时，矩阵 A 称为 n 阶矩阵(或 n 阶方阵)，即

$$\begin{pmatrix} a_{11} & a_{12} & \cdots & a_{1n} \\ a_{21} & a_{22} & \cdots & a_{2n} \\ \vdots & \vdots & & \vdots \\ a_{n1} & a_{n2} & \cdots & a_{nn} \end{pmatrix}.$$

(5) 三角矩阵：一个 n 阶方阵从左上角到右下角的对角线称为主对角线，另一条对角线称为次对角线，主对角线上的元素称为主对角元. 主对角线一侧全为零的方阵称为三角矩阵(简称为三角阵). 如

$$\underset{\text{上三角阵}}{\begin{pmatrix} a_{11} & a_{12} & \cdots & a_{1n} \\ 0 & a_{22} & \cdots & a_{2n} \\ \vdots & \vdots & & \vdots \\ 0 & 0 & \cdots & a_{nn} \end{pmatrix}} \text{和} \underset{\text{下三角阵}}{\begin{pmatrix} a_{11} & 0 & \cdots & 0 \\ a_{21} & a_{22} & \cdots & 0 \\ \vdots & \vdots & & \vdots \\ a_{n1} & a_{n2} & \cdots & a_{nn} \end{pmatrix}}.$$

(6) 对角矩阵：一个方阵如果除主对角元外，其余元素均为零，则称此方阵为对角方阵，即

$$\begin{pmatrix} a_{11} & 0 & \cdots & 0 \\ 0 & a_{22} & \cdots & 0 \\ \vdots & \vdots & & \vdots \\ 0 & 0 & \cdots & a_{nn} \end{pmatrix}.$$

(7) 单位矩阵：主对角线上的元素都是 1 的对角矩阵称为单位矩阵，记为 $\boldsymbol{E}$(或 $\boldsymbol{E}_n$)，即

$$\boldsymbol{E}_n = \begin{pmatrix} 1 & 0 & \cdots & 0 \\ 0 & 1 & \cdots & 0 \\ \vdots & \vdots & & \vdots \\ 0 & 0 & \cdots & 1 \end{pmatrix}.$$

(8) 转置矩阵：把矩阵 $\boldsymbol{A}=[a_{ij}]_{m\times n}$ 的行和列依次互换所得到的矩阵称为 $\boldsymbol{A}$ 的转置矩阵，记作 $\boldsymbol{A}^{\mathrm{T}}$，即

$$\text{若 } \boldsymbol{A} = \begin{pmatrix} a_{11} & a_{12} & \cdots & a_{1n} \\ a_{21} & a_{22} & \cdots & a_{2n} \\ \vdots & \vdots & & \vdots \\ a_{m1} & a_{m1} & \cdots & a_{mn} \end{pmatrix}, \text{ 则 } \boldsymbol{A}^{\mathrm{T}} = \begin{pmatrix} a_{11} & a_{21} & \cdots & a_{m1} \\ a_{12} & a_{22} & \cdots & a_{m2} \\ \vdots & \vdots & & \vdots \\ a_{1n} & a_{2n} & \cdots & a_{mn} \end{pmatrix}.$$

3. 矩阵的相等

定义 2　若两矩阵是同型矩阵(具有相同的行数和列数)，即 $\boldsymbol{A}=(a_{ij})_{m\times n}$，$\boldsymbol{B}=(b_{ij})_{m\times n}$，且满足 $a_{ij}=b_{ij}(i=1, 2, \cdots, m; j=1, 2, \cdots, n)$，则称矩阵 $\boldsymbol{A}$ 与矩阵 $\boldsymbol{B}$ 相等，记为 $\boldsymbol{A}=\boldsymbol{B}$.

例 题

【例 10-14】已知 $\begin{pmatrix} x & y \\ 2z & -4 \end{pmatrix} = \begin{pmatrix} 2u & u \\ 2 & 2x \end{pmatrix}$，求 x，y，z，u.

解　由 $x=2u$，$y=u$，$2z=2$，$-4=2x$，

可得 $x=-2$，$y=-1$，$z=1$，$u=-1$.

矩阵的运算

1. 矩阵的加法与减法

定义1 设有同型矩阵$\boldsymbol{A}=(a_{ij})_{m\times n}$，$\boldsymbol{B}=(b_{ij})_{m\times n}$，则$(a_{ij}\pm b_{ij})_{m\times n}$称为矩阵$\boldsymbol{A}$与$\boldsymbol{B}$的和(或差)，记作$\boldsymbol{A}\pm\boldsymbol{B}$，即

$$\boldsymbol{A}\pm\boldsymbol{B}=(a_{ij}\pm b_{ij})_{m\times n}.$$

【例10-15】设$\boldsymbol{A}=\begin{pmatrix}1&3&1\\-1&5&4\end{pmatrix}$，$\boldsymbol{B}=\begin{pmatrix}4&0&3\\5&1&2\end{pmatrix}$，求$\boldsymbol{A}+\boldsymbol{B}$，$\boldsymbol{A}-\boldsymbol{B}$.

解

$$\boldsymbol{A}+\boldsymbol{B}=\begin{pmatrix}1&3&1\\-1&5&4\end{pmatrix}+\begin{pmatrix}4&0&3\\5&1&2\end{pmatrix}=\begin{pmatrix}5&3&4\\4&6&6\end{pmatrix},$$

$$\boldsymbol{A}-\boldsymbol{B}=\begin{pmatrix}1&3&1\\-1&5&4\end{pmatrix}-\begin{pmatrix}4&0&3\\5&1&2\end{pmatrix}=\begin{pmatrix}-3&3&-2\\-6&4&2\end{pmatrix}.$$

注意：两个矩阵只有当它们是同型矩阵时，才可以进行加减运算.

容易验证，矩阵的加法满足运算律：

(1) 交换律 $\boldsymbol{A}+\boldsymbol{B}=\boldsymbol{B}+\boldsymbol{A}$

(2) 结合律 $(\boldsymbol{A}+\boldsymbol{B})+\boldsymbol{C}=\boldsymbol{A}+(\boldsymbol{B}+\boldsymbol{C})$

2. 矩阵与数相乘

定义2 一个数k与一个m行n列矩阵$\boldsymbol{A}=(a_{ij})_{m\times n}$相乘，它们的乘积为$k\boldsymbol{A}=(ka_{ij})_{m\times n}$并且规定，$k\boldsymbol{A}=\boldsymbol{A}k$.

设k_1，k_2都是任意常数，矩阵$\boldsymbol{A}=(a_{ij})_{m\times n}$，$\boldsymbol{B}=(b_{ij})_{m\times n}$，那么，数与矩阵相乘满足运算律：

(1) 分配律 $k(\boldsymbol{A}+\boldsymbol{B})=k\boldsymbol{A}+k\boldsymbol{B}$，$(k_1+k_2)\boldsymbol{A}=k_1\boldsymbol{A}+k\boldsymbol{A}_2$.

(2) 结合律 $k_1(k_2\boldsymbol{A})=(k_1k_2)\boldsymbol{A}=k_2(k_1\boldsymbol{A})$.

(3) $(k\boldsymbol{A})^{\mathrm{T}}=k\boldsymbol{A}^{\mathrm{T}}$.

(4) 若$\boldsymbol{A}$为n阶方阵，则$|k\boldsymbol{A}|=k^n|\boldsymbol{A}|$.

3. 矩阵与矩阵相乘

定义3 设矩阵$\boldsymbol{A}=(a_{ij})_{m\times s}$，$\boldsymbol{B}=(b_{ij})_{s\times n}$，以

$$c_{ij}=a_{i1}b_{1j}+a_{i2}b_{2j}+\cdots+a_{in}b_{nj}=\sum_{k=1}^{n}a_{ik}b_{kj}(i=1,2,\cdots,m;j=1,2,\cdots,n)$$

为元素的矩阵$\boldsymbol{C}=(c_{ij})_{m\times n}$称为矩阵$\boldsymbol{A}$与矩阵$\boldsymbol{B}$的乘积，记作$\boldsymbol{AB}$，即$\boldsymbol{C}=\boldsymbol{AB}$.

注意：只有当左矩阵$\boldsymbol{A}$的列数和右矩阵$\boldsymbol{B}$的行数相等时，乘积$\boldsymbol{AB}$才有意义，且乘积矩阵$\boldsymbol{C}$的行数等于左矩阵$\boldsymbol{A}$的行数，乘积矩阵$\boldsymbol{C}$的列数等于右矩阵$\boldsymbol{B}$的列数.

为方便起见，将乘积$\boldsymbol{AA}$记为$\boldsymbol{A}^2$，一般地，将n个方阵$\boldsymbol{A}$相乘记为$\boldsymbol{A}^n$.

例　题

【例 10-16】设 $\boldsymbol{A}=\begin{pmatrix}0 & -1 & -2\\ 1 & -3 & 5\\ 3 & 1 & 4\end{pmatrix}$，求 $3\boldsymbol{A}-2\boldsymbol{A}^{\mathrm{T}}$.

解

$$3\boldsymbol{A}-2\boldsymbol{A}^{\mathrm{T}}=3\begin{pmatrix}0 & -1 & -2\\ 1 & -3 & 5\\ 3 & 1 & 4\end{pmatrix}-2\begin{pmatrix}0 & -1 & -2\\ 1 & -3 & 5\\ 3 & 1 & 4\end{pmatrix}^{\mathrm{T}}=3\begin{pmatrix}0 & -1 & -2\\ 1 & -3 & 5\\ 3 & 1 & 4\end{pmatrix}-2\begin{pmatrix}0 & 1 & 3\\ -1 & -3 & 1\\ -2 & 5 & 4\end{pmatrix}$$

$$=\begin{pmatrix}0 & -3 & -6\\ 3 & -9 & 15\\ 9 & 3 & 12\end{pmatrix}-\begin{pmatrix}0 & 2 & 6\\ -2 & -6 & 2\\ -4 & 10 & 8\end{pmatrix}=\begin{pmatrix}0 & -5 & -12\\ 5 & -3 & 13\\ 13 & -7 & 4\end{pmatrix}.$$

【例 10-17】设

$$\boldsymbol{A}=\begin{pmatrix}1 & 2\\ 4 & -1\\ 5 & 6\end{pmatrix},\ \boldsymbol{B}=\begin{pmatrix}2 & -1 & 3\\ 1 & 0 & 2\end{pmatrix},$$

求 $\boldsymbol{AB}$ 和 $\boldsymbol{BA}$.

解　因为矩阵 $\boldsymbol{A}$ 的列数与矩阵 $\boldsymbol{B}$ 的行数相等，所以可作乘积 $\boldsymbol{AB}$

$$\boldsymbol{AB}=\begin{pmatrix}1 & 2\\ 4 & -1\\ 5 & 6\end{pmatrix}\begin{pmatrix}2 & -1 & 3\\ 1 & 0 & 2\end{pmatrix}=\begin{pmatrix}1\times2+2\times1 & 1\times(-1)+2\times0 & 1\times3+2\times2\\ 4\times2+(-1)\times1 & 4\times(-1)+(-1)\times0 & 4\times3+(-1)\times2\\ 5\times2+6\times1 & 5\times(-1)+6\times0 & 5\times3+6\times2\end{pmatrix}$$

$$=\begin{pmatrix}4 & -1 & 7\\ 7 & -4 & 10\\ 16 & -5 & 27\end{pmatrix}.$$

因为矩阵 $\boldsymbol{B}$ 的列数与矩阵 $\boldsymbol{A}$ 的行数相等，所以可作乘积 $\boldsymbol{BA}$

$$\boldsymbol{BA}=\begin{pmatrix}2 & -1 & 3\\ 1 & 0 & 2\end{pmatrix}\begin{pmatrix}1 & 2\\ 4 & -1\\ 5 & 6\end{pmatrix}=\begin{pmatrix}2\times1+(-1)\times4+3\times5 & 2\times2+(-1)\times(-1)+3\times6\\ 1\times1+0\times4+2\times5 & 1\times2+0\times(-1)+2\times6\end{pmatrix}$$

$$=\begin{pmatrix}13 & 23\\ 11 & 14\end{pmatrix}.$$

由上例可知，一般地，矩阵乘法不满足交换律.

【例 10-18】已知 $\boldsymbol{A}=\begin{pmatrix}a_{11} & a_{12} & a_{13}\\ a_{21} & a_{22} & a_{23}\\ a_{31} & a_{32} & a_{33}\end{pmatrix}$，$\boldsymbol{E}=\begin{pmatrix}1 & 0 & 0\\ 0 & 1 & 0\\ 0 & 0 & 1\end{pmatrix}$，求 $\boldsymbol{AE}$，$\boldsymbol{EA}$.

解　$$\boldsymbol{AE}=\begin{pmatrix}a_{11} & a_{12} & a_{13}\\ a_{21} & a_{22} & a_{23}\\ a_{31} & a_{32} & a_{33}\end{pmatrix}\begin{pmatrix}1 & 0 & 0\\ 0 & 1 & 0\\ 0 & 0 & 1\end{pmatrix}=\begin{pmatrix}a_{11} & a_{12} & a_{13}\\ a_{21} & a_{22} & a_{23}\\ a_{31} & a_{32} & a_{33}\end{pmatrix}=\boldsymbol{A}.$$

$$\boldsymbol{EA}=\begin{pmatrix}1 & 0 & 0\\ 0 & 1 & 0\\ 0 & 0 & 1\end{pmatrix}\begin{pmatrix}a_{11} & a_{12} & a_{13}\\ a_{21} & a_{22} & a_{23}\\ a_{31} & a_{32} & a_{33}\end{pmatrix}=\begin{pmatrix}a_{11} & a_{12} & a_{13}\\ a_{21} & a_{22} & a_{23}\\ a_{31} & a_{32} & a_{33}\end{pmatrix}=\boldsymbol{A}.$$

单位矩阵 $\boldsymbol{E}$ 在矩阵乘法中的作用与数 1 在数的乘法中的作用类似，任意矩阵 $\boldsymbol{A}$ 与相应的单位矩阵的乘积仍为矩阵 $\boldsymbol{A}$.

任意矩阵 $\boldsymbol{A}$ 与相应的零矩阵相乘会得到对应的零矩阵，但两个非零矩阵的乘积也可能是零矩阵.

【例 10-19】已知 $\boldsymbol{A}=\begin{pmatrix}2&4\\-3&-6\end{pmatrix}$，$\boldsymbol{B}=\begin{pmatrix}-2&4\\1&-2\end{pmatrix}$，求 $\boldsymbol{AB}$.

解
$$\boldsymbol{AB}=\begin{pmatrix}2&4\\-3&-6\end{pmatrix}\begin{pmatrix}-2&4\\1&-2\end{pmatrix}$$
$$=\begin{pmatrix}2\times(-2)+4\times1 & 2\times4+4\times(-2)\\(-3)\times(-2)+(-6)\times1 & (-3)\times4+(-6)\times(-2)\end{pmatrix}=\begin{pmatrix}0&0\\0&0\end{pmatrix}.$$

【例 10-20】已知 $\boldsymbol{A}=\begin{pmatrix}2&-1\\-6&3\end{pmatrix}$，$\boldsymbol{B}=\begin{pmatrix}3&1&-2\\4&1&-3\end{pmatrix}$，$\boldsymbol{C}=\begin{pmatrix}0&4&0\\-2&7&1\end{pmatrix}$，求 $\boldsymbol{AB}$，$\boldsymbol{AC}$.

解
$$\boldsymbol{AB}=\begin{pmatrix}2&-1\\-6&3\end{pmatrix}\begin{pmatrix}3&1&-2\\4&1&-3\end{pmatrix}=\begin{pmatrix}2&1&-1\\-6&-3&3\end{pmatrix}.$$
$$\boldsymbol{AC}=\begin{pmatrix}2&-1\\-6&3\end{pmatrix}\begin{pmatrix}0&4&0\\-2&7&1\end{pmatrix}=\begin{pmatrix}2&1&-1\\-6&-3&3\end{pmatrix}.$$

注意到，$\boldsymbol{AB}=\boldsymbol{AC}$，$\boldsymbol{A}\neq 0$，但 $\boldsymbol{B}\neq\boldsymbol{C}$，这说明由 $\boldsymbol{AB}=\boldsymbol{AC}$ 并不能推出 $\boldsymbol{B}=\boldsymbol{C}$.

可以证明，矩阵的乘法满足下列运算律：

(1) 结合律 $(\boldsymbol{AB})\boldsymbol{C}=\boldsymbol{A}(\boldsymbol{BC})$，$k(\boldsymbol{AB})=(k\boldsymbol{A})\boldsymbol{B}=\boldsymbol{A}(k\boldsymbol{B})$.

(2) 分配律 $(\boldsymbol{A}+\boldsymbol{B})\boldsymbol{C}=\boldsymbol{AC}+\boldsymbol{BC}$，$\boldsymbol{A}(\boldsymbol{B}+\boldsymbol{C})=\boldsymbol{AB}+\boldsymbol{AC}$.

(3) $(\boldsymbol{AB})^{\mathrm{T}}=\boldsymbol{B}^{\mathrm{T}}\boldsymbol{A}^{\mathrm{T}}$.

(4) 若 $\boldsymbol{A}$，$\boldsymbol{B}$ 均为 n 阶方阵，则 $|\boldsymbol{AB}|=|\boldsymbol{A}||\boldsymbol{B}|$.

习 题

1. 设 $\boldsymbol{A}=\begin{pmatrix}5&-2&1\\3&4&-1\end{pmatrix}$，$\boldsymbol{B}=\begin{pmatrix}-3&2&0\\-2&0&1\end{pmatrix}$，

   求 $\boldsymbol{A}+\boldsymbol{B}$，$\boldsymbol{A}-\boldsymbol{B}$，$2\boldsymbol{A}-2\boldsymbol{B}$，$\boldsymbol{AB}^{\mathrm{T}}$，$\boldsymbol{BA}^{\mathrm{T}}$.

2. 计算

   (1) $\begin{pmatrix}1&-1&1\\2&0&1\\3&1&-2\end{pmatrix}\begin{pmatrix}1&1\\0&1\\1&0\end{pmatrix}$；　　(2) $\begin{pmatrix}3&2\\-4&-2\end{pmatrix}^3$；

   (3) $\begin{pmatrix}1&1&0\\1&-1&0\\\frac{1}{2}&\frac{1}{2}&1\end{pmatrix}\begin{pmatrix}0&-2&1\\-2&0&1\\1&1&0\end{pmatrix}\begin{pmatrix}1&1&\frac{1}{2}\\1&-1&\frac{1}{2}\\0&0&1\end{pmatrix}$.

3. 设 $\boldsymbol{A}=\begin{pmatrix}1&-1&1\\2&3&-2\\-1&0&4\end{pmatrix}$，求 $\boldsymbol{A}^2-3\boldsymbol{A}+5\boldsymbol{E}$.

线性方程组的矩阵表示法

对于 n 元线性方程组

$$\begin{cases} a_{11}x_1 + a_{12}x_2 + \cdots + a_{1n}x_n = b_1, \\ a_{21}x_1 + a_{22}x_2 + \cdots + a_{2n}x_n = b_2, \\ \quad\vdots \\ a_{m1}x_1 + a_{m2}x_2 + \cdots + a_{mn}x_n = b_m, \end{cases} \tag{10-31}$$

设

$$A = \begin{pmatrix} a_{11} & a_{12} & \cdots & a_{1n} \\ a_{21} & a_{22} & \cdots & a_{2n} \\ \vdots & \vdots & & \vdots \\ a_{m1} & a_{m1} & \cdots & a_{mn} \end{pmatrix}, \quad X = \begin{pmatrix} x_1 \\ x_2 \\ \vdots \\ x_n \end{pmatrix}, \quad B = \begin{pmatrix} b_1 \\ b_2 \\ \vdots \\ b_m \end{pmatrix}$$

根据矩阵的乘法，得

$$AX = \begin{pmatrix} a_{11} & a_{12} & \cdots & a_{1n} \\ a_{21} & a_{22} & \cdots & a_{2n} \\ \vdots & \vdots & & \vdots \\ a_{m1} & a_{m2} & \cdots & a_{mn} \end{pmatrix} \begin{pmatrix} x_1 \\ x_2 \\ \vdots \\ x_n \end{pmatrix} = \begin{pmatrix} a_{11}x_1 + a_{12}x_2 + \cdots + a_{1n}x_n \\ a_{21}x_1 + a_{22}x_2 + \cdots + a_{2n}x_n \\ \vdots \\ a_{m1}x_1 + a_{m2}x_2 + \cdots + a_{mn}x_n \end{pmatrix}.$$

它是一个 m 行 1 列的矩阵，由方程组(10-31)，根据矩阵相等的定义，可得

$$\begin{pmatrix} a_{11}x_1 + a_{12}x_2 + \cdots + a_{1n}x_n \\ a_{21}x_1 + a_{22}x_2 + \cdots + a_{2n}x_n \\ \vdots \\ a_{m1}x_1 + a_{m2}x_2 + \cdots + a_{mn}x_n \end{pmatrix} = \begin{pmatrix} b_1 \\ b_2 \\ \vdots \\ b_m \end{pmatrix}.$$

所以 $AX = B$，即方程组(10-31)可以用矩阵的乘法来表示.

方程组(10-31)中的系数组成的矩阵 A 称为系数矩阵，方程组(10-31)中的系数与常数组成的矩阵

$$\begin{pmatrix} a_{11} & a_{12} & \cdots & a_{1n} & b_1 \\ a_{21} & a_{22} & \cdots & a_{2n} & b_2 \\ \vdots & \vdots & & \vdots & \vdots \\ a_{m1} & a_{m2} & \cdots & a_{mn} & b_m \end{pmatrix}$$

称为矩阵 A 的增广矩阵，记为 $\overline{A}$.

例　题

【例 10-21】利用矩阵乘法表示线性方程组

$$\begin{cases} x_1 + x_2 + 2x_3 - x_4 = -1, \\ 3x_2 + x_3 - 2x_4 = 1, \\ 2x_1 - x_2 + 2x_3 + x_4 = 0, \\ -x_1 - 2x_2 + x_3 + 3x_4 = 0. \end{cases}$$

解　设$A=\begin{pmatrix}1&1&2&-1\\0&3&1&-2\\2&-1&2&1\\-1&-2&1&3\end{pmatrix}$，$X=\begin{pmatrix}x_1\\x_2\\x_3\\x_4\end{pmatrix}$，$B=\begin{pmatrix}-1\\1\\0\\0\end{pmatrix}$，

因为$AX=B$，所以方程组可表示为

$$\begin{pmatrix}1&1&2&-1\\0&3&1&-2\\2&-1&2&1\\-1&-2&1&3\end{pmatrix}\begin{pmatrix}x_1\\x_2\\x_3\\x_4\end{pmatrix}=\begin{pmatrix}-1\\1\\0\\0\end{pmatrix}.$$

逆矩阵的定义

对于n元线性方程组

$$\begin{cases}a_{11}x_1+a_{12}x_2+\cdots+a_{1n}x_n=b_1,\\a_{21}x_1+a_{22}x_2+\cdots+a_{2n}x_n=b_2,\\\quad\vdots\\a_{m1}x_1+a_{m2}x_2+\cdots+a_{mn}x_n=b_m,\end{cases}$$

可表示为矩阵方程$AX=B$．其中

$$A=\begin{pmatrix}a_{11}&a_{12}&\cdots&a_{1n}\\a_{21}&a_{22}&\cdots&a_{2n}\\\vdots&\vdots&&\vdots\\a_{m1}&a_{m2}&\cdots&a_{mn}\end{pmatrix},\ X=\begin{pmatrix}x_1\\x_2\\\vdots\\x_n\end{pmatrix},\ B=\begin{pmatrix}b_1\\b_2\\\vdots\\b_m\end{pmatrix}.$$

由代数方程$ax=b$的解法可知，$a^{-1}ax=a^{-1}b$，$1\cdot x=x=a^{-1}b$，这启示我们，要从$AX=B$中解出X，是否也可以在矩阵方程两端各乘一个矩阵C，使$AC=E$而解出X呢？为此，我们引入逆矩阵的概念.

定义　对于n阶方阵A，如果存在n阶方阵B满足

$$AB=BA=E \tag{10-32}$$

则称方阵A为可逆的，称B为A的逆矩阵，记作A^{-1}．例如

$$A=\begin{pmatrix}1&2&-3\\0&1&2\\0&0&1\end{pmatrix},\ B=\begin{pmatrix}1&-2&7\\0&1&-2\\0&0&1\end{pmatrix},$$

容易验证，$AB=BA=E$，所以，B是A的逆矩阵，即

$$B=A^{-1}=\begin{pmatrix}1&-2&7\\0&1&-2\\0&0&1\end{pmatrix}.$$

逆矩阵的求法

定义 1　对于 n 阶方阵 $\boldsymbol{A}=\begin{pmatrix} a_{11} & a_{12} & \cdots & a_{1n} \\ a_{21} & a_{22} & \cdots & a_{2n} \\ \vdots & \vdots & & \vdots \\ a_{n1} & a_{n2} & \cdots & a_{nn} \end{pmatrix}$,

称 n 阶方阵

$$\boldsymbol{A}^{*}=\begin{pmatrix} \boldsymbol{A}_{11} & \boldsymbol{A}_{21} & \cdots & \boldsymbol{A}_{n1} \\ \boldsymbol{A}_{12} & \boldsymbol{A}_{22} & \cdots & \boldsymbol{A}_{n2} \\ \vdots & \vdots & & \vdots \\ \boldsymbol{A}_{1n} & \boldsymbol{A}_{2n} & \cdots & \boldsymbol{A}_{nn} \end{pmatrix} \tag{10-33}$$

为 $\boldsymbol{A}$ 的伴随矩阵，其中的 $\boldsymbol{A}_{ij}$为行列式 $|\boldsymbol{A}|$中元素 a_{ij}的代数余子式.

由行列式按一行(列)展开的公式可得

$$\boldsymbol{AA}^{*}=\boldsymbol{A}^{*}\boldsymbol{A}=\begin{vmatrix} |\boldsymbol{A}| & 0 & \cdots & 0 \\ 0 & |\boldsymbol{A}| & \cdots & 0 \\ \vdots & \vdots & & \vdots \\ 0 & 0 & \cdots & |\boldsymbol{A}| \end{vmatrix}=|\boldsymbol{A}|\boldsymbol{E}. \tag{10-34}$$

如果 $|\boldsymbol{A}|\neq 0$，则由式(10-33)可得

$$\boldsymbol{A}\left(\frac{1}{|\boldsymbol{A}|}\boldsymbol{A}^{*}\right)=\left(\frac{1}{|\boldsymbol{A}|}\boldsymbol{A}^{*}\right)\boldsymbol{A}=\boldsymbol{E}. \tag{10-35}$$

定理　n 阶方阵 $\boldsymbol{A}$ 可逆的充分必要条件是 $|\boldsymbol{A}|\neq 0$，且

$$\boldsymbol{A}^{-1}=\frac{1}{|\boldsymbol{A}|}\boldsymbol{A}^{*}. \tag{10-36}$$

证明　充分性：当 $|\boldsymbol{A}|\neq 0$ 时，由式(10-35)可知，$\boldsymbol{A}$ 可逆，且 $\boldsymbol{A}^{-1}=\frac{1}{|\boldsymbol{A}|}\boldsymbol{A}^{*}$.

必要性：若 $\boldsymbol{A}$ 可逆，那么有 $\boldsymbol{A}^{-1}$使 $\boldsymbol{AA}^{-1}=\boldsymbol{E}$.

两边取行列式，得 $|\boldsymbol{AA}^{-1}|=|\boldsymbol{A}||\boldsymbol{A}^{-1}|=|\boldsymbol{E}|=1$，因而 $|\boldsymbol{A}|\neq 0$.

定义 2　设 $\boldsymbol{A}$ 为 n 阶方阵，若 $|\boldsymbol{A}|\neq 0$，则称 $\boldsymbol{A}$ 是非奇异的，否则，称 $\boldsymbol{A}$ 是奇异的.

由定理可知，$\boldsymbol{A}$ 可逆的充分必要条件是 $\boldsymbol{A}$ 为非奇异方阵.

例　题

【例 10-22】已知 $\boldsymbol{A}=\begin{pmatrix} 2 & 2 & 3 \\ 1 & -1 & 0 \\ -1 & 2 & 1 \end{pmatrix}$，求 $\boldsymbol{A}^{-1}$.

解　因为 $|\boldsymbol{A}|=\begin{vmatrix} 2 & 2 & 3 \\ 1 & -1 & 0 \\ -1 & 2 & 1 \end{vmatrix}=-1\neq 0$　所以 $\boldsymbol{A}^{-1}$存在，又因为

$$A_{11}=\begin{vmatrix}-1&0\\2&1\end{vmatrix}=-1,\ A_{12}=-\begin{vmatrix}1&0\\-1&1\end{vmatrix}=-1,\ A_{13}=\begin{vmatrix}1&-1\\-1&2\end{vmatrix}=1,$$

$$A_{21}=-\begin{vmatrix}2&3\\2&1\end{vmatrix}=4,\ A_{22}=\begin{vmatrix}2&3\\-1&1\end{vmatrix}=5,\ A_{23}=-\begin{vmatrix}2&2\\-1&2\end{vmatrix}=-6,$$

$$A_{31}=\begin{vmatrix}2&3\\-1&0\end{vmatrix}=3,\ A_{32}=-\begin{vmatrix}2&3\\1&0\end{vmatrix}=3,\ A_{33}=\begin{vmatrix}2&2\\1&-1\end{vmatrix}=-4,$$

所以

$$A^*=\begin{pmatrix}-1&4&3\\-1&5&3\\1&-6&-4\end{pmatrix}.$$

因此矩阵 A 的逆矩阵

$$A^{-1}=\frac{1}{|A|}A^*=\begin{pmatrix}1&-4&-3\\1&-5&-3\\-1&6&4\end{pmatrix}.$$

【例 10-23】求矩阵 $A=\begin{pmatrix}a&b\\c&d\end{pmatrix}$的逆矩阵.

解 因为 $|A|=\begin{vmatrix}a&b\\c&d\end{vmatrix}=ad-bc$,

当 $ad-bc=0$ 时，矩阵 A 是不可逆的；

当 $ad-bc\neq0$ 时，矩阵 A 是可逆的，又因为 $A_{11}=d$，$A_{12}=-c$，$A_{21}=-b$，$A_{22}=a$，因此矩阵 A 的逆矩阵

$$A^{-1}=\frac{1}{|A|}A^*=\frac{1}{ad-bc}\begin{pmatrix}d&-b\\-c&a\end{pmatrix}.$$

逆矩阵的性质

性质 1　若矩阵 $\boldsymbol{A}$ 可逆，则其逆矩阵唯一.

证明　设 $\boldsymbol{A}$ 有两个逆矩阵 $\boldsymbol{B}$ 和 $\boldsymbol{C}$，根据逆矩阵的定义，有：$\boldsymbol{AB}=\boldsymbol{BA}=\boldsymbol{E}$，$\boldsymbol{AC}=\boldsymbol{CA}=\boldsymbol{E}$，于是 $\boldsymbol{B}=\boldsymbol{BE}=\boldsymbol{B}(\boldsymbol{AC})=(\boldsymbol{BA})\boldsymbol{C}=\boldsymbol{EC}=\boldsymbol{C}$，即 $\boldsymbol{B}=\boldsymbol{C}$，可见逆矩阵是唯一的.

性质 2　若矩阵 $\boldsymbol{A}$ 是可逆方阵，则 $\boldsymbol{A}$ 的逆矩阵的逆矩阵仍等于 $\boldsymbol{A}$，即 $(\boldsymbol{A}^{-1})^{-1}=\boldsymbol{A}$.

证明　由逆矩阵的定义可知，$\boldsymbol{A}$ 与 $\boldsymbol{A}^{-1}$ 是互逆的，即 $\boldsymbol{A}$ 也是 $\boldsymbol{A}^{-1}$ 的逆矩阵，所以 $(\boldsymbol{A}^{-1})^{-1}=\boldsymbol{A}$.

性质 3　若 n 阶方阵 $\boldsymbol{A}$，$\boldsymbol{B}$ 均可逆，则 $(\boldsymbol{AB})^{-1}=\boldsymbol{B}^{-1}\boldsymbol{A}^{-1}$.

证明　按矩阵乘法的结合律，有

$$(\boldsymbol{AB})(\boldsymbol{B}^{-1}\boldsymbol{A}^{-1})=\boldsymbol{A}(\boldsymbol{BB}^{-1})\boldsymbol{A}^{-1}=\boldsymbol{AEA}^{-1}=\boldsymbol{AA}^{-1}=\boldsymbol{E},$$
$$(\boldsymbol{B}^{-1}\boldsymbol{A}^{-1})(\boldsymbol{AB})=\boldsymbol{B}^{-1}(\boldsymbol{A}^{-1}\boldsymbol{A})\boldsymbol{B}=\boldsymbol{B}^{-1}\boldsymbol{EB}=\boldsymbol{B}^{-1}\boldsymbol{B}=\boldsymbol{E},$$

所以 $\boldsymbol{AB}$ 有逆矩阵，且 $(\boldsymbol{AB})^{-1}=\boldsymbol{B}^{-1}\boldsymbol{A}^{-1}$.

性质 4　若 $\boldsymbol{A}$ 是可逆矩阵，且数 $k\neq0$，则 $(k\boldsymbol{A})^{-1}=\frac{1}{k}\boldsymbol{A}^{-1}$.

性质 5　若 $\boldsymbol{A}$ 是可逆矩阵，则 $(\boldsymbol{A}^{\mathrm{T}})^{-1}=(\boldsymbol{A}^{-1})^{\mathrm{T}}$.

性质 6　若 $\boldsymbol{A}$ 是可逆矩阵，则 $|\boldsymbol{A}^{-1}|=|\boldsymbol{A}|^{-1}=\frac{1}{|\boldsymbol{A}|}$.

性质 4，性质 5，性质 6 证明从略.

用逆矩阵法解矩阵方程

设有矩阵方程 $\boldsymbol{AX}=\boldsymbol{B}$，若矩阵 $\boldsymbol{A}$ 可逆，上式两边同时左乘 $\boldsymbol{A}^{-1}$，则得原方程组的解 $\boldsymbol{X}=\boldsymbol{A}^{-1}\boldsymbol{B}$.

【例 10-24】用逆矩阵法解线性方程组

$$\begin{cases} 2x_1+2x_2+3x_3=-1, \\ x_1-x_2=-4, \\ -x_1+2x_2+x_3=1. \end{cases}$$

解 $\boldsymbol{A}=\begin{pmatrix} 2 & 2 & 3 \\ 1 & -1 & 0 \\ -1 & 2 & 1 \end{pmatrix}$，则 $\boldsymbol{A}^{-1}=\begin{pmatrix} 1 & -4 & -3 \\ 1 & -5 & -3 \\ -1 & 6 & 4 \end{pmatrix}$.

于是 $\boldsymbol{X}=\begin{pmatrix} x_1 \\ x_2 \\ x_3 \end{pmatrix}=\boldsymbol{A}^{-1}\boldsymbol{B}=\begin{pmatrix} 1 & -4 & -3 \\ 1 & -5 & -3 \\ -1 & 6 & 4 \end{pmatrix}\begin{pmatrix} -1 \\ -4 \\ 1 \end{pmatrix}=\begin{pmatrix} 12 \\ 16 \\ -19 \end{pmatrix}$.

例题

【例 10-25】解矩阵方程 $\boldsymbol{XB}=\boldsymbol{D}$，其中

$$\boldsymbol{B}=\begin{pmatrix} 4 & 7 \\ 5 & 9 \end{pmatrix},\ \boldsymbol{D}=\begin{pmatrix} 1 & 0 \\ 0 & 2 \\ -1 & 0 \end{pmatrix}.$$

解 因为 $|\boldsymbol{B}|=\begin{vmatrix} 4 & 7 \\ 5 & 9 \end{vmatrix}=1\neq 0$ 所以矩阵 $\boldsymbol{B}$ 可逆，且

$$\boldsymbol{XBB}^{-1}=\boldsymbol{DB}^{-1},$$

即

$$\boldsymbol{X}=\boldsymbol{DB}^{-1}=\begin{pmatrix} 1 & 0 \\ 0 & 2 \\ -1 & 0 \end{pmatrix}\begin{pmatrix} 9 & -7 \\ -5 & 4 \end{pmatrix}=\begin{pmatrix} 9 & -7 \\ -10 & 8 \\ -9 & 7 \end{pmatrix}.$$

习题

1. 求 $\boldsymbol{A}=\begin{pmatrix} 2 & 0 & 3 \\ 1 & -1 & 1 \\ 0 & 1 & -2 \end{pmatrix}$ 的伴随矩阵 $\boldsymbol{A}^*$.

2. 设 $\boldsymbol{A}=\begin{pmatrix} a & b \\ c & d \end{pmatrix}$ $(ad-bc\neq 0)$，求 $\boldsymbol{A}^{-1}$.

矩阵的初等变换

利用初等变换把矩阵 $\boldsymbol{A}$ 化为“形状简单”的矩阵 $\boldsymbol{B}$，再通过 $\boldsymbol{B}$ 来研究 $\boldsymbol{A}$ 的相关性质，这种方法在求逆矩阵及线性方程组求解等问题中有着非常重要的作用.

定义　对矩阵施以下列三种变换，称为矩阵的初等行变换.

(1) 交换矩阵的两行(ⓙ↔ⓘ).

(2) 用一个非零的数 k 乘矩阵的某一行(ⓘ $\cdot k$).

(3) 把矩阵某一行各元素的 k 倍加到另一行的对应元素上去(ⓙ + ⓘ $\cdot k$).

将“行”换成“列”，称为矩阵的初等列变换.

矩阵的初等行变换和矩阵的初等列变换统称为矩阵的初等变换.

定理　若方阵 $\boldsymbol{A}$ 经过若干次初等行变换后得到方阵 $\boldsymbol{B}$，则若 $|\boldsymbol{A}|\neq 0$，必有 $|\boldsymbol{B}|\neq 0$，反之亦然.

推论　任何非奇异矩阵均能经过初等行变换化为单位矩阵.

初等矩阵

定义　将单位矩阵做一次初等变换得到的矩阵称为初等矩阵.

定理　设 $\boldsymbol{A}$ 是一个 $m\times n$ 阶矩阵：

(1) 对 $\boldsymbol{A}$ 施以第 i 种初等行变换得到的矩阵，等于用第 i 种的 m 阶初等矩阵左乘$\boldsymbol{A}$($i=1, 2, \cdots, n$).

(2) 对 $\boldsymbol{A}$ 施以第 i 种初等列变换得到的矩阵，等于用第 i 种的 n 阶初等矩阵右乘$\boldsymbol{A}$($i=1, 2, \cdots, m$).

初等变换求逆矩阵

由"矩阵的初等变换"一节中定理的推论可知，对于任何可逆矩阵都能运用初等行变换化为单位矩阵，而由定理2又知，每进行一次初等行变换等同于左乘一个初等矩阵，因而当运用初等行变换把可逆矩阵 $\boldsymbol{A}$ 化为单位矩阵时，就相当于找到一些初等矩阵 $\boldsymbol{P}_1$，$\boldsymbol{P}_2$，…，$\boldsymbol{P}_s$，使 $\boldsymbol{P}_s\cdots\boldsymbol{P}_2\boldsymbol{P}_1\boldsymbol{A}=\boldsymbol{E}$，由逆矩阵的性质1可知 $\boldsymbol{A}^{-1}=\boldsymbol{P}_s\cdots\boldsymbol{P}_2\boldsymbol{P}_1$，所以为求 $\boldsymbol{A}^{-1}$，只需在做初等行变换时，把相应的初等矩阵的乘积记录下来即可. 具体做法为：在对 $\boldsymbol{A}$ 进行一系列初等行变换，将其化为单位矩阵 $\boldsymbol{E}$ 的过程中，同时对 $\boldsymbol{E}$ 进行完全相同的初等行变换，则当 $\boldsymbol{A}$ 化为 $\boldsymbol{E}$ 时，$\boldsymbol{E}$ 就化为 $\boldsymbol{A}^{-1}$ 了，即

$$\boldsymbol{A}\xrightarrow{\boldsymbol{P}_s\cdots\boldsymbol{P}_2\boldsymbol{P}_1}\boldsymbol{E},$$

$$\boldsymbol{E}\xrightarrow{\boldsymbol{P}_s\cdots\boldsymbol{P}_2\boldsymbol{P}_1}\boldsymbol{A}^{-1},$$

通常采取形式：$(\boldsymbol{A}\vdots\boldsymbol{E})\xrightarrow{\boldsymbol{P}_s\cdots\boldsymbol{P}_2\boldsymbol{P}_1}(\boldsymbol{E}\vdots\boldsymbol{A}^{-1})$.

例题

【例10-26】用初等行变换求矩阵 $\boldsymbol{A}=\begin{pmatrix}0 & 2 & -1\\ 1 & 1 & 2\\ -1 & -1 & -1\end{pmatrix}$ 的逆矩阵.

解 $[\boldsymbol{A}\vdots\boldsymbol{E}]=\left(\begin{array}{ccc:ccc}0 & 2 & -1 & 1 & 0 & 0\\ 1 & 1 & 2 & 0 & 1 & 0\\ -1 & -1 & -1 & 0 & 0 & 1\end{array}\right)\xrightarrow{①\leftrightarrow②}\left(\begin{array}{ccc:ccc}1 & 1 & 2 & 0 & 1 & 0\\ 0 & 2 & -1 & 1 & 0 & 0\\ -1 & -1 & -1 & 0 & 0 & 1\end{array}\right)$

$$\xrightarrow{③+①}\left(\begin{array}{ccc:ccc}1 & 1 & 2 & 0 & 1 & 0\\ 0 & 2 & -1 & 1 & 0 & 0\\ 0 & 0 & 1 & 0 & 1 & 1\end{array}\right)\xrightarrow{②+③}\left(\begin{array}{ccc:ccc}1 & 1 & 2 & 0 & 1 & 0\\ 0 & 2 & 0 & 1 & 1 & 1\\ 0 & 0 & 1 & 0 & 1 & 1\end{array}\right)$$

$$\xrightarrow{②\cdot\frac{1}{2}}\left(\begin{array}{ccc:ccc}1 & 1 & 2 & 0 & 1 & 0\\ 0 & 1 & 0 & \frac{1}{2} & \frac{1}{2} & \frac{1}{2}\\ 0 & 0 & 1 & 0 & 1 & 1\end{array}\right)$$

$$\xrightarrow{①+③\cdot(-2)}\left(\begin{array}{ccc:ccc}1 & 1 & 0 & 0 & -1 & -2\\ 0 & 1 & 0 & \frac{1}{2} & \frac{1}{2} & \frac{1}{2}\\ 0 & 0 & 1 & 0 & 1 & 1\end{array}\right)$$

$$\xrightarrow{①+②\cdot(-1)}\left(\begin{array}{ccc:ccc}1 & 0 & 0 & -\frac{1}{2} & -\frac{3}{2} & -\frac{5}{2}\\ 0 & 1 & 0 & \frac{1}{2} & \frac{1}{2} & \frac{1}{2}\\ 0 & 0 & 1 & 0 & 1 & 1\end{array}\right),$$

所以 $A^{-1}=\begin{pmatrix} -\frac{1}{2} & -\frac{3}{2} & -\frac{5}{2} \\ \frac{1}{2} & \frac{1}{2} & \frac{1}{2} \\ 0 & 1 & 1 \end{pmatrix}$.

注意：用初等行变换求方阵的逆矩阵时，不必先考虑逆矩阵是否存在，只要在变换过程中，若发现虚线左侧的某一行元素全为零时，那么方阵的逆矩阵就不存在；若左侧化为了单位矩阵，则就得到了 A^{-1}.

习　题

1. 设 $A=\begin{pmatrix} 1 & -1 & 2 \\ -2 & -1 & -2 \\ 4 & 3 & 3 \end{pmatrix}$，求 A^{-1}.

2. 设 $A=\begin{pmatrix} 4 & 2 & 3 \\ 1 & 1 & 0 \\ -1 & 2 & 3 \end{pmatrix}$，求矩阵方程 $AZ=A+2Z$ 中的矩阵 Z.

矩阵的秩的定义

既然我们可以用矩阵来表达线性方程组，那么线性方程组的一些特性，如是否有解？有解时，解是否唯一？解不唯一时，如何得到其所有解等，显然会由矩阵的特征来决定. 刻画矩阵特征的是哪些量呢？矩阵的秩是其中之一，它是一个重要的概念.

为了建立矩阵秩的概念，首先给出矩阵的秩的定义.

定义1 在矩阵 $\boldsymbol{A}$ 中位于任意选定的 k 行，k 列交点上的 k^2 个元素，按原来次序组成的 k 阶行列式称为矩阵 $\boldsymbol{A}$ 的一个 k 阶子式，如果子式的值不为零，就称为非零子式.

定义2 矩阵 $\boldsymbol{A}$ 的非零子式的最高阶数称为矩阵 $\boldsymbol{A}$ 的秩，记为 $r(\boldsymbol{A})$ 或秩 $\boldsymbol{A}$.

例 题

【例10-27】求矩阵 $\boldsymbol{A}=\begin{pmatrix}3 & 2 & 1 & 1\\ 1 & 2 & -3 & 2\\ 4 & 4 & -2 & 3\end{pmatrix}$ 的秩.

解 因为 $\boldsymbol{A}$ 的所有(四个)三阶子式均为零，即

$$\begin{vmatrix}3 & 2 & 1\\ 1 & 2 & -3\\ 4 & 4 & -2\end{vmatrix}=0,\quad \begin{vmatrix}2 & 1 & 1\\ 2 & -3 & 2\\ 4 & -2 & 3\end{vmatrix}=0,\quad \begin{vmatrix}3 & 2 & 1\\ 1 & 2 & 2\\ 4 & 4 & 3\end{vmatrix}=0,\quad \begin{vmatrix}3 & 1 & 1\\ 1 & -3 & 2\\ 4 & -2 & 3\end{vmatrix}=0,$$

又因为 $\boldsymbol{A}$ 的一个二阶子式 $\begin{vmatrix}3 & 2\\ 1 & 2\end{vmatrix}=4\neq 0$，所以由定义2知，$r(\boldsymbol{A})=2$.

【例10-28】设 $\boldsymbol{A}$ 为 n 阶非奇异方阵，求 $r(\boldsymbol{A})$.

解 由于 $\boldsymbol{A}$ 为非奇异方阵，所以矩阵 $\boldsymbol{A}$ 的 n 阶子式 $|\boldsymbol{A}|\neq 0$，所以 $r(\boldsymbol{A})=n$.

其实，例10-28的逆命题亦成立，即若一个 n 阶方阵 $\boldsymbol{A}$ 的秩为 n，则 $\boldsymbol{A}$ 必非奇异. 由此可见，n 阶方阵 $\boldsymbol{A}$ 非奇异等价于 $r(\boldsymbol{A})=n$. 以后亦称 $r(\boldsymbol{A})=n$ 的 n 阶方阵为满秩矩阵.

很明显，对于任何一个矩阵来说，其秩是唯一确定的. 因为零矩阵的所有子式全为零，故规定零矩阵的秩为零.

定理 设矩阵 $\boldsymbol{A}$，$r(\boldsymbol{A})=k$ 的充要条件为：$\boldsymbol{A}$ 存在 k 阶非零子式，且所有 $k+1$ 阶子式(如果存在)皆为零.

证明从略.

用初等变换求矩阵的秩

若按矩阵的秩的定义或定理来计算矩阵的秩，因要计算很多行列式，所以是很烦琐的. 但我们注意到“秩”只涉及子式是否为零，而并不要求子式的准确值，又注意到初等行变换不会改变行列式是否为零的性质，因此可以设想能通过矩阵的初等行变换来求矩阵的秩. 因此，有以下定理.

定理 1　矩阵经过初等行变换后，其秩不变.

证明从略.

根据该定理 1，为了求矩阵 $\boldsymbol{A}$ 的秩，可以先将 $\boldsymbol{A}$ 通过初等行变换尽量化简，再由化简后的形式求矩阵 $\boldsymbol{A}$ 的秩.

例　题

【例 10-29】求矩阵 $\boldsymbol{A}=\begin{pmatrix}3&2&1&1\\1&2&-3&2\\4&4&-2&3\end{pmatrix}$的秩.

解

$$\boldsymbol{A}=\begin{pmatrix}3&2&1&1\\1&2&-3&2\\4&4&-2&3\end{pmatrix}\xrightarrow{①\leftrightarrow②}\begin{pmatrix}1&2&-3&2\\3&2&1&1\\4&4&-2&3\end{pmatrix}\xrightarrow[③+①\cdot(-4)]{②+①\cdot(-3)}\begin{pmatrix}1&2&-3&2\\0&-4&10&-5\\0&-4&10&-5\end{pmatrix}$$

$$\xrightarrow{③+②\cdot(-1)}\begin{pmatrix}1&2&-3&2\\0&-4&10&-5\\0&0&0&0\end{pmatrix},$$

由最后的矩阵易见，其中的二阶子式$\begin{vmatrix}1&2\\0&-4\end{vmatrix}=-4\neq0$，由于第三行的元素全为零，故所有的三阶子式均为 0，所以知 $r(\boldsymbol{A})=2$.

【例 10-30】求矩阵 $\boldsymbol{A}=\begin{pmatrix}2&-4&3&1&0\\1&-2&1&-4&2\\0&1&-1&3&1\\4&-7&4&-4&5\end{pmatrix}$的秩.

解　$$\boldsymbol{A}=\begin{pmatrix}2&-4&3&1&0\\1&-2&1&-4&2\\0&1&-1&3&1\\4&-7&4&-4&5\end{pmatrix}\xrightarrow{①\leftrightarrow②}\begin{pmatrix}1&-2&1&-4&2\\2&-4&3&1&0\\0&1&-1&3&1\\4&-7&4&-4&5\end{pmatrix}$$

$$\xrightarrow[④+①\cdot(-4)]{②+①\cdot(-2)}\begin{pmatrix}1&-2&1&-4&2\\0&0&1&9&-4\\0&1&-1&3&1\\0&1&0&12&-3\end{pmatrix}\xrightarrow{②\leftrightarrow③}\begin{pmatrix}1&-2&1&-4&2\\0&1&-1&3&1\\0&0&1&9&-4\\0&1&0&12&-3\end{pmatrix}$$

$$\xrightarrow{④+②\cdot(-1)}\begin{pmatrix}1&-2&1&-4&2\\0&1&-1&3&1\\0&0&1&9&-4\\0&0&1&9&-4\end{pmatrix}\xrightarrow{④+③\cdot(-1)}\begin{pmatrix}1&-2&1&-4&2\\0&1&-1&3&1\\0&0&1&9&-4\\0&0&0&0&0\end{pmatrix},$$

由最后的矩阵易见，其中的三阶子式

$$\begin{vmatrix}1&-2&1\\0&1&-1\\0&0&1\end{vmatrix}=1\neq0,$$

而由于第四行的元素全为零，故所有的四阶子式均为0，所以知 $r(\boldsymbol{A})=3$.

由上面两个例子可以归纳出一般的规律：对于任意一个矩阵 $\boldsymbol{A}$，总可以通过初等行变换把 $\boldsymbol{A}$ 化为如下的阶梯阵

$$\begin{pmatrix}\otimes&\times&\times&\times&\times&\times&\times\\0&\otimes&\times&\times&\times&\times&\times\\0&0&0&\otimes&\times&\times&\times\\0&0&0&0&0&0&\otimes\\0&0&0&0&0&0&0\end{pmatrix},$$

式中，符号⊗表示非零元素(最好化为1)，符号×表示零或非零元素. 上述阶梯阵具有以下两个特点：

(1) 矩阵的零行位于矩阵的最下方(或没有零行).

(2) 非零行第一个非零元素之前的零元素个数随行的序数增多而增多.

例如，矩阵 $\begin{pmatrix}1&0&0&4\\0&1&0&5\\0&0&1&2\\0&0&0&0\\0&0&0&0\end{pmatrix}$，$\begin{pmatrix}1&2&3&4\\0&1&2&3\\0&0&1&2\\0&0&0&0\end{pmatrix}$，$\begin{pmatrix}1&0&0&0&2\\0&0&1&1&1\\0&0&0&0&1\end{pmatrix}$，

都是阶梯阵. 而阶梯阵非零行的行数即为矩阵的秩. 现把上面的结论归纳为如下的定理.

定理2 设 $\boldsymbol{A}$ 为 $m\times n$ 矩阵，则 $r(\boldsymbol{A})=k$ 的充要条件为：通过初等行变换可以把 $\boldsymbol{A}$ 化为具有 k 个非零行的阶梯阵.

【例10-31】求矩阵 $\boldsymbol{A}=\begin{pmatrix}1&0&2&1\\1&2&0&1\\2&1&3&0\\2&5&-1&4\\1&-1&3&-1\end{pmatrix}$ 的秩.

解

$$\boldsymbol{A}=\begin{pmatrix}1&0&2&1\\1&2&0&1\\2&1&3&0\\2&5&-1&4\\1&-1&3&-1\end{pmatrix}\xrightarrow[\substack{④+①\cdot(-2)\\⑤+①\cdot(-1)}]{\substack{②+①\cdot(-1)\\③+①\cdot(-2)}}\begin{pmatrix}1&0&2&1\\0&2&-2&0\\0&1&-1&-2\\0&5&-5&2\\0&-1&1&-2\end{pmatrix}$$

$$\xrightarrow{②\leftrightarrow③}\begin{pmatrix}1&0&2&1\\0&1&-1&-2\\0&2&-2&0\\0&5&-5&2\\0&-1&1&-2\end{pmatrix}\xrightarrow[⑤+②]{③+②\cdot(-2)\\④+②\cdot(-5)}\begin{pmatrix}1&0&2&1\\0&1&-1&-2\\0&0&0&4\\0&0&0&12\\0&0&0&-4\end{pmatrix}$$

$$\xrightarrow[⑤+③]{④+③\cdot(-3)}\begin{pmatrix}1&0&2&1\\0&1&-1&-2\\0&0&0&4\\0&0&0&0\\0&0&0&0\end{pmatrix}=\boldsymbol{B}.$$

$\boldsymbol{B}$ 为阶梯阵，且有三个非零行，故 $r(\boldsymbol{A})=3$.

习　题

1. 求下列矩阵的秩.

(1) $\begin{pmatrix}1&-1&0&0\\0&1&-1&0\\0&0&1&-1\\-1&0&0&1\end{pmatrix}$；　(2) $\begin{pmatrix}2&-1&0&4&-3\\0&0&3&1&2\\0&0&0&5&7\\0&0&0&0&0\end{pmatrix}$；

(3) $\begin{pmatrix}2&-1&1&-1&3\\4&-2&-2&3&2\\2&-1&5&-6&1\end{pmatrix}$；　(4) $\begin{pmatrix}2&1&3&4\\-2&1&4&5\\10&1&1&2\end{pmatrix}$.

2. 解方程组.

(1) $\begin{cases}x_1+x_2+x_3=3\\x_1+2x_2+x_3=4\\2x_1+3x_2+3x_3=8\\x_1+2x_2+2x_3=5\end{cases}$；　(2) $\begin{cases}2x_1-x_2+x_3-x_4=3\\4x_1-2x_2-2x_3+3x_4=2\\2x_1-x_2+5x_3-6x_4=1\\2x_1-x_2-3x_3+4x_4=5\end{cases}$；

(3) $\begin{cases}2x_1+x_2-x_3+x_4=1\\4x_1+2x_2-2x_3+x_4=2.\\2x_1+x_2-x_3-x_4=1\end{cases}$

一般线性方程组

前面已为线性方程组解的讨论建立了必要的工具，而且作为行列式和矩阵运算的应用，已经对未知数个数等于方程个数的特殊线性方程组，得到了一些结论，即用克莱姆法则或逆矩阵求线性方程组的解，接下来要对线性方程组的一般情形——有 n 个未知数，m 个方程的线性方程组，介绍它们的求法，并回答以下三个问题：如何判定线性方程组是否有解？在有解的情况下，解是否唯一？在解不唯一时，如何写出线性方程组的通解？

一般的，有 n 个未知数，m 个方程的线性方程组

$$\begin{cases}a_{11}x_1+a_{12}x_2+\cdots+a_{1n}x_n=b_1,\\a_{21}x_1+a_{22}x_2+\cdots+a_{2n}x_n=b_2,\\\qquad\vdots\\a_{m1}x_1+a_{m2}x_2+\cdots+a_{mn}x_n=b_m,\end{cases}\tag{10-37}$$

特别地，若在方程组(10-36)中，所有 $b_i=0(i=1,2,\cdots,m)$，即方程组

$$\begin{cases}a_{11}x_1+a_{12}x_2+\cdots+a_{1n}x_n=0,\\a_{21}x_1+a_{22}x_2+\cdots+a_{2n}x_n=0,\\\qquad\vdots\\a_{m1}x_1+a_{m2}x_2+\cdots+a_{mn}x_n=0,\end{cases}\tag{10-38}$$

则称该方程组为齐次线性方程组，若 $b_i(i=1,2,\cdots,m)$不全为零，称方程组(10-37)为非齐次线性方程组.

若未知数 $x_1,x_2,\cdots,x_n$ 分别用 $c_1,c_2,\cdots,c_n$ 代替后，方程组(10-37)中的每个方程都变成恒等式，就说有序数组$(c_1,c_2,\cdots,c_n)$是方程组(10-37)的一个解. 方程组有解时，也称方程组(10-37)是相容的. 解的全体所组成的集合称为解集，而能代表解集中任一个解的表达式称为通解. 如果任一组数代替 $x_1,x_2,\cdots,x_n$ 后都不能使方程组(10-37)的每一个方程成为恒等式，那么就说方程组(10-37)无解，或不相容.

显然，由 $x_1=0,x_2=0,\cdots,x_n=0$ 组成的有序数组$(0,0,\cdots,0)$是齐次线性方程组(10-38)的一个解，称这个解为齐次线性方程组(10-38)的零解，而除了零解外，如果方程组(10-38)还有不全为零的解$(x_1,x_2,\cdots,x_n)$，就称$(x_1,x_2,\cdots,x_n)$为方程组(10-38)的非零解.

若两个方程组的解集相同，则称这两个方程组同解.

线性方程组(10-37)可用矩阵方程表示为

$$\boldsymbol{AX}=\boldsymbol{B},\tag{10-39}$$

其中

$$\boldsymbol{A}=\begin{pmatrix}a_{11}&a_{12}&\cdots&a_{1n}\\a_{21}&a_{22}&\cdots&a_{2n}\\\vdots&\vdots&&\vdots\\a_{m1}&a_{m2}&\cdots&a_{mn}\end{pmatrix},\ \boldsymbol{X}=\begin{pmatrix}x_1\\x_2\\\vdots\\x_n\end{pmatrix},\ \boldsymbol{B}=\begin{pmatrix}b_1\\b_2\\\vdots\\b_m\end{pmatrix},$$

方程组(10-29)中的系数与常数组成的矩阵

$$\begin{pmatrix} a_{11} & a_{12} & \cdots & a_{1n} & b_1 \\ a_{21} & a_{22} & \cdots & a_{2n} & b_2 \\ \vdots & \vdots & & \vdots & \vdots \\ a_{m1} & a_{m2} & \cdots & a_{mn} & b_m \end{pmatrix},$$

称为增广矩阵，记为$\overline{\boldsymbol{A}}$或$(\boldsymbol{A} \vdots \boldsymbol{B})$.

对应的齐次线性方程组(10-38)亦可记为矩阵方程：

$$\boldsymbol{AX} = \boldsymbol{O}. \tag{10-40}$$

高斯消元法

在线性方程组(10-37)中，用消元法解二阶和三阶线性方程组时，实际上是反复地对方程组进行以下三种基本变换：

(1) 互换两个方程的位置.

(2) 用一个非零的数乘某一个方程.

(3) 把一个方程的 k 倍加到另一个方程上去.

不难证明，这三种变换是同解变换，而这三种变换恰好对应于矩阵的初等行变换. 由于线性方程组(10-37)的解完全由它的系数和常数项确定，因此，对线性方程组(10-37)进行的同解变换，实际上就是对线性方程组(10-37)的增广矩阵进行初等行变换.

为了求线性方程组(10-37)的解，我们可以用初等行变换对增广矩阵($\boldsymbol{A}\vdots\boldsymbol{B}$)尽量化简. 而由上节可知，通过初等行变换总能把矩阵($\boldsymbol{A}\vdots\boldsymbol{B}$)化为阶梯阵. 因此，作为解线性方程组(10-37)的一般方法，就是用初等行变换把增广矩阵($\boldsymbol{A}\vdots\boldsymbol{B}$)化为阶梯阵，再利用阶梯阵所表达的方程组求出解，由于两者为同解方程组，故也就得到原方程组(10-37)的解. 这一方法称为高斯消元法. 下面通过实例来说明如何用高斯消元法解线性方程组.

【例 10-32】解线性方程组

$$\begin{cases} x_2 - x_3 + x_4 = -3, \\ x_1 - 2x_2 + 3x_3 - 4x_4 = 4, \\ x_1 + 3x_2 - 3x_4 = 1, \\ 7x_2 + x_3 + x_4 = -3. \end{cases}$$

解 写出增广矩阵，并对增广矩阵实行初等行变换逐步消元.

$$(\boldsymbol{A}\vdots\boldsymbol{B}) = \begin{pmatrix} 0 & 1 & -1 & 1 & \vdots & -3 \\ 1 & -2 & 3 & -4 & \vdots & 4 \\ 1 & 3 & 0 & -3 & \vdots & 1 \\ 0 & 7 & 1 & 1 & \vdots & -3 \end{pmatrix} \xrightarrow{①\leftrightarrow②} \begin{pmatrix} 1 & -2 & 3 & -4 & \vdots & 4 \\ 0 & 1 & -1 & 1 & \vdots & -3 \\ 1 & 3 & 0 & -3 & \vdots & 1 \\ 0 & 7 & 1 & 1 & \vdots & -3 \end{pmatrix}$$

$$\xrightarrow{③+①\cdot(-1)} \begin{pmatrix} 1 & -2 & 3 & -4 & \vdots & 4 \\ 0 & 1 & -1 & 1 & \vdots & -3 \\ 0 & 5 & -3 & 1 & \vdots & -3 \\ 0 & 7 & 1 & 1 & \vdots & -3 \end{pmatrix}$$

$$\xrightarrow[④+②\cdot(-7)]{③+②\cdot(-5)} \begin{pmatrix} 1 & -2 & 3 & -4 & \vdots & 4 \\ 0 & 1 & -1 & 1 & \vdots & -3 \\ 0 & 0 & 2 & -4 & \vdots & 12 \\ 0 & 0 & 8 & -6 & \vdots & 18 \end{pmatrix}$$

$$\xrightarrow[④\cdot\left(\frac{1}{2}\right)]{③\cdot\left(\frac{1}{2}\right)}\begin{pmatrix}1 & -2 & 3 & -4 & \vdots & 4\\0 & 1 & -1 & 1 & \vdots & -3\\0 & 0 & 1 & -2 & \vdots & 6\\0 & 0 & 4 & -3 & \vdots & 9\end{pmatrix}$$

$$\xrightarrow{④+③\cdot(-4)}\begin{pmatrix}1 & -2 & 3 & -4 & \vdots & 4\\0 & 1 & -1 & 1 & \vdots & -3\\0 & 0 & 1 & -2 & \vdots & 6\\0 & 0 & 0 & 5 & \vdots & -15\end{pmatrix}$$

$$\xrightarrow{④\cdot\left(\frac{1}{5}\right)}\begin{pmatrix}1 & -2 & 3 & -4 & \vdots & 4\\0 & 1 & -1 & 1 & \vdots & -3\\0 & 0 & 1 & -2 & \vdots & 6\\0 & 0 & 0 & 1 & \vdots & -3\end{pmatrix}$$

最后一个矩阵为阶梯阵，它对应的方程组为

$$\begin{cases}x_1-2x_2+3x_3-4x_4=4,\\ \qquad x_2-x_3+x_4=-3,\\ \qquad\qquad x_3-2x_4=6,\\ \qquad\qquad\qquad x_4=-3,\end{cases}$$

这是一个阶梯形方程组，它与原方程组同解，由最后一个方程依次往上回代，即得原方程组的解

$$\begin{cases}x_1=-8,\\x_2=0,\\x_3=0,\\x_4=-3.\end{cases}$$

【例 10-33】解线性方程组

$$\begin{cases}2x_1-x_2+3x_3=1,\\x_1+x_3=3,\\2x_1+x_2+x_3=11.\end{cases}$$

解　写出增广矩阵，并对增广矩阵进行初等行变换逐步消元.

$$[\boldsymbol{A}\vdots\boldsymbol{B}]=\begin{pmatrix}2 & -1 & 3 & \vdots & 1\\1 & 0 & 1 & \vdots & 3\\2 & 1 & 1 & \vdots & 11\end{pmatrix}\xrightarrow{①\leftrightarrow②}\begin{pmatrix}1 & 0 & 1 & \vdots & 3\\2 & -1 & 3 & \vdots & 1\\2 & 1 & 1 & \vdots & 11\end{pmatrix}$$

$$\xrightarrow[③+①\cdot(-2)]{②+①\cdot(-2)}\begin{pmatrix}1 & 0 & 1 & \vdots & 3\\0 & -1 & 1 & \vdots & -5\\0 & 1 & -1 & \vdots & 5\end{pmatrix}\xrightarrow{③+②}\begin{pmatrix}1 & 0 & 1 & \vdots & 3\\0 & -1 & 1 & \vdots & -5\\0 & 0 & 0 & \vdots & 0\end{pmatrix}$$

最后一个矩阵为阶梯阵，它对应的方程组为

$$\begin{cases}x_1+x_3=3,\\-x_2+x_3=-5,\end{cases}$$

这是一个阶梯形方程组，它与原方程组同解，该方程组与原方程组相比，更能清晰地反映方程组的本质特征，即三个未知数，受两个独立方程的约束，因而有两个基本未知数(简称基本元)，一个自由未知数(简称自由元). 一般地，总是取最后一个阶梯阵中非零行的首非零元所对应的未知数为基本元，其余的为自由元. 自由元的个数为 $n-r$，其中 n 为未知数的个数，r 为独立方程的个数，即阶梯形矩阵中非零行的行数，本例中取 x_1，x_2 为基本元，x_3 为自由元，显然有

$$\begin{cases} x_1 = -x_3+3, \\ x_2 = x_3+5, \end{cases}$$

对于自由元 x_3 的一个确定值，代入方程组就可以得到方程组的一组解. 因为 x_3 可以任意取值，故原方程组有无穷多解，若令自由元 x_3 取任意常数 k，并把原方程组的解写成列矩阵的形式，则有

$$\begin{pmatrix} x_1 \\ x_2 \\ x_3 \end{pmatrix} = \begin{pmatrix} -k+3 \\ k+5 \\ k \end{pmatrix} = k\begin{pmatrix} -1 \\ 1 \\ 1 \end{pmatrix} + \begin{pmatrix} 3 \\ 5 \\ 0 \end{pmatrix} \quad (\text{其中 } k \text{ 为任意常数}).$$

【例 10-34】解线性方程组

$$\begin{cases} 2x_1 - x_2 + 4x_3 = 0, \\ 4x_1 - 2x_2 + 5x_3 = 4, \\ 2x_1 - x_2 + 3x_3 = 1. \end{cases}$$

解 写出增广矩阵，并对增广矩阵实行初等行变换逐步消元.

$$(\boldsymbol{A} \vdots \boldsymbol{B}) = \begin{pmatrix} 2 & -1 & 4 & \vdots & 0 \\ 4 & -2 & 5 & \vdots & 4 \\ 2 & -1 & 3 & \vdots & 1 \end{pmatrix} \xrightarrow[③+①\cdot(-1)]{②+①\cdot(-2)} \begin{pmatrix} 2 & -1 & 4 & \vdots & 0 \\ 0 & 0 & -3 & \vdots & 4 \\ 0 & 0 & -1 & \vdots & 1 \end{pmatrix} \xrightarrow{②\leftrightarrow③}$$

$$\begin{pmatrix} 2 & -1 & 4 & \vdots & 0 \\ 0 & 0 & -1 & \vdots & 1 \\ 0 & 0 & -3 & \vdots & 4 \end{pmatrix} \xrightarrow{③+②\cdot(-3)} \begin{pmatrix} 2 & -1 & 4 & \vdots & 0 \\ 0 & 0 & -1 & \vdots & 1 \\ 0 & 0 & 0 & \vdots & 1 \end{pmatrix},$$

最后一个矩阵为阶梯阵，它对应的方程组为

$$\begin{cases} 2x_1 - x_2 + 4x_3 = 0, \\ \qquad\qquad -x_3 = 1, \\ \qquad\quad 0 \cdot x_3 = 1, \end{cases}$$

该方程组与原方程组同解，但其第三个方程为矛盾方程 $0=1$，即不可能有 x_1，x_2，x_3 的值能满足这个方程，因此，原方程组无解.

线性方程组的相容性定理

由前面的几个例子可以得到一般线性方程组的相容性定理.

定理 1　线性方程组(10-37)有解的充分必要条件是：$r(\boldsymbol{A})=r(\overline{\boldsymbol{A}})$.

推论　若在线性方程组(10-37)中，$r(\boldsymbol{A})\neq r(\overline{\boldsymbol{A}})$，则该线性方程组无解.

定理 1 及其推论解决了“一般线性方程组”一节中提出的三个问题中的第一个问题，下面的定理解决了第二个问题.

定理 2　对于线性方程组(10-37)

(1) 若 $r(\boldsymbol{A})=r(\overline{\boldsymbol{A}})=n$，则该线性方程组有唯一解.

(2) 若 $r(\boldsymbol{A})=r(\overline{\boldsymbol{A}})=r<n$，则该线性方程组有无穷多解，且有 $n-r$ 个自由元.

在齐次线性方程组(10-38)中，显然它的增广矩阵的秩和系数矩阵的秩是相等的. 因此根据定理 1 可知，齐次线性方程组总是有解的，根据定理 2，可以得到以下定理：

定理 3　设齐次线性方程组(10-38)的系数矩阵 $\boldsymbol{A}$ 的秩 $r(\boldsymbol{A})=r$.

(1) 若 $r=n$，则齐次线性方程组(10-38)只有零解.

(2) 若 $r<n$，则齐次线性方程组(10-38)有无穷多组非零解.

对方程的个数与未知数的个数相等的齐次线性方程组，可以讨论其系数行列式是否为零，并有如下推论：

推论　齐次线性方程组(10-38)有非零解的充分必要条件是系数行列式等于零.

例 题

【例 10-35】判定方程组

$$\begin{cases}x_1+x_2-2x_3+x_4+3x_5=1,\\2x_1-x_2+2x_3+2x_4+6x_5=2,\\3x_1+2x_2-4x_3-3x_4-9x_5=3\end{cases}$$

是否相容，若相容，解的个数如何？

解　写出增广矩阵，并对增广矩阵进行初等行变换.

$$(\boldsymbol{A}\vdots\boldsymbol{B})=\begin{pmatrix}1&1&-2&1&3&\vdots&1\\2&-1&2&2&6&\vdots&2\\3&2&-4&-3&-9&\vdots&3\end{pmatrix}$$

$$\xrightarrow[\text{③}+\text{①}\cdot(-3)]{\text{②}+\text{①}\cdot(-2)}\begin{pmatrix}1&1&-2&1&3&\vdots&1\\0&-3&6&0&0&\vdots&0\\0&-1&2&-6&-18&\vdots&0\end{pmatrix}$$

$$\xrightarrow{\text{②}\cdot\left(-\frac{1}{3}\right)}\begin{pmatrix}1&1&-2&1&3&\vdots&1\\0&1&-2&0&0&\vdots&0\\0&-1&2&-6&-18&\vdots&0\end{pmatrix}$$

$$\xrightarrow{\text{③}+\text{②}}\begin{pmatrix}1&1&-2&1&3&\vdots&1\\0&1&-2&0&0&\vdots&0\\0&0&0&-6&-18&\vdots&0\end{pmatrix}$$

$$\xrightarrow{③\cdot\left(-\frac{1}{6}\right)}\begin{pmatrix}1&1&-2&1&3&\vdots&1\\0&1&-2&0&0&\vdots&0\\0&0&0&1&3&\vdots&0\end{pmatrix}.$$

由此可以看出，$r(\boldsymbol{A})=r(\overline{\boldsymbol{A}})=3<5$，方程组是相容的，且有无穷多解.

【例 10-36】当 λ 取何值时，线性方程组

$$\begin{cases}\lambda x_1+\ x_2+\ x_3=1,\\ x_1+\lambda x_2+\ x_3=\lambda,\\ x_1+\ x_2+\lambda x_3=\lambda^2,\end{cases}$$

有唯一解？无穷多解？无解？

解 写出增广矩阵，并对增广矩阵实行初等行变换.

$$(A\ \vdots\ B)=\begin{pmatrix}\lambda&1&1&\vdots&1\\1&\lambda&1&\vdots&\lambda\\1&1&\lambda&\vdots&\lambda^2\end{pmatrix}\xrightarrow{①\leftrightarrow③}\begin{pmatrix}1&1&\lambda&\vdots&\lambda^2\\1&\lambda&1&\vdots&\lambda\\\lambda&1&1&\vdots&1\end{pmatrix}$$

$$\xrightarrow[③+①\cdot(-\lambda)]{②+①\cdot(-1)}\begin{pmatrix}1&1&\lambda&\vdots&\lambda^2\\0&\lambda-1&1-\lambda&\vdots&\lambda-\lambda^2\\0&1-\lambda&1-\lambda^2&\vdots&1-\lambda^3\end{pmatrix}$$

$$\xrightarrow{③+②}\begin{pmatrix}1&1&\lambda&\vdots&\lambda^2\\0&\lambda-1&1-\lambda&\vdots&\lambda-\lambda^2\\0&0&(1-\lambda)(\lambda+2)&\vdots&(1-\lambda)(\lambda+1)^2\end{pmatrix}.$$

当 $\lambda\neq1$，且 $\lambda\neq-2$ 时，$r(\boldsymbol{A})=r(\overline{\boldsymbol{A}})=3$，方程组有唯一解；

当 $\lambda=1$ 时，$r(\boldsymbol{A})=r(\overline{\boldsymbol{A}})=1<3$，方程组有无穷多解；

当 $\lambda=-2$ 时，$r(\boldsymbol{A})=2$，$r(\overline{\boldsymbol{A}})=3$，$r(\boldsymbol{A})\neq r(\overline{\boldsymbol{A}})$，方程组无解.

【例 10-37】判断齐次线性方程组

$$\begin{cases}x_1+\ x_2-2x_3+3x_4=0,\\x_1-\ x_2+5x_3-\ x_4=0,\\x_1+3x_2-9x_3+7x_4=0,\\3x_1-\ x_2+8x_3+\ x_4\ =0\end{cases}$$

是否有非零解.

解 对系数矩阵作初等行变换.

$$\boldsymbol{A}=\begin{pmatrix}1&1&-2&3\\1&-1&5&-1\\1&3&-9&7\\3&-1&8&1\end{pmatrix}\xrightarrow{\substack{②+①\cdot(-1)\\③+①\cdot(-1)\\④+①\cdot(-3)}}\begin{pmatrix}1&1&-2&3\\0&-2&7&-4\\0&2&-7&4\\0&-4&14&-8\end{pmatrix}$$

$$\xrightarrow{\substack{③+②\\④+②\cdot(-2)}}\begin{pmatrix}1&1&-2&3\\0&-2&7&-4\\0&0&0&0\\0&0&0&0\end{pmatrix},$$

$r(\boldsymbol{A})=2<4$，该齐次线性方程组除了零解，还有无数多组非零解.

【例 10-38】当 λ 取什么值时，齐次线性方程组

$$\begin{cases} x_1 + x_2 + x_3 = \lambda x_1, \\ x_1 + x_2 + x_3 = \lambda x_2, \\ x_1 + x_2 + x_3 = \lambda x_3 \end{cases}$$

有非零解.

解　方程组可化为

$$\begin{cases} (1-\lambda)x_1 + x_2 + x_3 = 0, \\ x_1 + (1-\lambda)x_2 + x_3 = 0, \\ x_1 + x_2 + (1-\lambda)x_3 = 0, \end{cases}$$

由推论，该方程组有非零解的必要条件是

$$\Delta = \begin{vmatrix} 1-\lambda & 1 & 1 \\ 1 & 1-\lambda & 1 \\ 1 & 1 & 1-\lambda \end{vmatrix} = 0,$$

由行列式的展开式可得

$$(1-\lambda)^3 + 2 - 3(1-\lambda) = \lambda^2(3-\lambda) = 0.$$

所以当 $\lambda=0$，$\lambda=3$ 时，齐次线性方程组有非零解.

线性方程组的通解

还有最后一个问题，当线性方程组有无穷多解时，如何写出其通解？

首先，线性方程组的解有如下定理：

定理1 若 $\boldsymbol{X}_1$，$\boldsymbol{X}_2$ 是齐次线性方程组 $\boldsymbol{AX}=\boldsymbol{O}$ 的解，则 $\boldsymbol{X}=k_1\boldsymbol{X}_1+k_2\boldsymbol{X}_2$(其中 k_1，k_2 为任意常数)也是齐次线性方程组 $\boldsymbol{AX}=\boldsymbol{O}$ 的解.

定理2 若 $\boldsymbol{X}_0$ 是非齐次线性方程组 $\boldsymbol{AX}=\boldsymbol{B}$ 的解，$\overline{\boldsymbol{X}}$是其对应的齐次线性方程组$\boldsymbol{AX}=\boldsymbol{O}$ 的解，则 $\boldsymbol{X}=\boldsymbol{X}_0+\overline{\boldsymbol{X}}$是非齐次线性方程组 $\boldsymbol{AX}=\boldsymbol{B}$ 的解.

以下通过实例说明如何求线性方程组的通解.

例 题

【例10-39】求齐次线性方程组

$$\begin{cases} x_1+3x_2+3x_3+2x_4-x_5=0, \\ 2x_1+6x_2+9x_3+5x_4+4x_5=0, \\ -x_1-3x_2+3x_3+x_4+13x_5=0, \\ -3x_3+x_4-6x_5=0 \end{cases}$$

的通解.

解 对系数矩阵作初等行变换化至最简.

$$\boldsymbol{A}=\begin{pmatrix} 1 & 3 & 3 & 2 & -1 \\ 2 & 6 & 9 & 5 & 4 \\ -1 & -3 & 3 & 1 & 13 \\ 0 & 0 & -3 & 1 & -6 \end{pmatrix} \xrightarrow[③+①]{②+①\cdot(-2)} \begin{pmatrix} 1 & 3 & 3 & 2 & -1 \\ 0 & 0 & 3 & 1 & 6 \\ 0 & 0 & 6 & 3 & 12 \\ 0 & 0 & -3 & 1 & -6 \end{pmatrix}$$

$$\xrightarrow[④+②]{③+②\cdot(-2)} \begin{pmatrix} 1 & 3 & 3 & 2 & -1 \\ 0 & 0 & 3 & 1 & 6 \\ 0 & 0 & 0 & 1 & 0 \\ 0 & 0 & 0 & 2 & 0 \end{pmatrix} \xrightarrow[\substack{②+③\cdot(-1) \\ ④+③\cdot(-2)}]{①+③\cdot(-2)} \begin{pmatrix} 1 & 3 & 3 & 0 & -1 \\ 0 & 0 & 3 & 0 & 6 \\ 0 & 0 & 0 & 1 & 0 \\ 0 & 0 & 0 & 0 & 0 \end{pmatrix}$$

$$\xrightarrow{②\cdot\left(\frac{1}{3}\right)} \begin{pmatrix} 1 & 3 & 3 & 0 & -1 \\ 0 & 0 & 1 & 0 & 2 \\ 0 & 0 & 0 & 1 & 0 \\ 0 & 0 & 0 & 0 & 0 \end{pmatrix} \xrightarrow{①+②\cdot(-3)} \begin{pmatrix} 1 & 3 & 0 & 0 & -7 \\ 0 & 0 & 1 & 0 & 2 \\ 0 & 0 & 0 & 1 & 0 \\ 0 & 0 & 0 & 0 & 0 \end{pmatrix},$$

由最后一个矩阵可得方程组

$$\begin{cases} x_1+3x_2+\quad -7x_5=0, \\ x_3+2x_5=0, \\ x_4=0, \end{cases}$$

即

$$\begin{cases} x_1=-3x_2+7x_5, \\ x_3=-2x_5, \\ x_4=0, \end{cases}$$

令自由元 $x_2=1$，$x_5=0$，得基本元 $x_1=-3$，$x_3=0$，$x_4=0$；令自由元 $x_2=0$，$x_5=1$，得基本元 $x_1=7$，$x_3=-2$，$x_4=0$，从而有方程组的两个解

$$\boldsymbol{X}_1=\begin{pmatrix}-3\\1\\0\\0\\0\end{pmatrix},\ \boldsymbol{X}_2=\begin{pmatrix}7\\0\\-2\\0\\1\end{pmatrix}.$$

所以所求齐次线性方程组的通解为

$$\boldsymbol{X}=k_1\boldsymbol{X}_1+k_2\boldsymbol{X}_2=k_1\begin{pmatrix}-3\\1\\0\\0\\0\end{pmatrix}+k_2\begin{pmatrix}7\\0\\-2\\0\\1\end{pmatrix}(\text{其中 } k_1,\ k_2 \text{ 为任意常数}).$$

【例 10-40】求非齐次线性方程组

$$\begin{cases}x_1+x_2+x_3+x_4+x_5=7,\\ x_2+2x_3+2x_4+6x_5=23,\\ 3x_1+2x_2+x_3+x_4-3x_5=-2,\\ 5x_1+4x_2+3x_3+3x_4-x_5=12\end{cases}$$

的通解.

解　对增广矩阵作初等行变换化至最简.

$$[\boldsymbol{A}\vdots\boldsymbol{B}]=\begin{pmatrix}1&1&1&1&1&\vdots&7\\0&1&2&2&6&\vdots&23\\3&2&1&1&-3&\vdots&-2\\5&4&3&3&-1&\vdots&12\end{pmatrix}$$

$$\xrightarrow[④+①\cdot(-5)]{③+①\cdot(-3)}\begin{pmatrix}1&1&1&1&1&\vdots&7\\0&1&2&2&6&\vdots&23\\0&-1&-2&-2&-6&\vdots&-23\\0&-1&-2&-2&-6&\vdots&-23\end{pmatrix}\xrightarrow[④+②]{③+②}$$

$$\begin{pmatrix}1&1&1&1&1&\vdots&7\\0&1&2&2&6&\vdots&23\\0&0&0&0&0&\vdots&0\\0&0&0&0&0&\vdots&0\end{pmatrix}\xrightarrow{①+②\cdot(-1)}\begin{pmatrix}1&0&-1&-1&-5&\vdots&-16\\0&1&2&2&6&\vdots&23\\0&0&0&0&0&\vdots&0\\0&0&0&0&0&\vdots&0\end{pmatrix},$$

由最后一个矩阵可得，原非齐次线性方程组可化为

$$\begin{cases}x_1-x_3-x_4-5x_5=-16,\\ x_2+2x_3+2x_4+6x_5=23,\end{cases}$$

即

$$\begin{cases}x_1=-16+x_3+x_4+5x_5,\\ x_2=23-2x_3-2x_4-6x_5,\end{cases}$$

令自由元 $x_3=x_4=x_5=0$，可得非齐次线性方程组的一个特解

$$X_0=\begin{pmatrix}-16\\23\\0\\0\\0\end{pmatrix},$$

原方程组对应的齐次线性方程组可化为

$$\begin{cases}x_1 \quad -x_3-x_4-5x_5=0,\\ x_2+2x_3+2x_4+6x_5=0,\end{cases}$$

即

$$\begin{cases}x_1= \quad x_3+x_4+5x_5,\\ x_2=-2x_3-2x_4-6x_5,\end{cases}$$

分别令自由元 $x_3=1$，$x_4=0$，$x_5=0$；$x_3=0$，$x_4=1$，$x_5=0$；$x_3=0$，$x_4=0$，$x_5=1$，可得齐次线性方程组的三个特解

$$X_1=\begin{pmatrix}1\\-2\\1\\0\\0\end{pmatrix},\ X_2=\begin{pmatrix}1\\-2\\0\\1\\0\end{pmatrix},\ X_3=\begin{pmatrix}5\\-6\\0\\0\\1\end{pmatrix},$$

得对应齐次线性方程组的通解

$$\overline{X}=k_1X_1+k_2X_2+k_3X_3=k_1\begin{pmatrix}1\\-2\\1\\0\\0\end{pmatrix}+k_2\begin{pmatrix}1\\-2\\0\\1\\0\end{pmatrix}+k_3\begin{pmatrix}5\\-6\\0\\0\\1\end{pmatrix},$$

所以所求非齐次线性方程组的通解为

$$X=\begin{pmatrix}x_1\\x_2\\x_3\\x_4\\x_5\end{pmatrix}=X_0+\overline{X}=X_0+k_1X_1+k_2X_2+k_3X_3=\begin{pmatrix}-16\\23\\0\\0\\0\end{pmatrix}+k_1\begin{pmatrix}1\\-2\\1\\0\\0\end{pmatrix}+k_2\begin{pmatrix}1\\-2\\0\\1\\0\end{pmatrix}+k_3\begin{pmatrix}5\\-6\\0\\0\\1\end{pmatrix},$$

式中，k_1，k_2，k_3 为任意常数.

因此，可得一般线性方程组通解的求法：

对齐次线性方程组 $AX=O$，将其系数矩阵 A 作初等行变换化至最简的阶梯阵，取阶梯阵中非零行的首个非零元所对应的未知数为基本元，其余的为自由元，分别令一个自由元为1，其余的自由元为0，得到齐次线性方程组的 $n-r$ 个解：X_1，X_2，$\cdots$，X_{n-r}（X_1，X_2，$\cdots$，X_{n-r} 也称为齐次线性方程组的一个基础解系），齐次线性方程组的通解即为 $X=k_1X_1+k_2X_2+\cdots+k_{n-r}X_{n-r}$（式中，$k_1$，$k_2$，$\cdots$，$k_{n-r}$ 为任意常数).

对非齐次线性方程组 $AX=B$，将其增广矩阵 $\overline{A}$ 作初等行变换化至最简的阶梯阵，取阶梯

阵中非零行的首个非零元所对应的未知数为基本元，其余的为自由元，令所有自由元为零，得到非齐次线性方程组的一个特解 $\boldsymbol{X}_0$，再求出其对应的齐次线性方程组的通解$\overline{\boldsymbol{X}}$，非齐次线性方程组的通解即为 $\boldsymbol{X}=\boldsymbol{X}_0+\overline{\boldsymbol{X}}=\boldsymbol{X}_0+k_1\boldsymbol{X}_1+k_2\boldsymbol{X}_2+\cdots+k_{n-r}\boldsymbol{X}_{n-r}$（式中，$k_1$，$k_2$，…，$k_{n-r}$为任意常数）.

习　题

1. 设齐次线性方程组为

$$\begin{cases}(3-\lambda)x_1-x_2+x_3=0,\\ x_1+(1-\lambda)x_2+x_3=0,\\ -3x_1+3x_2-(1+\lambda)x_3=0,\end{cases}$$

问 λ 为何值时，此齐次线性方程组有非零解？并在有非零解时，求其通解.

2. 设非齐次线性方程组为

$$\begin{cases}(1+\lambda)x_1+x_2+x_3=0,\\ x_1+(1+\lambda)x_2+x_3=3,\\ x_1+x_2+(1+\lambda)x_3=\lambda,\end{cases}$$

问 λ 取何值时，方程组有唯一解、无解、有无穷多个解，并在有无穷多个解时求出通解.

3. 求下列线性方程组的通解.

（1）$\begin{cases}x_1+3x_2+x_3=0,\\ -2x_1-6x_2-3x_3+2x_4=0,\\ 2x_1+6x_2+4x_4=0;\end{cases}$

（2）$\begin{cases}x_1-x_2+5x_3-x_4=0,\\ x_1+x_2-2x_3+3x_4=0,\\ 3x_1-x_2+8x_3+x_4=0,\\ x_1+3x_2-9x_3+7x_4=0;\end{cases}$

（3）$\begin{cases}x_1-3x_2+x_3-2x_4-x_5=0,\\ -3x_1+9x_2-3x_3+6x_4+3x_5=0,\\ 2x_1-6x_2+2x_3-4x_4-2x_5=0,\\ x_1-3x_2+x_3-2x_4-x_5=0;\end{cases}$

（4）$\begin{cases}2x_1+x_2-x_3+x_4=1,\\ -x_1-2x_2-x_3+x_4=-2,\\ x_1+x_2+2x_3+x_4=3;\end{cases}$

（5）$\begin{cases}2x_1+7x_2+3x_3+x_4=6,\\ 3x_1+5x_2+2x_3+2x_4=4,\\ 9x_1+4x_2+x_3+7x_4=2;\end{cases}$

（6）$\begin{cases}2x_1-x_2+x_3-3x_4=4,\\ 3x_1-2x_2-2x_3-3x_4=2,\\ 5x_1+x_2-x_3+2x_4=-1,\\ 2x_1+x_2-x_3+x_4=1.\end{cases}$

综合练习

1. 填空题.

(1) 如果 5 阶行列式 D_5 中每一列上的 5 个元素之和都等于零，则 $D_5 =$ ________.

(2) $\begin{vmatrix} a_1 & 0 & 0 & b_1 \\ 0 & a_2 & b_2 & 0 \\ 0 & b_3 & a_3 & 0 \\ b_4 & 0 & 0 & a_4 \end{vmatrix} =$ ________.

(3) 若 $a_i \neq 0(i=1, 2, 3, 4)$，则 $\begin{vmatrix} a_1 & 1 & 1 & 1 \\ 1 & a_2 & 0 & 0 \\ 1 & 0 & a_3 & 0 \\ 1 & 0 & 0 & a_4 \end{vmatrix} =$ ________.

(4) 方程 $\begin{vmatrix} x-1 & 4 & 2 \\ -2 & x-7 & -4 \\ 4 & 10 & x+6 \end{vmatrix} = 0$ 的根为________.

(5) 行列式 $\begin{vmatrix} a^2 & (a+1)^2 & (a+2)^2 \\ b^2 & (b+1)^2 & (b+2)^2 \\ c^2 & (c+1)^2 & (c+2)^2 \end{vmatrix} =$ ________.

(6) 已知 4 阶行列式 D 中第二行上的元素分别为 -1，0，2，4，第四行上的元素的余子式分别为 5，10，a，4，则 a 的值为________.

(7) $\begin{vmatrix} 0 & 0 & 2 & 3 \\ 0 & 0 & 4 & 5 \\ 1 & 0 & 2 & 5 \\ 6 & 7 & 1 & 3 \end{vmatrix} =$ ________.

(8) 齐次线性方程组 $\begin{cases} kx_1 + x_2 - x_3 = 0 \\ x_1 + kx_2 - x_3 = 0 \\ 2x_1 - x_2 + x_3 = 0 \end{cases}$ 有非零解，则 $k =$ ________.

(9) 若 $\boldsymbol{A} = \begin{pmatrix} -2 & 0 & 0 \\ 0 & -1 & 0 \\ 7 & 0 & 3 \end{pmatrix}$，则 $(\boldsymbol{A}-2\boldsymbol{E})^{-1}(\boldsymbol{A}^2-4\boldsymbol{E}) =$ ________.

(10) $\boldsymbol{A}$ 为 3 阶方阵，且 $|\boldsymbol{A}|=3$，则 $|\boldsymbol{A}^{\mathrm{T}}\boldsymbol{A}| =$ ________，$|2\boldsymbol{A}^{-1}| =$ ________，$|3\boldsymbol{A}^{-1}-2\boldsymbol{A}^{*}| =$ ________.

(11) 已知方程组 $\begin{pmatrix} 1 & 2 & 1 \\ 2 & 3 & a+2 \\ 1 & a & -2 \end{pmatrix}\begin{pmatrix} x_1 \\ x_2 \\ x_3 \end{pmatrix} = \begin{pmatrix} 1 \\ 3 \\ 0 \end{pmatrix}$ 无解，则 $a =$ ________.

（12）设方程组$\begin{pmatrix} a & 1 & 1 \\ 1 & a & 1 \\ 1 & 1 & a \end{pmatrix}\begin{pmatrix} x_1 \\ x_2 \\ x_3 \end{pmatrix}=\begin{pmatrix} 1 \\ 1 \\ -2 \end{pmatrix}$有无穷多个解，则 $a=$________.

2. 选择题.

（1）$\boldsymbol{A}$，$\boldsymbol{B}$ 是 n 阶方阵，则下列运算中，正确的是(　　).

（A）$|-\boldsymbol{A}|=-|\boldsymbol{A}|$；　（B）$|\boldsymbol{A}+\boldsymbol{B}|=|\boldsymbol{A}|+|\boldsymbol{B}|$；

（C）$|k\boldsymbol{A}|=k|\boldsymbol{A}|$；　（D）$|\boldsymbol{AB}|=|\boldsymbol{A}||\boldsymbol{B}|$.

（2）设 $\boldsymbol{A}$ 为 n 阶方阵，若 $\boldsymbol{A}$ 经过若干次初等变换变成矩阵 $\boldsymbol{B}$，则成立的(　　).

（A）$|\boldsymbol{A}|=|\boldsymbol{B}|$；　（B）若 $|\boldsymbol{A}|=0$，则必有 $|\boldsymbol{B}|=0$；

（C）$|\boldsymbol{A}|\neq|\boldsymbol{B}|$；　（D）若 $|\boldsymbol{A}|>0$，则必有 $|\boldsymbol{B}|>0$；

（3）设 n 阶矩阵 $\boldsymbol{A}$，$\boldsymbol{B}$，$\boldsymbol{C}$ 满足 $\boldsymbol{ABC}=\boldsymbol{E}$，则必有(　　).

（A）$\boldsymbol{ACB}=\boldsymbol{E}$；　（B）$\boldsymbol{BCA}=\boldsymbol{E}$；

（C）$\boldsymbol{BAC}=\boldsymbol{E}$；　（D）$\boldsymbol{CBA}=\boldsymbol{E}$.

（4）$\boldsymbol{A}$，$\boldsymbol{B}$ 都是 n 阶可逆矩阵，且满足$(\boldsymbol{AB})^2=\boldsymbol{E}$，则下列不成立的是(　　).

（A）$\boldsymbol{A}=\boldsymbol{B}^{-1}$；　（B）$\boldsymbol{ABA}=\boldsymbol{B}^{-1}$；

（C）$(\boldsymbol{BA})^2=\boldsymbol{E}$；　（D）$\boldsymbol{BAB}=\boldsymbol{A}^{-1}$.

（5）$\boldsymbol{A}$，$\boldsymbol{B}$ 是 n 阶方阵，下列结论正确的是(　　).

（A）$\boldsymbol{A}^2=\boldsymbol{O}\Leftrightarrow\boldsymbol{A}=\boldsymbol{O}$；　（B）$\boldsymbol{A}^2=\boldsymbol{A}\Leftrightarrow\boldsymbol{A}=\boldsymbol{O}$ 或 $\boldsymbol{A}=\boldsymbol{E}$；

（C）$(\boldsymbol{A}-\boldsymbol{B})(\boldsymbol{A}+\boldsymbol{B})=\boldsymbol{A}^2-\boldsymbol{B}^2$；　（D）$(\boldsymbol{A}-\boldsymbol{B})^2=\boldsymbol{A}^2-\boldsymbol{AB}-\boldsymbol{BA}+\boldsymbol{B}^2$.

（6）设 $\boldsymbol{A}$ 是 $m\times n$ 矩阵，$\boldsymbol{AX}=\boldsymbol{O}$ 是 $\boldsymbol{AX}=\boldsymbol{B}$ 对应的齐次方程组，则下列结论正确的是(　　).

（A）若 $\boldsymbol{AX}=\boldsymbol{O}$ 仅有零解，则 $\boldsymbol{AX}=\boldsymbol{B}$ 有唯一解；

（B）若 $\boldsymbol{AX}=\boldsymbol{O}$ 有非零解，则 $\boldsymbol{AX}=\boldsymbol{B}$ 有无穷多解；

（C）若 $\boldsymbol{AX}=\boldsymbol{B}$ 有无穷多解，则 $\boldsymbol{AX}=\boldsymbol{O}$ 仅有零解；

（D）若 $\boldsymbol{AX}=\boldsymbol{B}$ 有无穷多解，则 $\boldsymbol{AX}=\boldsymbol{O}$ 有非零解.

（7）设 $m\times n$ 矩阵 $\boldsymbol{A}$ 的秩为 r，则非齐次线性方程组 $\boldsymbol{AX}=\boldsymbol{B}$(　　).

（A）$r=m$ 时有解；　（B）$r=n$ 时有唯一解；

（C）$m=n$ 时有唯一解；　（D）$r<n$ 时有无穷多个解.

（8）设 $\boldsymbol{A}=\begin{pmatrix} 1 & 1 & 0 & 0 \\ 0 & 1 & 1 & 0 \\ 0 & 0 & 1 & 1 \\ 1 & 0 & 0 & 1 \end{pmatrix}$，$\boldsymbol{B}=\begin{pmatrix} a_1 \\ a_2 \\ a_3 \\ a_4 \end{pmatrix}$，$\boldsymbol{A}x=\boldsymbol{B}$ 有解的充分必要条件为(　　).

（A）$a_1=a_2=a_3=a_4$；　（B）$a_1=a_2=a_3=a_4=1$；

（C）$a_1+a_2+a_3+a_4=0$；　（D）$a_1-a_2+a_3-a_4=0$.

3. 计算下列行列式的值.

（1）$\begin{vmatrix} a & b & c & d \\ 0 & 0 & e & f \\ 0 & 0 & g & h \\ 0 & 0 & k & l \end{vmatrix}$；　（2）$\begin{vmatrix} 1 & 1 & 1 & 1 \\ 1 & -1 & 1 & 1 \\ 1 & 1 & -1 & 1 \\ 1 & 1 & 1 & -1 \end{vmatrix}$；

(3) $\begin{vmatrix} a-b-c & 2a & 2a \\ 2b & b-c-a & 2b \\ 2c & 2c & c-a-b \end{vmatrix}$；　　(4) $D_4=\begin{vmatrix} 1+x & 1 & 1 & 1 \\ 1 & 1-x & 1 & 1 \\ 1 & 1 & 1+y & 1 \\ 1 & 1 & 1 & 1-y \end{vmatrix}$.

4. 已知$\boldsymbol{\alpha}$是3×1矩阵，且$\boldsymbol{A}=\boldsymbol{\alpha\alpha}^{\mathrm{T}}=\begin{pmatrix} 9 & 6 & 3 \\ 6 & 4 & 2 \\ 3 & 2 & 1 \end{pmatrix}$，求(1)$\boldsymbol{\alpha}^{\mathrm{T}}\boldsymbol{\alpha}$；(2) $\boldsymbol{A}^n$(n为正整数).

5. 已知矩阵$\boldsymbol{A}=\begin{pmatrix} 1 & 2 & 3 \\ 0 & 2 & 1 \\ -2 & 0 & 0 \end{pmatrix}$，$\boldsymbol{B}=\begin{pmatrix} 0 & 2 & 3 \\ 0 & 0 & 1 \\ -2 & 0 & -3 \end{pmatrix}$，且矩阵$\boldsymbol{X}$满足$\boldsymbol{AXA}+\boldsymbol{BXB}=\boldsymbol{AXB}+\boldsymbol{BXA}+\boldsymbol{E}$，求$\boldsymbol{X}$.

6. 设非齐次线性方程组为$\begin{cases} (2-\lambda)x_1+2x_2-2x_3=1, \\ 2x_1+4x_2+(\lambda-5)x_3=\lambda+1, \\ -2x_1+(\lambda-5)x_2+4x_3=-2, \end{cases}$

问λ为何值时，此方程组有唯一解，无解或有无穷多个解，并在有无穷多个解时求出其通解.

数学可以解放思想：两个整数相除可能除不尽，引进分数就除尽了；两个数相减可能不够减，引进负数就能够相减了；负数不能开平方，引进虚数就开出来了；很多现象是不确定的，引进概率就有规律可循了. 说谎问题、定价问题、语文句子分析问题等，都可以成为数学问题；摆火柴棒、折纸、剪拼等，皆可成为严谨的学术问题. 好像在数学里没有什么问题不能讨论，在世界上没有什么事情不能提炼出数学.

第 11 章 数学建模

学习目标

- 能表述建立数学模型的方法、步骤.
- 能表述建立数学模型的逼真性、可行性、渐进性、强健性、可转移性、非预制性、条理性、技艺性和局限性等特点.
- 能表述数学建模的分类.
- 会采用灵活的表述方法建立数学模型.
- 培养建模的想象力和洞察力.

导学提纲

- 建立数学模型该如何提出问题?
- 建立数学模型该如何选择恰当的建模方法?
- 如何适当地推导模型公式?

数学建模已经成为应用数学的一大分支，并且正处于蓬勃发展的时期.本章将通过介绍数学模型的概念，建立数学模型的一般步骤以及常用的方法，使读者能够了解建立数学模型的思维和方法，能够初步建立一些比较简单的数学模型，提高读者应用数学的方法去分析和解决实际问题的能力.

数学应用的广泛性

世界上一切事物间的联系过程中，一切事物的变化规律中，必然蕴含着一定的数与量的关系，数学是人们认识世界和改造世界的不可缺少的工具. 随着社会的进步以及科学技术的不断发展，数学的应用不仅局限在物理、力学、电磁学等方面，特别是计算机的发展应用，使得在社会、人口、经济、环境等方面的研究中，广泛深入地应用了数学的方法和工具，使得过去许多特定的东西定量化、精确化. 而且，数学本身的发展也为解决随机、确定、离散等问题提供了必要的途径. 可见，数学在各个学科中的应用显然越来越重要了.

一门学科的内容如果能用数学来分析和表达，是这门学科精密化和科学化的一种表现. 在生产过程中，虽然可以采用比较简单的直接实验方法来分析和改进生产中出现的问题，但是在很多情况下这种方法是行不通的. 例如，在设备正式投产后，往往不允许破坏正常的生产而进行某些实验. 又如，我国的人口何时超过 15 亿；长江是否将变为第二条黄河等，这类问题无法依靠实验来研究，只能通过计算机进行模拟实验，靠数学推理和计算进行研究，以便采取相应的措施解决问题.

总之，现代科学技术的发展，要求我们更好地应用数学为各方面服务，应用数学的方法来反映、描述或模拟各种现象，并揭示其内在的规律，这就是我们以下要讲的数学模型.

数学模型

1. 模型

模型是实物、过程的表示形式，是人们认识事物的一种概念框架. 模型可以分为具体模型和抽象模型两类，而数学模型只是抽象模型的一种.

在生活中，我们经常可以看到的，如地图、地球仪、建筑模型、昆虫标本、照片等都可以看作是具体模型. 它反映了具体事物的特征和属性. 在我们每个人的脑海中也有不少的模型，如某一熟人的长相、行为、品质、才能等. 它必须经过头脑加工储存在大脑中，这可视作抽象模型. 值得注意的是，抽象模型可以帮助我们认识事物，但是抽象模型不是实物，它仅仅是真实对象的一种描述方法.

2. 数学模型

数学模型是对于现实世界的某一特性对象，为了某个特定目的，根据特有的内在规律，作出必要的简化和假设，运用适当的数学工具得到的一个数学结构. 从广义上讲，一切数学概论、数学理论体系、各种数学公式、各种方程式、各种函数关系，以及由公式系列构成的算法系统等都可以叫作数学模型. 例如，在考虑两个物体之间的相互作用时，对于它们之间相互吸引的这种属性，我们可以用数学公式

$$F = R\frac{m_1m_2}{r^2}$$

来表示吸引力与其他因素之间的关系，这就是物质相互吸引的数学模型.

从狭义上讲，只有那些反映特定问题或者特定的具体事物系统的数学关系结构，才叫作数学模型. 它或者能解释特定现象的现实状态，或者能预测对象的未来状态，或者能提供处理对象的最优决策或控制. 在现代应用数学中，数学模型都作狭义解释，而建立数学模型的目的，主要是为了解决具体的实际问题.

3. 数学模型的分类

由于数学模型涉及的方面相当广泛，所以数学模型的分类很难有统一的标准. 这里根据不同的分类原则，介绍几种分类的类型.

(1) 根据数学方法分：有初等数学模型、几何模型、微分方程模型、图论模型、优化模型、控制模型等.

(2) 根据研究问题分：有人口模型、交通模型、环境模型、生态模型、资源模型、经济模型等.

(3) 根据变量性质分：有确定性模型、随机性模型、静态模型、动态模型、离散性模型、连续性模型等.

4. 数学模型示例

根据数学模型的广义解释，可以说早在学习初等数学时，我们已经用建立数学模型的方法解决实际问题了. 例如，我们曾经解决过下面类型的“航行问题”.

甲、乙两地相距 750km，船从甲地到乙地顺水航行需要 30h，从乙地到甲地逆水航行需

要50h，问船速、水速各为多少？

用x，y分别表示船速和水速，可以得到下面的方程组：

$$\begin{cases}(x+y)\cdot 30=750\\(x-y)\cdot 50=750\end{cases}$$

事实上，这个方程组就是上述航行问题的数学模型. 列出了方程，一个实际问题就转化成了一个纯粹的数学问题. 解方程组可以得到$x=20\text{km/h}$，$y=5\text{km/h}$，这个航行问题的最终结果就得出来了.

当然，从数学模型的狭义方面讲，真正的实际问题要复杂得多，但是数学模型的基本内容及过程已经包含在这个代数应用题中了. 在后面的内容中，我们将进一步阐述数学模型的建立过程.

建立数学模型的方法和步骤

数学建模就是用数学来解决非数学的问题，就是把要解决的实际问题与数学联系起来. 简单地说，就是建立数学模型. 根据建立起来的数学模型去解决各类实际问题.

建立模型是一种创造性的思维活动过程，应依靠实际情况而定，它没有统一的模式和固定方法. 当然，根据事物的发展规律，建立数学模型大体可分为两大类：其一是根据对现实对象特性的认识，分析其中存在的因果关系，然后找出反映内部数量关系的规律建立数学模型；第二种方法是，对于一些研究对象的内部数量关系的规律无法直接寻找时，可以测量系统的输入、输出数据，并在此基础上运用数理统计的方法，确定一个与数据拟合得最好的数学模型. 可以看出，用哪一种方法建模主要是根据我们对研究对象的了解程度来定，当然把这两种方法结合起来也是常用的建模方法.

建立数学模型的步骤主要有：

(1) 明确实际问题，并熟悉问题背景. 这就是建模的准备工作.

(2) 对问题进行简化和假设. 要求我们抓住矛盾，舍去一些次要因素，提出合理的假设.

(3) 建立模型，用表格、图形、公式等来确定数学结构，选择适当的数学工具来刻画、描述各种量之间的关系.

(4) 对模型进行分析、检验和修改. 用通过数学的运算和证明得到的数量结果，与实际问题进行比较，必要时要进行修改、调整，甚至改换数学方法.

(5) 模型的运用. 用建立的模型去分析、解释已有的现象，并预测未来的发展趋势，以便给人们的决策提供参考.

归纳起来，我们可以用如图 11-1 所示框图说明数学建模的主要步骤.

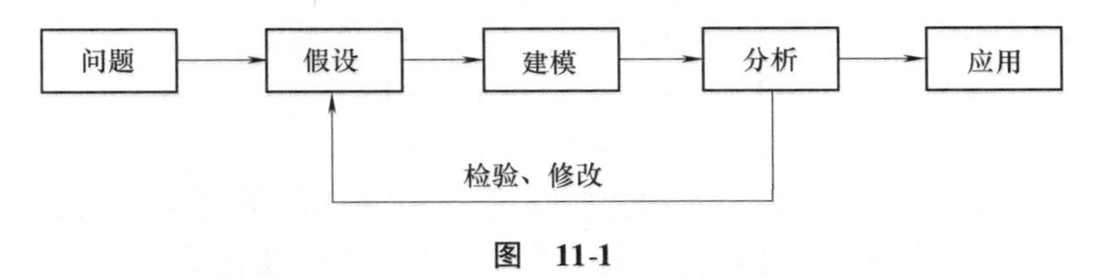

图　11-1

从图 11-1 可以看出，数学建模是一个反复修改假设，反复建立模型、求解、检验，以便获得合理的数学模型的过程.

下面，列举一个简单的问题，使读者初步理解怎样把数学应用到解决实际的过程中.

问题：黑白棋子共八个，排成如图 11-2 所示的一个圆圈，然后在两颗颜色相同的棋子中间放一颗黑色棋子，在两个颜色不同的棋子中间放一颗白色棋子，放完后拿掉原来的棋子. 再重复以上过程，这样放下一圈后就拿掉上次的一圈棋子，问：这样重复进行下去，各棋子的颜色会怎样变化？

分析解答：这个问题似乎与数学没有关系，纯粹是游戏性的东西. 经过第一次变化就成为如图 11-3 所示. 由于规则是两同色的棋子中间加黑色棋子，两异色的棋子中间加白色棋子，即黑黑得黑，白白得黑，黑白得白，白黑得白，这和有理数中的符号运算规律类似. 因此，我们可以联想到用数学的推理方法去寻找结论.

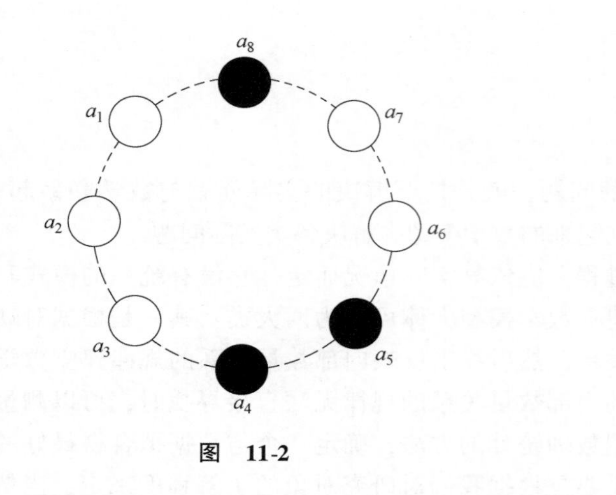

图 11-2

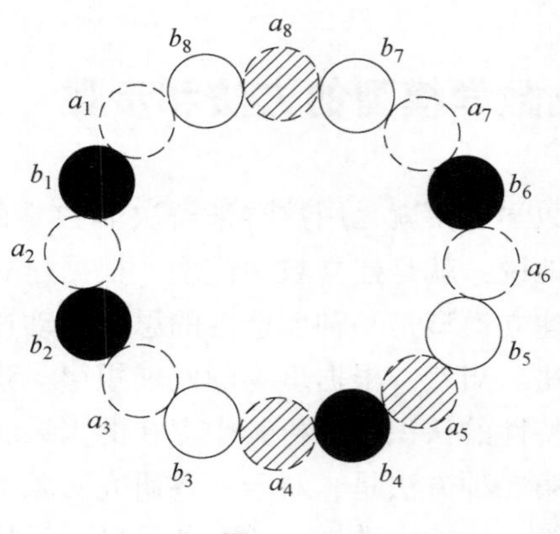

图 11-3

不妨用+1表示黑棋，-1表示白棋，开始的八颗棋子依次为 a_1，a_2，a_3，a_4，a_5，a_6，a_7，a_8. 由于我们关心的只是棋子的颜色，所以 $a_1=-1$，$a_2=-1$，$a_3=-1$，$a_4=+1$，$a_5=+1$，$a_6=-1$，$a_7=-1$，$a_8=+1$，即 $a_k=+1$ 或 -1，$k=1，2，\cdots，8$. 下一次在 a_k 与 a_{k+1}（$a_9=a_{8+1}=a_1$）中间所放的棋子颜色由 a_k 与 a_{k+1} 的颜色而定，实际是由 $a_k\times a_{k+1}$ 的值来决定它们的中间所放棋子的颜色：

原来：-1、-1、-1、+1、+1、-1、-1、+1

第一次：+1、+1、-1、+1、-1、+1、-1、-1

第二次：-1、+1、-1、-1、-1、-1、-1、+1

第三次：-1、-1、+1、+1、+1、+1、-1、-1

第四次：+1、+1、-1、+1、+1、+1、-1、+1

第五次：+1、-1、-1、+1、+1、-1、-1、+1

第六次；+1、-1、+1、-1、+1、-1、+1、-1

第七次：-1、-1、-1、-1、-1、-1、-1、-1

第八次：+1、+1、+1、+1、+1、+1、+1、+1

可见，在原来摆放的基础上经过八次变换以后，各个数都变成了+1，也就是说所有的棋子都成了黑色. 这样，再重复上述过程，棋子的颜色不会发生变化了. 这就是利用有理数的符号解决了棋子颜色的变化问题.

在这个棋子模型中，我们只用有理数的符号表示棋子，而棋子的属性则全部扬弃了. 所以，从总体上说，数学模型只是近似地表现现实原型中的某些属性，而就所要解决的实际问题而言，它会更深刻、更准确、更全面地反映现实. 我们应该经常培养发挥创造思维的能力，开拓思路，抓住问题的本质，从而用数学的方法最终解决实际问题.

建立一个实际问题的数学模型，需要一定的洞察力和想象力．如果观察的角度不同，采取的方法就有所差异，那么建立起来的数学模型也就有区别了．当然，建立一个较好的数学模型，需要用到的数学知识较多，很多内容超出了本书的范围，这里只用我们所学过的数学知识举一些简单的数学模型．

常见的数学模型——用数学模型解决智力游戏问题

问题：某一摆渡人想用一条小船把一只狼、一只羊和一棵大白菜从河的左岸渡到右岸，由于船小只能容纳人、狼、羊、菜中的任意两个，且不能在无人看守的情况下，留下狼与羊在一起，或者羊和菜在一起．应该怎样渡河才能将狼、羊、菜都运到右岸？

建模分析：

把人、狼、羊、菜依次用一个四维向量表示，当物体在左岸时，记相应的分量为 1，在右岸时记 0．如 $A(1,0,1,0)$ 表示人和羊在左岸，而狼和菜在右岸，并称它为一个状态．根据问题的限制条件，有些状态是允许的，有些状态是不允许的，凡是系统允许存在的状态称为可取状态，如 $A_1(1,0,1,0)$ 就是一个可取状态，而 $A_2(0,0,1,1)$ 是一个不可取的状态．另外，把一次摆渡也用一个四维向量表示，如 $B_1(1,1,0,0)$ 表示人和狼在一起，而羊和菜不在船上，这当然是一次可取摆渡，因为船上只载两物，而 $B_2(1,0,1,0)$ 则是一个不可取摆渡，这样就可以得到：

1) 可取状态 A 有：

$(1,1,1,1)$，$(0,0,0,0)$，

$(1,1,1,0)$，$(0,0,0,1)$，

$(1,1,0,1)$，$(0,0,1,0)$，

$(1,0,1,1)$，$(0,1,0,0)$，

$(1,0,1,0)$，$(0,1,0,1)$．

共有 10 个可取状态，且右边 5 个正好是左边 5 个的相反状态．

2) 可取摆渡 B 共有 4 种：

$(1,1,0,0)$，$(1,0,1,0)$，

$(1,0,0,1)$，$(1,0,0,0)$．

3) 可取运算：

规定，在 A 到 B 相加时对每一个分量按二进制法则进行计算($0+0=0$，$1+0=1$，$0+1=1$，$1+1=0$)．这样，一次摆渡就是一个可取状态向量与一个可取摆渡向量的相加，并且，可取状态经过加法运算后仍是一个可取状态，这种运算称为可取运算．

根据上述规定，问题可转化为：从初始状态 $(1,1,1,1)$ 经过多少次(奇数次)的可取运算才能转化为最终状态 $(0,0,0,0)$．以下运算过程中，如果一个状态是可取的就打“✓”，虽然可取，但已经重复的就打“△”，于是有：

$$1.\ (1,1,1,1)+\begin{cases}(1,0,1,0)\\(1,1,0,0)\\(1,0,0,1)\\(1,0,0,0)\end{cases}\longrightarrow\begin{cases}(0,1,0,1) & \checkmark\\(0,0,1,1)\\(0,1,1,0)\\(0,1,1,1)\end{cases}$$

$$2.\ (0,1,0,1)+\left\{\begin{array}{l}(1,0,1,0)\\(1,1,0,0)\\(1,0,0,1)\\(1,0,0,0)\end{array}\right.\longrightarrow\left\{\begin{array}{ll}(1,1,1,1)&\\(1,0,0,1)&\\(1,1,0,0)&\\(1,1,0,1)&\checkmark\end{array}\right.$$

$$3.\ (1,1,0,1)+\left\{\begin{array}{l}(1,0,1,0)\\(1,1,0,0)\\(1,0,0,1)\\(1,0,0,0)\end{array}\right.\longrightarrow\left\{\begin{array}{ll}(0,1,1,1)&\\(0,0,0,1)&\checkmark\\(0,1,0,0)&\checkmark\\(0,1,0,1)&\triangle\end{array}\right.$$

$$4(1).\ (0,0,0,1)+\left\{\begin{array}{l}(1,0,1,0)\\(1,1,0,0)\\(1,0,0,1)\\(1,0,0,0)\end{array}\right.\longrightarrow\left\{\begin{array}{ll}(1,0,1,1)&\checkmark\\(1,1,0,1)&\triangle\\(1,0,0,0)&\\(1,0,0,1)&\end{array}\right.$$

$$5(1).\ (1,0,1,1)+\left\{\begin{array}{l}(1,0,1,0)\\(1,1,0,0)\\(1,0,0,1)\\(1,0,0,0)\end{array}\right.\longrightarrow\left\{\begin{array}{ll}(0,0,0,1)&\triangle\\(0,1,1,1)&\\(0,0,1,0)&\checkmark\\(0,0,1,1)&\end{array}\right.$$

$$4(2).\ (0,1,0,0)+\left\{\begin{array}{l}(1,0,1,0)\\(1,1,0,0)\\(1,0,0,1)\\(1,0,0,0)\end{array}\right.\longrightarrow\left\{\begin{array}{ll}(1,1,1,0)&\checkmark\\(1,0,0,0)&\\(1,1,0,1)&\triangle\\(1,1,0,0)&\end{array}\right.$$

$$5(2).\ (1,1,1,0)+\left\{\begin{array}{l}(1,0,1,0)\\(1,1,0,0)\\(1,0,0,1)\\(1,0,0,0)\end{array}\right.\longrightarrow\left\{\begin{array}{ll}(0,1,0,0)&\triangle\\(0,0,1,0)&\checkmark\\(0,1,1,1)&\\(0,1,1,0)&\end{array}\right.$$

$$6.\ (0,0,1,0)+\left\{\begin{array}{l}(1,0,1,0)\\(1,1,0,0)\\(1,0,0,1)\\(1,0,0,0)\end{array}\right.\longrightarrow\left\{\begin{array}{ll}(1,0,0,0)&\\(1,1,1,0)&\triangle\\(1,0,1,1)&\triangle\\(1,0,1,0)&\checkmark\end{array}\right.$$

$$7.\ (1,0,1,0)+\left\{\begin{array}{l}(1,0,1,0)\\(1,1,0,0)\\(1,0,0,1)\\(1,0,0,0)\end{array}\right.\longrightarrow\left\{\begin{array}{ll}(0,0,0,0)&\checkmark\\(0,1,1,0)&\\(0,0,1,1)&\\(0,0,1,0)&\triangle\end{array}\right.$$

可见到第七步就出现了(0，0，0，0)状态，也就是说经过七次摆渡就能达到目的，其过程为

左岸(人、狼、羊、菜)→去(人、羊)→回(人)→去(人、狼或菜)→回(人、羊)→去(人、菜或狼)→回(人)→去(人、羊)= = =右岸(人、狼、羊、菜).

常见的数学模型——应用微分方程知识的数学模型

问题：在管理十字路口的交通时，亮红灯之前，要亮一段时间的黄灯. 为让正行驶在十字路口的或距十字路口太近以至无法停下的车辆通过路口，那么黄灯应该亮多久？

1. 建模分析

车辆是否通过十字路口，主要在于机动车辆驾驶员看到黄色信号后做出的决定. 如果他按法定速度(或低于法定速度)行驶，若决定停车，那么他必须有足够的停车距离. 少于这个距离就不能停车，大于这个距离就必须停车. 当等于这个距离时，他可以停车，也可以通过路口. 当他决定通过路口时，他应该有足够的时间使他完全通过路口. 这个时间包括：作出决定的时间、通过十字路口的时间以及通过停车所需最短距离的行驶时间.

因此，黄灯持续的时间应该就是上述三个时间的总和.

2. 建模要求

记：T_1——驾驶员反应时间

T_2——车辆通过十字路口的时间

T_3——停车距离的驾驶时间

则 $T=T_1+T_2+T_3$ 为黄灯应亮的时间，以下计算 T_2，T_3.

如果法定行驶速度为 v_0，十字路口的长度为 I，典型车的车身长为 L，由于整个车辆要通过十字路口，所以车辆通过十字路口的时间为：$T_2=\dfrac{l+L}{v_0}$.

停车过程是司机踩动制动踏板而产生一种摩擦力，使车辆减速直到停止的过程. 设车辆质量为 m，制动时摩擦系数为 f，行驶距离为 $x(t)$，制动力为 fmg(g 是重力加速度). 由牛顿第二定律，制动过程满足下述运动方程

$$\begin{cases} m\dfrac{\mathrm{d}^2x}{\mathrm{d}t^2}=-fmg, \\ x(0)=0,\ \dfrac{\mathrm{d}x}{dt}\bigg|_{t=0}=v_0, \end{cases}$$

对此微分方程积分一次，并由条件$\dfrac{\mathrm{d}x}{\mathrm{d}t}\bigg|_{t=0}=v_0$，得

$$\frac{\mathrm{d}x}{\mathrm{d}t}=-fgt+v_0,$$

由于速度为零，制动的时间为 $t_1=\dfrac{v_0}{fg}$，对上式再积分一次，并代入条件 $x(0)=0$，得

$$x(t)=-\frac{1}{2}fgt^2+v_0t,$$

则停车的距离为

$$x(t_1)=-\frac{1}{2}fg\left(\frac{v_0}{fg}\right)^2+v_0\left(\frac{v_0}{fg}\right)=\frac{1}{2}\ \frac{v_0^2}{fg},$$

所以
$$T_3=\frac{x(t_1)}{v_0}=\frac{1}{2}\frac{v_0}{fg}.$$
根据统计数据及经验，司机的反应通常可假定为 $T_1=1s$. 因此，黄灯应亮的时间为
$$T=\frac{l+L}{v_0}+\frac{v_0}{2fg}+1.$$

常见的数学模型——代数模型

问题：兔子出生两个月后就能生小兔，若每对兔子每月生一次且恰好生一对小兔，问几个月后有多少对兔子？

模型分析：

为建立兔子总数的数学模型，不妨设第一个月只有1对兔子，并在一段时间内没有兔子死亡；

第二个月：因小兔还未成熟，不能生殖，所以兔子总数仍是1对；

第三个月：兔子生了1对小兔，因此共有2对兔子；

第四个月：老兔子又生了1对兔子，但上月生的小兔尚未成熟，不能生殖，故这个月有了3对兔子；

第五个月：有2对兔子各生1对小兔，另有1对小兔不能生殖，这样就有了5对兔子；

……

依次推算下去就可得兔子对数的数列1，1，2，3，5，8，13，21，……这是斐波那契数列. 记这个数列的第 n 项为 F_n，那么上述兔子的生殖规律为
$$\begin{cases}F_n=F_{n-1}+F_{n-2}，n=3，4，\cdots\cdots\\F_1=F_2=1,\end{cases}\tag{11-1}$$
用数学归纳法可以证明(证明略)
$$F_n=\frac{1}{\sqrt{5}}\left[\left(\frac{1+\sqrt{5}}{2}\right)^n-\left(\frac{1-\sqrt{5}}{2}\right)^n\right].\tag{11-2}$$
因此，式(11-2)便是兔子总数的数学模型.

我们应该注意到式(11-1)很容易用计算机程序语句来表示. 通过计算机的运算可得，1年后共有233对兔子，而2年后兔子的对数为75025.

我们已经了解到，建立数学模型是一个复杂的过程，不仅要求我们勤于思考、勇于实践，还需要我们有较好的抽象概括能力、数学语言的翻译能力、善于抓住本质的洞察能力、联想能力、综合分析能力等，从逻辑思维的角度来看，抽象、归纳、演绎、类比、模拟等方法被大量地应用，这些在建模的过程中起着重要的作用.

下面，我们列举几个问题，并给予一定的分析，希望读者能通过我们对问题的分析，建立相应的数学模型，以便进一步了解建立数学模型的思维方法，不断提高分析问题和解决问题的能力.

建模练习——七桥问题

18 世纪，普鲁士哥尼斯堡镇上有一个小岛，旁边流过一条河的两条支流，七座桥跨在河的两支流上，如图 11-4 所示. 问题是人们能否从某地(A，B，C，D 中的某一个)出发，每座桥只过一次，最后回到原出发点？

建模分析：

岛与陆地无非是由桥梁连接的，因此，可以把 4 处陆地缩小(抽象)成 4 个点，并把 7 座桥表示(抽象)成 7 条线，这样就可以得到七桥问题的模拟图. 这里并未改变问题的实质，但是人们试图一次无重复地走过 7 座桥的问题，就等同于从 A，B，C，D 中某一点出发能否构成一笔画的问题(每条线必须且只能经过一次).

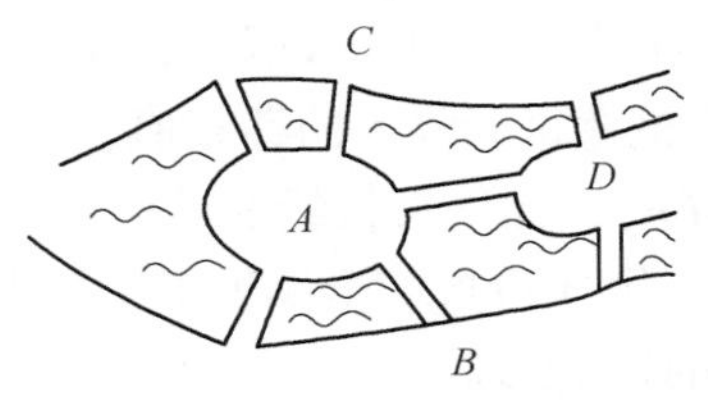

图 11-4　哥尼斯堡七桥

数学家欧拉由此得出三条结论：

(1) 连结奇数条线的节点只有一个或超过两个以上，不能实现一笔画.

(2) 连结奇数条线的节点仅有两个时，则从两点的任一点出发，都可以实现一笔画.

(3) 每个节点都连结偶数条线时，则从任一节点出发均可实现一笔画，并能回到出发点.

建模练习——报童的策略

报童在清晨从报社购进报纸零售，到晚上把没有卖掉的报纸退还. 设每份报纸的购进价为 b 元，售出价为 a 元，退回价为 c 元，$a>b>c$. 即报童售出一份报纸赚 $a-b$ 元，退还一份报纸赔 $b-c$ 元. 所以，报童如果每天购进的报纸太少，不够卖时会少赚钱，但是如果购得太多，卖不出时又要赔钱. 试问报童如何确定每天购进的报纸数量，可使他所获的收益最大?

建模分析:

报童根据需求量确定购进量，而且需求量是随机的. 假设报童根据自己的经验或其他的渠道掌握了需求量的分布规律，即在他的销售范围内，报纸每天的需求量为 r 份的概率是 $f(r)(r=0, 1, 2, \cdots\cdots)$. 有函数 $f(r)$ 和题中的 a，b，c，就能建立关于购进量的优化模型了.

如果每天的购进量为 n 份，因为需求量 r 是随机的，所以优化模型的目标函数，不应该是报童每天的收入函数，而是他长期卖报的平均收入. 根据概率论大数定律的观点，这相当于报童每天收入的期望值，可以称之为平均收入. 若报童每天购进 n 份报纸时的平均收入为 $G(n)$，而这天报纸的需求量 $r\leq n$，那么他就售出 r 份，退回 $n-r$ 份；如果这天的需求量 $r>n$，则 n 份报纸全部售出. 再根据需求量 r 的概率是 $f(r)$，我们就不难列出 $G(n)$ 与 n 之间的函数关系式.

建模练习——体育训练

在铅球投掷的训练中，教练关心的核心问题是投掷距离．众所周知，距离的远近主要取决于两方面的因素：速度和角度．那么这两个因素中哪个更重要些呢？

建模分析：

在这个模型中，我们不考虑运动员在投掷时身体的转动，仅考虑铅球在出手时的速度和投掷的角度，并假定：

（1）不计铅球在运动过程中空气阻力的作用．

（2）投射时的角度与初速度是相互独立的．

（3）把铅球看作为一个质点．

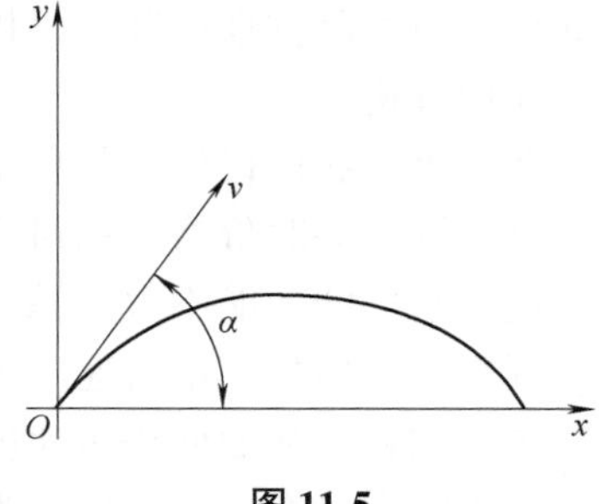

图 11-5

不妨考虑铅球从地平面以初速度 v 和角度 α 掷出的模型，如图 11-5 所示，铅球落到 P 点处．设铅球的坐标为 $(x(t), y(t))$，可得

$$\begin{cases} x = v\cos\alpha t, \\ y = v\sin\alpha t - \dfrac{1}{2}gt^2, \end{cases} \tag{11-3}$$

把 $t = \dfrac{x}{v\cos\alpha}$ 代入 y 中，得

$$y = -\frac{g}{2v^2\cos^2\alpha}x^2 + \tan x, \tag{11-4}$$

令 $y = 0$，得

$$\begin{aligned} &x_1 = 0, \\ &x_2 = \frac{2v^2\sin\alpha\cos\alpha}{g} = \frac{v^2\sin2\alpha}{g}, \end{aligned} \tag{11-5}$$

x_2 是 P 点的 x 坐标，也是投掷距离．它是 α 的函数，当 $\alpha = 45°$ 时，$\sin2\alpha = 1$ 达到最大值，这时的投掷距离为 v^2/g．但是，实际上铅球不是从地面出手，而是在一定高度的 h 处出手．因此，这个投掷模型必须进行调整，那么式(11-3)应该做怎样的修改呢？

建模练习——新产品的推销

一种新产品的问世，厂家和商家总想采取各种措施，包括做广告等，以促进销售. 为了便于组织生产，安排进货，他们希望对产品的销售速度与销售数量做到心中有数. 那么，他们如何知道产品推销速度，以指导生产与销售呢?

建模分析:

在这里，我们讨论的是耐用商品，这样的商品可以长期使用，一般价格较高，不会废弃或重复购置，同时价格也相对稳定. 这类新产品如微波炉、电饭煲等，开始进入市场时，由于人们对它们的功能不太熟悉，所以销售速度较慢. 但随着销售数量的增加，市民对它们的熟悉程度就会增加，销售速度也加快. 可是，这类商品的销售到一定数量时，因为买过的人不会重复购置，从而使销售速度减慢.

如果需求量有一个上界设为 M，而 $x(t)$ 是经时间 t 已售出的产品数量，那么尚未购置的人数就有 $M-x(t)$. 这样，我们容易得到一个关于销售速度与销售量及未购置人数之间的微分方程，也就是建立了这个关于新产品推销的数学模型.

综合练习

1. 一个男孩和一个女孩分别在离家 2km 和 1km 且方向相反的两所学校上学，每天同时放学后分别以 4km/h 和 2km/h 的速度步行回家．一小狗以 6km/h 的速度由男孩处奔向女孩，又从女孩处奔向男孩，如此往返直至回到家中，问小狗奔波了多少路程？如果男孩和女孩上学时小狗也往返奔波在他们之间，问当他们到达学校时小狗在何处？
2. 一房地产公司有 50 套公寓要出租，当租金定为每月 180 元时，公寓会全部租出去．当租金每月增加 10 元时，就有一套公寓租不出去，而租出去的房子每月花费 20 元的维修护理费．试问房租定为多少可获得最大收入？
3. 一摞硬币共 m 枚，每枚硬币均正面朝上，取最上面的 1 枚，将它翻面后放回原处，然后再取最上面的 2 枚硬币，将它们一起翻面后再放回原处，再取 3 枚、取 4 枚……直至整摞硬币都按上述方法处理过．接下来再从这摞硬币最上面的 1 枚开始，重复刚开始的做法．这样一直做下去，直到这摞硬币中的每一个又都是正面朝上为止．问这种情况是否一定会出现？如果出现，则一共需做多少次翻面？
4. 三名商人各带一个随从乘船渡河，一只小船上能容纳 2 人，由他们自己划行，随从们密约，在河的任一岸，一旦随从的人数比商人多，就杀人劫货．如果乘船渡河的大权掌握在商人手中，试问商人怎样才能安全渡河呢？
5. 按下列提纲写一份学习小结．
   （1）学习数学建模的目的是什么？有什么体会？
   （2）本章讲了哪些数学模型？详细列出这些模型并指出属于什么类型的数学模型．
   （3）举出一个你在日常生活中遇到的数学模型问题，并试建立该问题的数学模型．
   （4）数学建模与其他的数学教学内容有何不同的特点？

数学建模是在一定假设条件下找出解决这个问题的数学框架，求出模型的解，并对它进行验证的全过程．数学研究的内容不仅仅是从公理、公式、定义出发的逻辑推理．在实践中，有用的数学技术和其他科学技术一样，都是从观察开始的，都需要形象思维作为先导．数学建模恢复了数学研究收集数据、建立模型、求取答案、解释验证的本来面目．

附　录

附录 A　基本初等函数的图形及主要性质

名　称	表达式	定义域	图形	特　征
常数函数	$y=C$	$(-\infty,\ +\infty)$	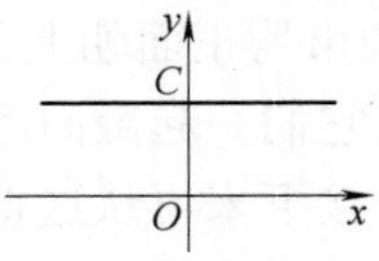	
幂函数	$y=x^{\mu}$ $(\mu\neq 0)$	随 μ 而不同，但在 $(0,\ +\infty)$ 中都有定义	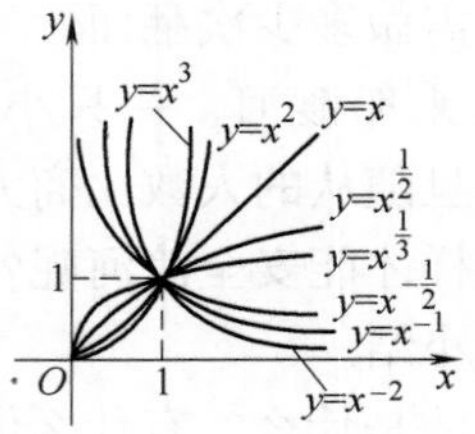	经过点 $(1,1)$，在第一象限内，当 $\mu<0$ 时，x^{μ} 为减函数；当 $\mu>0$ 时，x^{μ} 为增函数
指数函数	$y=a^{x}$ $(a>0,\ a\neq 1)$	$(-\infty,\ +\infty)$	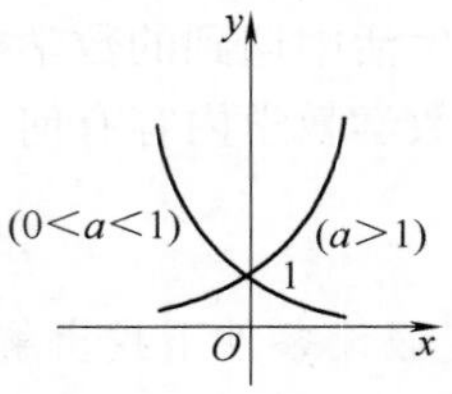	图形在 x 轴上方（因 $a^{x}>0$），且都通过点 $(0,\ 1)$．当 $0<a<1$ 时，a^{x} 是减函数；当 $a>1$ 时，a^{x} 是增函数
对数函数	$y=\log_{a}x$ $(a>0,\ a\neq 1)$	$(0,\ +\infty)$	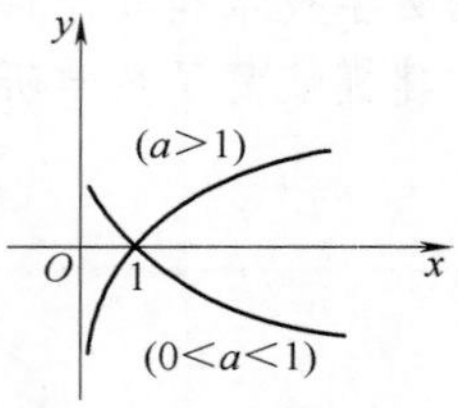	图形在 y 轴右侧（因 0 与负数都没有对数），都通过点 $(1,\ 0)$．当 $0<a<1$ 时，$\log_{a}x$ 是减函数；当 $a>1$ 时，$\log_{a}x$ 是增函数
三角函数　正弦函数	$y=\sin x$	$(-\infty,\ +\infty)$	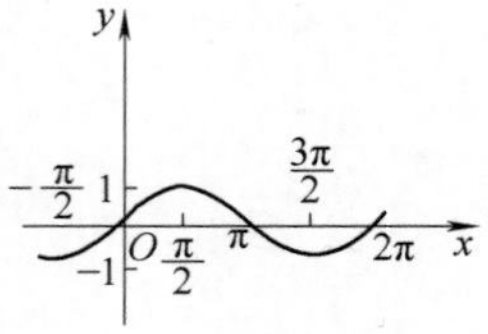	是以 2π 为周期的奇函数（图形关于原点对称）．图形在两直线 $y=1$ 与 $y=-1$ 之间，即 $\lvert\sin x\rvert\leqslant 1$，有界

（续）

名称		表达式	定义域	图形	特征
三角函数	余弦函数	$y=\cos x$	$(-\infty, +\infty)$	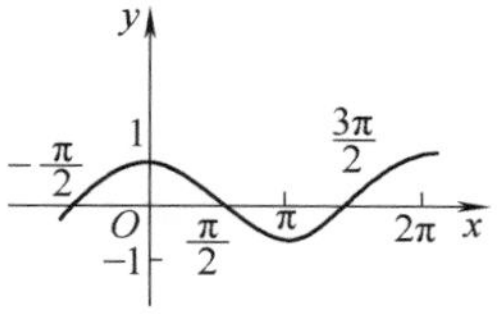	是以 2π 为周期的偶函数（图形关于 y 轴对称）．图形在两直线 $y=1$ 与 $y=-1$ 之间，即 $\|\cos x\| \leqslant 1$，有界
	正切函数	$y=\tan x$	$x \neq k\pi+\frac{\pi}{2}$ $(k=0, \pm 1, \pm 2, \cdots)$	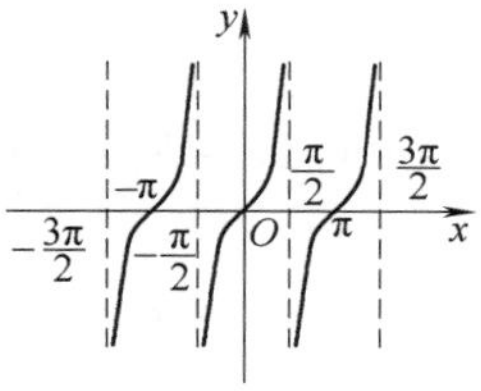	是以 π 为周期的奇函数，在 $\left(-\frac{\pi}{2}, \frac{\pi}{2}\right)$ 内是增函数
	余切函数	$y=\cot x$	$x \neq k\pi$ $(k=0, \pm 1, \pm 2, \cdots)$	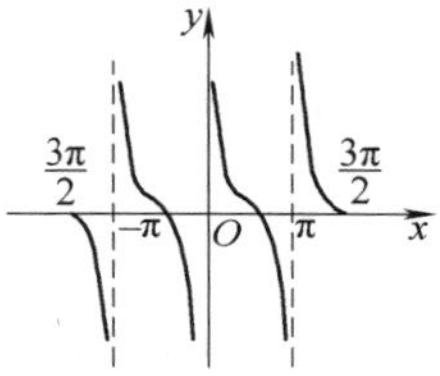	是以 π 为周期的奇函数，在 $(0, \pi)$ 内是减函数
反三角函数	反正弦函数	$y=\arcsin x$	$[-1, 1]$	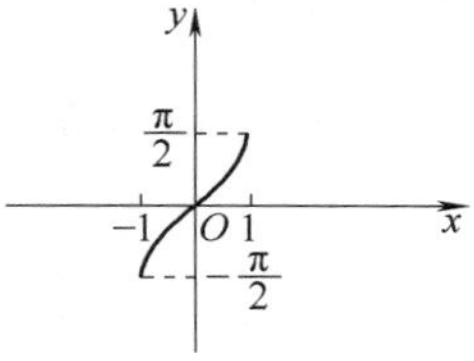	单调增加的奇函数，有界，值域为 $\left[-\frac{\pi}{2}, \frac{\pi}{2}\right]$
	反余弦函数	$y=\arccos x$	$[-1, 1]$	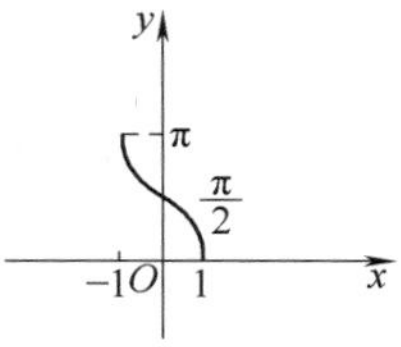	单调减少，有界，值域为 $[0, \pi]$
	反正切函数	$y=\arctan x$	$(-\infty, +\infty)$	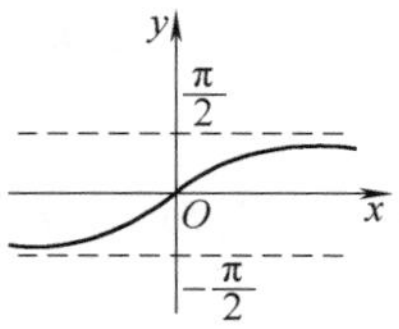	单调增加的奇函数，有界，值域为 $\left(-\frac{\pi}{2}, \frac{\pi}{2}\right)$
	反余切函数	$y=\operatorname{arccot} x$	$(-\infty, +\infty)$	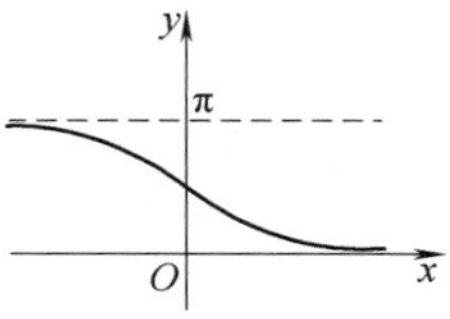	单调减少，有界，值域为 $(0, \pi)$

附录B　常用积分公式

(一) 含有 $ax+b$ 的积分($a\neq 0$)

1. $\int \frac{dx}{ax+b} = \frac{1}{a}\ln|ax+b| + C$

2. $\int (ax+b)^{\mu}dx = \frac{1}{a(\mu+1)}(ax+b)^{\mu+1} + C(\mu \neq -1)$

3. $\int \frac{x}{ax+b}dx = \frac{1}{a^2}(ax+b-b\ln|ax+b|) + C$

4. $\int \frac{x^2}{ax+b}dx = \frac{1}{a^3}\left[\frac{1}{2}(ax+b)^2 - 2b(ax+b) + b^2\ln|ax+b|\right] + C$

5. $\int \frac{dx}{x(ax+b)} = -\frac{1}{b}\ln\left|\frac{ax+b}{x}\right| + C$

6. $\int \frac{dx}{x^2(ax+b)} = -\frac{1}{bx} + \frac{a}{b^2}\ln\left|\frac{ax+b}{x}\right| + C$

7. $\int \frac{x}{(ax+b)^2}dx = \frac{1}{a^2}\left(\ln|ax+b| + \frac{b}{ax+b}\right) + C$

8. $\int \frac{x^2}{(ax+b)^2}dx = \frac{1}{a^3}\left(ax+b-2b\ln|ax+b| - \frac{b^2}{ax+b}\right) + C$

9. $\int \frac{dx}{x(ax+b)^2} = \frac{1}{b(ax+b)} - \frac{1}{b^2}\ln\left|\frac{ax+b}{x}\right| + C$

(二) 含有 $\sqrt{ax+b}$ 的积分

10. $\int \sqrt{ax+b}\,dx = \frac{2}{3a}\sqrt{(ax+b)^3} + C$

11. $\int x\sqrt{ax+b}\,dx = \frac{2}{15a^2}(3ax-2b)\sqrt{(ax+b)^3} + C$

12. $\int x^2\sqrt{ax+b}\,dx = \frac{2}{105a^3}(15a^2x^2 - 12abx + 8b^2)\sqrt{(ax+b)^3} + C$

13. $\int \frac{x}{\sqrt{ax+b}}dx = \frac{2}{3a^2}(ax-2b)\sqrt{ax+b} + C$

14. $\int \frac{x^2}{\sqrt{ax+b}}dx = \frac{2}{15a^3}(3a^2x^2 - 4abx + 8b^2)\sqrt{ax+b} + C$

15. $\int \frac{dx}{x\sqrt{ax+b}} = \begin{cases} \frac{1}{\sqrt{b}}\ln\left|\frac{\sqrt{ax+b}-\sqrt{b}}{\sqrt{ax+b}+\sqrt{b}}\right| + C & (b>0) \\ \frac{2}{\sqrt{-b}}\arctan\sqrt{\frac{ax+b}{-b}} + C & (b<0) \end{cases}$

16. $\int \frac{dx}{x^2\sqrt{ax+b}} = -\frac{\sqrt{ax+b}}{bx} - \frac{a}{2b}\int \frac{dx}{x\sqrt{ax+b}}$

17. $\int \frac{\sqrt{ax+b}}{x}\mathrm{d}x = 2\sqrt{ax+b} + b\int \frac{\mathrm{d}x}{x\sqrt{ax+b}}$

18. $\int \frac{\sqrt{ax+b}}{x^2}\mathrm{d}x = -\frac{\sqrt{ax+b}}{x} + \frac{a}{2}\int \frac{\mathrm{d}x}{x\sqrt{ax+b}}$

（三）含有 $x^2 \pm a^2$ 的积分

19. $\int \frac{\mathrm{d}x}{x^2+a^2} = \frac{1}{a}\arctan\frac{x}{a} + C$

20. $\int \frac{\mathrm{d}x}{(x^2+a^2)^n} = \frac{x}{2(n-1)a^2(x^2+a^2)^{n-1}} + \frac{2n-3}{2(n-1)a^2}\int \frac{\mathrm{d}x}{(x^2+a^2)^{n-1}}$

21. $\int \frac{\mathrm{d}x}{x^2-a^2} = \frac{1}{2a}\ln\left|\frac{x-a}{x+a}\right| + C$

（四）含有 $ax^2+b(a>0)$ 的积分

22. $\int \frac{\mathrm{d}x}{ax^2+b} = \begin{cases} \frac{1}{\sqrt{ab}}\arctan\sqrt{\frac{a}{b}}x + C & (b>0) \\ \frac{1}{2\sqrt{-ab}}\ln\left|\frac{\sqrt{a}x-\sqrt{-b}}{\sqrt{a}x+\sqrt{-b}}\right| + C & (b<0) \end{cases}$

23. $\int \frac{x}{ax^2+b}\mathrm{d}x = \frac{1}{2a}\ln|ax^2+b| + C$

24. $\int \frac{x^2}{ax^2+b}\mathrm{d}x = \frac{x}{a} - \frac{b}{a}\int \frac{\mathrm{d}x}{ax^2+b}$

25. $\int \frac{\mathrm{d}x}{x(ax^2+b)} = \frac{1}{2b}\ln\frac{x^2}{|ax^2+b|} + C$

26. $\int \frac{\mathrm{d}x}{x^2(ax^2+b)} = -\frac{1}{bx} - \frac{a}{b}\int \frac{\mathrm{d}x}{ax^2+b}$

27. $\int \frac{\mathrm{d}x}{x^3(ax^2+b)} = \frac{a}{2b^2}\ln\frac{|ax^2+b|}{x^2} - \frac{1}{2bx^2} + C$

28. $\int \frac{\mathrm{d}x}{(ax^2+b)^2} = \frac{x}{2b(ax^2+b)} + \frac{1}{2b}\int \frac{\mathrm{d}x}{ax^2+b}$

（五）含有 $ax^2+bx+c(a>0)$ 的积分

29. $\int \frac{\mathrm{d}x}{ax^2+bx+c} = \begin{cases} \frac{2}{\sqrt{4ac-b^2}}\arctan\frac{2ax+b}{\sqrt{4ac-b^2}} + C & (b^2<4ac) \\ \frac{1}{\sqrt{b^2-4ac}}\ln\left|\frac{2ax+b-\sqrt{b^2-4ac}}{2ax+b+\sqrt{b^2-4ac}}\right| + C & (b^2>4ac) \end{cases}$

30. $\int \frac{x}{ax^2+bx+c}\mathrm{d}x = \frac{1}{2a}\ln|ax^2+bx+c| - \frac{b}{2a}\int \frac{\mathrm{d}x}{ax^2+bx+c}$

（六）含有 $\sqrt{x^2+a^2}(a>0)$ 的积分

31. $\int \frac{\mathrm{d}x}{\sqrt{x^2+a^2}} = \mathrm{arsh}\frac{x}{a} + C_1 = \ln(x+\sqrt{x^2+a^2}) + C$

32. $\int \frac{dx}{\sqrt{(x^2+a^2)^3}} = \frac{x}{a^2\sqrt{x^2+a^2}} + C$

33. $\int \frac{x}{\sqrt{x^2+a^2}}dx = \sqrt{x^2+a^2} + C$

34. $\int \frac{x}{\sqrt{(x^2+a^2)^3}}dx = -\frac{1}{\sqrt{x^2+a^2}} + C$

35. $\int \frac{x^2}{\sqrt{x^2+a^2}}dx = \frac{x}{2}\sqrt{x^2+a^2} - \frac{a^2}{2}\ln(x+\sqrt{x^2+a^2}) + C$

36. $\int \frac{x^2}{\sqrt{(x^2+a^2)^3}}dx = -\frac{x}{\sqrt{x^2+a^2}} + \ln(x+\sqrt{x^2+a^2}) + C$

37. $\int \frac{dx}{x\sqrt{x^2+a^2}} = \frac{1}{a}\ln\frac{\sqrt{x^2+a^2}-a}{|x|} + C$

38. $\int \frac{dx}{x^2\sqrt{x^2+a^2}} = -\frac{\sqrt{x^2+a^2}}{a^2x} + C$

39. $\int \sqrt{x^2+a^2}dx = \frac{x}{2}\sqrt{x^2+a^2} + \frac{a^2}{2}\ln(x+\sqrt{x^2+a^2}) + C$

40. $\int \sqrt{(x^2+a^2)^3}dx = \frac{x}{8}(2x^2+5a^2)\sqrt{x^2+a^2} + \frac{3}{8}a^4\ln(x+\sqrt{x^2+a^2}) + C$

41. $\int x\sqrt{x^2+a^2}dx = \frac{1}{3}\sqrt{(x^2+a^2)^3} + C$

42. $\int x^2\sqrt{x^2+a^2}dx = \frac{x}{8}(2x^2+a^2)\sqrt{x^2+a^2} - \frac{a^4}{8}\ln(x+\sqrt{x^2+a^2}) + C$

43. $\int \frac{\sqrt{x^2+a^2}}{x}dx = \sqrt{x^2+a^2} + a\ln\frac{\sqrt{x^2+a^2}-a}{|x|} + C$

44. $\int \frac{\sqrt{x^2+a^2}}{x^2}dx = -\frac{\sqrt{x^2+a^2}}{x} + \ln(x+\sqrt{x^2+a^2}) + C$

(七)含有$\sqrt{x^2-a^2}$($a>0$)的积分

45. $\int \frac{dx}{\sqrt{x^2-a^2}} = \frac{x}{|x|}\operatorname{arch}\frac{|x|}{a} + C_1 = \ln|x+\sqrt{x^2-a^2}| + C$

46. $\int \frac{dx}{\sqrt{(x^2-a^2)^3}} = -\frac{x}{a^2\sqrt{x^2-a^2}} + C$

47. $\int \frac{x}{\sqrt{x^2-a^2}}dx = \sqrt{x^2-a^2} + C$

48. $\int \frac{x}{\sqrt{(x^2-a^2)^3}}dx = -\frac{1}{\sqrt{x^2-a^2}} + C$

49. $\int \frac{x^2}{\sqrt{x^2-a^2}}dx = \frac{x}{2}\sqrt{x^2-a^2} + \frac{a^2}{2}\ln|x+\sqrt{x^2-a^2}| + C$

50. $\int \frac{x^2}{\sqrt{(x^2-a^2)^3}}dx = -\frac{x}{\sqrt{x^2-a^2}} + \ln|x+\sqrt{x^2-a^2}| + C$

51. $\int \frac{dx}{x\sqrt{x^2-a^2}} = \frac{1}{a}\arccos\frac{a}{|x|} + C$

52. $\int \frac{dx}{x^2\sqrt{x^2-a^2}} = \frac{\sqrt{x^2-a^2}}{a^2x} + C$

53. $\int \sqrt{x^2-a^2}dx = \frac{x}{2}\sqrt{x^2-a^2} - \frac{a^2}{2}\ln|x+\sqrt{x^2-a^2}| + C$

54. $\int \sqrt{(x^2-a^2)^3}dx = \frac{x}{8}(2x^2-5a^2)\sqrt{x^2-a^2} + \frac{3}{8}a^4\ln|x+\sqrt{x^2-a^2}| + C$

55. $\int x\sqrt{x^2-a^2}dx = \frac{1}{3}\sqrt{(x^2-a^2)^3} + C$

56. $\int x^2\sqrt{x^2-a^2}dx = \frac{x}{8}(2x^2-a^2)\sqrt{x^2-a^2} - \frac{a^4}{8}\ln|x+\sqrt{x^2-a^2}| + C$

57. $\int \frac{\sqrt{x^2-a^2}}{x}dx = \sqrt{x^2-a^2} - a\arccos\frac{a}{|x|} + C$

58. $\int \frac{\sqrt{x^2-a^2}}{x^2}dx = -\frac{\sqrt{x^2-a^2}}{x} + \ln|x+\sqrt{x^2-a^2}| + C$

(八) 含有$\sqrt{a^2-x^2}$($a>0$)的积分

59. $\int \frac{dx}{\sqrt{a^2-x^2}} = \arcsin\frac{x}{a} + C$

60. $\int \frac{dx}{\sqrt{(a^2-x^2)^3}} = \frac{x}{a^2\sqrt{a^2-x^2}} + C$

61. $\int \frac{x}{\sqrt{a^2-x^2}}dx = -\sqrt{a^2-x^2} + C$

62. $\int \frac{x}{\sqrt{(a^2-x^2)^3}}dx = \frac{1}{\sqrt{a^2-x^2}} + C$

63. $\int \frac{x^2}{\sqrt{a^2-x^2}}dx = -\frac{x}{2}\sqrt{a^2-x^2} + \frac{a^2}{2}\arcsin\frac{x}{a} + C$

64. $\int \frac{x^2}{\sqrt{(a^2-x^2)^3}}dx = \frac{x}{\sqrt{a^2-x^2}} - \arcsin\frac{x}{a} + C$

65. $\int \frac{dx}{x\sqrt{a^2-x^2}} = \frac{1}{a}\ln\frac{a-\sqrt{a^2-x^2}}{|x|} + C$

66. $\int \frac{dx}{x^2\sqrt{a^2-x^2}} = -\frac{\sqrt{a^2-x^2}}{a^2x} + C$

67. $\int \sqrt{a^2-x^2}dx = \frac{x}{2}\sqrt{a^2-x^2} + \frac{a^2}{2}\arcsin\frac{x}{a} + C$

68. $\int \sqrt{(a^2-x^2)^3}\mathrm{d}x = \frac{x}{8}(5a^2-2x^2)\sqrt{a^2-x^2}+\frac{3}{8}a^4\arcsin\frac{x}{a}+C$

69. $\int x\sqrt{a^2-x^2}\mathrm{d}x = -\frac{1}{3}\sqrt{(a^2-x^2)^3}+C$

70. $\int x^2\sqrt{a^2-x^2}\mathrm{d}x = \frac{x}{8}(2x^2-a^2)\sqrt{a^2-x^2}+\frac{a^4}{8}\arcsin\frac{x}{a}+C$

71. $\int \frac{\sqrt{a^2-x^2}}{x}\mathrm{d}x = \sqrt{a^2-x^2}+a\ln\frac{a-\sqrt{a^2-x^2}}{|x|}+C$

72. $\int \frac{\sqrt{a^2-x^2}}{x^2}\mathrm{d}x = -\frac{\sqrt{a^2-x^2}}{x}-\arcsin\frac{x}{a}+C$

(九) 含有$\sqrt{\pm ax^2+bx+c}$($a>0$)的积分

73. $\int \frac{\mathrm{d}x}{\sqrt{ax^2+bx+c}} = \frac{1}{\sqrt{a}}\ln|2ax+b+2\sqrt{a}\sqrt{ax^2+bx+c}|+C$

74. $\int \sqrt{ax^2+bx+c}\mathrm{d}x = \frac{2ax+b}{4a}\sqrt{ax^2+bx+c}+$

$\frac{4ac-b^2}{8\sqrt{a^3}}\ln|2ax+b+2\sqrt{a}\sqrt{ax^2+bx+c}|+C$

75. $\int \frac{x}{\sqrt{ax^2+bx+c}}\mathrm{d}x = \frac{1}{a}\sqrt{ax^2+bx+c}-$

$\frac{b}{2\sqrt{a^3}}\ln|2ax+b+2\sqrt{a}\sqrt{ax^2+bx+c}|+C$

76. $\int \frac{\mathrm{d}x}{\sqrt{c+bx-ax^2}} = -\frac{1}{\sqrt{a}}\arcsin\frac{2ax-b}{\sqrt{b^2+4ac}}+C$

77. $\int \sqrt{c+bx-ax^2}\mathrm{d}x = \frac{2ax-b}{4a}\sqrt{c+bx-ax^2}+\frac{b^2+4ac}{8\sqrt{a^3}}\arcsin\frac{2ax-b}{\sqrt{b^2+4ac}}+C$

78. $\int \frac{x}{\sqrt{c+bx-ax^2}}\mathrm{d}x = -\frac{1}{a}\sqrt{c+bx-ax^2}+\frac{b}{2\sqrt{a^3}}\arcsin\frac{2ax-b}{\sqrt{b^2+4ac}}+C$

(十) 含有$\sqrt{\pm\frac{x-a}{x-b}}$或$\sqrt{(x-a)(b-x)}$的积分

79. $\int \sqrt{\frac{x-a}{x-b}}\mathrm{d}x = (x-b)\sqrt{\frac{x-a}{x-b}}+(b-a)\ln\left(\sqrt{|x-a|}+\sqrt{|x-b|}\right)+C$

80. $\int \sqrt{\frac{x-a}{b-x}}\mathrm{d}x = (x-b)\sqrt{\frac{x-a}{b-x}}+(b-a)\arcsin\sqrt{\frac{x-a}{b-x}}+C$

81. $\int \frac{\mathrm{d}x}{\sqrt{(x-a)(b-x)}} = 2\arcsin\sqrt{\frac{x-a}{b-x}}+C \quad (a<b)$

82. $\int \sqrt{(x-a)(b-x)}\mathrm{d}x = \frac{2x-a-b}{4}\sqrt{(x-a)(b-x)}+$

$$\frac{(b-a)^2}{4}\arcsin\sqrt{\frac{x-a}{b-x}}+C \quad (a<b)$$

（十一）含有三角函数的积分

83. $\int \sin x\mathrm{d}x = -\cos x + C$

84. $\int \cos x\mathrm{d}x = \sin x + C$

85. $\int \tan x\mathrm{d}x = -\ln|\cos x| + C$

86. $\int \cot x\mathrm{d}x = \ln|\sin x| + C$

87. $\int \sec x\mathrm{d}x = \ln\left|\tan\left(\frac{\pi}{4}+\frac{x}{2}\right)\right| + C = \ln|\sec x + \tan x| + C$

88. $\int \csc x\mathrm{d}x = \ln\left|\tan\frac{x}{2}\right| + C = \ln|\csc x - \cot x| + C$

89. $\int \sec^2 x\mathrm{d}x = \tan x + C$

90. $\int \csc^2 x\mathrm{d}x = -\cot x + C$

91. $\int \sec x\tan x\mathrm{d}x = \sec x + C$

92. $\int \csc x\cot x\mathrm{d}x = -\csc x + C$

93. $\int \sin^2 x\mathrm{d}x = \frac{x}{2} - \frac{1}{4}\sin 2x + C$

94. $\int \cos^2 x\mathrm{d}x = \frac{x}{2} + \frac{1}{4}\sin 2x + C$

95. $\int \sin^n x\mathrm{d}x = -\frac{1}{n}\sin^{n-1}x\cos x + \frac{n-1}{n}\int \sin^{n-2}x\mathrm{d}x$

96. $\int \cos^n x\mathrm{d}x = \frac{1}{n}\cos^{n-1}x\sin x + \frac{n-1}{n}\int \cos^{n-2}x\mathrm{d}x$

97. $\int \frac{\mathrm{d}x}{\sin^n x} = -\frac{1}{n-1}\cdot\frac{\cos x}{\sin^{n-1}x} + \frac{n-2}{n-1}\int\frac{\mathrm{d}x}{\sin^{n-2}x}$

98. $\int \frac{\mathrm{d}x}{\cos^n x} = \frac{1}{n-1}\cdot\frac{\sin x}{\cos^{n-1}x} + \frac{n-2}{n-1}\int\frac{\mathrm{d}x}{\cos^{n-2}x}$

99. $\int \cos^m x\sin^n x\mathrm{d}x = \frac{1}{m+n}\cos^{m-1}x\sin^{n+1}x + \frac{m-1}{m+n}\int\cos^{m-2}x\sin^n x\mathrm{d}x$

$$= -\frac{1}{m+n}\cos^{m+1}x\sin^{n-1}x + \frac{n-1}{m+n}\int\cos^m x\sin^{n-2}x\mathrm{d}x$$

100. $\int \sin ax\cos bx\mathrm{d}x = -\frac{1}{2(a+b)}\cos(a+b)x - \frac{1}{2(a-b)}\cos(a-b)x + C$

101. $\int \sin ax\sin bx\mathrm{d}x = -\frac{1}{2(a+b)}\sin(a+b)x + \frac{1}{2(a-b)}\sin(a-b)x + C$

102. $\int \cos ax \cos bx \mathrm{d}x = \frac{1}{2(a+b)}\sin(a+b)x + \frac{1}{2(a-b)}\sin(a-b)x + C$

103. $\int \frac{\mathrm{d}x}{a+b\sin x} = \frac{2}{\sqrt{a^2-b^2}}\arctan\frac{a\tan\frac{x}{2}+b}{\sqrt{a^2-b^2}} + C \quad (a^2 > b^2)$

104. $\int \frac{\mathrm{d}x}{a+b\sin x} = \frac{1}{\sqrt{b^2-a^2}}\ln\left|\frac{a\tan\frac{x}{2}+b-\sqrt{b^2-a^2}}{a\tan\frac{x}{2}+b+\sqrt{b^2-a^2}}\right| + C \quad (a^2 < b^2)$

105. $\int \frac{\mathrm{d}x}{a+b\cos x} = \frac{2}{a+b}\sqrt{\frac{a+b}{a-b}}\arctan\left(\sqrt{\frac{a-b}{a+b}}\tan\frac{x}{2}\right) + C \quad (a^2 > b^2)$

106. $\int \frac{\mathrm{d}x}{a+b\cos x} = \frac{1}{a+b}\sqrt{\frac{a+b}{b-a}}\ln\left|\frac{\tan\frac{x}{2}+\sqrt{\frac{a+b}{b-a}}}{\tan\frac{x}{2}-\sqrt{\frac{a+b}{b-a}}}\right| + C \quad (a^2 < b^2)$

107. $\int \frac{\mathrm{d}x}{a^2\cos^2 x + b^2\sin^2 x} = \frac{1}{ab}\arctan\left(\frac{b}{a}\tan x\right) + C$

108. $\int \frac{\mathrm{d}x}{a^2\cos^2 x - b^2\sin^2 x} = \frac{1}{2ab}\ln\left|\frac{b\tan x + a}{b\tan x - a}\right| + C$

109. $\int x\sin ax \mathrm{d}x = \frac{1}{a^2}\sin ax - \frac{1}{a}x\cos ax + C$

110. $\int x^2\sin ax \mathrm{d}x = -\frac{1}{a}x^2\cos ax + \frac{2}{a^2}x\sin ax + \frac{2}{a^3}\cos ax + C$

111. $\int x\cos ax \mathrm{d}x = \frac{1}{a^2}\cos ax + \frac{1}{a}x\sin ax + C$

112. $\int x^2\cos ax \mathrm{d}x = \frac{1}{a}x^2\sin ax + \frac{2}{a^2}x\cos ax - \frac{2}{a^3}\sin ax + C$

(十二)含有反三角函数的积分(其中 $a>0$)

113. $\int \arcsin\frac{x}{a}\mathrm{d}x = x\arcsin\frac{x}{a} + \sqrt{a^2-x^2} + C$

114. $\int x\arcsin\frac{x}{a}\mathrm{d}x = \left(\frac{x^2}{2}-\frac{a^2}{4}\right)\arcsin\frac{x}{a} + \frac{x}{4}\sqrt{a^2-x^2} + C$

115. $\int x^2\arcsin\frac{x}{a}\mathrm{d}x = \frac{x^3}{3}\arcsin\frac{x}{a} + \frac{1}{9}(x^2+2a^2)\sqrt{a^2-x^2} + C$

116. $\int \arccos\frac{x}{a}\mathrm{d}x = x\arccos\frac{x}{a} - \sqrt{a^2-x^2} + C$

117. $\int x\arccos\frac{x}{a}\mathrm{d}x = \left(\frac{x^2}{2}-\frac{a^2}{4}\right)\arccos\frac{x}{a} - \frac{x}{4}\sqrt{a^2-x^2} + C$

118. $\int x^2\arccos\frac{x}{a}\mathrm{d}x = \frac{x^3}{3}\arccos\frac{x}{a} - \frac{1}{9}(x^2+2a^2)\sqrt{a^2-x^2} + C$

119. $\int \arctan\frac{x}{a}dx = x\arctan\frac{x}{a} - \frac{a}{2}\ln(a^2 + x^2) + C$

120. $\int x\arctan\frac{x}{a}dx = \frac{1}{2}(a^2 + x^2)\arctan\frac{x}{a} - \frac{a}{2}x + C$

121. $\int x^2\arctan\frac{x}{a}dx = \frac{x^3}{3}\arctan\frac{x}{a} - \frac{a}{6}x^2 + \frac{a^3}{6}\ln(a^2 + x^2) + C$

(十三)含有指数函数的积分

122. $\int a^x dx = \frac{1}{\ln a}a^x + C$

123. $\int e^{ax}dx = \frac{1}{a}e^{ax} + C$

124. $\int xe^{ax}dx = \frac{1}{a^2}(ax - 1)e^{ax} + C$

125. $\int x^n e^{ax}dx = \frac{1}{a}x^n e^{ax} - \frac{n}{a}\int x^{n-1}e^{ax}dx$

126. $\int xa^x dx = \frac{x}{\ln a}a^x - \frac{1}{(\ln a)^2}a^x + C$

127. $\int x^n a^x dx = \frac{1}{\ln a}x^n a^x - \frac{n}{\ln a}\int x^{n-1}a^x dx$

128. $\int e^{ax}\sin bx dx = \frac{1}{a^2 + b^2}e^{ax}(a\sin bx - b\cos bx) + C$

129. $\int e^{ax}\cos bx dx = \frac{1}{a^2 + b^2}e^{ax}(b\sin bx + a\cos bx) + C$

130. $\int e^{ax}\sin^n bx dx = \frac{1}{a^2 + b^2n^2}e^{ax}\sin^{n-1}bx(a\sin bx - nb\cos bx) + \frac{n(n-1)b^2}{a^2 + b^2n^2}\int e^{ax}\sin^{n-2}bx dx$

131. $\int e^{ax}\cos^n bx dx = \frac{1}{a^2 + b^2n^2}e^{ax}\cos^{n-1}bx(a\cos bx + nb\sin bx) + \frac{n(n-1)b^2}{a^2 + b^2n^2}\int e^{ax}\cos^{n-2}bx dx$

(十四)含有对数函数的积分

132. $\int \ln x dx = x\ln x - x + C$

133. $\int \frac{dx}{x\ln x} = \ln|\ln x| + C$

134. $\int x^n\ln x dx = \frac{1}{n+1}x^{n+1}\left(\ln x - \frac{1}{n+1}\right) + C$

135. $\int (\ln x)^n dx = x(\ln x)^n - n\int(\ln x)^{n-1}dx$

136. $\int x^m(\ln x)^n \mathrm{d}x = \frac{1}{m+1}x^{m+1}(\ln x)^n - \frac{n}{m+1}\int x^m(\ln x)^{n-1}\mathrm{d}x$

(十五) 含有双曲函数的积分

137. $\int \mathrm{sh}x\mathrm{d}x = \mathrm{ch}x + C$

138. $\int \mathrm{ch}x\mathrm{d}x = \mathrm{sh}x + C$

139. $\int \mathrm{th}x\mathrm{d}x = \ln\mathrm{ch}x + C$

140. $\int \mathrm{sh}^2 x\mathrm{d}x = -\frac{x}{2} + \frac{1}{4}\mathrm{sh}2x + C$

141. $\int \mathrm{ch}^2 x\mathrm{d}x = \frac{x}{2} + \frac{1}{4}\mathrm{sh}2x + C$

(十六) 定积分

142. $\int_{-\pi}^{\pi}\cos nx\mathrm{d}x = \int_{-\pi}^{\pi}\sin nx\mathrm{d}x = 0$

143. $\int_{-\pi}^{\pi}\cos mx\sin nx\mathrm{d}x = 0$

144. $\int_{-\pi}^{\pi}\cos mx\cos nx\mathrm{d}x = \begin{cases}0, & m \neq n\\ \pi, & m = n\end{cases}$

145. $\int_{-\pi}^{\pi}\sin mx\sin nx\mathrm{d}x = \begin{cases}0, & m \neq n\\ \pi, & m = n\end{cases}$

146. $\int_{0}^{\pi}\sin mx\sin nx\mathrm{d}x = \int_{0}^{\pi}\cos mx\cos nx\mathrm{d}x = \begin{cases}0, & m \neq n\\ \frac{\pi}{2}, & m = n\end{cases}$

147. $I_n = \int_0^{\frac{\pi}{2}}\sin^n x\mathrm{d}x = \int_0^{\frac{\pi}{2}}\cos^n x\mathrm{d}x$

$I_n = \frac{n-1}{n}I_{n-2}$

$I_n = \frac{n-1}{n}\cdot\frac{n-3}{n-2}\cdot\cdots\cdot\frac{4}{5}\cdot\frac{2}{3}$($n$ 为大于 1 的正奇数),$I_1 = 1$

$I_n = \frac{n-1}{n}\cdot\frac{n-3}{n-2}\cdot\cdots\cdot\frac{3}{4}\cdot\frac{1}{2}\cdot\frac{\pi}{2}$($n$ 为正偶数),$I_0 = \frac{\pi}{2}$

附录 C　拉普拉斯变换表

表 C-1　已知象原函数，求象函数

序号	象原函数 $f(t)$	象函数 $F(s)$
1	0	0
2	$\delta(t)=\begin{cases}0 & t\neq 0\\ \infty & t=0\end{cases}$	1
3	$\delta(t-a)$	e^{-as}
4	1	$\frac{1}{s}$
5	$t^n(n=1,2,3,\cdots\cdots)$	$\frac{n!}{s^{n+1}}$
6	$\sqrt{t}$	$\frac{\sqrt{\pi}}{2}\cdot\frac{1}{s^{3/2}}$
7	$\frac{1}{\sqrt{t}}$	$\sqrt{\frac{\pi}{s}}$
8	$\begin{cases}0 & 0<t<a\\ 1 & t>a\end{cases}(a>0)$	$\frac{e^{-as}}{s}$
9	$\begin{cases}0 & 0<t<a\\ t-a & t>a\end{cases}$	$\frac{e^{-as}}{s^2}$
10	$\begin{cases}0 & 0<t<a\\ 1 & a<t<b\\ 0 & t>b\end{cases}(0<a<b)$	$\frac{e^{-as}-e^{-bs}}{s}$
11	e^{at}	$\frac{1}{s-a}$
12	te^{at}	$\frac{1}{(s-a)^2}$
13	$\sin at$	$\frac{a}{s^2+a^2}$
14	$\cos at$	$\frac{s}{s^2+a^2}$
15	$\mathrm{sh}\,at$	$\frac{a}{s^2-a^2}$
16	$\mathrm{ch}\,at$	$\frac{s}{s^2-a^2}$
17	$t\sin at$	$\frac{2sa}{(s^2+a^2)^2}$
18	$t\cos at$	$\frac{s^2-a^2}{(s^2+a^2)^2}$
19	$e^{at}\sin bt$	$\frac{b}{(s-a)^2+b^2}$
20	$e^{at}\cos bt$	$\frac{s-a}{(s-a)^2+b^2}$

表 C-2　已知象函数，求象原函数

序号	象函数 $F(s)$	象原函数 $f(t)$
1	$\frac{1}{s^n}(n=1,2,3,\cdots)$	$\frac{t^{n-1}}{(n-1)!}$
2	$\frac{1}{(s-a)^n}(n=1,2,3,\cdots)$	$\frac{t^{n-1}}{(n-1)!}e^{at}$
3	$\frac{1}{(s-a)(s-b)}(a\neq b)$	$\frac{1}{a-b}(e^{at}-e^{bt})$
4	$\frac{s}{(s-a)(s-b)}(a\neq b)$	$\frac{h}{a-b}(ae^{at}-be^{bt})$
5	$\frac{1}{(s-a)(s-b)(s-c)}$($a$，$b$，$c$不等)	$-\frac{(b-c)e^{at}+(c-a)e^{bt}+(a-b)e^{ct}}{(a-b)(b-c)(c-a)}$
6	$\frac{s}{(s-a)^2}$	$(1+at)e^{at}$
7	$\frac{s}{(s-a)^3}$	$t\left(1+\frac{a}{2}t\right)e^{at}$
8	$\frac{1}{(s-a)(s-b)^2}(a\neq b)$	$\frac{1}{(a-b)^2}e^{at}-\frac{1+(a-b)t}{(a-b)^2}e^{bt}$
9	$\frac{s}{(s-a)(s-b)^2}(a\neq b)$	$\frac{a}{(a-b)^2}e^{at}-\frac{1+(a-b)t}{(a-b)^2}e^{bt}$
10	$\frac{a}{s^2+a^2}$	$\sin at$
11	$\frac{s}{s^2+a^2}$	$\cos at$
12	$\frac{a}{s^2-a^2}$	$\mathrm{sh}\,at$
13	$\frac{s}{s^2-a^2}$	$\mathrm{ch}\,at$
14	$\frac{b}{(s+a)^2+b^2}$	$e^{-at}\sin bt$
15	$\frac{s+a}{(s+a)^2+b^2}$	$e^{-at}\cos bt$
16	$\frac{1}{s(s^2+a^2)}$	$\frac{1}{a^2}(1-\cos at)$
17	$\frac{1}{s^2(s^2+a^2)}$	$\frac{1}{a^3}(at-\sin at)$
18	$\frac{1}{(s^2+a^2)^2}$	$\frac{1}{2a^3}(\sin at-at\cos at)$
19	$\frac{s}{(s^2+a^2)^2}$	$\frac{t}{2a}\sin at$
20	$\frac{s^2}{(s^2+a^2)^2}$	$\frac{1}{2a}(\sin at-at\cos at)$
21	$\frac{s^2-a^2}{(s^2+a^2)^2}$	$t\cos at$
22	$\frac{1}{s(s^2+a^2)^2}$	$\frac{1}{a^4}(1-\cos at)-\frac{1}{2a^3}t\sin at$
23	$\frac{2as}{(s^2-a^2)^2}$	$t\,\mathrm{sh}\,at$
24	$\frac{s^2+a^2}{(s^2-a^2)^2}$	$t\,\mathrm{ch}\,at$
25	$\frac{2}{s(s^2+4)}$	$\sin^2 t$

（续）

序号	象函数 $F(s)$	象原函数 $f(t)$
26	$\frac{s^2+2}{s(s^2+4)}$	$\cos^2 t$
27	$\frac{3a^2}{s^3+a^3}$	$e^{-at}-e^{\frac{at}{2}}\left(\cos\frac{\sqrt{3}at}{2}-\sqrt{3}\sin\frac{\sqrt{3}at}{2}\right)$
28	$\frac{1}{s^4-a^4}$	$\frac{1}{\sqrt{2}a^3}\left(\sin\frac{at}{\sqrt{2}}\mathrm{ch}\frac{at}{\sqrt{2}}-\cos\frac{at}{\sqrt{2}}\mathrm{sh}\frac{at}{\sqrt{2}}\right)$
29	$\frac{s}{s^4+a^4}$	$\frac{1}{a^2}\sin\frac{at}{\sqrt{2}}\mathrm{sh}\frac{at}{\sqrt{2}}$
30	$\frac{1}{s^4-a^4}$	$\frac{1}{2a^3}(\mathrm{sh}at-\sin at)$
31	$\frac{s}{s^4-a^4}$	$\frac{1}{2a^2}(\mathrm{ch}at-\cos at)$
32	1	$\delta(t)$
33	e^{-as}	$\delta(t-a)$
34	s	$\delta'(t)$
35	se^{-as}	$\delta'(t-a)$
36	$\frac{1}{\sqrt{s}}$	$\frac{1}{\sqrt{\pi t}}$
37	$\frac{1}{s\sqrt{s}}$	$2\sqrt{\frac{t}{\pi}}$
38	$\frac{s}{(s-a)\sqrt{s-a}}$	$\frac{1}{\sqrt{\pi t}}e^{at}(1+2at)$
39	$\sqrt{s-a}-\sqrt{s-b}$	$\frac{1}{2\sqrt{\pi t^3}}(e^{bt}-e^{at})$
40	$\ln\frac{s-a}{s-b}$	$\frac{e^{bt}-e^{at}}{t}$
41	$\ln\frac{s^2+a^2}{s^2}$	$\frac{2(1-\cos at)}{t}$
42	$\ln\frac{s^2-a^2}{s^2}$	$\frac{2(1-\mathrm{ch}at)}{t}$
43	$\ln\frac{s^2+a^2}{s^2+b^2}(a\neq b)$	$\frac{2(\cos bt-\cos at)}{t}$
44	$\ln\frac{s^2-a^2}{s^2-b^2}(a\neq b)$	$\frac{2(\mathrm{ch}bt-\mathrm{ch}at)}{t}$

参考文献

[1] 杜吉佩. 应用数学基础：上册[M]. 北京：高等教育出版社，2001.

[2] 同济大学，天津大学，浙江大学，等. 高等数学：上册[M]. 2版. 北京：高等教育出版社，2004.

[3] 李心灿. 高等数学[M]. 3版. 北京：高等教育出版社，2008.

[4] 刘严，丁平. 新编高等数学：理工类[M]. 4版. 大连：大连理工大学出版社，2004.

[5] 关革强. 高等数学：应用类[M]. 2版. 大连：大连理工大学出版社，2008.

[6] 李天然. 高等数学：建工类[M]. 2版. 北京：高等教育出版社，2008.

[7] 同济大学应用数学系. 高等数学及其应用：上册[M]. 2版. 北京：高等教育出版社，2008.

[8] 刘巍，张和平. 高等数学：高职版[M]. 北京：北京理工大学出版社，2006.

[9] 张圣勤，黄勇林，姜玉娟. 高等数学：上册[M]. 北京：机械工业出版社，2009.

[10] 王玉华，彭秋艳. 应用数学基础[M]. 北京：高等教育出版社，2010.